电子设计基础与创新实践教程

何　翔　主编

電子工業出版社
Publishing House of Electronics Industry
北京•BEIJING

内 容 简 介

全书分为4篇。第1篇主要介绍电子线路设计基础知识及技能，包括电子线路设计基础知识、常用元器件介绍、常用电子仪器的使用；第2篇主要介绍电子线路设计基础实验项目，包括电路基础实验、模拟电路设计、数字电路设计、数模混合电路设计及数模混合电路设计虚拟仿真实验；第3篇主要介绍嵌入式系统设计，包括基丁树莓派的图形化在线编程、51单片机的使用及STM32单片机的使用；第4篇主要介绍电子设计创新训练，包括综合创新实践项目。除此之外，附录给出了常用集成电路引脚图、“简易智能电动车”测试记录与评分表、“数字化语音存储录放系统”测试记录与评分表及KR-51单片机开发板原理图。

本书可作为高等院校电类及相关专业电路、模拟电路、数字电路、嵌入式系统设计、电类课程设计等课程的实践指导教材，也可作为电类创新实践活动的培训教材。

图书在版编目（CIP）数据

电子设计基础与创新实践教程 / 何翔主编. —北京：电子工业出版社，2023.6

ISBN 978-7-121-45856-9

Ⅰ. ①电… Ⅱ. ①何… Ⅲ. ①电子电路－电路设计－高等学校－教材 Ⅳ. ①TN702

中国国家版本馆CIP数据核字（2023）第116637号

责任编辑：王　花　　　　特约编辑：田学清

印　　刷：北京盛通数码印刷有限公司

装　　订：北京盛通数码印刷有限公司

出版发行：电子工业出版社

北京市海淀区万寿路173信箱　　　邮编：100036

开　　本：787×1092　1/16　印张：18.25　字数：467.2千字

版　　次：2023年6月第1版

印　　次：2025年1月第3次印刷

定　　价：57.00元

凡所购买电子工业出版社图书有缺损问题，请向购买书店调换。若书店售缺，请与本社发行部联系，联系及邮购电话：（010）88254888，88258888。

质量投诉请发邮件至zlts@phei.com.cn，盗版侵权举报请发邮件至dbqq@phei.com.cn。

本书咨询联系方式：010-88254609，hzh@phei.com.cn。

◇前　　言◇

本书作为浙江省一流本科实践课程“电子设计基础与创新训练”的配套教材及浙江省普通本科高校“十四五”教学改革项目《“一流课程”建设背景下电子设计创新实践课程教学改革与探索》（项目编号：jg20220783）成果，紧跟电子技术发展趋势，与课程教学改革目标紧密结合，注重课程的“实践性、创新性”，将基础知识与实际应用相结合，具有以下特色。

1．内容全面。本书的内容包括电子线路设计基础知识、常用元器件介绍、常用电子仪器的使用、电路基础实验、模拟电路设计等，可针对工科电类不同专业方向对内容进行组合，以满足相关实践课程的教学要求。

2．从工程实践角度出发，让读者在掌握电子基础知识的同时学会设计一个电子系统，培养读者自主学习、举一反三的能力。

3．书中不仅设置了模拟电路、数字电路等传统电路与电子技术基础实验项目，还引入了源于电子设计竞赛等创新活动的实践项目，注重数模混合电路的设计，读者可以从这些综合性的数模混合电路实验项目入手开展学习，以便了解各个单元电路在完整的电子系统中的作用。

4．书中介绍了编者开发的数模混合电路设计虚拟仿真实验平台及相关项目，该平台可作为电路与电子技术实验等课程的线上线下混合式教学平台，让读者在学习时可以不受传统实验教学中时间和空间的限制。

5．书中介绍了编者合作开发的基于树莓派的图形化编程平台，让零基础的读者可以对电子系统编程控制快速上手，并结合百度 AI 开放平台实现人工智能的典型应用，甚至可通过各种移动终端进行在线开发。该平台还可作为嵌入式系统程序设计等课程的线上线下混合式教学平台。

本书的 1.4 节由牛庆唐编写，其余章节由何翔编写，卢飒教授审阅了全书，邵科文、余俊豪、周平权、杨文杰、陈凯、王楚方等同学对部分创新实践项目的电路及软件进行了验证，在此一并表示感谢。

由于时间和编者学识有限，书中疏漏之处在所难免，恳请读者批评指正。

何翔

2023 年 3 月于杭州

◇◇目　　录◇◇

第1篇　电子线路设计基础知识及技能

第1篇

电子线路设计基础知识及技能

第 1 章

电子线路设计基础知识

1.1 电子线路的设计方法

1）明确设计任务

充分了解设计任务的具体要求，如功能、性能指标等，明确设计任务。

2）方案的比较与选择

根据设计任务提出多个解决方案，并对方案从可靠性、性能、经济、可行性等方面进行分析比较，确定设计方案并画出系统框图，将系统电路分解成单元电路并确定功能指标。

3）单元电路设计与仿真

根据单元电路的性能指标，选择核心器件并查阅相关器件手册获取推荐电路，通过 Multisim 等仿真软件进行仿真，优化外围相关器件参数。

4）搭建测试电路

通过实验电路板或者万能板搭建各个单元电路，调整器件参数，并预留测试口，然后对各个单元电路进行级联调试，进一步优化、确定电路参数。

5）绘制印制电路板并打样

通过 Altium Designer 或者立创 EDA 设计印制电路板（PCB），并通过腐蚀机手工打样或者由厂家打样。

6）电路的整体调试

焊接元器件，进行整体调试并优化，确认 PCB 版图。

1.2 如何阅读器件手册

器件手册是芯片的使用说明书，工程师需要通过它来认识、了解、选择、使用这个芯片。器件手册可以通过芯片公司的官网获取，也可通过第三方网站查找、下载。总体上有两种情况需要查阅器件手册：

（1）器件选型时，需要明确相关参数。

（2）遇到问题时，通过阅读器件手册查找原因。

通常一份器件手册包含以下部分：

（1）Features（特性）：描述芯片的功能、特性及特殊条件下的基本电气特性。

（2）Applications（应用）：厂商提供的芯片的应用场景。

（3）General Description（概况）：对芯片的功能做简要描述。

（4）Pin Configuration（引脚配置）：芯片的引脚配置及功能描述。

（5）Absolute Maximum Ratings（绝对最大额定值）：芯片的正常工作范围，超过最大额定值可能会对芯片造成损伤。

（6）Electrical Characteristics（电气特性）：正常工作条件下，芯片的供电电压范围、输入/输出引脚电压、电流范围等。

（7）Packaging Outline（封装）：芯片的封装信息，依据此信息绘制电路板。

（8）Block Diagram（结构框图）：芯片内部电路的结构框图。

（9）Detailed Description（细节描述）：对芯片功能的详细描述，帮助用户正确使用芯片。

（10）Revision History（修订记录）：记录了该器件手册的增减、修改情况。

图 1-2-1～图 1-2-4 所示为 First Silicon 公司的 555 定时器手册。

SEMICONDUCTOR
TECHNICAL DATA

NE555BF/BP

General Description

555定时器的概述

These devices are monolithic timin circuits capable of producing accurate time delays or oscillation. In the time delay mode of operation, the timed interval is controlled by a single external resistor and capacitor network. In the astable mode of operation, the frequency and duty cycle may be independently controlled with two external resistors and a single external capacitor.

封装信息

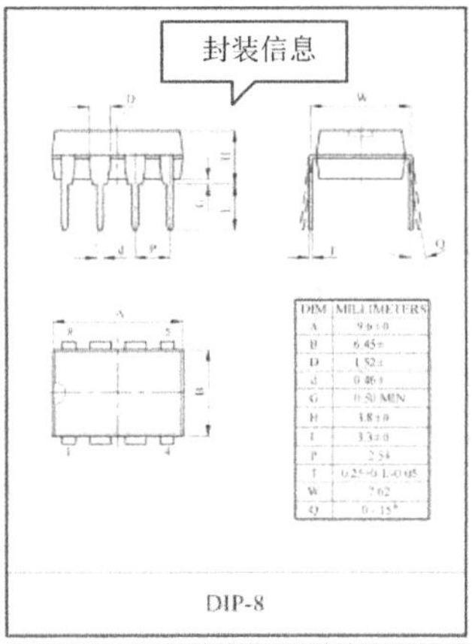

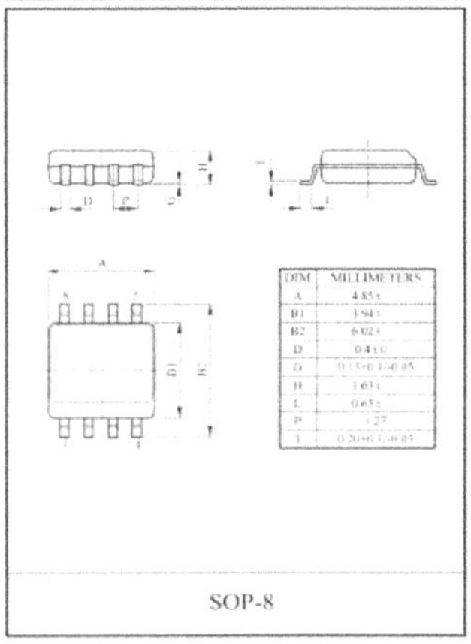

Features

555定时器的主要功能特性

- ☐ Timing from Microseconds to Hours
- ☐ Astable or Monostable Operation
- ☐ Adjustable Duty Cycle
- ☐ TTL - Compatible Output Can Sink or Source Up to 200 mA
- ☐ Temperature Stability of 0.005% per °C
- ☐ Direct Replacement for Signetics NE555 Timer

Applications

555定时器的应用场景

- ☐ Precision timing
- ☐ Pulse generation
- ☐ Sequential timing
- ☐ Time delay generation
- ☐ Pulse width modulation
- ☐ Pulse position modulation
- ☐ Missing pulse detector

Pin Configuration (Top View)

555定时器的引脚配置

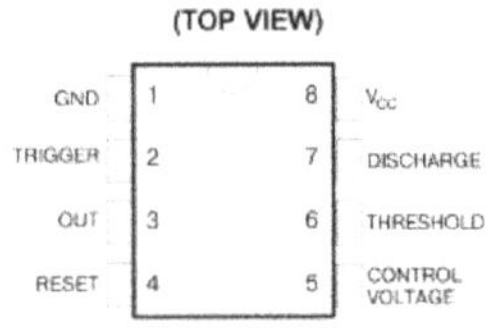

TYPICAL APPLICATION DATA

555定时器的典型功能电路

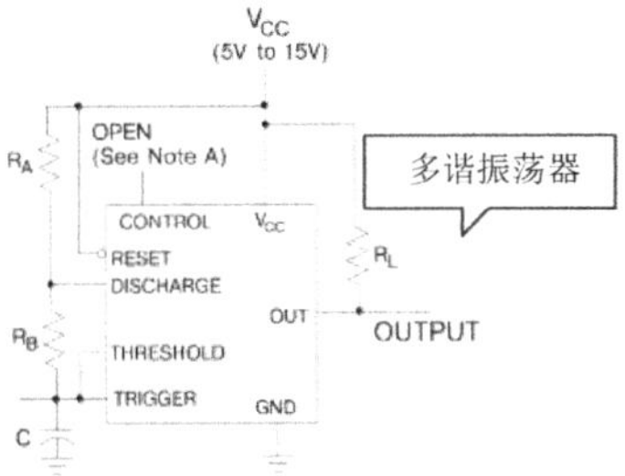

Circuit for astable operation

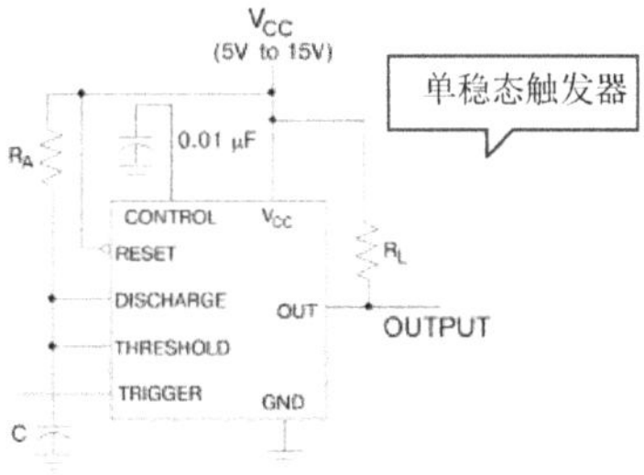

Circuit for monostable operation

Note A: Bypassing the control voltage input to ground with a capacitor may improve operation. This should be evaluated for individual applications.

2016. 9. 28 Revision No : 0 **First Silicon** 1/5

手册的版本及日期

图 1-2-1 555 定时器手册（1）①

① 为与 First Silicon 公司的 555 定时器手册一致，图中元器件符号没有修改为新标准符号，物理量也保留了正体写法，其中“KΩ”的正确写法为 kΩ，后同。

NE555BF/BP

最大额定值，超出会损坏芯片

ABSOLUTE MAXIMUM RATINGS (T_A =25℃, unless otherwise specified)

Parameter	Symbol	Min	Max	Unit
Supply Voltage	VCC	4.5	16	V
Input Voltage (control, reset, threshold and trigger)	V_{IN}		V_{cc}	
Output Current	Io		±200	mA
Operating Free-Air Temperature	Ta	-40	+85	℃
Storage Temperature Range	T_{STG}	-65	+150	

555定时器真值表

Function Table

Reset	Trigger Voltage*	Threshold Voltage *	Output	Discharge Switch
Low	Irrelevant	Irrelevant	Low	On
High	< 1/3 V_{CC}	High	High	Off
High	> 1/3 V_{CC}	> 2/3 V_{CC}	Low	On
High	> 1/3 V_{CC}	< 2/3 V_{CC}	As previously established	

*Voltage levels shown are nominal

555定时器电气特性

ELECTRICAL CHARACTERISTICS

(T_A=25℃, Vcc=+5V to +15V, unless otherwise specified)

Parameter	Symbol	Conditions (see Note 2)		Min	Typ	Max	Unit
Operating Supply Voltage Range	V_{CC}			4.5		16	V
Threshold Voltage Level	V_{TH}	V_{CC} = 15V		8.8	10	11.2	V
		V_{CC}= 5 V		2.4	3.3	4.2	
Threshold Current (see Note 1)	I_{TH}	(see Note 1)			30	250	nA
Trigger Voltage Level	V_{TR}	V_{CC} = 15V		4.5	5	5.6	V
		V_{CC}= 5 V		1.1	1.67	2.2	
Trigger Current	I_{TR}	Trigger at 0V			0.5	2	μA
Reset Voltage Level	V_{RST}			0.3	0.7	1	V
Reset Current	I_{RST}	Reset at V_{CC}			0.1	0.4	mA
		Reset at 0V			-0.4	-1.5	
Discharge Leakage Current	I_{LKG}				20	100	nA
Control Voltage Level	V_C	V_{CC} = 15V		9	10	11	
		V_{CC} = 5V		2.6	3.3	4.0	
Low-level Output Voltage	V_{OL}	V_{CC} = 15V	I_{OL}=10mA		0.1	0.25	
			I_{OL}=50mA		0.4	0.75	
			I_{OL}=100mA		2	2.5	V
			I_{OL}=200mA		2.5		
		V_{CC} = 5V	I_{OL}=5mA		0.25	0.35	
			I_{OL}=8mA		0.3	0.4	
High-level Output Voltage	V_{OH}	V_{CC} = 15V	I_{OL}=-100mA	12.75	13.3		
			I_{OL}=200mA		12.5		
		V_{CC} = 5V	I_{OL}=-100mA	2.75	3.3		
Supply Current	I_{CC}	Output Low, No Load	V_{CC}=15V		10	15	
			V_{CC}=5V		3	6	mA
		Output High, No Load	V_{CC}=15V		9	13	
			V_{CC}=5V		2	5	

2016. 9. 28 Revision No : 0 **First Silicon** 2/5

图 1-2-2 555 定时器手册（2）

Initial Error of Timing Interval (see Note 3)	monostable (see Note 4)	Accur	T_A =25°C		1	3	%
	astable (see Note 5)				5	13	
Temperature Coefficient of Timing Interval	monostable	Δt/T	T_A=MIN to MAX		50	150	ppm /°C
	astable				150	500	
Supply Voltage Sensitivity of Timing Interval	monostable	Δt/ΔVcc	T_A =25°C		0.1	0.5	%/V
	astable				0.3	1	
Output Pulse Rise Time		tr	C_L=15pF, T_A=25°C		100	300	ns
Output Pulse Fall Time		tf			100	300	

Notes:

1. This parameter influences the maximum value of the timing resistors R_A and R_B in the circuit on Fig 1. For example, when V_{CC}=5V, the maximum value is R=R_A+R_B=3.4 MΩ, and V_{CC}=15V, the maximum value is 10 MΩ.
2. For conditions shown as MIN or MAX, use the appropriate value specified under recommended operating conditions.
3. Timing interval error is defined as the difference between the measured value and the average value of a random sample from each process run.
4. Values specified are for a device in a monostable circuit similar to Fig. 2, with component values as follow: R_A=2KΩ to 100 KΩ, C=0.1μF.
5. Values specified are for a device in an astable circuit similar to Fig. 1, with component values as follow: R_A, R_B=1KΩ to 100 KΩ, C=0.1μF.

555定时器内部电路结构框图

BLOCK DIAGRAM

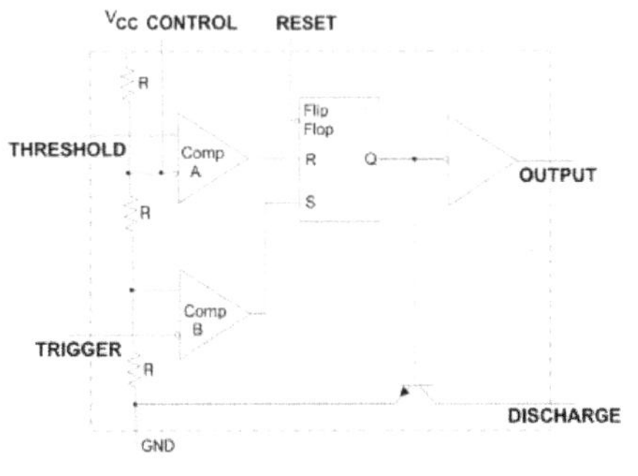

图 1-2-3 555 定时器手册（3）

NE555BF/BP

Typical Characteristics

Data for temperatures below −40°C and above 105°C are applicable for NE555B circuits only.

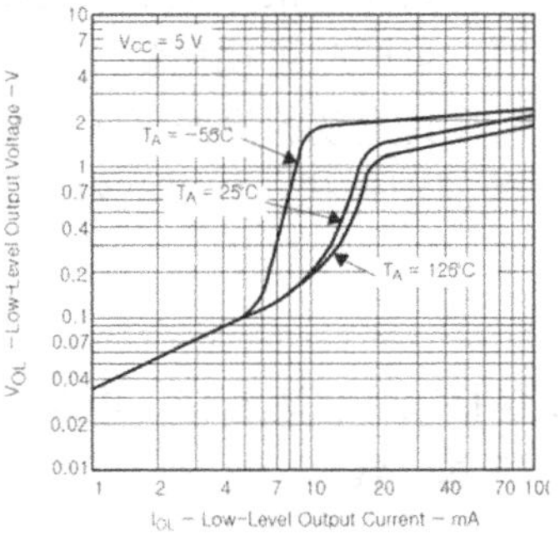

Figure 1. Low-Level Output Voltage vs Low-Level Output Current

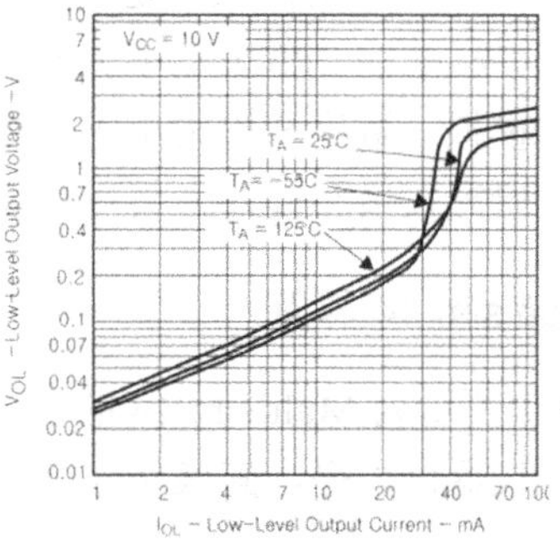

Figure 2. Low-Level Output Voltage vs Low-Level Output Current

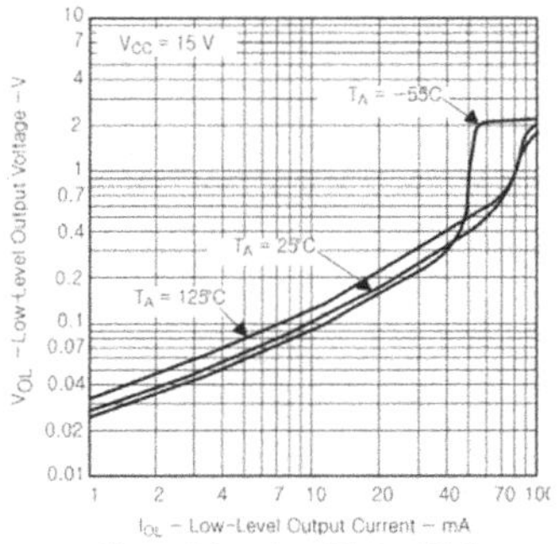

Figure 3. Low-Level Output Voltage vs Low-Level Output Current

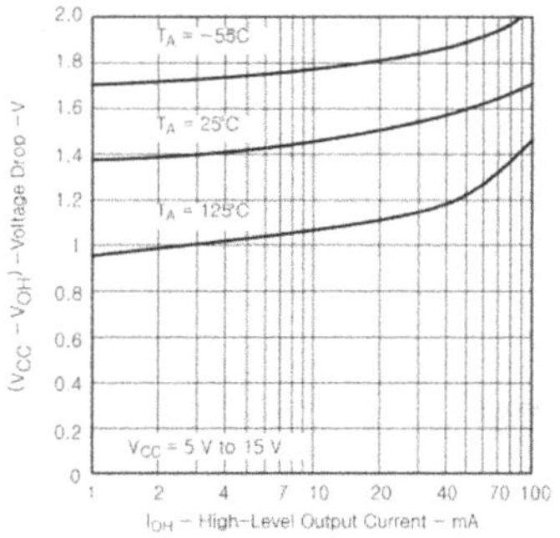

Figure 4. Drop Between Supply Voltage and Output vs High-Level Output Current

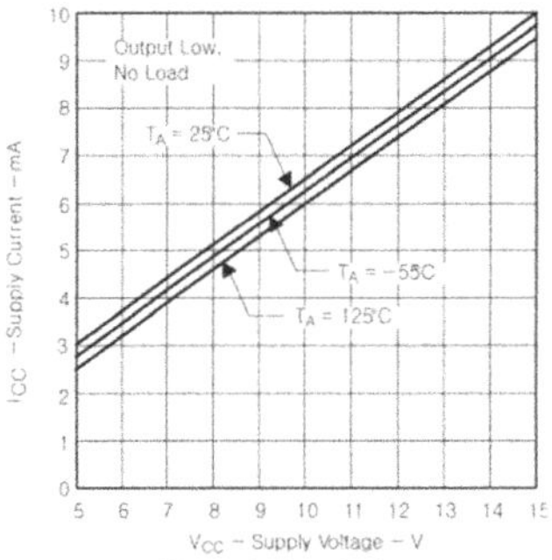

Figure 5. Supply Current vs Supply Voltage

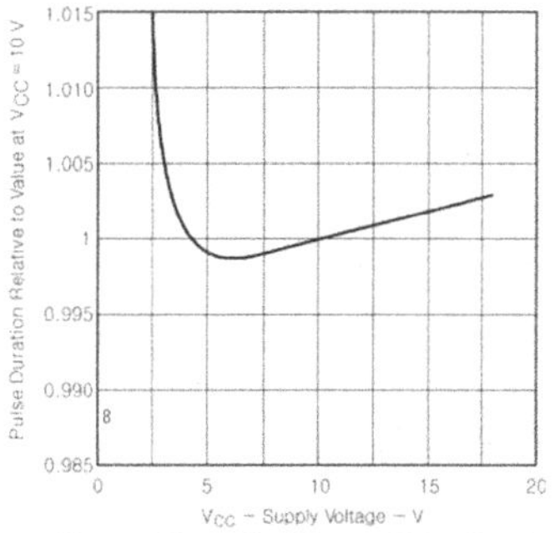

Figure 6. Normalized Output Pulse Duration (Monostable Operation) vs Supply Voltage

图 1-2-4　555 定时器手册（4）

1.3 电子线路的仿真

1.3.1 Multisim 14 电路仿真软件

Multisim 14 电路仿真软件是美国国家仪器（NI）公司推出的一款电子线路仿真软件，它集成了业界标准的 SPICE 仿真及交互式电路图环境，可即时可视化和分析电子线路的行为，适用于模拟、数字和电力电子领域的教学和研究。其直观的界面可帮助学生对电路理论的理解，研究人员和设计人员可借助它减少 PCB 的原型迭代，从而节省开发成本。

1．Multisim 14 界面

图 1-3-1 所示为 Multisim 14 的设计界面，主要包括项目管理窗口、电路设计区、元器件库、虚拟仪器仪表等，其操作与 Windows 的操作基本一致。

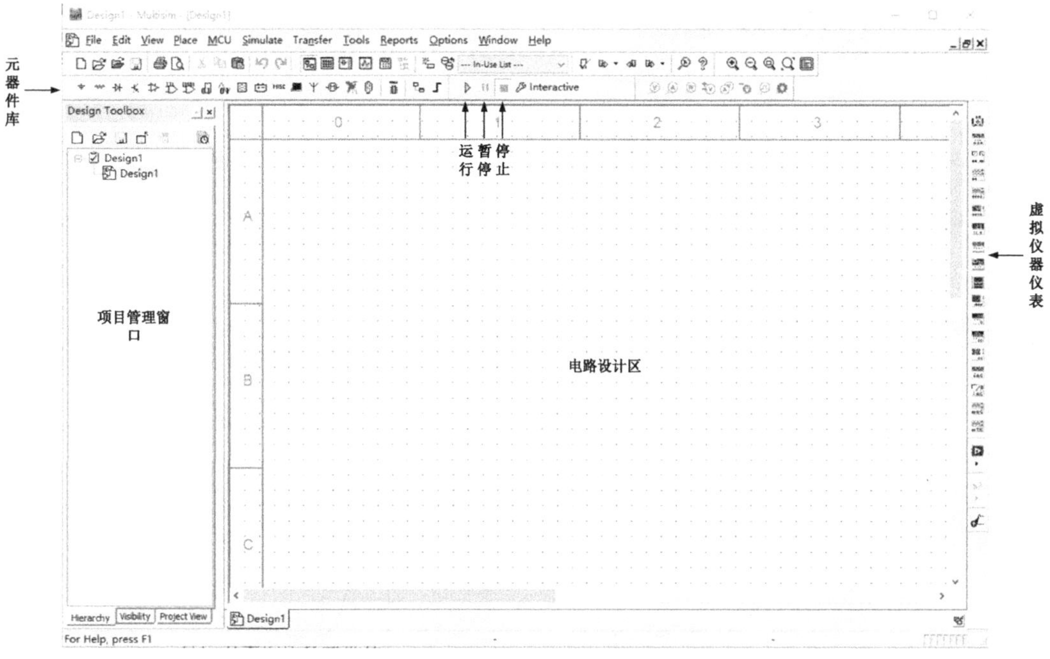

图 1-3-1 Multisim 14 的设计界面

2．元器件基本操作

1）放置元器件

在“Place”菜单栏中选择“Component...”或者单击图 1-3-2 所示的元器件库工具栏中的对应图标，弹出“Select a Component”对话框，如图 1-3-3 所示。选择相应的元器件，单击“OK”按钮，将其放置在电路设计区，松开鼠标即可。

2）移动元器件

选中元器件并拖动到适当位置，松开鼠标即可。

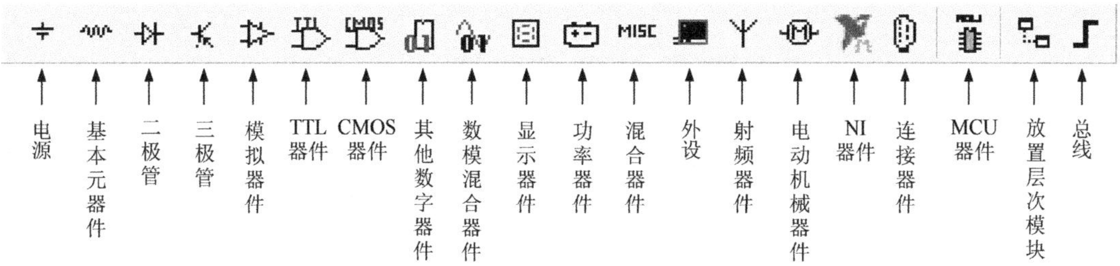

图 1-3-2　元器件库工具栏

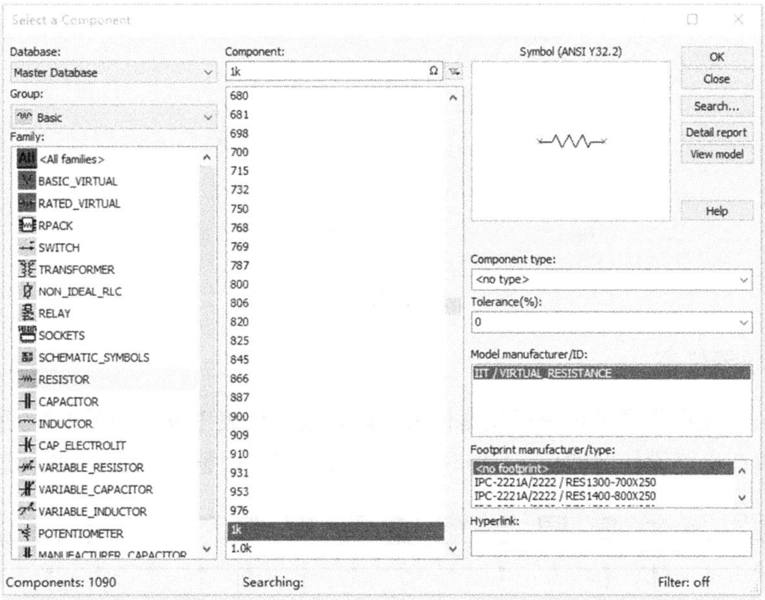

图 1-3-3　“Select a Component”对话框

3）剪切、复制、粘贴、删除、旋转元器件

选中元器件，右击，选择相应的操作命令，或者通过快捷键进行操作，如图 1-3-4 所示。

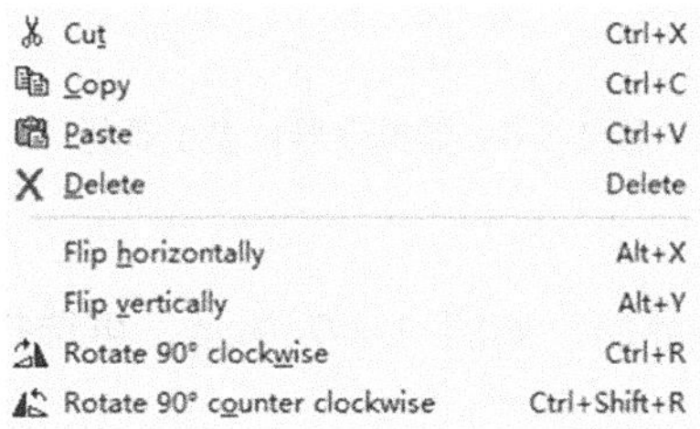

图 1-3-4　剪切、复制、粘贴、删除、旋转元器件相关命令及快捷键

4）设置元器件参数

双击元器件，即会出现图 1-3-5 所示的对话框，在“Value”选项卡中修改相应的参数。

5）元器件的连线

将鼠标放置在元器件的连接点，当鼠标变成十字形状时单击并规划线路至另外一个连接点即可。

图 1-3-5　设置元器件参数

3. 虚拟仪器仪表

Multisim 14 还提供了多种虚拟仪器仪表，虚拟仪器仪表工具栏如图 1-3-6 所示。选择相应的仪器放置在电路设计区即可，工作时双击该仪器就可调整参数或者观察测量的数据了。

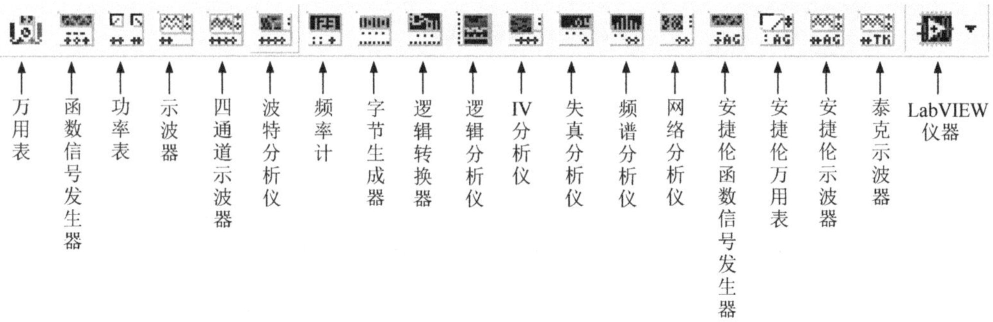

图 1-3-6　虚拟仪器仪表工具栏

1）万用表

双击万用表即可打开测量界面，如图 1-3-7 所示，可选择测量交直流电压、电流、电阻、增益等。

2）函数信号发生器

双击函数信号发生器即可打开设置界面，如图 1-3-8 所示，可选择输出正弦波、三角波、方波三种波形，并可调节频率、占空比、幅值、偏移量等参数。

3）示波器

通过函数信号发生器输出频率为 1Hz、幅值为 10V 的正弦信号，用示波器 A 通道测量该信号波形，如图 1-3-9 所示。单击“运行”按钮，双击示波器，即出现该波形，如图 1-3-10 所示。跟真实示波器一样，通过调节 Timebase 和 Channel A 的 Scale 可以分别控制示波器 X 轴和 Y 轴每格的时间和电压。测量线与波形相交点的参数也显示在示波器上，如图 1-3-10

箭头所指。

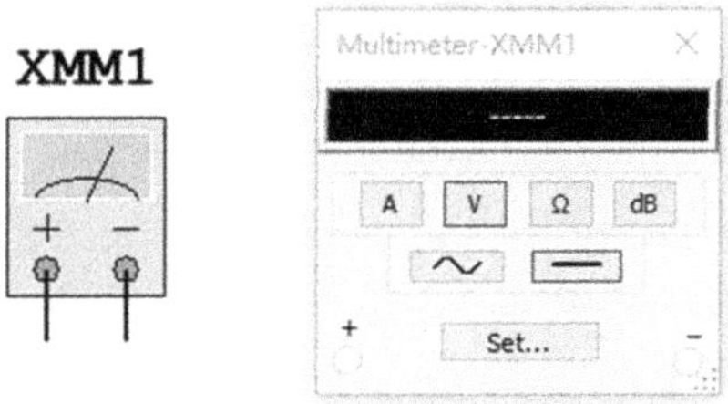

图 1-3-7 万用表测量界面

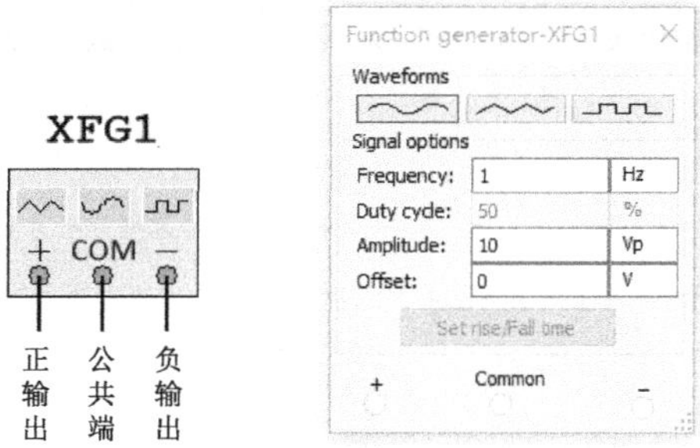

图 1-3-8 函数信号发生器设置界面

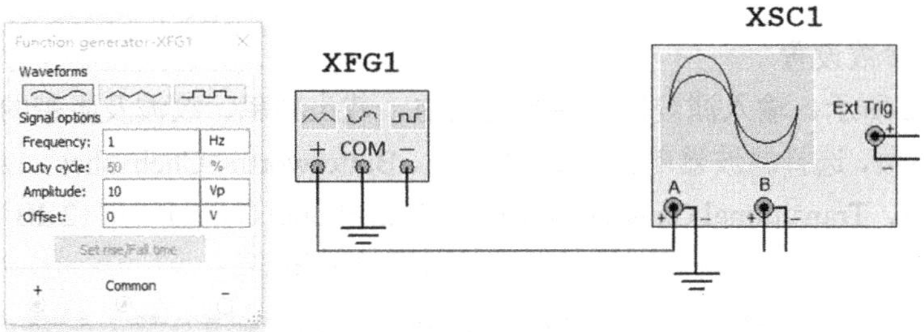

图 1-3-9 函数信号发生器连接示波器

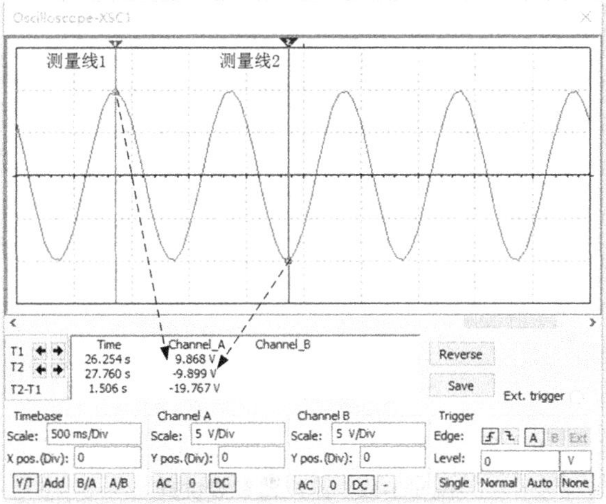

图 1-3-10 示波器显示波形

1.3.2 TI 滤波器设计工具

TI 的滤波器设计工具（Filter Design Tool）是一个网页版在线设计工具，设计工具非常简洁，通过 5 个步骤简单的设置即可得到具体电路、参数及芯片型号的推荐。

1）选择滤波器类型

常用的滤波器类型包括：低通（Lowpass）滤波器、高通（Highpass）滤波器、带通（Bandpass）滤波器、带阻（Bandstop）滤波器、全通（Allpass）滤波器，如图 1-3-11 所示，根据需要选择相应的类型即可。

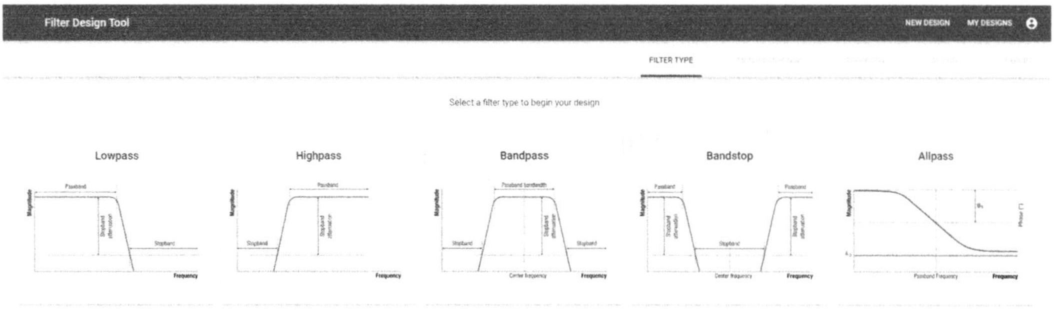

图 1-3-11 滤波器类型的选择

2）滤波器参数设置

如图 1-3-12 所示，输入滤波器的通带的增益、截止频率、纹波及阻带的阶数、截止频率、衰减度等参数，选择滤波器响应方式（Bessel、Butterworth、Chebyshev、Linear Phase0.5、Linear Phase0.05、Transitional Gaussian to 6 dB、Transitional Gaussian to 12 dB），即可显示出它的幅频特性、相频特性、群延迟特性及单位阶跃响应图。

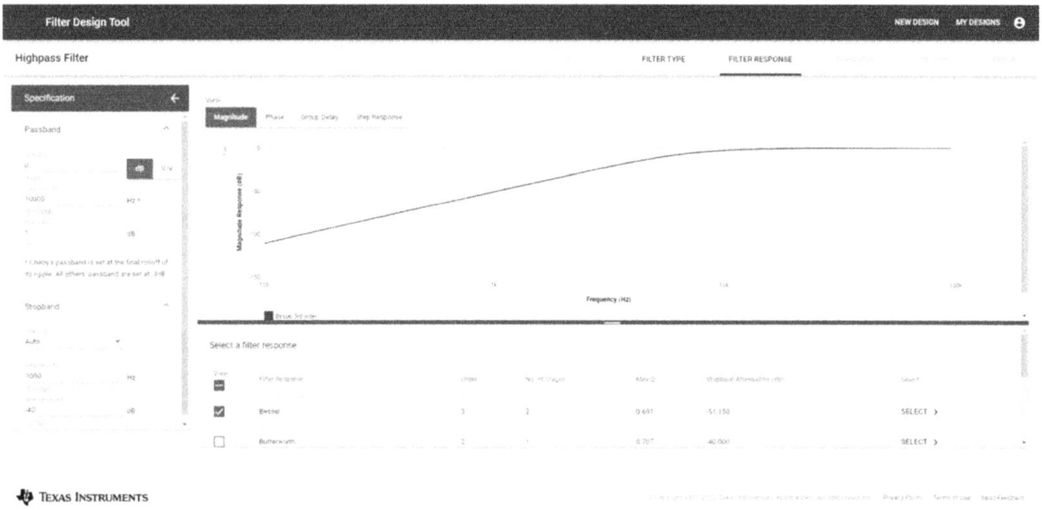

图 1-3-12 滤波器参数设置

3）电路拓扑结构的选择

高阶滤波器可能由多个滤波器串联而成，可以选择是否所有的串联滤波器使用相同的结构，如图 1-3-13 所示。

4）生成设计电路

选择“Create Design”，便可生成设计电路，如图 1-3-14 所示。

选择“EXPORT”，可以生成设计报告，包括电路图、滤波器性能曲线、电路的 BOM 表等。

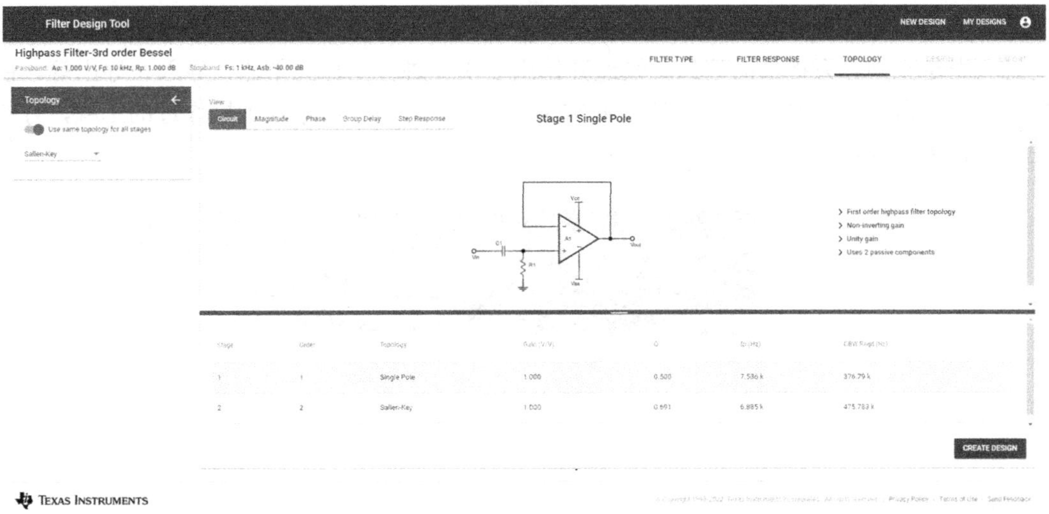

图 1-3-13　滤波器电路拓扑结构的选择

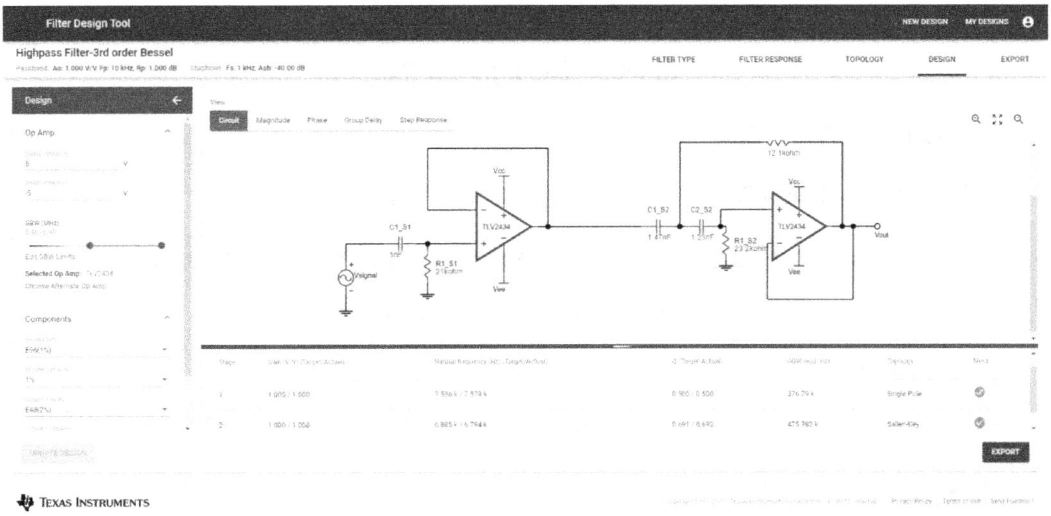

图 1-3-14　生成设计电路

1.4　PCB 的设计与制作

立创 EDA 是深圳嘉立创公司开发的一款基于浏览器的 EDA 工具，功能包括原理图绘制、PCB 绘制、电路仿真等。该软件有专业版和标准版两个版本（本书采用专业版），可通过浏览器（浏览器不需要安装任何软件或插件）或者客户端打开。该软件可以在任何支持 HTML5 标准的 Web 浏览器中打开，并且可以将工程存储到云端。

1．立创 EDA 界面

如图 1-4-1 所示，立创 EDA 设计界面主要由顶部菜单栏、工程列表、轮播信息、快速开始、快捷方式、消息列表、最近设计七部分组成。顶部菜单栏提供文件管理、视图切换、制造下单、软件设置等功能。工程列表用于查看已有工程，并对其进行管理。轮播信息和消息列表是立创官方提供的信息。快速开始用于快速进行工程的创建、导入、导出等。快捷方式可以自定义 URL，用于快速访问常用网站。最近设计显示最近操作过的工程，方便在工程较多时查找。

图 1-4-1　立创 EDA 设计界面

2. PCB 设计的基本流程

PCB 设计的基本流程如图 1-4-2 所示，一共需要经过 5 个步骤。

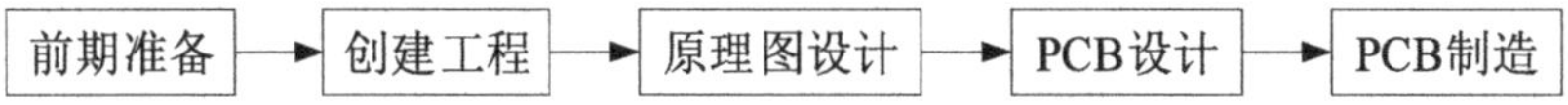

图 1-4-2　PCB 设计的基本流程图

1）前期准备

根据项目的实际需求和功能要求，选择合适的元器件，并设计元器件的原理图库和封装库。

2）创建工程

在立创 EDA 中创建工程，一个工程包括原理图文件和 PCB 文件。

3）原理图设计

在原理图设计界面中，结合前期准备的器件的数据手册完成项目电路设计，检查无误后即可导入元器件，进入 PCB 文件中进行下一步设计。

4）PCB 设计

在 PCB 文件中，根据原理图进行元器件布局并使用粗细合适的导线进行连接，然后做好电路板边框设置和标注等工作。

复杂的项目需要在上述工作结束后进行设计规则检查（Design Rule Check，DRC），EDA 软件会依据设计的规则对电路板进行规则检查，包括但不限于导线粗细、安全距离、过孔类型、未连接器件等。

5）PCB 制造

在立创 EDA 中可以直接将绘制的 PCB 文件提交给嘉立创进行制造生产，也可导出 PDF 文件以使用热转印覆铜板的方法进行 PCB 制造。

3．建立工程

一个工程中通常包含两个文件：原理图文件和 PCB 文件。原理图文件主要用于确定元器件之间的连线，PCB 文件对应实际生产的电路板。在立创 EDA 中创建工程的步骤如下。

（1）在“快速开始”界面中，单击“新建工程”图标，如图 1-4-3 所示。

图 1-4-3　单击“新建工程”图标

（2）在弹出的窗口中输入项目名称、项目描述，设置项目存储位置。完成后单击“保存”按钮，即可完成工程的创建并进入工程文件界面，左侧树状列表显示项目文件结构，自动生成原理图文件和 PCB 文件，双击即可打开对应文件。

4．元件库

在整个设计流程中，一个实际的元器件在原理图库和封装库中各有一个对应的符号，例如一个电阻的电路符号就是其原理图库中的符号，而其在电路板上实际的焊盘则对应了其封装库中的符号。此外，还可以添加 3D 模型，以便在设计过程中预览电路板的 3D 效果图。立创 EDA 提供了基础元件库和扩展元件库两个库，元件库中有数百万个元器件，能够满足大多数设计需求。

1）基础元件库

基础元件库主要包括常用的电容、电阻、晶体管等元器件。单击左侧工具栏中的“常用库”标签即可查看，选择元器件时，单击下方的箭头即可选择不同的封装。选中元器件后，通过单击可将其放置在原理图绘制区域，可以连续放置多个元器件，右击取消放置，元器件命名标号会自动增加，使得原理图上元器件名称唯一。

2）扩展元件库

立创 EDA 在云端还有百万级别的元件库。单击底部工具栏中的“元件库”标签，在搜索框中输入元器件型号或使用左侧的过滤条件筛选器。对选中的器件可以在右侧预览原理图、封装、实物图和 3D 模型，过滤时也可以对过滤条件进行设置，只搜索符号或封装等。图 1-4-4 所示为搜索 40kΩ的 0805 封装的电阻示例。

当所需元器件较为特殊，无法在立创 EDA 的基础元件库和扩展元件库中找到时，可以自行绘制元器件。绘制元器件，需要先绘制封装，再绘制元器件；封装对应 PCB 中具体的焊盘位置，器件对应原理图中的符号。本书以 555 定时器为例介绍元器件封装和符号的绘制，其基本信息由厂商数据手册提供。

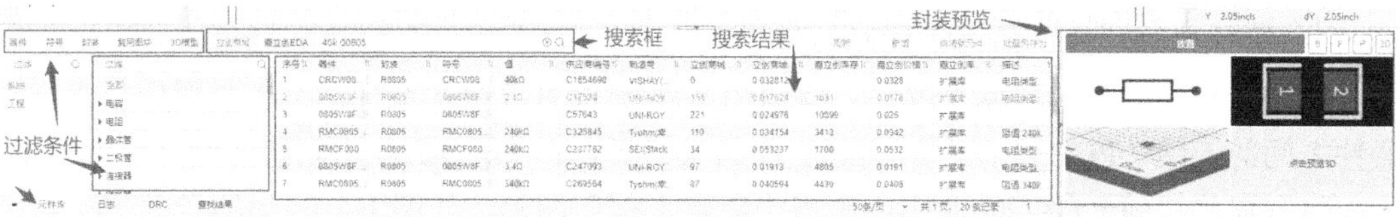

图 1-4-4 搜索电阻示例

5. 新建封装

在“快速开始”界面中单击“新建封装”图标即可打开图 1-4-5 所示的对话框，分别填入名称、分类、描述后单击“保存”按钮即可进入封装绘制界面，如图 1-4-6 所示。

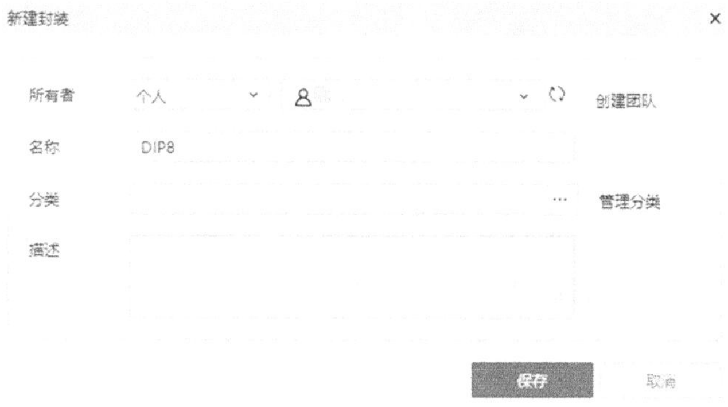

图 1-4-5 “新建封装”对话框

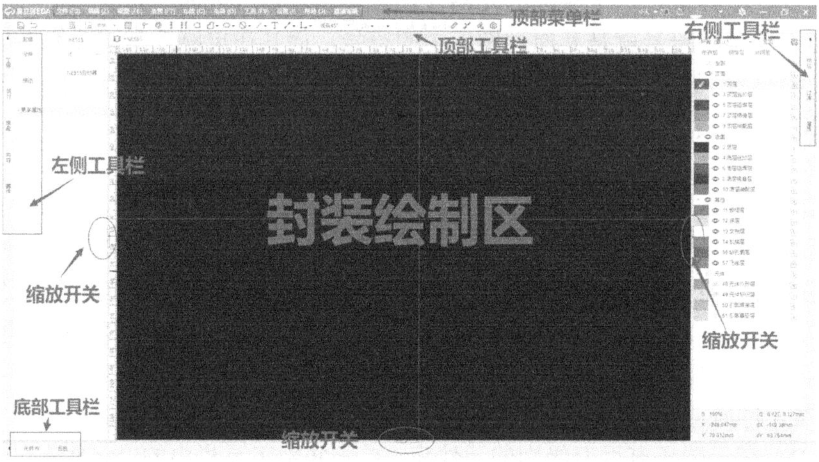

图 1-4-6 封装绘制界面

从器件手册中查找到 555 定时器 PDIP 封装的机械结构数据，如图 1-4-7 所示，根据机械结构数据完成封装绘制。

（1）放置引脚焊盘。选择顶部菜单栏中“放置”→“焊盘”→“条形多焊盘”，或单击工具栏中的 ⁝ 按钮即可进行焊盘放置。单击开始放置，向下滑动鼠标至出现 4 个焊盘后停止滑动，输入引脚间距 2.54mm 后按回车键即可完成第一列引脚焊盘的绘制，如图 1-4-8 所示。然后用相同的方法绘制第二列引脚焊盘。

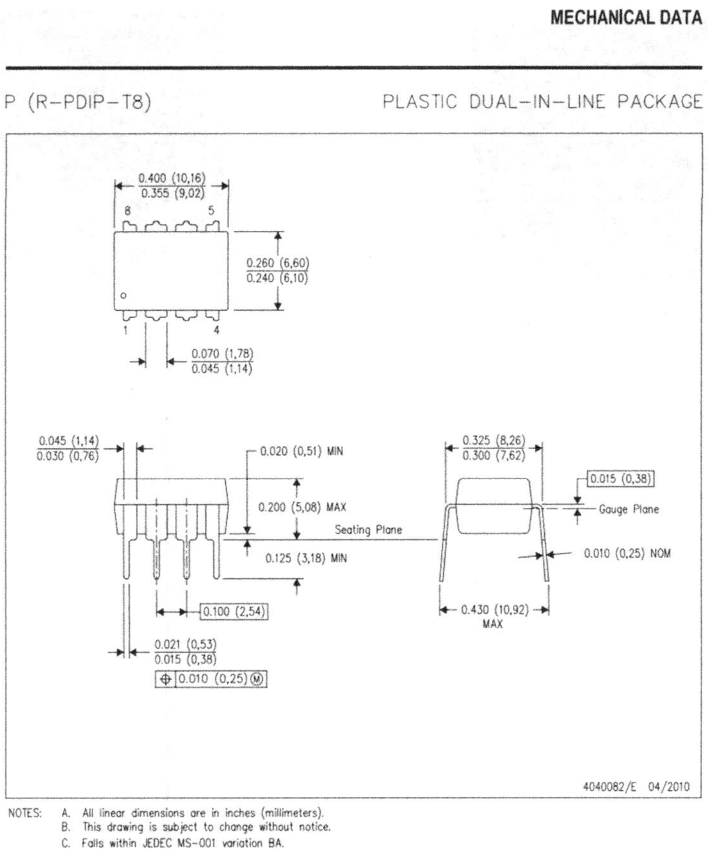

图 1-4-7 NE555-PDIP 封装的机械结构数据

（2）调整焊盘间距。根据图 1-4-7，芯片两列引脚焊盘间距在 7.26～7.62mm 之间，选中 8 号焊盘，右击，选择“偏移”→“相对偏移”，在“偏移 X”框中输入 7.5mm，如图 1-4-9 所示，单击“确认”按钮。随后选中 5～8 号焊盘，右击，选择“对齐”→“右对齐”，结果如图 1-4-10 所示。也可以使用快捷键“N”启用测距工具辅助调整。

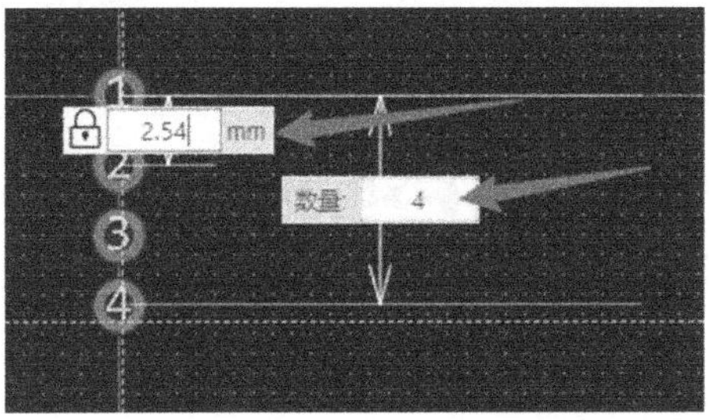

图 1-4-8 绘制第一列引脚焊盘

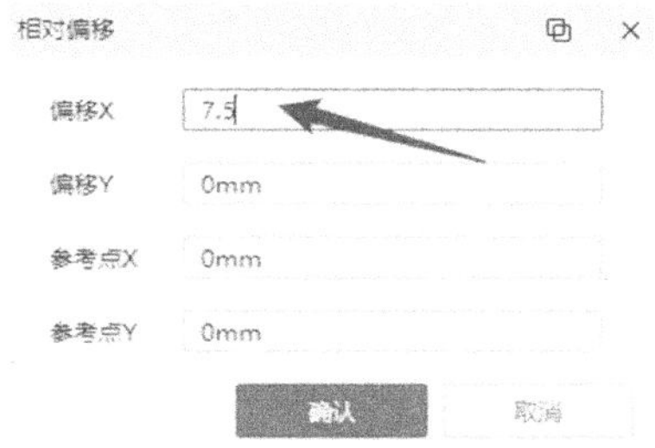

图 1-4-9 设置相对偏移量

（3）绘制顶层丝印。首先在右侧工具栏中，选择“图层”→“顶层丝印层”，通过顶部工具栏的直线按钮或在顶部菜单栏中选择“放置”→“线条”→“折线”，绘制一个 12mm×10mm 的矩形作为外框，如图 1-4-11 所示。

立创 EDA 针对常见元器件提供了快速绘制封装的方法：单击左侧工具栏中的“向导”标签，选择所需芯片封装，输入芯片相关尺寸后即可快速生成封装，如图 1-4-12 所示。

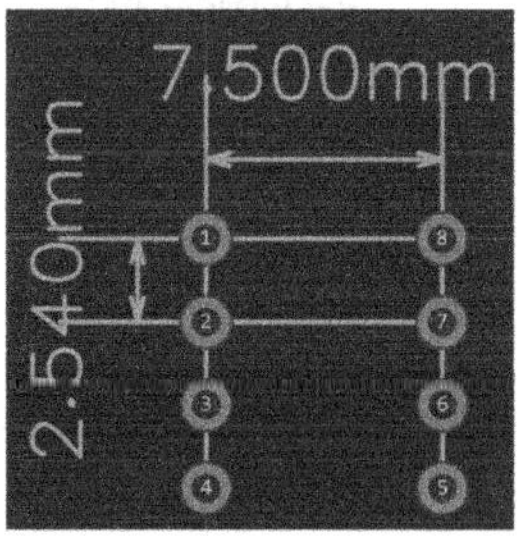

图 1-4-10 右对齐结果

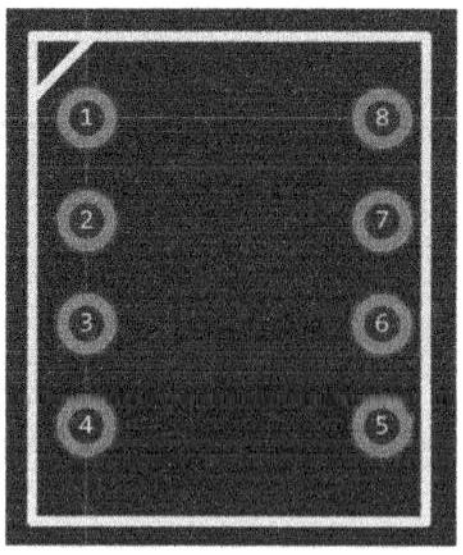

图 1-4-11 绘制外框

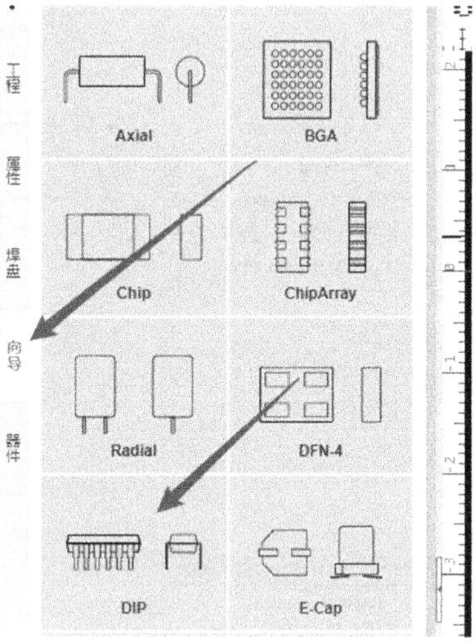

图 1-4-12 快速绘制封装

6．新建器件

在“快速开始”界面中单击“新建器件”图标，在弹出的对话框中输入器件的名称，如图 1-4-13 所示，单击“保存”按钮，出现图 1-4-14 所示的绘制界面。

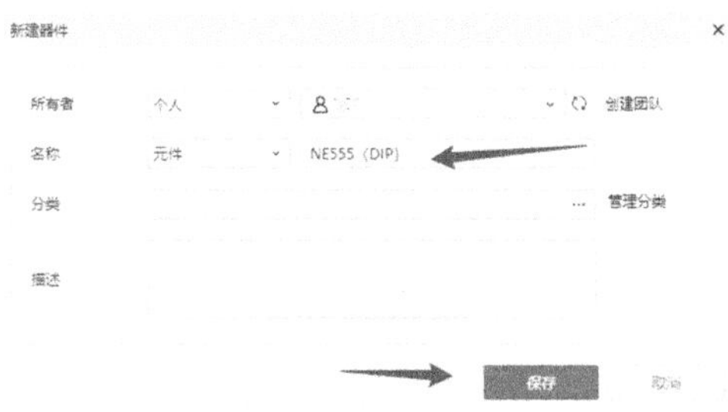

图 1-4-13 “新建器件”对话框

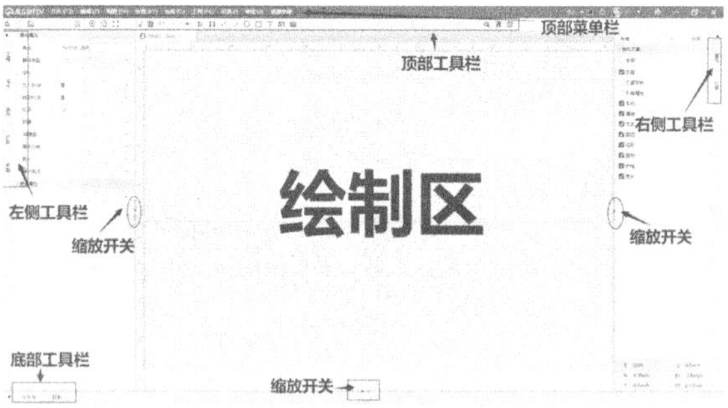

图 1-4-14 绘制界面

① 绘制器件。在顶部菜单栏中选择“放置”→“引脚”和“矩形”，绘制 NE555 的电路符号，如图 1-4-15 所示。

② 添加引脚名称。输入引脚名称，注意不要修改引脚数，避免后续无法与封装对应的情况，如图 1-4-16 所示。

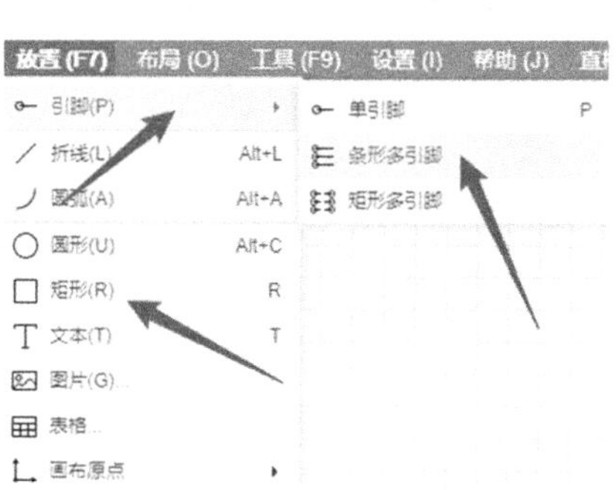

图 1-4-15　“引脚”菜单和“矩形”命令

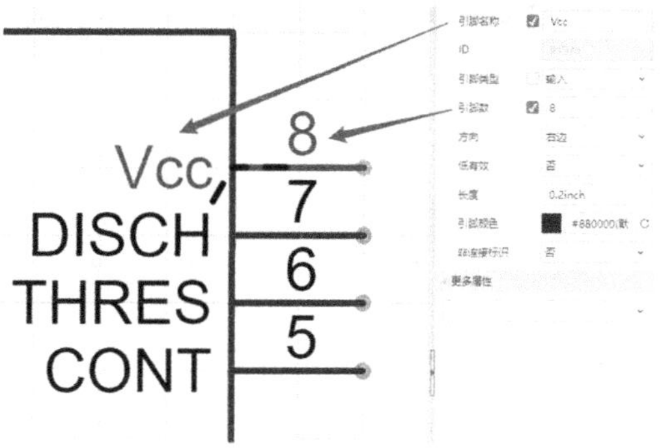

图 1-4-16　添加引脚名称

在立创 EDA 中也提供了快速生成符号的工具，单击左侧工具栏中的“向导”标签，填写信息后单击“生成符号”按钮即可，如图 1-4-17 所示。

将符号和先前绘制的封装进行关联，在左侧工具栏中选择“属性”→“封装”，单击末尾灰色三点按钮，弹出图 1-4-18 所示的封装管理器，在封装筛选区中选择“个人”→“IC”→“DIP8”，单击“更新”按钮即可将符号和封装关联起来，如图 1-4-19 所示。后续在原理图绘制中在底部工具栏中选择“元件库”→“个人”，就可以找到并使用该元件。

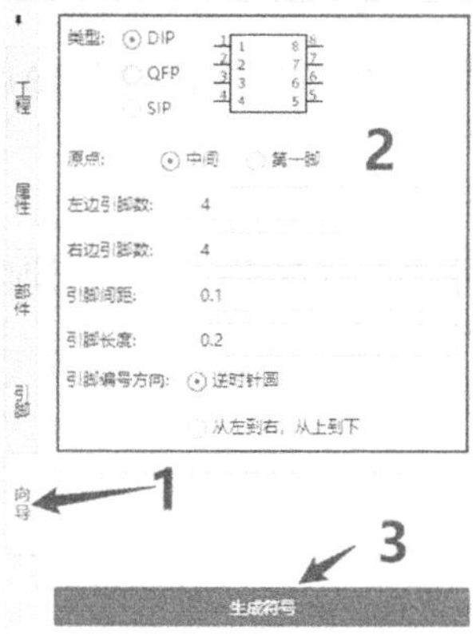

图 1-4-17　快速生成符号

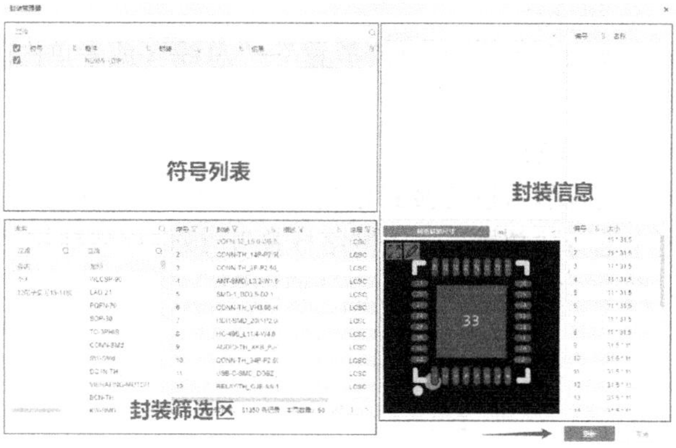

图 1-4-18　封装管理器

7. 绘制原理图

在左侧项目文件列表中双击原理图文件即可打开图 1-4-20 所示的原理图绘制界面，选择元件进行布局和连线。

布局元件的常用方法有：

① 选中元件后使用鼠标将其拖动到指定位置；

② 选中元件后使用键盘的方向键对其进行移动；

③ 选中元件后使用空格键使其旋转。

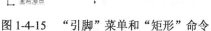

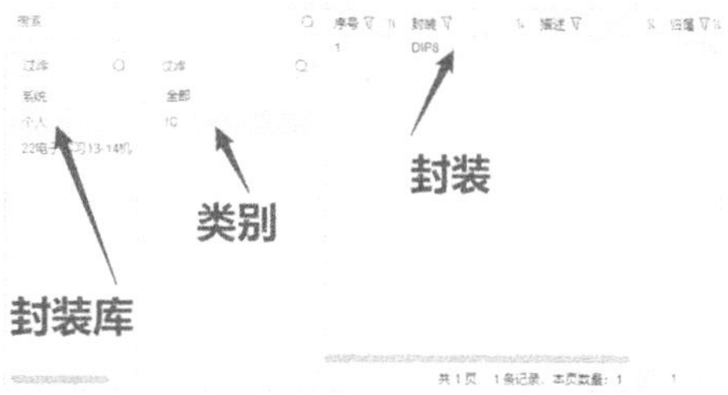

图 1-4-19　选择“个人”→“IC”→“DIP8”

图 1-4-20 原理图绘制界面

连线的方法有导线、总线、网络标签三种。

① 导线。

在顶部菜单栏中选择“放置”→“导线”，或者单击导线图标，或者使用快捷键“W”，或者单击元件的引脚端点进行绘制。

② 总线。

在顶部菜单栏中选择“放置”→“总线”，或者单击总线图标，或者使用快捷键“Alt+B”进行绘制。

③ 网络标签。

网络标签可以连接到导线和引脚上，相同名称的网络标签将会连接在一起。在顶部菜单栏中选择“放置”→“网络标签”，或使用快捷键“N”进行放置。

图 1-4-21 为心率计的设计原理图。

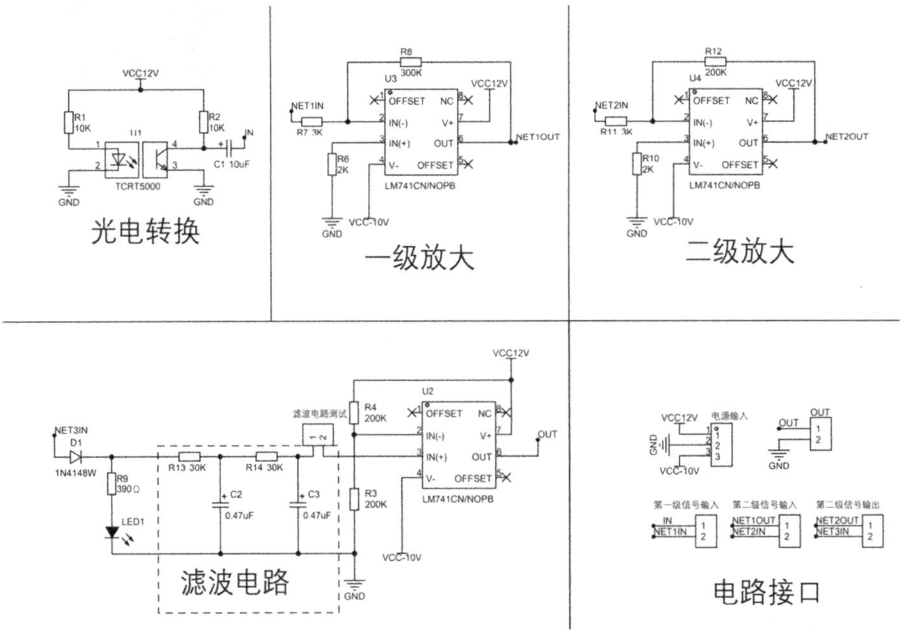

图 1-4-21 心率计的设计原理图

8. PCB 设计及制造

立创 EDA 中的 PCB 可从原理图中直接生成，当原理图绘制结束后选择顶部菜单栏中的“设计”→“更新/转换原理图到 PCB”，软件会自动根据原理图生成 PCB 文件，如图 1-4-22 所示。

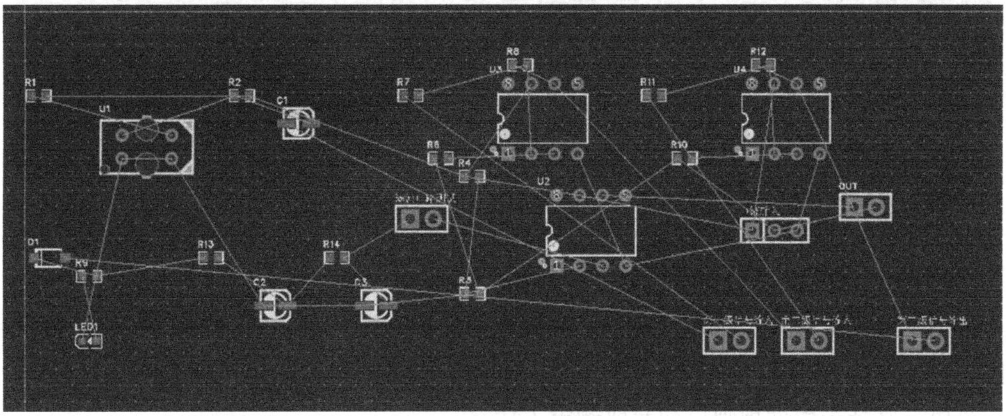

图 1-4-22　心率计的设计 PCB 图

① 板框层绘制。

确定好 PCB 的外形尺寸后，在右侧工具栏中选择“图层”→“板框层”，在顶部工具栏中选择需要的图形，完成板框层的绘制。

② 元件布局。

用鼠标直接拖动元件到目标位置，也可使用方向键移动，还可在顶部菜单栏“布局”中选择“对齐”“分布”“旋转”“翻转”等选项进行布局。PCB 布局中应在满足既定功能的前提下综合考虑结构、热量、可制造性、易维护性、可测试性等要求。

图 1-4-23 为心率计的设计 PCB 布局图。

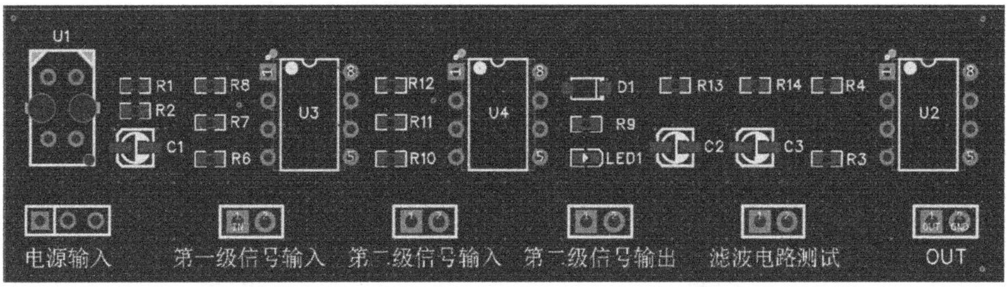

图 1-4-23　心率计的设计 PCB 布局图

③ 布线。

用鼠标直接拖动元件到目标位置完成板框层绘制后，即可根据确定的 PCB 边界进行布线了。在顶部菜单栏选择“布线”→“单路布线”或按“W”键进行单路布线。还可采用等长布线、差分布线等多种布线方式。

在布线时，若需要调整布线宽度，按“TAB”键，软件会弹出设置对话框，手动输入数值即可改变布线宽度。已绘制的线可在选中后在右侧的属性面板中更改宽度。

布线的结果如图 1-4-24 所示。PCB 布线过程中需要考虑电流承载能力、信号抗干扰、布局规范等具体要求来完成布线任务。在进行双面 PCB 设计中通常在顶层进行除 GND 外的线路设计，底层和顶部的剩余空间通过大面积铺铜加网络缝合孔的方式进行连接。

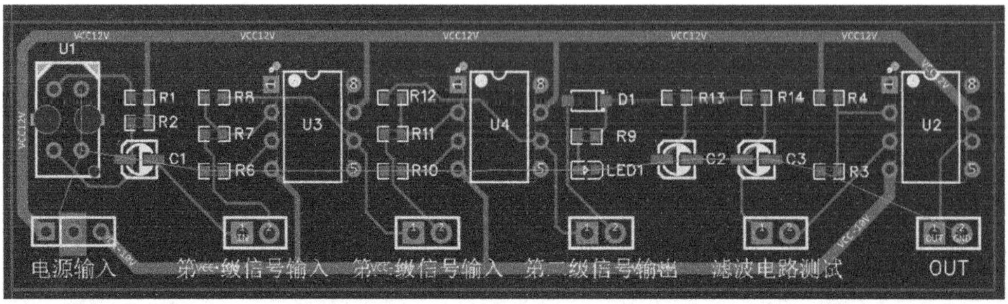

图 1-4-24 心率计的设计 PCB 布线图

④ 铺铜、添加网络缝合孔。

单击顶部工具栏中 按钮或在顶部菜单栏中选择“放置”→“铺铜区域”，然后选择铺铜区域，即可开始铺铜。在图 1-4-25 所示的对话框中，选择铺铜的图层和网络后，单击“确认”按钮，软件会根据规则自动完成剩余工作。

在顶部菜单栏中选择“缝合孔”，选择需要的形状，会弹出图 1-4-26 所示对话框，单击“单击选择网络”按钮，在需要缝合的网络处单击，或单击右上方下拉按钮手动选择网络。在上方框中设置过孔尺寸，在下方框中设置过孔密度，设置完成后单击“确认”按钮，然后框选缝合区域即可。

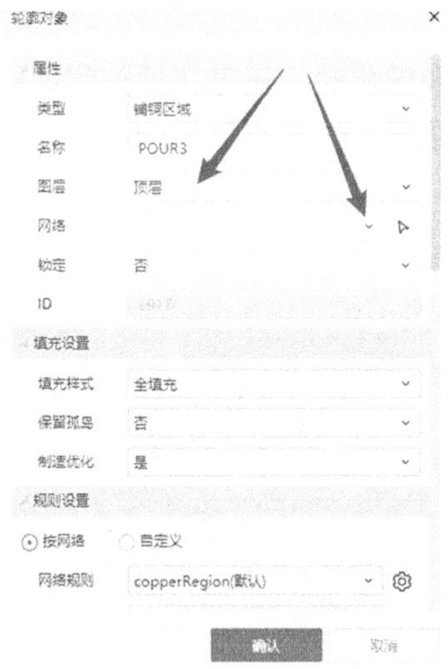

图 1-4-25 铺铜轮廓对象设置

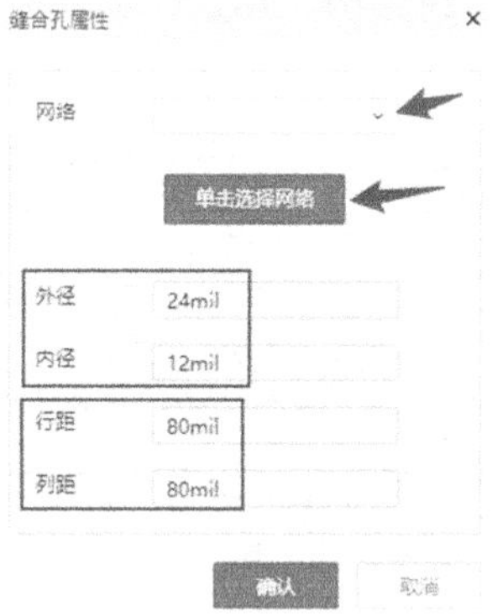

图 1-4-26 缝合孔属性设置

最后完成的 PCB 如图 1-4-27 所示。

⑤ DRC。

DRC 是复杂 PCB 设计中保证设计正确的重要手段。在底部工具栏中单击“DRC”标签，即可打开 DRC 界面，单击“检查 DRC”按钮开始 DRC。检查无误后即可进行 PCB 制造。

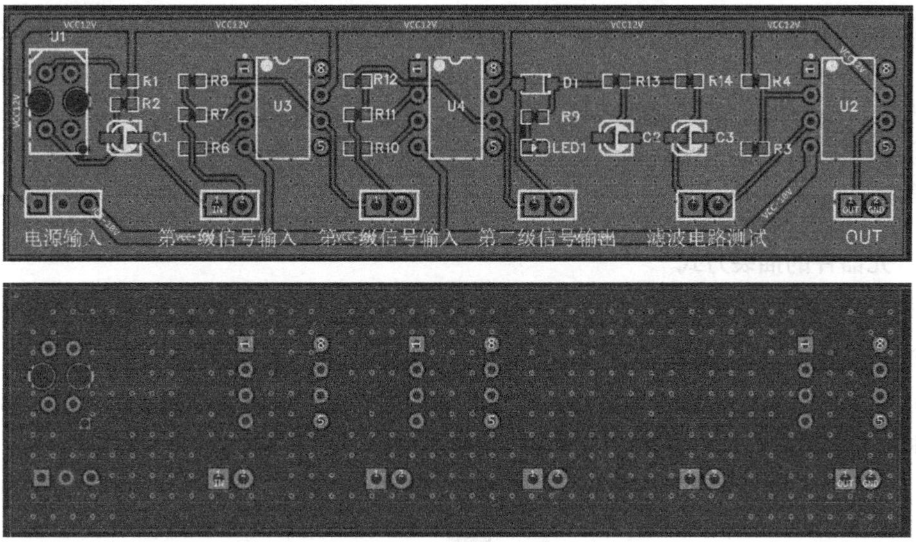

图 1-4-27　完成的 PCB 图

⑥ PCB 预览。

立创 EDA 中来自官方元件库的元件均有 3D 模型，在 PCB 设计结束后，我们可以通过单击顶部工具栏中的按钮进行 3D 图预览，如图 1-4-28 所示。

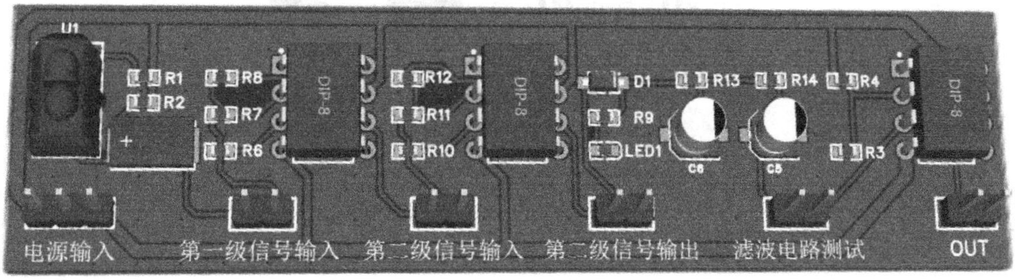

图 1-4-28　3D 图

⑦ PCB 制造。

在顶部菜单栏中选择“导出”→“PCB 制板文件”，即可导出 Gerber 文件，提供给制造商进行制造。

1.5　电子元器件的组装与焊接

1.5.1　电子元器件的组装

1．元器件的插装原则

① 电子元器件插装要求做到整齐、美观、牢固，元器件应插装到位，无明显倾斜、变形现象，同时应方便焊接和有利于元器件焊接时的散热。

② 手工插装、焊接，应该先插装那些需要机械固定的元器件，如功率器件的散热器、支架、卡子等，再插装需焊接固定的元器件。插装时不要用手直接触碰元器件引脚和 PCB 上的铜箔。手工插装、焊接应遵循先低后高、先小后大的原则。

③ 插装时应检查元器件是否完好无损伤。插装有极性的元器件，应按 PCB 上的丝印进行插装，不得插反和插错。对于有空间位置限制的元器件，应尽量将其放在丝印范围内。

2. 元器件的插装方式

① 直立式：电阻、电容、二极管等都应竖直安装在 PCB 上，如图 1-5-1 所示。

② 俯卧式：二极管、电容、电阻等元器件均是俯卧安装在 PCB 上的。

③ 混合式：为了适应各种不同的要求或某些位置受面积所限，在一块 PCB 上，有的元器件采用直立式安装，另外一些元器件则采用俯卧式安装。

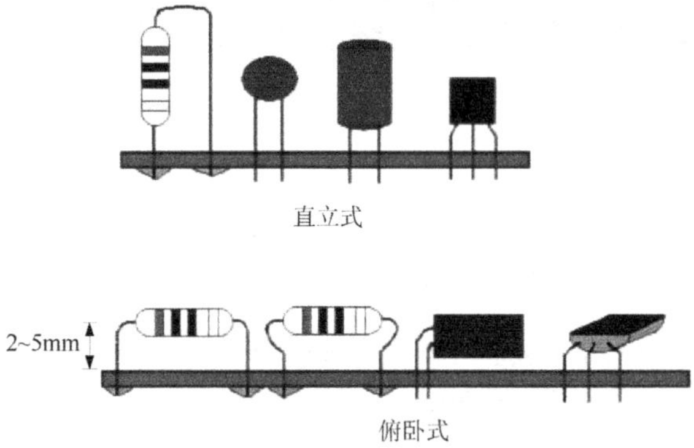

图 1-5-1 元器件的插装方式

1.5.2 电子元器件的焊接

元器件焊接的步骤如下：

① 加热焊点：用电烙铁接触焊接点，让元器件引线和焊盘都均匀受热。

② 送焊锡丝：当焊件加热到能熔化焊锡丝的温度后将焊锡丝置于焊点，焊锡开始熔化并润湿焊点。

③ 撤焊锡丝：当焊锡丝熔化一定量之后，移开焊锡丝。

④ 撤电烙铁：当焊锡完全润湿焊点后移开电烙铁，注意移开电烙铁的方向应该是大致 45° 的方向。

1.6 电子线路的调试及故障检测方法

在电子线路设计的过程中，故障往往是不可避免的。对于一个初学者来说，即使是一个简单的成熟电路也会出现各种各样的问题，更不用说一个复杂的电子系统了。因此，我们需要掌握基本的电路调试流程和方法、仪器的使用及故障检测方法等，在调试过程中不断积累经验。

1.6.1　电子线路的调试方法

电子系统的设计是从一个个单元电路开始的，调试也是从单元电路开始的，在设计之初就应该留出测试点，当所有的单元电路都调试通过后，再对各个功能模块进行调试，最后进行整个电子系统的联调。具体方法如下：

1）电源调试

无论是单元电路、功能模块还是电子系统的测试，首先应该保证电源的正确和稳定。如果被测电子线路没有自带电源，在通电前要对所有的外接电源电压进行测量和调整，等调至电路工作需要的电压后，才能加到电路上。如果被测电子线路自带电源，应首先进行电源部分的调试，保证电源指标符合各个电路的要求。

2）电路元器件的检查

在通电前，对照电路图检查单元电路的每一个集成电路、元器件型号是否正确，各元器件极性有无接反，引脚有无损坏等。

3）连线检查

可通过万用表的二极管挡，对照电路图逐一检查，尤其是查找是否存在电源线与地线导通的情况。

4）通电调试

① 通电观察：通电后不要急于测量电气指标，而要观察电路有无异常，例如有无冒烟现象，有无异常气味，手摸集成电路外封装是否发烫等。如果出现异常现象，应立即关断电源，待排除故障后再通电。

② 静态调试：静态调试一般是指在不加输入信号，或只加固定的电平信号的条件下所进行的直流测试，可用万用表测出电路中各点的电位，通过和理论估算值比较，结合对电路原理的分析，判断电路直流工作状态是否正常，及时发现电路中已损坏或处于临界工作状态的元器件。通过更换元器件或调整电路参数，使电路直流工作状态符合设计要求。

③ 动态调试：动态调试是在静态调试的基础上进行的，在电路的输入端加入合适的信号，按信号的流向，顺序检测各测试点的输出信号，若发现不正常现象，应分析其原因，并排除故障，再进行调试，直到满足要求。

1.6.2　故障检测方法

1）直接观察法

检查仪器的选用和使用是否正确；电源电压和极性是否符合要求；电解电容的极性、二极管和三极管的引脚、集成电路的引脚，有无错接、漏接、互碰等情况；布线是否合理；PCB 有无断线；电阻、电容是否烧焦和炸裂等。通电观察元器件有无发烫、冒烟现象，变压器有无焦味，指示灯是否亮等。此法简单，也很有效，可用于初步检查，但对比较隐蔽的故障则无能为力。

2）万用表静态测量

电子线路的供电系统，以及二极管、三极管、集成块的直流工作状态可用万用表测定。当测得值与正常值相差较大时，经过分析可找到故障点。

3）动态测量

在电路中接入测试信号（通常模拟电路接入正弦信号，数字电路接入脉冲信号），观察输出信号的变化，分析查找故障原因。

4）测试元器件的好坏

可根据元器件的特性，搭建简单的测试电路，测试元器件的好坏。

第 2 章

常用元器件介绍

2.1 电阻器

电阻器是一个限流元件，通常简称为电阻，用字母 R 表示，单位是欧姆（Ω）。

2.1.1 电阻器的分类

电阻器按照结构可以分为固定电阻器、可变电阻器及特种电阻器；按照材料可分为线绕电阻器和非线绕电阻器，非线绕电阻器又可分为厚膜电阻器、合金电阻器、薄膜电阻器；按照用途分为通用型电阻器、高阻型电阻器、高压型电阻器、高频型电阻器；按照封装类型分为贴片电阻器和直插电阻器两种；可变电阻器分为滑动变阻器和电位器；特种电阻器包括热敏电阻器、力敏电阻器、光敏电阻器、压敏电阻器等，如图 2-1-1 所示。

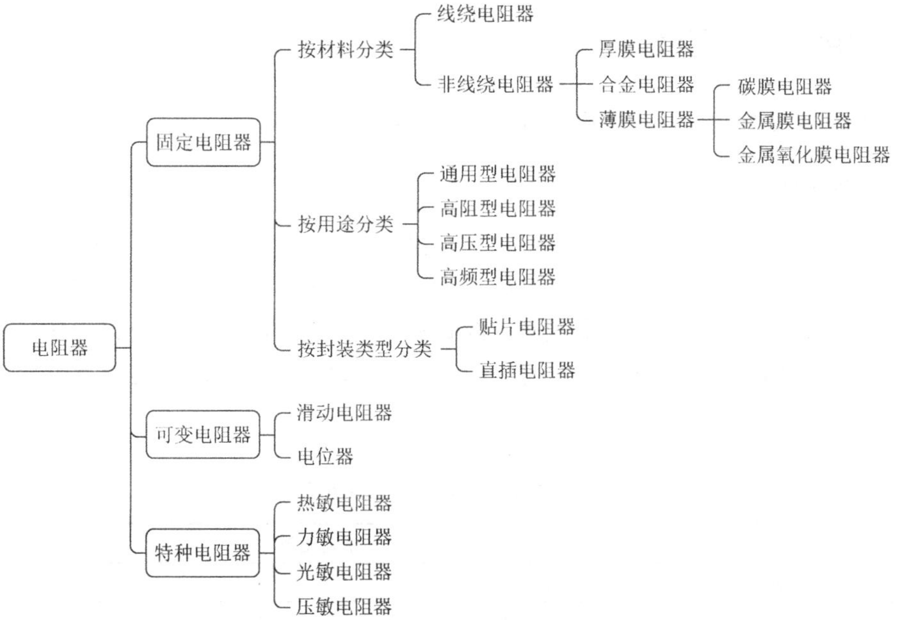

图 2-1-1 电阻器的分类

2.1.2 电阻器型号及含义

电阻器型号各部分含义如表 2-1-1 所示。

例如 RJ71-0.125-5.1K-I，在括号中注出含义为：R（电阻器）J（金属膜）7（精密）1（序号）-0.125（额定功率 0.125W）-5.1K（标称阻值 5.1kΩ）-I（允许偏差 5%）。

表 2-1-1 电阻器型号各部分含义

第 1 部分（名称）		第 2 部分（材料）		第 3 部分（类型）		第 4 部分（序号）
符号	含义	符号	含义	符号	含义	用数字表示
R	电阻器	T	碳膜	1、2	普通	常用个位数表示或无数字
		P	硼碳膜	3	超高频	
		U	硅碳膜	4	高阻	
		C	沉积膜	5	高温	
		H	合成膜	6、7	精密	
		I	玻璃釉膜	8	高压	
		J	金属膜			
		Y	氧化膜	9	特殊	
		S	有机实心	G	高功率	
		N	无机实心	T	可调	
		X	绕线	X	小型	
		R	热敏	L	测量用	
		G	光敏			
		M	压敏			

2.1.3 电阻器的主要参数

电阻器的主要参数包括：标称阻值、额定功率等。

1. 标称阻值

为了便于生产和管理，生产商制定了一系列阻值作为电阻器阻值的标准值，这一系列阻值称为电阻器的标称阻值，一般分为 E_6、E_{12}、E_{24}、E_{48}、E_{96}、E_{192} 六大系列，E 表示指数间距，就是以指数间距为标准规格。例如 E_6 系列，它的标称阻值公比为 $\sqrt[6]{10} \approx 1.47$，那么 E_6 系列标称阻值为 1、1.5、2.2（1.47^2）、3.3（1.47^3）、4.7、6.8，如表 2-1-2 所示。电阻器的阻值=标称阻值×10^n（n 为整数）。

表 2-1-2 电阻器的标称阻值

系列	精度	标称阻值
E_6	±20%	1.0 1.5 2.2 3.3 4.7 6.8
E_{12}	±10%	1.0 1.2 1.5 1.8 2.2 2.7 3.3 3.9 4.7 5.6 6.8 8.2
E_{24}	±5%	1.0 1.1 1.2 1.3 1.5 1.6 1.8 2.0 2.4 2.7 3.0 3.3 3.6 3.9 4.3 4.7 5.1 5.6 6.2 6.8 7.5 8.2 9.1

续表

系列	精度	标称阻值
E_{96}	±1%	1.00 1.02 1.05 1.07 1.10 1.13 1.15 1.18 1.21 1.24 1.27 1.30 1.33 1.37
		1.40 1.43 1.47 1.50 1.54 1.58 1.62 1.65 1.69 1.74 1.78 1.82 1.87 1.91
		1.96 2.00 2.05 2.10 2.15 2.21 2.26 2.32 2.37 2.43 2.49 2.55 2.61 2.67
		2.74 2.80 2.87 2.94 3.01 3.09 3.16 3.24 3.32 3.40 3.48 3.57 3.65 3.74
		3.83 3.92 4.02 4.12 4.22 4.32 4.42 4.53 4.64 4.75 4.87 4.99 5.11 5.23
		5.36 5.49 5.62 5.76 5.90 6.04 6.19 6.34 6.49 6.65 6.81 6.98 7.15 7.32
		7.50 7.68 7.87 8.06 8.25 8.45 8.66 8.87 9.09 9.31 9.53 9.76
E_{192}	±0.1%	1.0～9.88

2．额定功率

电阻器的额定功率指在正常条件下，电阻器长时间连续工作所允许消耗的最大功率。电阻器额定功率系列如表 2-1-3 所示。同类电阻器，额定功率越大，尺寸越大。

表 2-1-3 电阻器额定功率系列

类别	额定功率系列
线绕电阻器	0.05 0.125 0.25 0.75 2 3 4 5 6 6.5 7.5 8 10 16 25 40 50 75 100 150 250 500
非线绕电阻器	0.05 0.125 0.25 0.5 1 2 5 10 25 50 100

在电路图中表示电阻器的功率时，采用的符号如图 2-1-2 所示。

图 2-1-2 不同额定功率电阻器的电路符号

2.1.4 电阻器的标识方法

电阻器的标识方法主要有两种：直标法和色标法。

1．直标法

直标法就是将电阻器的类别、阻值、精度、额定功率直接标注在电阻器上，如图 2-1-3 所示。图 2-1-3（a）所示为 5W、47Ω、5%（允许偏差）的水泥电阻器。图 2-1-3（b）所示为贴片电阻器，它的第一位和第二位为有效数字，第三位表示在有效数字后面所加“0”的个数，这一位不会出现字母。例如：“473”表示 47kΩ；“151”表示 150Ω。如果是小数，则用“R”表示小数点，并占用一位，其余两位是有效数字。例如，“2R4”表示 2.4Ω；“R15”表示 0.15Ω。

2．色标法

色标法指用标在电阻上的不同的色环来指示阻值和允许偏差，通常有 4 色环电阻器和 5 色环电阻器，图 2-1-4 所示为 4 色环电阻器对照图，第 1、2 色环表示有效数字，第 3 色环表示倍率，第 4 色环表示允许偏差；5 色环电阻器的第 1、2、3 色环表示有效数字，第 4 色环表示倍率，第 5 色环表示允许偏差。

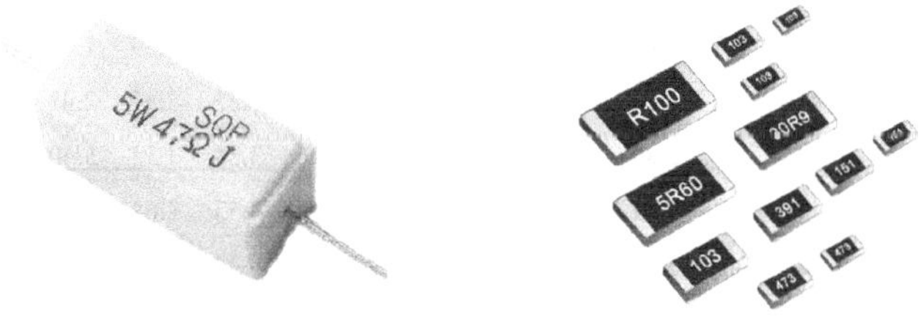

（a）水泥电阻器　　　　（b）贴片电阻器

图 2-1-3　直标法

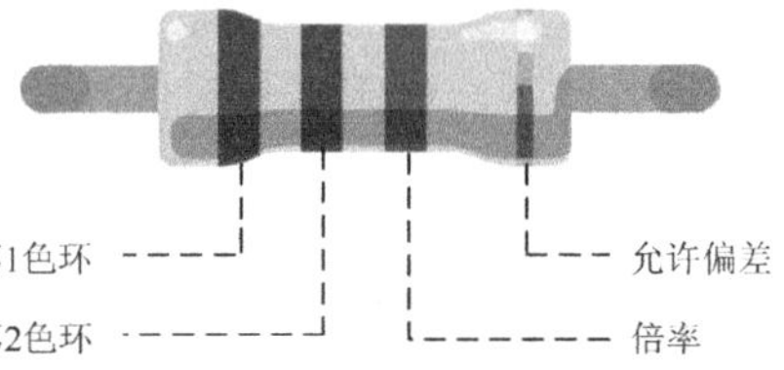

	第1、2色环	倍率	允许偏差
黑色	0	$\times10^{0}$	—
棕色	1	$\times10^{1}$	±1%
红色	2	$\times10^{2}$	±2%
橙色	3	$\times10^{3}$	—
黄色	4	$\times10^{4}$	—
绿色	5	$\times10^{5}$	±0.5%
蓝色	6	$\times10^{6}$	±0.25%
紫色	7	$\times10^{7}$	±0.1%
灰色	8	$\times10^{8}$	±0.05%
白色	9	$\times10^{9}$	—
金色	—	$\times10^{-1}$	±5%
银色	—	$\times10^{-2}$	±10%
无色	—	—	±20%

图 2-1-4　电阻器 4 色环对照图

也可通过微信小程序“色环电阻值计算器”选择相应的色环进行计算，如图 2-1-5 所示。

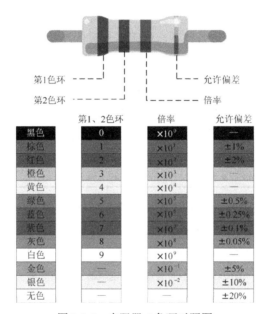

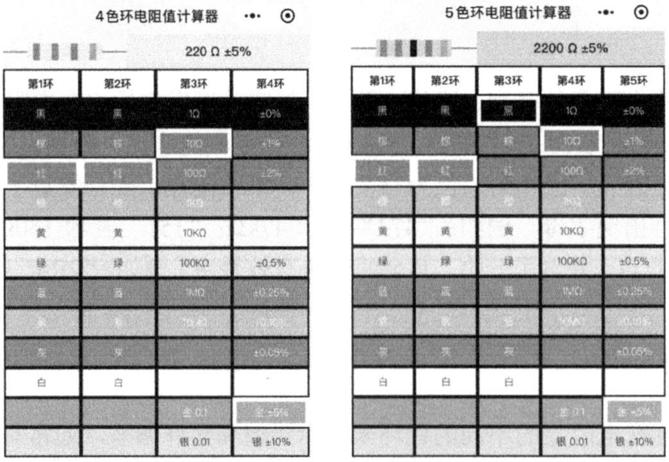

图 2-1-5　色环电阻值计算器

2.1.5　电阻器阻值的测量方法

电阻器阻值的测量方法主要有两种：直接测量法和间接测量法。直接测量法可通过万用表进行测量，测量时注意选择合理的量程，断开电路，单独测量。间接测量法就是测量电阻器两端的电压和流过电阻器的电流，根据欧姆定理（$R=U/I$）计算出电阻器的阻值。

2.2　电容器

电容器是一种容纳电荷的元件，通常简称为电容，用字母 C 表示，单位是法拉（F）。

2.2.1　电容器的分类

电容器按照结构可以分为固定电容器、可变电容器及微调电容器；按照极性可分为有极性电容器和无极性电容器；按照介质材料可分为有机介质电容器、无机介质电容器、电解质电容器及气体介质电容器，如图 2-2-1 所示。

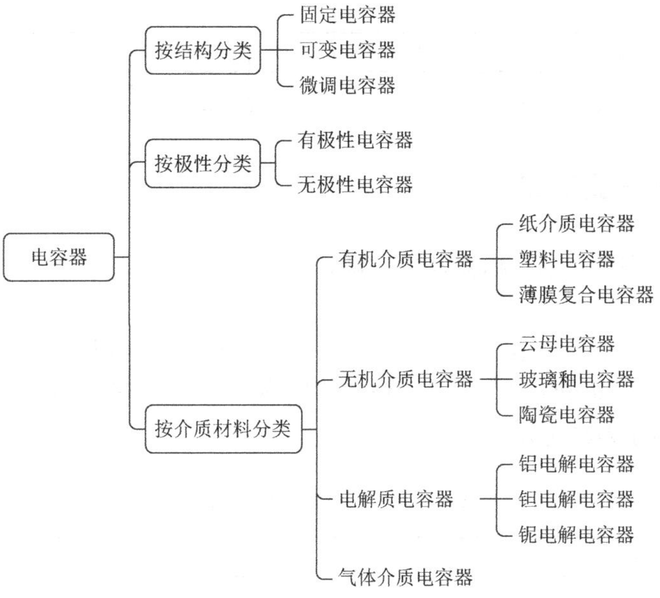

图 2-2-1　电容器的分类

2.2.2　电容器型号及含义

电容器型号各部分含义如表 2-2-1 所示。

例如 CJX-250-0.33-±10%，在括号中注出含义为：C（电容器）J（金属化纸介）X（小型）-250（额定电压 250V）-0.33（标称容值 0.33μF）-±10%（允许偏差±10%）。

表 2-2-1 电容器型号各部分含义

第 1 部分（名称）		第 2 部分（介质材料）		第 3 部分（类型）		第 4 部分（参数）
符号	含义	符号	含义	符号	含义	含义
C	电容器	A	钽电解	X	小型	品种、尺寸、允许偏差等性能指标
		B	聚苯乙烯	G	高功率	
		C	高频陶瓷	T	叠片	
		D	铝电解	W	微调	
		E	其他材料电解	J	金属化	
		G	合金电解	Y	高压	
		H	纸膜复合			
		I	玻璃釉			
		J	金属化纸介			
		L	涤纶			
		N	铌电解			
		O	玻璃膜			
		Q	漆膜			
		T	低频陶瓷			
		V	云母纸			
		Y	云母			
		Z	纸介			

2.2.3 电容器的主要参数

电容器的主要参数包括：标称容量、额定电压等。

1）标称容量

标称容量指标注在电容器上的电容量值，标称容量的基本单位是法拉（F），$1F = 10^3 mF = 10^6 \mu F = 10^9 nF = 10^{12} pF$。电容器的标称容量如表 2-2-2 所示。电容器的标称容量=标称值×10^n（n 为整数）。

表 2-2-2 电容器的标称容量

系列	允许偏差	标称值
E_3	±5%	1.0 2.2 4.7
E_6	±10%	1.0 1.5 2.2 3.3 4.7 6.8
E_{12}	±20%	1.0 1.2 1.5 1.8 2.2 2.7 3.3 3.9 4.7 5.6 6.8 8.2
E_{24}	大于±20%	1.0 1.1 1.2 1.3 1.5 1.6 1.8 2.0 2.2 2.4 2.7 3.0 3.3 3.6 3.9 4.3 4.7 5.1 5.6 6.2 6.8 7.5 8.2 9.1

2）额定电压

电容器的额定电压也称为耐压值，指在正常环境条件下，可长时间加在电容器两端的最高直流电压。

2.2.4　电容器的标识方法

电容器的标识方法主要有两种：直标法和数码标识法。

1）直标法

直标法就是将电容器的类别、容量、耐压值直接标注在电容器上。图 2-2-2（a）所示为 50V、470μF 的电解电容器。

2）数码标识法

数码标识法用 3 位数字表示电容量的大小，其中第一位和第二位为有效数字，第三位表示在有效数字后面所加“0”的个数，单位是 pF。例如，“104”表示 100000pF，即 0.1μF，图 2-2-2（b）所示为 0.1μF 的瓷片电容器。当第三位数字为“9”时，用有效数字$\times10^{-1}$来计算电容量，如“229”表示 22×10^{-1}pF 。

（a）电解电容器　　（b）瓷片电容器

图 2-2-2　电容器标识方法

也可通过微信小程序“工程师工具箱”输入电容器标识，换算电容量值，如图 2-2-3 所示。

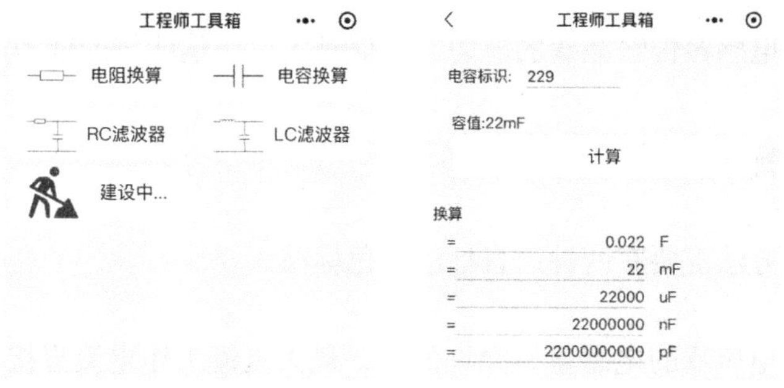

图 2-2-3　用“工程师工具箱”小程序进行电容量值换算

2.2.5　电容器的测量方法

电容器的容量可以通过万用表或者电桥测量。

2.3　电感器

电感器是能够把电能转化成磁能的元件，通常简称为电感，用字母 L 表示，单位是亨利（H）。

2.3.1 电感器的分类

电感器按照结构可以分为固定电感器、可变电感器及微调电感器；按照导磁体性质可分为空心线圈、铁氧体线圈、铁芯线圈和铜芯线圈；按照形式可分为线绕电感器和平面电感器，如图 2-3-1 所示。

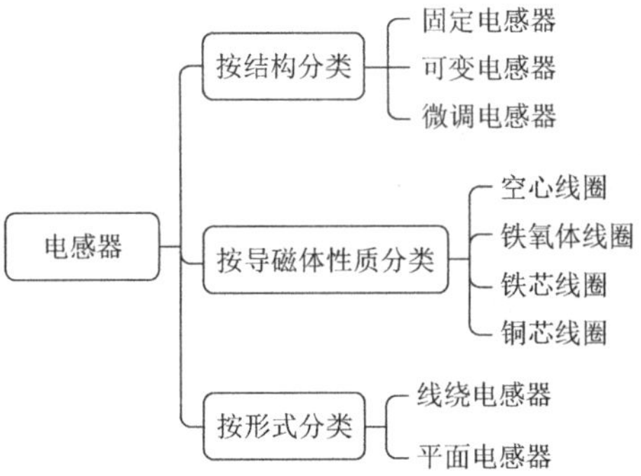

图 2-3-1 电感器的分类

2.3.2 电感器的主要参数

电感器的主要参数包括：电感量、品质因数等。

1）电感量

电感量的基本单位是亨利（H），$1\text{H}=10^3\text{mH}=10^6\mu\text{H}$。

2）品质因数（Q）

品质因数反映电感器传输能量的能力。Q 值越大，传输能量的能力越大，损耗越小。

2.3.3 电感器的标识方法

电感器的标识方法主要有两种：直标法和色标法。

1）直标法

直标法就是将电感器的电感量、允许偏差、最大直流工作电流直接标注在电感器上，最大直流工作电流用字母标识，如表 2-3-1 所示。

表 2-3-1 电感器最大直流工作电流标识方法

标识字母	A	B	C	D	E
最大直流工作电流/mA	50	150	300	700	1600

2）色标法

与 4 色环电阻器的标识方法相同，单位为μH。

2.3.4 电感器的测量方法

电感器的电感量可以通过电桥测量。

2.4　二极管

二极管是由一个 PN 结加上电极引线和密闭管壳封装而成的电子器件。它具有单向导通性，其符号及伏安特性曲线如图 2-4-1 所示。其伏安特性对温度很敏感，温度升高会导致正向特性曲线左移（导通压降降低），反向特性曲线下移（反向电流增加）。

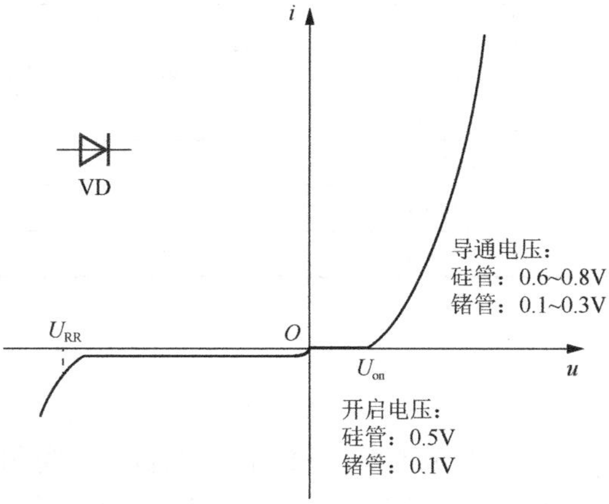

图 2-4-1　二极管的符号及伏安特性曲线

2.4.1　二极管的分类

二极管按照材料可分为硅管和锗管；按照工作原理分为肖特基二极管、隧道二极管、雪崩二极管、齐纳二极管、变容二极管等；按照用途分为开关二极管、限幅二极管、稳压二极管、发光二极管等，如图 2-4-2 所示。

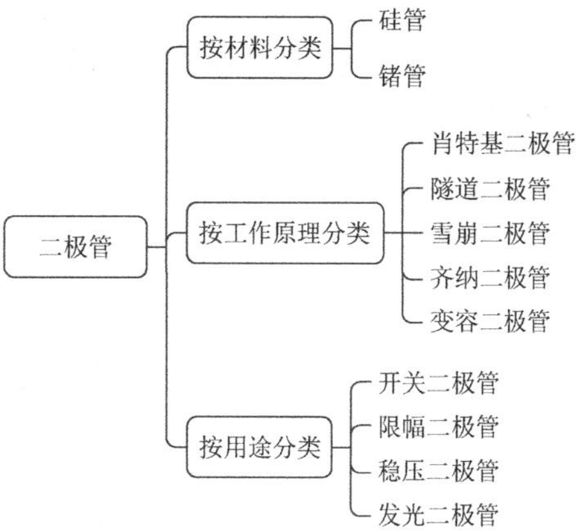

图 2-4-2　二极管的分类

2.4.2　二极管的主要参数

（1）最大整流电流（I_F）：二极管长期运行时允许通过的最大正向平均电流。

（2）最大反向工作电压（U_R）：二极管工作时允许外加的最大反向电压，超过此值，二极管有可能被击穿损坏，通常为击穿电压 U_{BR} 的一半。

（3）反向电流（I_R）：二极管未被击穿时的反向电流。I_R 越小，二极管的单向导电性越好。I_R 对温度非常敏感。

（4）最大工作频率（f_M）：二极管工作的上限截止频率。超过此值，由于结电容的作用，二极管不能体现很好的单向导电性。

表 2-4-1 列出了常见整流二极管的主要参数。

表 2-4-1 常见整流二极管的主要参数

型号	I_F（A）	U_R（V）	型号	I_F（A）	U_R（V）	型号	I_F（A）	U_R（V）
1N4001	1	50	1N54	3	25	6A50	6	25
1N4002	1	100	1N5400	3	50	6A100	6	100
1N4003	1	200	1N5401	3	100	6A200	6	200
1N4004	1	400	1N5402	3	200	6A400	6	400
1N4005	1	600	1N5403	3	300	6A800	6	800
1N4006	1	800	1N5404	3	400	6A1000	6	1000
1N4007	1	1000	1N5405	3	500			
			1N5406	3	600			
			1N5407	3	800			
			1N5408	3	1000			

2.4.3 稳压二极管

稳压二极管是一种由硅材料制成的面接触型晶体二极管，简称为稳压管。稳压二极管反向击穿时，在一定的电流范围内端电压几乎不变，表现出稳压特性。图 2-4-3 所示为稳压二极管的符号及伏安特性曲线。

稳压二极管的主要参数包括稳定电压 U_Z、稳定电流 I_Z 和动态电阻 r_Z。

（1）稳定电压（U_Z）：在规定电流下稳压二极管的反向击穿电压。

（2）稳定电流（I_Z）：稳压二极管工作在稳压状态时的参考电流，电流低于此值时稳压效果变差。

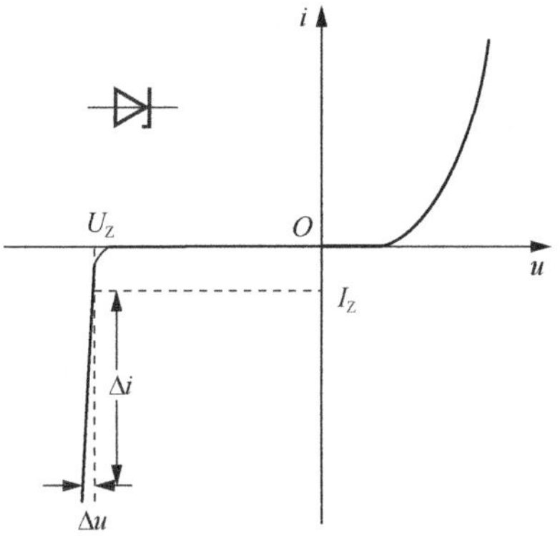

图 2-4-3 稳压二极管的符号及伏安特性曲线

（3）动态电阻（r_Z）：稳压二极管工作在稳压状态时，电压变化量与电流变化量之比，$r_Z = \Delta U_Z / \Delta I_Z$。$r_Z$ 越小，电流变化时 U_Z 变化量越小，稳压二极管性能越好。

表 2-4-2 列出了 1N47 系列稳压二极管的主要参数。

表 2-4-2 1N47 系列稳压二极管的主要参数

型号	U_Z（V）	r_Z（Ω）	I_Z（mA）	型号	U_Z（V）	r_Z（Ω）	I_Z（mA）
1N4728	3.3	10	76	1N4741	11.0	8.0	23

续表

型号	U_Z（V）	r_Z（Ω）	I_Z（mA）	型号	U_Z（V）	r_Z（Ω）	I_Z（mA）
1N4729	3.6	10	69	1N4742	12.0	9.0	21
1N4730	3.9	9.0	64	1N4743	13.0	10.0	19
1N4731	4.3	9.0	58	1N4744	14.0	14.0	17
1N4732	4.7	8.0	53	1N4745	15.0	16.0	15.5
1N4733	5.1	7.0	49	1N4746	18.0	20.0	14
1N4734	5.6	5.0	45	1N4747	20.0	22.0	12.5
1N4735	6.2	2.0	41	1N4748	22.0	23.0	11.5
1N4736	6.8	3.5	37	1N4749	24.0	25.0	10.5
1N4737	7.5	4.0	34	1N4750	27.0	35.0	9.5
1N4738	8.2	4.5	31	1N4751	30.0	40.0	8.5
1N4739	9.1	5.0	28	1N4752	33.0	45.0	7.5
1N4740	10.0	7.0	25				

2.4.4　二极管的测量方法

根据二极管的单向导通性，利用万用表欧姆挡去测量二极管，正向电阻较小，反向电阻较大。

2.5　三极管

三极管又称为双极型晶体管，是根据不同的掺杂方式在同一个硅片上制造出三个掺杂区域，形成两个 PN 结，并引出三个电极构成的，有 NPN 型和 PNP 型两种，如图 2-5-1 所示。三极管是放大电路的核心元件，它能控制能量的转化，将输入的任何微小变化不失真地放大输出。

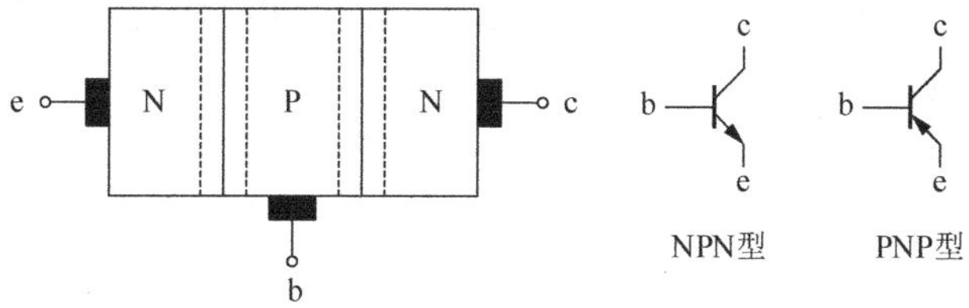

图 2-5-1　三极管的符号及NPN 型三极管的结构

2.5.1　三极管的分类

三极管按照材料可分为硅管和锗管；按照工作频率分为低频三极管、高频三极管、超高频三极管；按照功率大小分为小功率三极管、中功率三极管、大功率三极管；按照功能分为开关三极管、功率三极管、达林顿三极管、光敏三极管等，如图 2-5-2 所示。

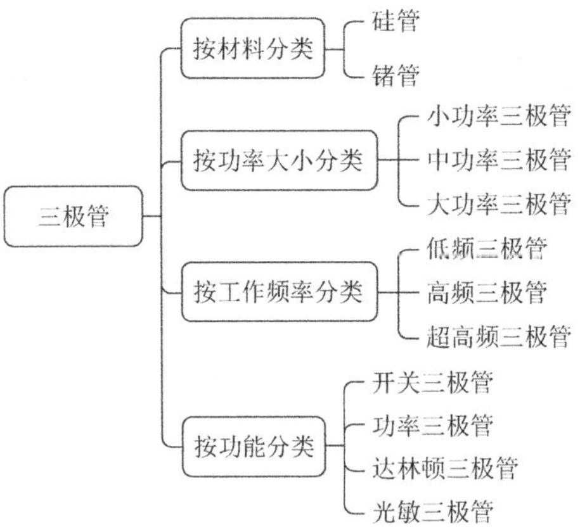

图 2-5-2　三极管的分类

2.5.2　三极管的主要参数

1．直流参数

（1）共射直流电流放大系数（$\overline{\beta}$）。

$$\overline{\beta}=\frac{I_{\mathrm{C}}-I_{\mathrm{CEO}}}{I_{\mathrm{B}}}$$

当 $I_{\mathrm{C}} \gg I_{\mathrm{CEO}}$ 时，$\overline{\beta}\approx\frac{I_{\mathrm{C}}}{I_{\mathrm{B}}}$。

（2）共基直流电流放大系数（$\overline{\alpha}$）。

当 I_{CBO} 可忽略时，$\overline{\alpha}\approx\frac{I_{\mathrm{C}}}{I_{\mathrm{E}}}$。

（3）极间反向电流。

I_{CBO} 是发射极开路时，集电结的反向饱和电流。I_{CEO} 是基极开路时，集电极与发射极间的穿透电流，$I_{\mathrm{CEO}}=(1+\overline{\beta})I_{\mathrm{CBO}}$。同型号的管子反向电流越小，性能越稳定。选用三极管时尽量选择 I_{CBO}、I_{CEO} 小的管子，硅管比锗管的极间反向电流小 2~3 个数量级，因此在稳定性上，硅管比锗管要好。

2．交流参数

（1）共射交流电流放大系数（β）。

$$\beta\approx\left.\frac{\Delta i_{\mathrm{C}}}{\Delta i_{\mathrm{B}}}\right|_{U_{\mathrm{CE}}=\text{常量}}$$

选用 β 适中的管子，β 太小则放大能力不强，β 太大则温度稳定性差。

（2）共基交流电流放大系数（α）。

$$\alpha\approx\left.\frac{\Delta i_{\mathrm{C}}}{\Delta i_{\mathrm{E}}}\right|_{U_{\mathrm{CB}}=\text{常量}}$$

（3）特征频率（f_{T}）。

由于 PN 结电容的存在，三极管的交流电流放大系数是信号频率的函数，使共射交流电流放大系数下降到 1 的信号频率称为特征频率 f_T。

3. 极限参数

（1）集电极最大耗散功率（P_{CM}）。

对某型号的三极管，P_{CM} 是一个确定值，当超过这个值时，管子特性明显变差，甚至被烧毁。

（2）集电极最大电流（I_{CM}）。

当 i_C 在相当大范围内变化时 β 基本不变，但是当 i_C 超过 I_{CM} 时 β 减小。

（3）极间反向击穿电压。

三极管某一电极开路时，另外两极间所允许加的最大反向电压，如 $U_{(BR)CBO}$、$U_{(BR)CEO}$、$U_{(BR)EBO}$。

表 2-5-1 列出三极管的主要参数。

表 2-5-1　三极管的主要参数

型号	类型	$\bar{\beta}$	f_T（MHz）	$U_{(BR)CEO}$（V）	I_{CM}（A）	P_{CM}（W）
9011	NPN	30～200	150	30	0.3	0.4
9012	PNP	90～300	150	−20	0.5	0.63
9013	NPN	90～300	150	20	0.5	0.63
9014	NPN	60～1000	150	50	0.1	0.45
9015	PNP	60～600	100	−50	0.1	0.45
9016	NPN	55～600	500	20	0.1	0.4
9018	NPN	40～200	700	15	0.05	0.4
8050	NPN	85～300	100	25	1.5	1
8550	PNP	85～300	100	−25	1.5	1

2.5.3　三极管的测量方法

利用万用表的二极管挡位可以判断三极管的好坏、类型及电极。

1）基极判定方法

将万用表调至二极管挡位，将红表笔固定在某一电极上，用黑表笔依次接触另外两个电极。如果两次显示值相同，则红表笔所接的为基极；如果两次测量值一次在 1V 以下，另外一次溢出，则调整红表笔位置重新测量。

2）三极管类型判断

确定基极之后，用红表笔接基极，用黑表笔依次接另外两个电极，如果两次测量值都在 1V 以下，则三极管属于 NPN 型；如果两次测量值都溢出，则三极管属于 PNP 型。

2.6　常用电子元器件的测量

1. 实验目的

（1）掌握常用元器件的基本特性及测量方法。

（2）掌握数字万用表的使用方法。

2. 实验内容及步骤

1）电阻器的测量

通过色环及标注找出表 2-6-1 中列出的电阻器，利用万用表测量电阻器阻值，并记入表中。

表 2-6-1　电阻器的测量

元件	型号	测量值	误差
电阻器	RJ71-0.25-300-I		
	RJ71-0.25-1.8K-I		
	RJ71-0.25-2K-I		
	RJ71-0.25-3K-I		
	RJ71-0.25-4.7K-I		

2）电容器的测量

找出表 2-6-2 中列出的电容器，利用万用表测量电容器容值，并记入表中。

表 2-6-2　电容器的测量

元件	型号	测量值	误差
瓷片电容器	103		
电解电容器	25V-10μF		

3）二极管的测量

找出表 2-6-3 中列出的二极管，利用万用表测量相关参数，并记入表中。

表 2-6-3　二极管的测量

器件	型号	正向电阻	反向电阻	正向压降
二极管	1N4007			
	1N4148			
	1N4735			
	发光二极管			

4）三极管的测量

找出表 2-6-4 中列出的三极管，通过万用表找出三极管的三个电极，测量相关参数，并记入表中。

表 2-6-4　三极管的测量

器件	型号	管型	U_{be}	U_{bc}	$\bar{\beta}$
三极管	8050				
	8550				

第 3 章

常用电子仪器的使用

3.1 数字万用表

UT802 是 19999 计数 $4\frac{1}{2}$ 数位、手动量程、便携台式、交直流供电两用数字万用表。可用于测量交直流电压、交直流电流、电阻、频率、电容、温度、三极管放大倍数、二极管和蜂鸣电路的通断。万用表功能说明及表笔端口连接图如表 3-1-1 所示。

表 3-1-1　万用表功能说明及表笔端口连接图

挡位	功能说明	输入端口	表笔端口连接图
V—	直流电压测量	V↔COM	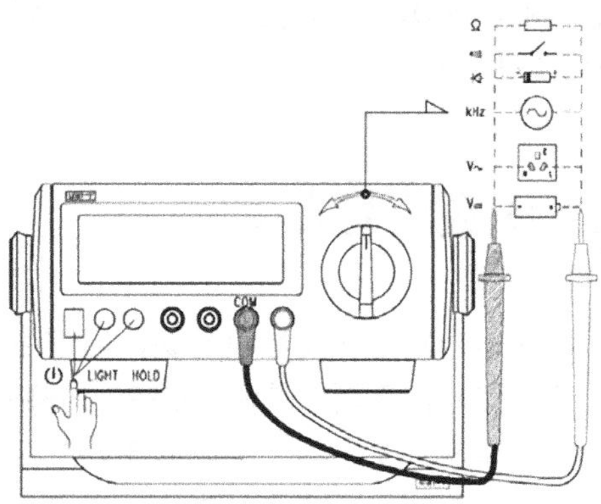
V~	交流电压测量		
Ω	电阻测量		
▶|•))	二极管/蜂鸣电路通断测量		
kHz	频率测量		
A—	直流电流测量（mA/μA 级）	mA/μA↔COM	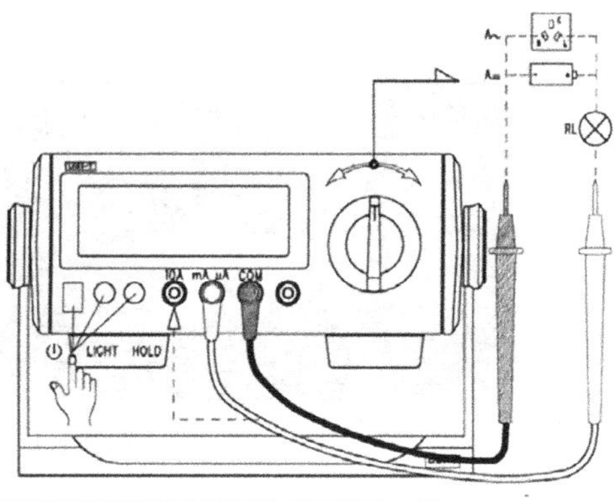
	直流电流测量（A 级）	10A↔COM	
A~	交流电流测量（mA/μA 级）	mA/μA↔COM	
	交流电流测量（A 级）	10A↔COM	

续表

挡位	功能说明	输入端口	表笔端口连接图
F	电容测量	V↔mA/μA（转接插头）	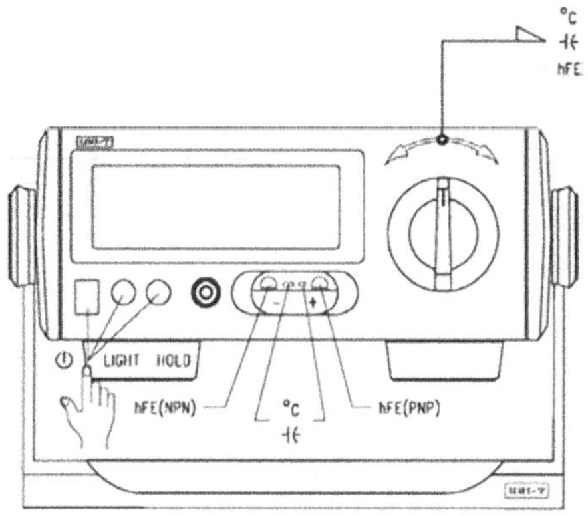
℃	温度测量		
hFE	三极管放大倍数测量		

测量时必须正确选择输入端口、功能挡位及量程，且要注意以下几点：

1）交直流电流测量

测量电流前，应先将被测电路中的电源关闭，万用表应和被测电路串联。

2）电阻测量

测量前必须先将被测电路内所有电源关断，并将所有电容器放尽残余电荷。

3）二极管测量及蜂鸣电路通断

如果被测二极管是硅管，两端电压一般为 0.5～0.8V；蜂鸣电路通断测量时，被测电路两端电阻>100Ω，认为电路是断路，被测电路两端电阻<10Ω，认为电路是良好导通的，蜂鸣器会发出响声。

3.2 函数信号发生器

函数信号发生器又称信号源，能产生多种波形（正弦波、方波、三角波、锯齿波和脉冲波等）信号。下面以普源 DG832 为例介绍函数信号发生器的使用方法，普源 DG832 是一个双通道信号发生器，每通道任意波存储深度标配达 2Mpts，采样率高达 125MSa/s，垂直分辨率为 16bit，配置了 4.3 英寸 TFT 彩色触摸显示屏，触摸屏支持拖动及单击操作，如图 3-2-1 所示。

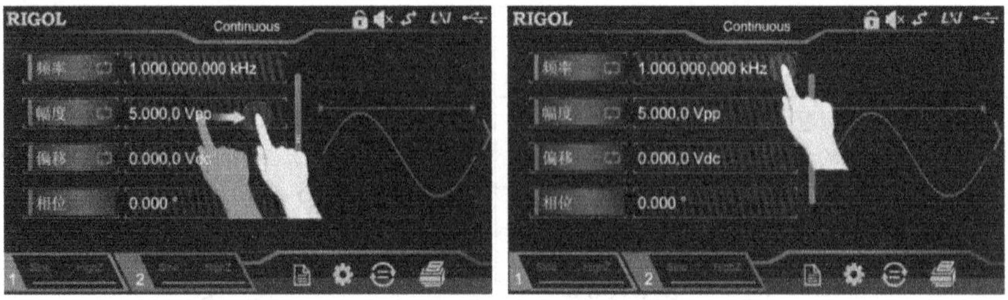

图 3-2-1　触摸屏操作方式

1．前面板功能介绍

图 3-2-2 为函数信号发生器前面板示意图，其功能如表 3-2-1 所示。

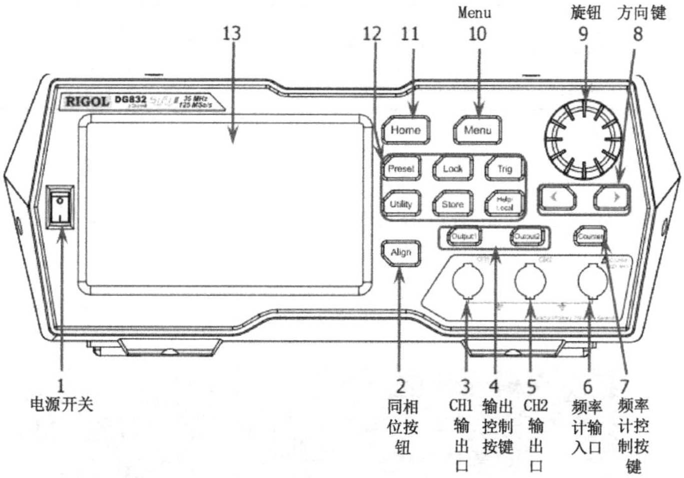

图 3-2-2 普源 DG832 函数信号发生器前面板示意图

表 3-2-1 普源 DG832 函数信号发生器前面板功能

序号	名称	功能描述	
1	电源开关	开启或者关闭函数信号发生器	
2	同相位按钮	执行同相位操作	
3	CH1 输出口	CH1 信号输出通道（标称输出阻抗为 50Ω）	
4	输出控制按键	Output1	用于 CH1 通道信号的输出控制： 按下该按键，背灯点亮，打开输出通道；背灯熄灭，关闭输出通道
		Output2	用于 CH2 通道信号的输出控制： 按下该按键，背灯点亮，打开输出通道；背灯熄灭，关闭输出通道
5	CH2 输出口	CH2 信号输出通道（标称输出阻抗为 50Ω）	
6	频率计输入口	频率计输入通道（输入阻抗为 1MΩ）	
7	频率计控制按键	用于开启或关闭频率计： 按下该按键，背灯变亮并闪烁，开启；背灯熄灭，关闭	
8	方向键	进行参数调节时，用于移动光标选择编辑的位	
9	旋钮	-选择界面中的菜单标签时，用于向上或向下移动光标 -按下旋钮可进入参数设置状态，旋转旋钮可调大或调小参数值；再次按下旋钮可确认设置并退出 -存储或读取文件时，用于选择文件保存位置或选择读取的文件，按下旋钮可展开当前选中目录	
10	Menu 键	进入波形模式选择界面	
11	Home 键	进入仪器主界面	
12	功能键	Preset	将仪器恢复至预设状态
		Lock	锁定或解锁仪器的前面板和触摸屏
		Trig	用于手动触发
		Utility	用于设置辅助功能参数和系统参数

续表

序号	名称	功能描述	
12	功能键		可存储或调用用户编辑的任意波形数据
			获取当前面板按键及当前显示界面的帮助信息
13	触摸显示屏	可触摸调节波形参数及波形显示	

2. 用户界面介绍

普源 DG832 函数信号发生器用户界面示意图如图 3-2-3 所示，各部分功能如表 3-2-2 所示。

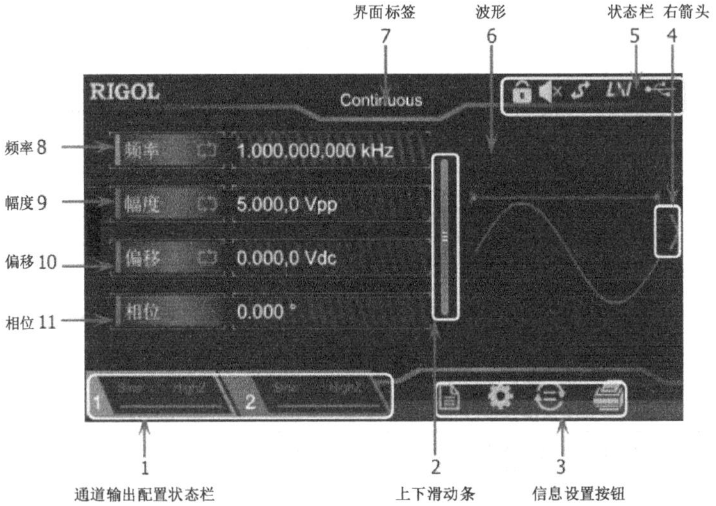

图 3-2-3 普源 DG832 函数信号发生器用户界面示意图

表 3-2-2 普源 DG832 函数信号发生器用户界面各部分功能

序号	名称	功能描述	
1	通道输出配置状态栏	显示各通道当前波形输出参数配置： 波形选择：Sine、Square、Ramp、Pulse、Noise。 调制类型：AM、FM、PM、ASK、FSK、PSK、PWM。 扫频类型：Linear、Log、Step。 Burst（猝发）类型：Ncycle、Infinite、Gated。 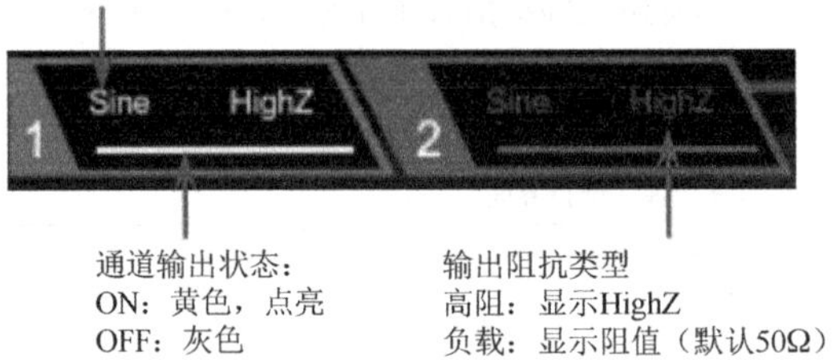	
2	上下滑动条	上下滑动屏幕	
3	信息设置按钮		打开 Store 界面
			打开 Utility 界面

续表

序号	名称	功能描述	
3	信息设置按钮		复制通道
			打印屏幕
4	右箭头	提示用户可以向右滑动屏幕，切换至波形选择界面	
5	状态栏		指示前面板按键和屏幕被锁定
			指示蜂鸣器关闭
			指示仪器处于远程控制模式
			指示成功接入局域网
			指示成功接入 U 盘
6	波形	显示各通道当前选择的信号波形	
7	界面标签	显示当前界面的标签	
8	频率	显示波形的频率。单击标签右侧参数输入框，可以修改参数	
9	幅度	显示波形的幅度。单击标签右侧参数输入框，可以修改参数	
10	偏移	显示波形的偏移。单击标签右侧参数输入框，可以修改参数	
11	相位	显示波形的相位。单击标签右侧参数输入框，可以修改参数	

3. 输出基本波形

① 选择输出通道。通过前面板“Output1”按键、“Output2”按键或者通道输出配置状态栏选择波形输出通道。

② 选择基本波形。普源 DG832 函数信号发生器可输出 5 种基本波形：正弦波、方波、锯齿波、脉冲波、噪声波。按下前面板 Menu 键，然后在用户界面上选择相应波形，选中波形后自动跳转至参数设置界面。若要返回波形选择界面，可通过触摸向右滑动屏幕或者按下前面板 Menu 键。

③ 设置频率/周期。普源 DG832 函数信号发生器波形频率设置范围如表 3-2-3 所示。

表 3-2-3　普源 DG832 函数信号发生器波形频率设置范围

	正弦波	方波	锯齿波	脉冲波	噪声波
频率范围	1μHz~35MHz	1μHz~10MHz	1μHz~1MHz	1μHz~10MHz	100MHz 带宽

④ 设置幅度/高电平。单击“幅度”，可切换至高电平设置。幅度单位有：V_{pp}、mV_{pp}、V_{rms}、mV_{rms} 和 dB_m。

⑤ 设置偏移/低电平。单击“偏移”，可切换至低电平设置。

⑥ 设置起始相位。相位设置范围为 0～360°。

⑦ 设置占空比。占空比为方波高电平持续时间所占周期的百分比，设置范围为 0.01%～99.99%，该参数在波形为方波或脉冲波时有效。

⑧ 设置对称性。对称性为锯齿波处于上升期的时间所占周期的百分比，设置范围为 0%～100%，该参数在波形为锯齿波时有效。

⑨ 设置脉宽。脉宽是指从脉冲上升沿幅度的 50%到下降沿幅度的 50%之间的时间，设

置范围为 16ns～999.999982118ks（千秒），如图 3-2-4 所示。

⑩ 设置上升沿/下降沿。上升沿时间为脉冲幅度 10%上升至 90%所需时间；下降沿时间为脉冲幅度 90%下降至 10%所需时间，如图 3-2-4 所示。

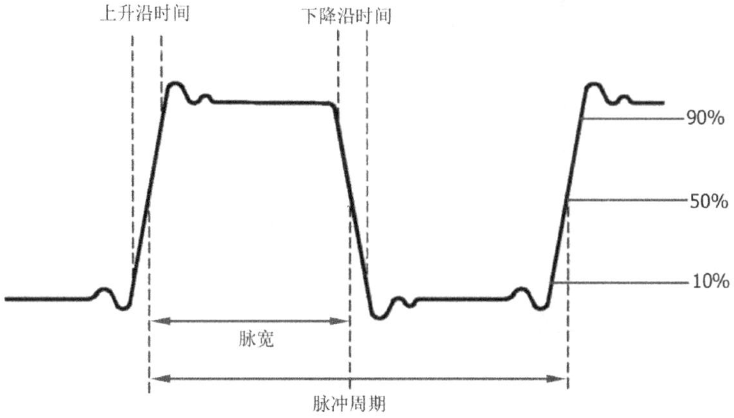

图 3-2-4 上升沿/下降沿参数

⑪ 启用通道输出。完成波形参数设置之后，按下前面板“Output1”按键或者“Output2”按键，点亮背灯。

4. 故障处理

（1）按下电源键，信号发生器黑屏。

处理方法：

① 检查电源接头是否接好。

② 检查电源键是否按实。

（2）屏幕太暗。

处理方法：

① 检查液晶屏的亮度设置值是否太小。

② 按“Utility”键，选择“显示设置”，进入屏幕显示设置菜单，然后单击“亮度”标签，使用数字键盘调节函数信号发生器液晶屏的亮度至合适的状态。也可以使用方向键和旋钮调节亮度值。

（3）函数信号发生器被锁定。

处理方法：

① 检查函数信号发生器是否工作在远程控制模式（远程控制时，用户界面状态栏显示标志）。按“Help/Local”键可退出远程控制模式，解锁前面板和触摸屏。

② 重启函数信号发生器也可以解除锁定。

（4）设置正确但无波形输出。

处理方法：

① 检查 BNC 电缆是否与相应的[CH1]或[CH2]通道输出端口紧固连接。

② 检查 BNC 线是否有内部损伤。

③ 检查 BNC 线与测试仪器是否紧固连接。

④ 检查“Output1”或“Output2”按键背灯是否点亮。如果未点亮，按下相应按键使

其背灯点亮。

⑤ 做完上述检查后，按“Utility”键，将“系统设置”→“上电值”设为上次值，然后重新启动仪器。

3.3　数字示波器

数字示波器是一种能将模拟信号经过数字化及其他后置处理后重建波形的电子测量仪器，是一种利用数据采集、A/D 转换、软件编程等一系列技术制造出来的高性能示波器。普源 DS1052E 是一款高性能、经济型双通道数字示波器，具有高达 1GSa/s 的实时采样率、25GSa/s 的等效采样率及强大的触发和分析能力，可帮助用户更快、更细致地观察、捕获和分析波形。图 3-3-1 所示为普源 DS1052E 数字示波器前面板示意图。

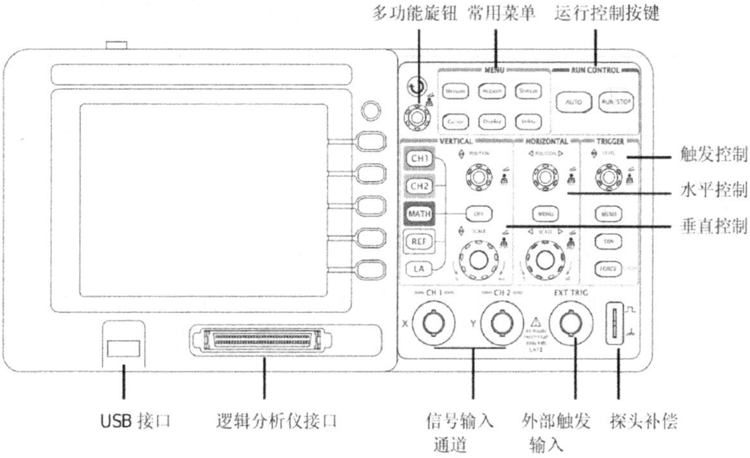

图 3-3-1　普源 DS1052E 数字示波器前面板示意图

1. 垂直控制（VERTICAL）

图 3-3-2 为垂直控制区示意图。

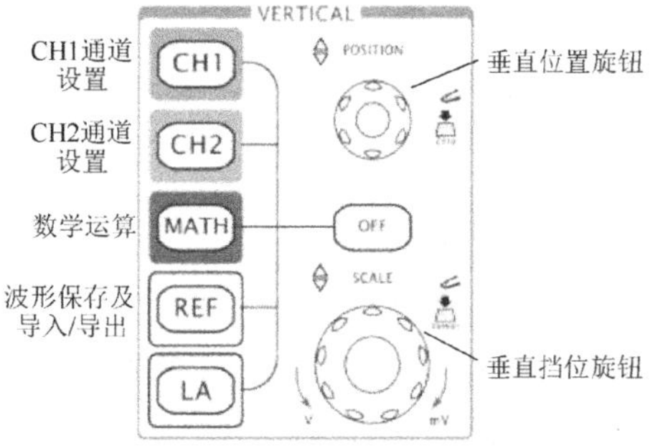

图 3-3-2　垂直控制区示意图

① 通道设置。

按下“CH1”或“CH2”功能键，系统将显示 CH1 或 CH2 通道的操作菜单，以 CH1 通道为例，其功能设置说明如表 3-3-1 所示。

表 3-3-1 通道功能设置说明

功能菜单	参数设定	说明
耦合	直流	通过输入信号的直流成分
	交流	阻挡输入信号的直流成分
	接地	断开输入信号
带宽限制	打开	限制带宽至 20MHz，以减少显示噪声
	关闭	满带宽
探头	1×/5×/10×/50×/100×/500×/1000×	根据探头衰减因数选取相应数值
数字滤波		设置数字滤波参数
挡位调节	粗调	粗调按 1-2-5 方式设定垂直灵敏度
	微调	在当前挡位范围内进一步调节
反相	打开	打开波形反相功能
	关闭	显示原始波形

② 垂直位置（POSITION）旋钮。

垂直位置旋钮可调整所有通道波形的垂直位置。按下该旋钮，可使选中通道的位置立即回归零。

③ 垂直挡位（SCALE）旋钮。

垂直挡位旋钮可调整所有通道波形的垂直分辨率（V/div）。粗调是以 1-2-5 方式确定垂直灵敏度的，顺时针增大垂直灵敏度，逆时针减小垂直灵敏度。微调是在当前挡位范围内进一步调节波形显示幅度的，顺时针增大显示幅度，逆时针减小显示幅度。粗调、微调可通过按垂直挡位旋钮切换。

2. 水平控制

图 3-3-3 为水平控制区示意图。

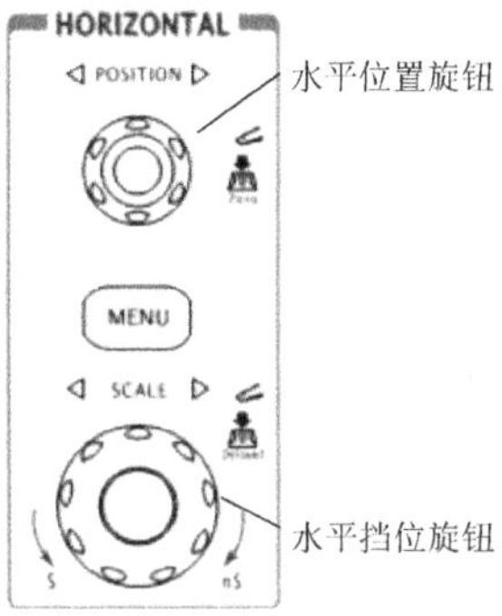

图 3-3-3 水平控制区示意图

① 水平位置（POSITION）旋钮。

水平位置旋钮可调整波形的水平位置，按下该旋钮使触发位移（或延迟扫描位移）恢复到水平零点处。

① “档位”的正确写法为挡位。

② 水平挡位（SCALE）旋钮。

水平挡位旋钮可调整通道波形的主时基（S/div）。按下该旋钮，启动延迟扫描。

3. 常用菜单

图 3-3-4 为常用菜单区示意图。

① 测量功能（Measure）。

按下“Measure”键，系统将显示自动测量操作菜单，同时多功能旋钮背灯会被点亮，通过菜单控制按键及多功能旋钮可选择测量参数，功能说明如表 3-3-2 所示。

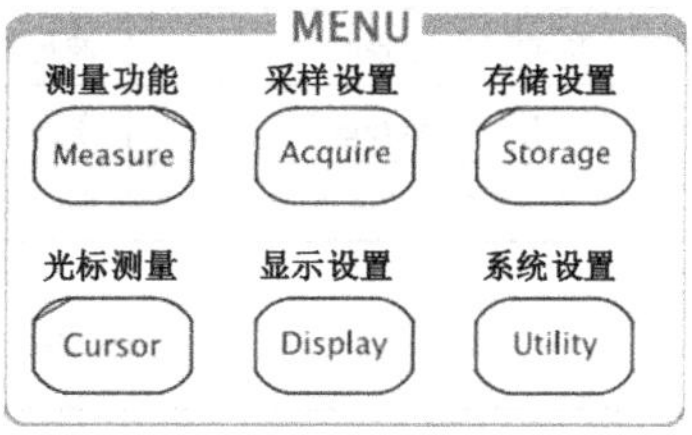

图 3-3-4　常用菜单区示意图

表 3-3-2　测量功能说明

	功能菜单	设定	说明
	信源选择	CH1/CH2	选择被测信号输入通道
	电压测量	最大值/最小值/峰峰值/顶端值/底端值/幅度/平均值/均方根值/过冲/预冲	10 种电压测量参数
	时间测量	周期/频率/上升时间/下降时间/正脉宽/负脉宽/正占空比/负占空比等	10 种时间测量参数
	清除测量	—	清除所有测量参数
	全部测量	打开/关闭	获取全部测量参数/停止测量

电压测量参数示意图及参数说明如表 3-3-3 所示，时间测量参数示意图及参数说明如表 3-3-4 所示。

表 3-3-3　电压测量参数示意图及参数说明

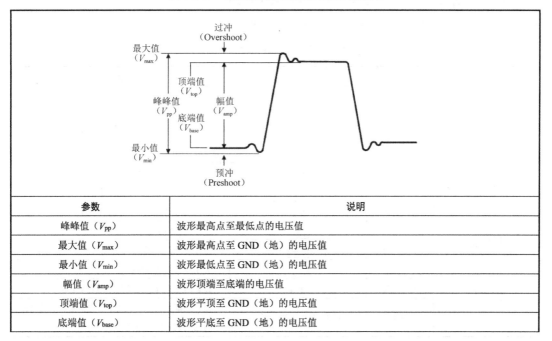

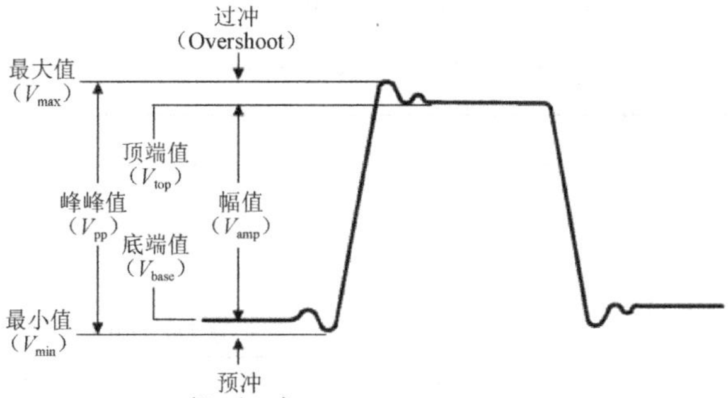

参数	说明
峰峰值（V_{pp}）	波形最高点至最低点的电压值
最大值（V_{max}）	波形最高点至 GND（地）的电压值
最小值（V_{min}）	波形最低点至 GND（地）的电压值
幅值（V_{amp}）	波形顶端至底端的电压值
顶端值（V_{top}）	波形平顶至 GND（地）的电压值
底端值（V_{base}）	波形平底至 GND（地）的电压值

续表

参数	说明
过冲（Overshoot）	波形最大值和顶端值之差与幅值的比值
预冲（Preshoot）	波形最小值和底端值之差与幅值的比值
平均值（Average）	单位时间内信号的平均幅值
均方根值（V_{rms}）	即有效值

表 3-3-4 时间测量参数示意图及参数说明

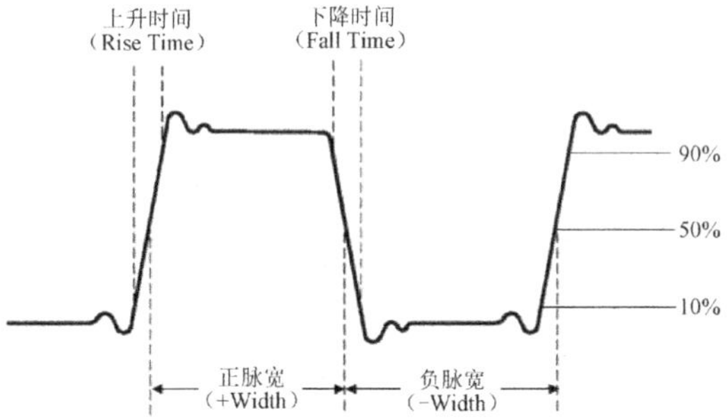

参数	说明
上升时间（Rise Time）	波形幅度从 10%上升至 90%所经历的时间
下降时间（Fall Time）	波形幅度从 90%下降至 10%所经历的时间
正脉宽（+Width）	正脉冲在 50%幅度时的脉冲宽度
负脉宽（-Width）	负脉冲在 50%幅度时的脉冲宽度
正占空比（+Duty）	正脉宽与周期的比值
负占空比（-Duty）	负脉宽与周期的比值

② 显示设置（Display）。

按下“Display”键，将会弹出显示设置菜单，通过菜单控制按键及多功能旋钮可调整波形显示方式，显示设置菜单说明如表 3-3-5 所示。

表 3-3-5 显示设置菜单说明

功能菜单	设定	说明
显示类型	矢量	采样点之间通过连线的方式显示
	点	直接显示采样点
清除显示		清除所有先前采集的显示图形及任何从内部存储区或 USB 存储设备中调出的轨迹
波形保持	关闭	记录点以高刷新率变化
	无限	记录点一直保持，直至波形保持功能被关闭
波形亮度		设置波形亮度，可调范围为 0%～100%
屏幕网格	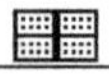	打开背景网格及坐标
	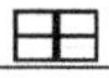	打开坐标，关闭背景网格
	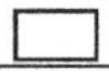	关闭背景网格及坐标
网格亮度		设置网格亮度，可调范围为 0%~100%
菜单保持	1s/2s /5s/10s/20s/无限	设置隐藏菜单时间。菜单将在最后一次按键动作后的设置时间内隐藏

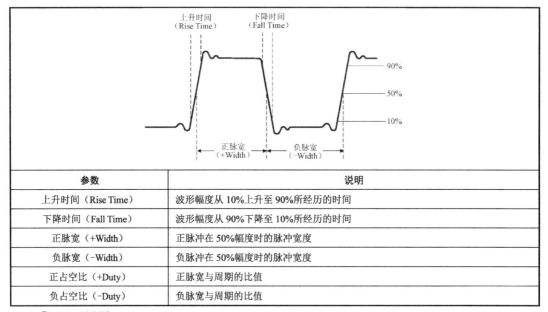

在未指定任何功能时，旋动多功能旋钮（↻）可调节模拟通道波形亮度值。

4．运行控制（RUN CONTROL）

运行控制区包括“AUTO”（自动设置）和“RUN/STOP”（运行/停止）两个按键，运行控制区示意图如图 3-3-5 所示。

① 自动设置（AUTO）。

自动设定仪器各项控制值，以产生适宜观察的波形。按“AUTO”键，快速设置和测量信号。按“AUTO”键后，菜单显示如表 3-3-6 所示。

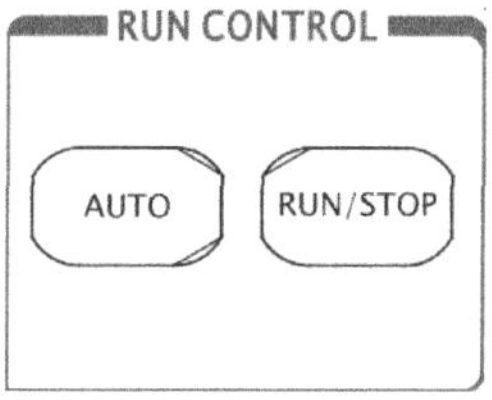

图 3-3-5　运行控制区示意图

表 3-3-6　自动设置菜单说明

	功能菜单	设定	说明
	多周期	—	设置屏幕自动显示多个周期信号
	单周期	—	设置屏幕自动显示单个周期信号
	上升沿	—	自动设置并显示上升时间
	下降沿	—	自动设置并显示下降时间
	撤销	—	撤销自动设置，返回前一状态

② 运行/停止（RUN/STOP）。

运行和停止波形采样。

5．探头补偿

如果使用的是新探头，或所用探头首次与本仪器连接，需要在使用之前进行探头补偿，方法如下：

① 将探头连接器上的插槽对准 CH1 同轴电缆插接件（BNC）上的插口并插入，然后向右旋转以拧紧探头，完成探头与通道的连接。

② 设置探头衰减系数。按“CH1”键显示通道 1 的操作菜单，按下“探头”键，选择与使用的探头同比例的衰减系数。如图 3-3-6 所示，此时设定的衰减系数为 10×。

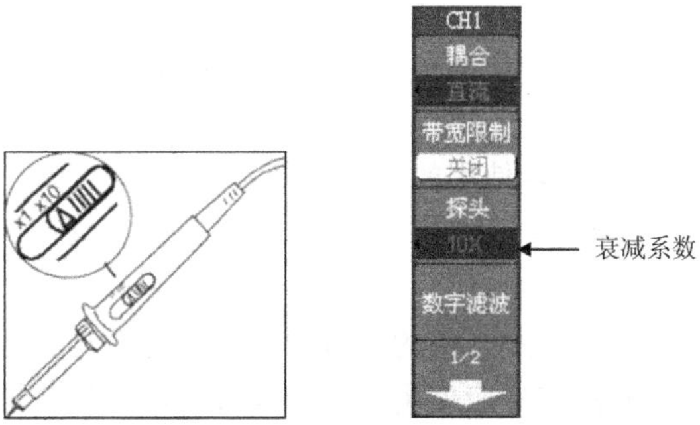

图 3-3-6　探头衰减系数调节

③ 如图 3-3-7 所示，把探头端部和接地夹接到探头补偿器的连接器上，按“AUTO”（自动设置）键，几秒钟内在显示屏上可看到方波，并检查所显示波形，必要时重复该步骤，

直到屏幕显示补偿正确的波形，如图 3-3-8 所示。

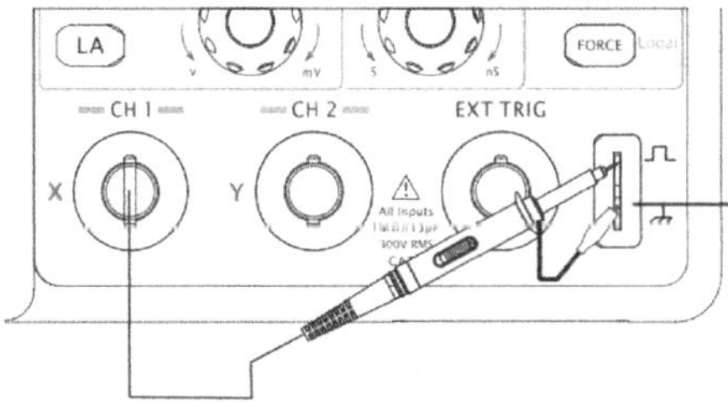

图 3-3-7　探头端部和探头补偿器连接

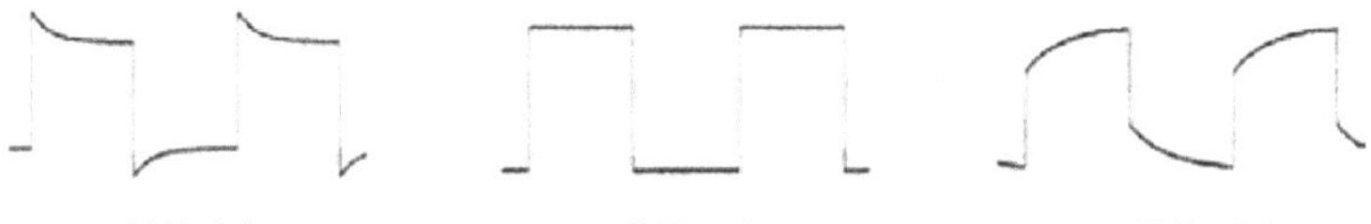
补偿过度
补偿正确
补偿不足

图 3-3-8　补偿波形

④ 以同样的方法检查 CH2 通道。按“OFF”键或再次按“CH1”键以关闭通道 1，按“CH2”键以打开通道 2，重复步骤②和步骤③。

6．故障处理

（1）按下电源键，示波器仍然黑屏。

处理方法：

① 检查电源接头是否接好。

② 检查电源开关是否打开。

（2）采集信号后，画面中并未出现信号的波形。

处理方法：

① 检查探头是否正常接在信号连接线上。

② 检查信号连接线是否正常接在 BNC（通道连接器）上。

③ 检查探头是否与待测电路正常连接。

④ 检查待测电路是否有信号产生。

⑤ 重新采集一次信号。

（3）函数信号发生器被锁定测量的电压幅度值比实际值大 10 倍或小 10 倍。

处理方法：

检查通道衰减系数是否与实际使用的探头衰减系数相符。

（4）有波形显示，但不能稳定下来。

处理方法：

① 检查触发信号源：检查触发面板的信号源选择项是否与实际使用的信号通道相符。

② 检查触发类型：一般的信号应使用边沿触发方式，视频信号应使用视频触发方式。只有应用合适的触发方式，波形才能稳定显示。

③ 尝试改变耦合为“高频抑制”和“低频抑制”显示，以滤除干扰触发的高频或低频噪声。

④ 改变触发灵敏度和触发释抑设置。

（5）按“RUN/STOP”键无任何显示。

处理方法：检查触发面板（TRIGGER）的触发方式是否在“普通”或“单次”挡，且触发电平是否超出波形范围。如果是，将触发电平居中，或者设置触发方式为“自动”。另外，按“AUTO”键可自动完成以上设置。

（6）波形显示呈阶梯状。

① 此现象正常。可能水平时基挡位过低，增大水平时基以提高水平分辨率，可以改善显示。

② 可能显示类型为“矢量”，采样点间的连线，造成波形阶梯状显示。将显示类型设置为“点”，即可解决该问题。

3.4　直流稳压电源

利利普 ODP3033 是一款三通道可编程线性直流稳压电源，最小分辨率为 1mV/mA，可实现独立、并联、串联、同步四种工作模式。图 3-4-1 所示为它的前面板示意图，各部分功能描述如表 3-4-1 所示。

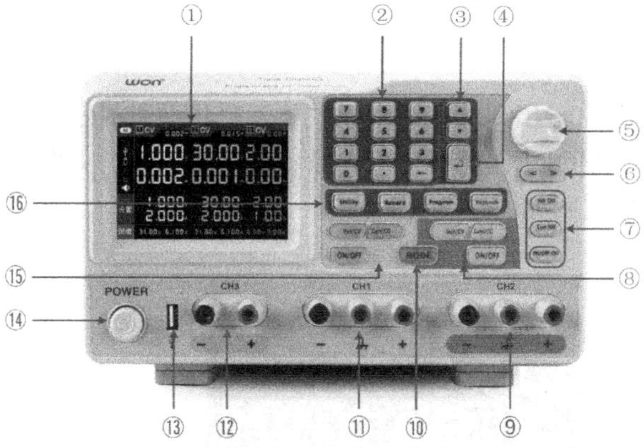

图 3-4-1　利利普 ODP3033 直流稳压电源前面板示意图

表 3-4-1　直流稳压电源前面板各部分功能描述

序号	名称	功能描述	
1	显示屏	显示用户界面	
2	数字键盘	参数输入，包括数字键、小数点键和退格键	
3	上下方向键	选择子菜单	
4	确认键	进入菜单或确认输入的参数	
5	旋钮	选择主菜单或改变数值，按下旋钮相当于按确认键	
6	左右方向键	子菜单的设定或移动光标	
7	通道 3 控制区	Volt CH3 键	通道 3 输出电压设置
		Curr CH3 键	通道 3 输出电流设置
		ON/OFF CH3 键	打开/关闭通道 3 的输出

续表

序号	名称	功能描述	
8	通道 2 控制区	Volt CV 键（蓝）	通道 2 输出电压设置
		Curr CC 键（蓝）	通道 2 输出电流设置
		ON/OFF 键（蓝）	打开/关闭通道 2 的输出
9	通道 2 输出端子	通道 2 的输出连接	
10	“MODE”键	切换全显示与双通道显示（通道 1 与 2）	
11	通道 1 输出端子	通道 1 的输出连接	
12	通道 3 输出端子	通道 3 的输出连接	
13	USB Host 接口	USB 接口	
14	电源键	打开/关闭仪器	
15	通道 1 控制区	“Volt CV”键（橙）	通道 1 输出电压设置
		“Curr CC”键（橙）	通道 1 输出电流设置
		“ON/OFF”键（橙）	打开/关闭通道 1 的输出
16	功能键	“Utility”键	输出模式、系统设置、系统信息、接口设置
		“Record”键	保存设置、自动记录及查看记录
		“Program”键	编程输出设置
		“KeyLock”键	长按此键 5 秒以上，锁定面板按键，锁定时按其他任意键均不起作用。长按此键 5 秒以上，可解锁

1. 用户界面

ODP 系列电源在独立输出和通道跟踪模式下，提供两种显示模式：全显示、双通道显示（通道 1 与 2），按“MODE”键可在两种显示模式间切换，如图 3-4-2、图 3-4-3 所示，直流稳压电源状态图标说明如表 3-4-2 所示。

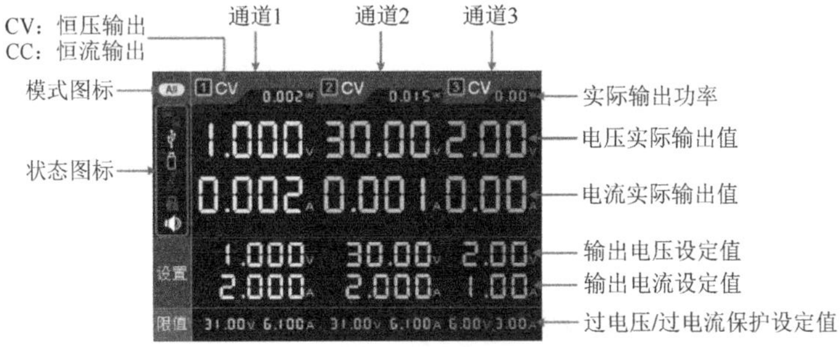

图 3-4-2 全显示模式下的用户界面

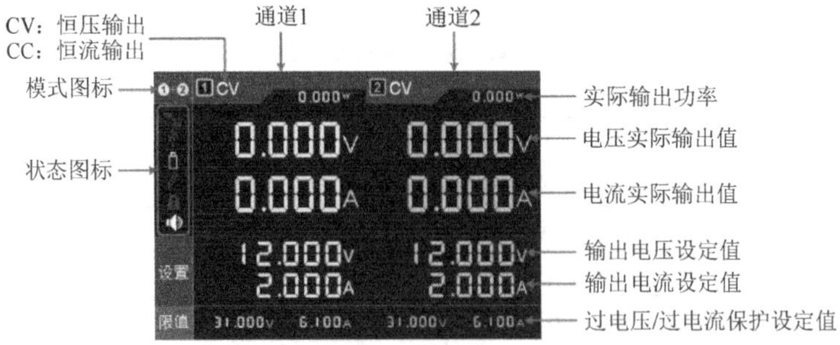

图 3-4-3 双通道显示模式下的用户界面（显示通道 1、2）

表 3-4-2　直流稳压电源状态图标说明

图标	说明
	全显示模式，显示三个通道
	双通道显示模式，显示通道 1、2
	输出模式为并联跟踪
	输出模式为串联跟踪

2. 输出电压设置

设置通道 1 的输出电压：按“Volt CV”键，通道 1 输出电压设定值的第一位数字处出现光标闪烁，表示进入编辑状态。有两种方法可设置数值：

第一种：转动旋钮可改变当前光标所在处的数值，按左右方向键可移动光标的位置。按下旋钮或按面板上↵键确认当前输入。

第二种：使用数字键盘输入，界面弹出通道 1 的输出电压设定框，输入所需数值后，按面板上↵键确认当前输入。

3. 输出电流设置

设置通道 1 的输出电流：按“Curr CC”键，通道 1 输出电流设定值的第一位数字处出现光标闪烁，表示进入编辑状态。有两种方法可设置数值：

第一种：转动旋钮可改变当前光标所在处的数值，按左右方向键可移动光标的位置。按下旋钮或按面板上↵键确认当前输入。

第二种：使用数字键盘输入，界面弹出通道 1 的输出电流设定框，输入所需数值后，按面板上↵键确认当前输入。

4. 设置过电压保护

设置通道 1 的限值电压：按“Volt CV”键，通道 1 输出电压设定值的第一位数字处出现光标闪烁。按“▼”方向键，通道 1 限值电压的第一位数字处出现光标闪烁，表示进入编辑状态。有两种方法可设置数值：

第一种：转动旋钮可改变当前光标所在处的数值，按左右方向键可移动光标的位置。按下旋钮或按面板上↵键确认当前输入。

第二种：使用数字键盘输入，界面弹出通道 1 的限值电压设定框，输入所需数值后，按面板上↵键确认当前输入。

5. 设置过电流保护

设置通道 1 的限值电流：按“Curr CC”键，通道 1 输出电流设定值的第一位数字处出现光标闪烁。按“▼”方向键，通道 1 限值电流的第一位数字处出现光标闪烁，表示进入编辑状态。有两种方法可设置数值：

第一种：转动旋钮可改变当前光标所在处的数值，按左右方向键可移动光标的位置。

按下旋钮或按面板上↵键确认当前输入。

第二种：使用数字键盘输入，界面弹出通道 1 的限值电流设定框，输入所需数值后，按面板上↵键确认当前输入。

6. 输出模式

选择输出模式可简化通道 1 与通道 2 的参数输入。输出模式的选择只针对通道 1 与通道 2，对于通道 3 则无影响。通道 1 与通道 2 的输出模式有以下四种。

1）独立模式

各通道的参数可独立设置。

2）并联跟踪模式

当用户将通道 1 与通道 2 并联时，可选择此模式，以简化参数的输入。选择此模式后，只需设置并联后通道的参数，设置方法同独立模式下的通道 1 的参数设置方法。输入电压的额定值，与独立模式下单个通道的相同；输入电流的额定值，为独立模式下两个通道的电流额定值之和。“ON/OFF”键可控制并联后通道的打开和关闭。并联跟踪模式的连接方式及界面显示如图 3-4-4 所示。

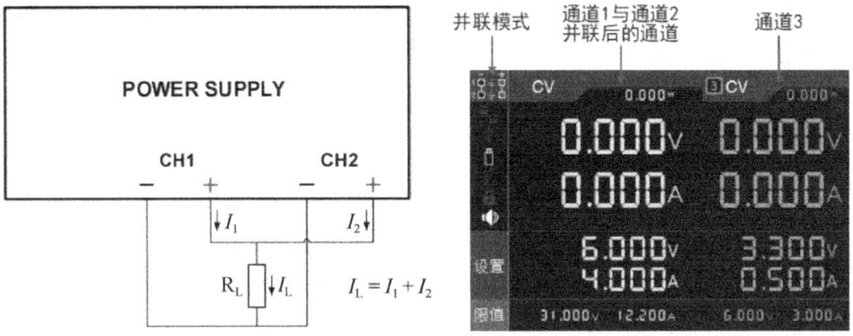

图 3-4-4　并联跟踪模式的连接方式及界面显示

3）串联跟踪模式

当用户将通道 1 与通道 2 串联时，可选择此模式，以简化参数的输入。选择此模式后，只需设置串联后通道的参数，设置方法同独立模式下的通道 1 的参数设置方法。输入电压的额定值，为独立模式下两个通道的电压额定值之和。输入电流的额定值，与独立模式下单个通道的相同。“ON/OFF”键可控制串联后通道的打开和关闭。串联跟踪模式的连接方式及界面显示如图 3-4-5 所示。

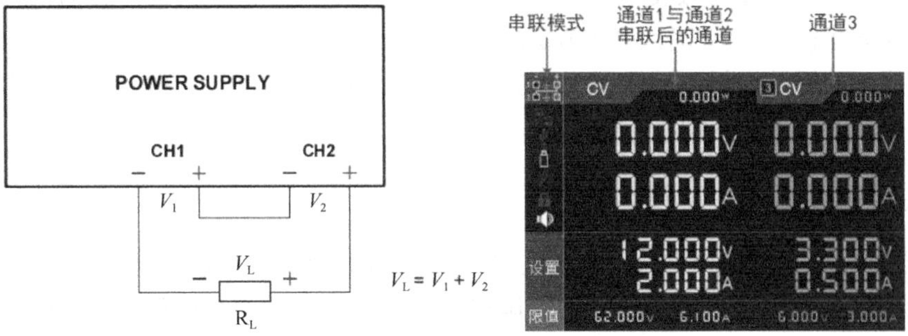

图 3-4-5　串联跟踪模式的连接方式及界面显示

4）通道跟踪模式

在独立模式下分别设置 CH1 和 CH2 的输出参数后，进入通道跟踪模式，若改变其中一个通道的参数，另一个通道的对应参数也会自动按比例变化。

例如，先在独立模式下设置 CH1 的电压为 2V，电流为 1A；CH2 的电压为 4V，电流为 2A。进入通道跟踪模式后，若设置 CH1 的电压为 6V，则 CH2 的电压会自动按比例变为 12V。若设置 CH1 的电流为 2A，则 CH2 的电流会自动按比例变为 4A。

设置输出模式的步骤如下：

① 按“Utility”键，则“输出模式”主菜单被选中。

② 按“▲ / ▼”方向键选择输出模式，按↵键可直接进入当前模式。

7．故障处理

（1）如果按下电源开关，仪器仍然黑屏，没有任何显示，请按下列步骤处理：

① 检查电源接头是否接好。

② 检查电源输入插座下方的熔丝选择是否正确，以及是否完好无损（可用一字螺丝刀撬开）。

③ 做完上述检查后，重新启动仪器。

（2）若输出不正常，请按下列步骤处理：

① 检查输出电压是否设置为 0 V，如果为 0 V，请设置为其他值。

② 检查输出电流是否设置为 0 A，如果为 0 A，请设置为其他值。

③ 若此时处于编程输出状态，则检查编程输出设置中电压或电流的值是否为 0，如果是，请设置为其他值。

3.5　电子仪器的使用

1．实验目的

（1）掌握使用函数信号发生器输出基本波形的方法。

（2）掌握使用数字示波器观察波形及测量相关参数的方法。

2．实验内容

（1）按图 3-5-1 连接电路，改变滑动变阻器阻值，用数字万用表完成表 3-5-1 中参数的测量。

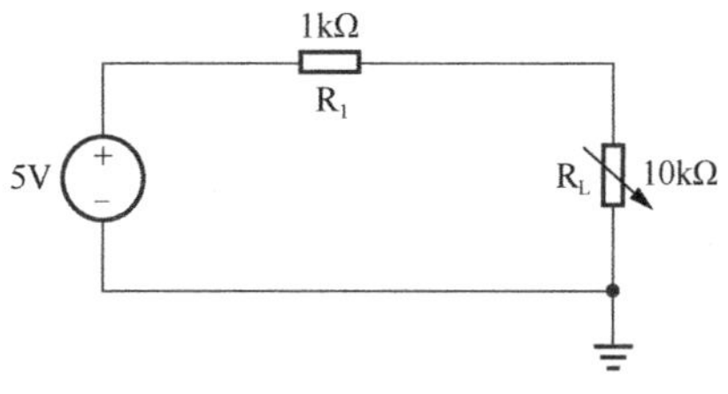

图 3-5-1　电路图

表 3-5-1 万用表的使用

R_L 两端电压	1V	2V	3V	4V
R_L（测量值）				
R_L（理论值）				

（2）用函数信号发生器输出频率、峰峰值如表 3-5-2 所示的正弦信号，用数字示波器观测该信号并测量其周期及电压有效值。

表 3-5-2 正弦信号的输出与测量

频率 f	100Hz	1kHz	10kHz
峰峰值 V_{pp}	6V	200mV	1V
数字示波器测量有效值 V_{rms}			
数字示波器测量周期 T			

（3）用函数信号发生器输出频率为 1kHz、高电平为 5V、低电平为 0V 的方波信号，并用数字示波器定量观测该波形。

3．思考题

（1）若要测量实验电路中的某一电阻的阻值，在测量之前需要对电路做什么处理？

（2）用数字示波器测量波形时，若波形过密，应调节什么旋钮？若波形幅值过大，应调节什么旋钮？若波形左右移动，如何使波形稳定在数字示波器的屏幕上？

第 2 篇

电子线路设计基础实验项目

第 4 章

电路基础实验

4.1 叠加原理与戴维南定理

1. 实验目的

（1）加深对叠加定理和戴维南定理的理解。

（2）掌握验证叠加定理和戴维南定理的方法。

（3）了解阻抗匹配及应用，掌握负载电阻从网络上获得最大功率的条件。

2. 实验原理

1）叠加原理

在线性电路（线性电路指由独立电源与线性元件组成的电路）中，由多个独立电源共同作用在某条支路中产生的电压或电流，等于每个独立电源单独作用时在该支路产生的电压或电流的代数和。当某个独立电源单独作用时，其他所有独立电源全部置零。理想电压源用短路代替；理想电流源用开路代替。

2）戴维南定理

线性有源二端网络，对外电路而言，可以等效为一个理想电压源（u_{oc}）与一个电阻（阻值为R_o）串联的形式。u_{oc}等于该网络的开路电压，R_o等于该网络全部独立电源置零时的等效电阻。等效电阻可通过测量二端网络的开路电压u_{oc}及短路电流i_{sc}，由公式$R_o=\dfrac{u_{oc}}{i_{sc}}$计算得出。

3）诺顿定理

线性有源二端网络，对外电路而言，可以等效为一个理想电流源（i_{sc}）与一个电阻（阻值为R_o）并联的形式。i_{sc}等于该网络的短路电流，R_o等于该网络全部独立电源置零时的等效电阻。

4）最大功率传输定理

线性二端网络，用戴维南等效电路代替，如图 4-1-1 所示。负载获得的功率为

$$P_L = {I_L}^2 R_L = \left(\frac{u_{oc}}{R_o + R_L}\right)^2$$

令

$$\frac{\mathrm{d}P_{\mathrm{L}}}{\mathrm{d}R_{\mathrm{L}}}=\frac{\mathrm{d}\left(\dfrac{u_{\mathrm{oc}}}{R_{\mathrm{o}}+R_{\mathrm{L}}}\right)^2}{\mathrm{d}R_{\mathrm{L}}}=\frac{u_{\mathrm{oc}}^{\ 2}\left(R_{\mathrm{o}}-R_{\mathrm{L}}\right)}{\left(R_{\mathrm{o}}+R_{\mathrm{L}}\right)^3}=0$$

即 $R_{\mathrm{L}}=R_{\mathrm{o}}$ 时，P_{L} 获得最大值：

$$P_{\mathrm{Lmax}}=\frac{u_{\mathrm{oc}}^{\ 2}}{4R_{\mathrm{o}}}$$

最大功率传输定理是关于负载与电源相匹配时，负载能获得最大功率的定理。

3．实验内容及步骤

1）叠加原理的验证

按图 4-1-2 连接电路，分别测量各电源单独作用及所有电源共同作用时的 U_{AB} 和 I_{AB}，记入表 4-1-1。

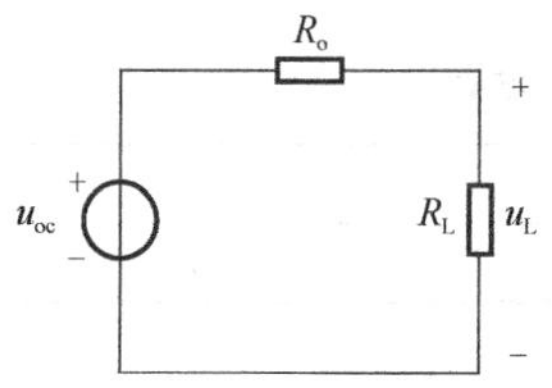

图 4-1-1　戴维南等效电路

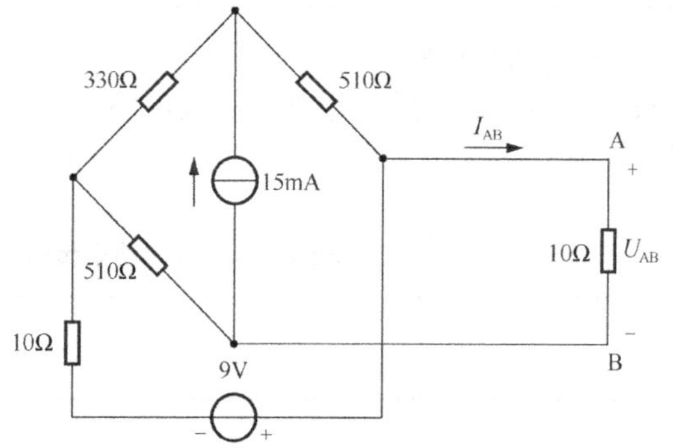

图 4-1-2　叠加原理验证电路图

表 4-1-1　叠加原理数据测量表

条件	U_{AB}	I_{AB}
电压源单独作用		
电流源单独作用		
电压源和电流源共同作用		

2）戴维南定理的验证

图 4-1-3（a）为戴维南定理验证电路图，测量并计算其等效电路的参数，填入表 4-1-2。

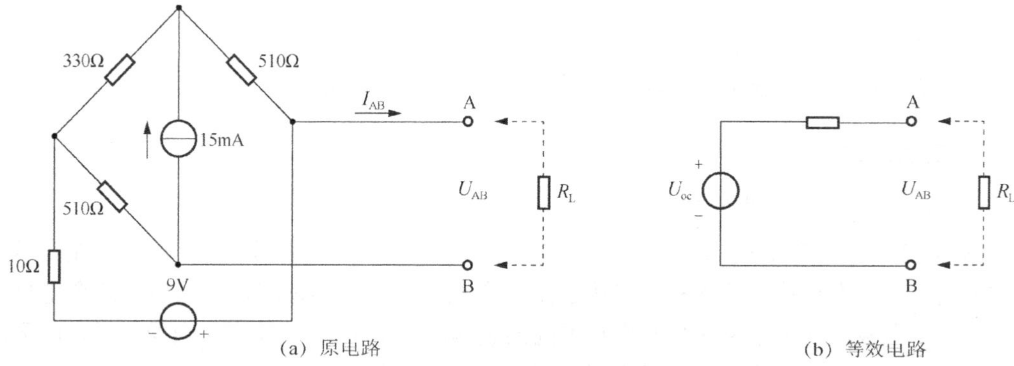

图 4-1-3　戴维南定理验证电路图

表 4-1-2 戴维南定理等效电路参数测量表

u_{oc}（开路电压）	i_{sc}（短路电流）	$R_o=\frac{u_{oc}}{i_{sc}}$	R_o（万用表测量）	R_o（理论值）

按图 4-1-3（b）搭出戴维南等效电路，接入相同负载（阻值为 R_L），测量该负载的电压与电流，填入表 4-1-3，并画出特性曲线验证该定理。

表 4-1-3 戴维南定理验证数据测量表

负载	R_L								
原电路	U_{AB}								
	I_{AB}								
戴维南等效电路	U_{AB}								
	I_{AB}								

3）最大功率传输定理

按图 4-1-3（b）搭出戴维南等效电路，改变负载的阻值 R_L，测量负载两端的电压与电流并计算其功率，填入表 4-1-4，找出获得最大功率的 R_L，并验证最大功率传输定理。

表 4-1-4 最大功率传输定理验证数据测量表

R_L	R_o	U_{AB}	I_{AB}	P_L	P_{Lmax}

4. 思考题

（1）叠加原理和戴维南定理适用的条件是什么？

（2）应用叠加原理时，对不起作用的电源应该如何处理？

（3）根据最大功率传输定理，负载获得最大功率的条件是什么？

4.2 日光灯电路与功率因数的提高

1. 实验目的

（1）掌握日光灯电路的工作原理。

（2）掌握在感性负载两端并联电容器以提高电路功率因数的原理。

2. 实验原理

1）日光灯电路的工作原理

图 4-2-1 所示是常见的日光灯电路，它由灯管、启辉器、镇流器组成。灯管内充有惰性气体氩气，灯管内壁涂有荧光粉。启辉器是一个充有氖气的小氖泡，里面装有两个电极，一个是固定电极，一个是由热膨胀系数不同的金属制成的 U 形电极片（当受热时，U 形电极片会膨胀，与固定电极接触，形成闭合回路；遇冷会断开）。

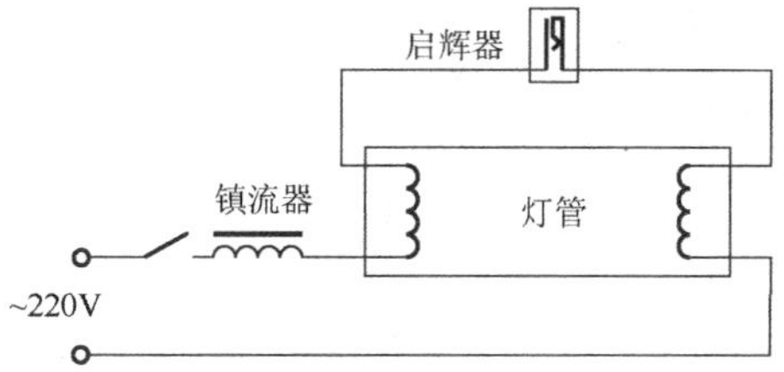

图 4-2-1　日光灯电路图

当接通电源后，电源电压加在启辉器氖泡的两极，使其发生辉光放电，并释放热能，启辉器里的 U 形电极片受热与固定电极接触，电源、镇流器、灯丝、启辉器形成闭合回路，于是辉光放电消失，启辉器的两个电极断开，启辉器起到了电子开关的作用。启辉器的两个电极断开的瞬间整个回路的电流突然消失，电流对时间的变化率 di/dt 很大，由于电感的反向电动势 $U_L = -L\dfrac{di}{dt}$ ，因此在镇流器上产生了很高的电压，并加载在灯管的两端，促使里面的惰性气体电离，产生大量紫外线，紫外线被灯管内壁的荧光粉吸收，发出白色可见光。

2）功率因数的提高

有功功率与视在功率的比值称为功率因数，即 $\cos\varphi = P/S$ 。为了提高电力设备的效率，需要提高电路的功率因数。日常生活中，绝大多数负载是感性负载，功率因数比较低。例如，日光灯电路的功率因数为 0.45～0.6。提高感性负载电路功率因数的方法是在负载两端并接电容（补偿电容），以减少能量互换。

如图 4-2-2 所示，并接电容前，电路呈感性，$\dot{I} = \dot{I}_L$ ，端口电压、电流的相位差为 φ_1 。并接电容之后，$\dot{I} = \dot{I}_L + \dot{I}_C$ ，电容的电流 $\dot{I}_C$ 超前电压 $\dot{U}$ 90°，则 $\dot{U}$ 和 $\dot{I}$ 的相位差变为 φ，由于 $\cos\varphi > \cos\varphi_1$ ，所以功率因数得到了提高，整个电路还是呈感性。如果并接电容过大，$\dot{I}_C$ 也过大，整个电路的 $\dot{I}$ 与 $\dot{U}$ 的相位差会从滞后变成超前，整个电路呈容性，会造成功率因数下降。

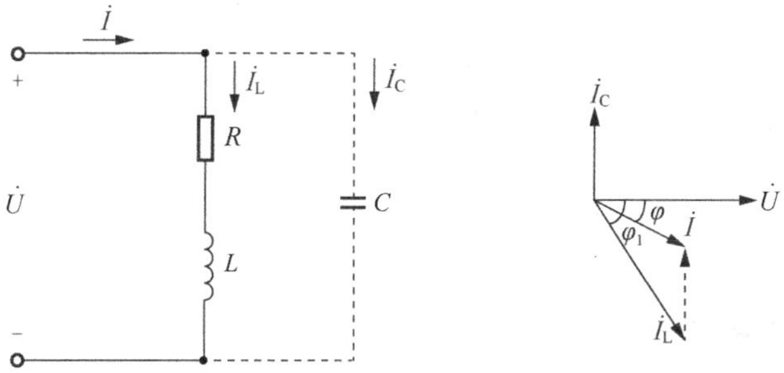

图 4-2-2　感性负载电路并接电容提高功率因数

3．实验内容及步骤

按图 4-2-3 连接电路，完成在日光灯电路中无补偿电容及加入不同容值的补偿电容时的电压、电流、功率、功率因数的测量，记入表 4-2-1 中，并画出电路功率因数与电容的关系曲线 $\cos\varphi = f(C)$，日光灯额定电压为 220V，额定功率为 30W。

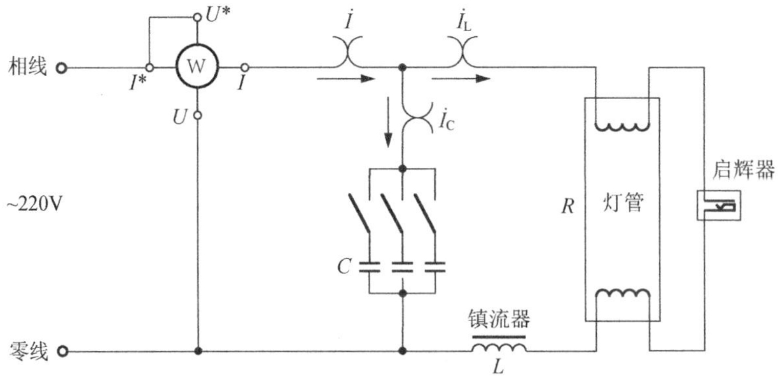

图 4-2-3 日光灯电路实验图

表 4-2-1 感性负载电路功率因数的测量

C / μF	U / V	U_R / V	U_L / V	I / A	I_L / A	I_C / A	P / W	$\cos\varphi$	电路性质
0									
1									
2.2									
3.2									
4.7									
5.7									
6.9									
7.9									
8.9									
9.4									
10.4									
C								$\cos\varphi_{max}$	

4. 思考题

（1）启辉器是否能用开关来代替？为什么？

（2）镇流器在日光灯电路中起什么作用？

（3）补偿电容值是否越大越好？为什么？

4.3 RC 暂态电路

1. 实验目的

（1）掌握动态电路的暂态过程。

（2）掌握一阶 RC 电路的零输入响应。

（3）掌握一阶 RC 电路的零状态响应。

（4）掌握 RC 微分电路和积分电路的特点。

2. 实验原理

1）动态电路的暂态过程

动态电路内部含有储能元件 L、C，电路在换路（支路接入或断开、电路参数变化等）时能量发生变化，而能量的储存和释放都需要一定的时间来完成，电路从一个稳定状态变化至另外一个稳定状态，这个过渡过程称为暂态。电容的电压和电感的电流在换路瞬间不变。

当电路简化后，电路中只有一个动态元件，用一阶线性常微分方程来描述的电路称为一阶电路。

2）一阶 RC 电路的零输入响应

对图 4-3-1（a）所示的一阶 RC 电路：

① 当$t<0$时，开关 S 闭合在 1 位置，电容充满电，电容的电压$u_C = U_0$；

② 当$t=0$时，开关 S 从 1 位置到 2 位置，如图 4-3-1（b）所示，电容通过电阻 R 放电，形成的电流为$i(t)=C\dfrac{du_C}{dt}=-\dfrac{U_0}{R}e^{-\frac{t}{RC}}$；

③ 当$t>0$时，电容储能逐渐被电阻消耗，电容的电压及回路电流逐渐减小，趋于 0。

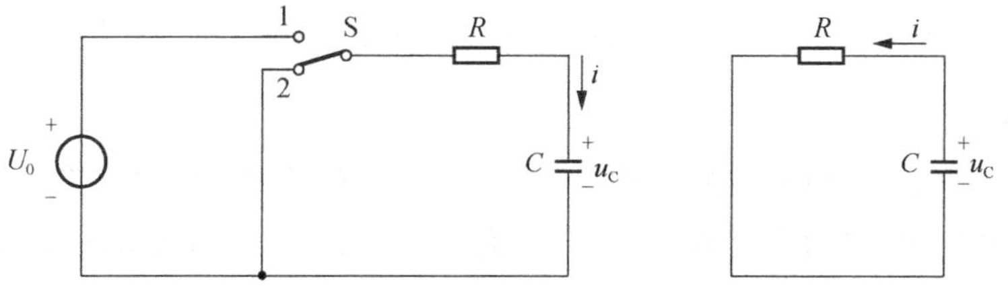

图 4-3-1　一阶 RC 电路的零输入响应

u_C和i随时间变化的曲线如图 4-3-2 所示，我们把这种一阶电路外加激励为 0，仅仅由动态元件初始储能产生的响应，称为一阶电路的零输入响应。一阶 RC 电路的零输入响应为随时间衰减的指数函数，衰减速率由$\dfrac{1}{RC}$决定。令$\tau = RC$，τ为时间常数。τ越小，暂态持续的时间越短。$u_C(t)=U_0 e^{-\frac{t}{RC}}$，当$t=\tau$时，$u_C(\tau)=U_0 e^{-1}=0.368U_0$。

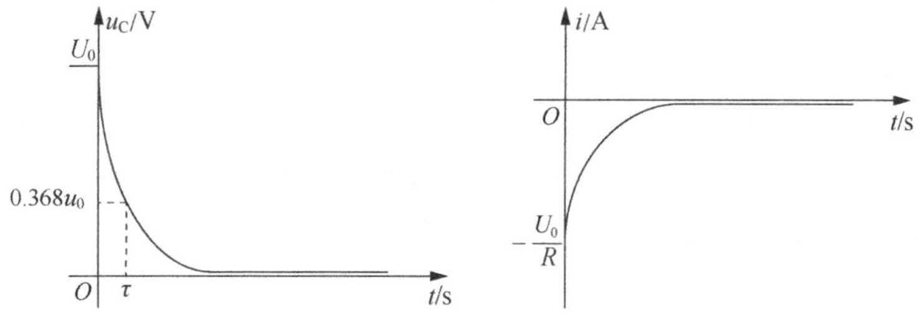

图 4-3-2　电容的电压和电流随时间变化的曲线

3）一阶 RC 电路的零状态响应

零状态响应指动态元件初始储能为 0，仅由外接激励产生的响应。对图 4-3-1（a）所示一阶 RC 电路：

① 当$t<0$时，开关 S 闭合在 2 位置，电容的电压$U_C = 0$；

② 当$t=0$时，开关S从2位置到1位置，电源通过电阻R对电容充电，形成的电流为

$$u_S = RC\frac{du_C}{dt} + u_C = U_0 e^{-\frac{t}{RC}} + u_C$$

$$u_C = u_S\left(1 - e^{-\frac{t}{RC}}\right) = U_0\left(1 - e^{-\frac{t}{\tau}}\right)$$

$$i = C\frac{du_C}{dt} = \frac{U_0}{R}e^{-\frac{t}{\tau}}$$

u_C和i随时间变化的曲线如图4-3-3所示。

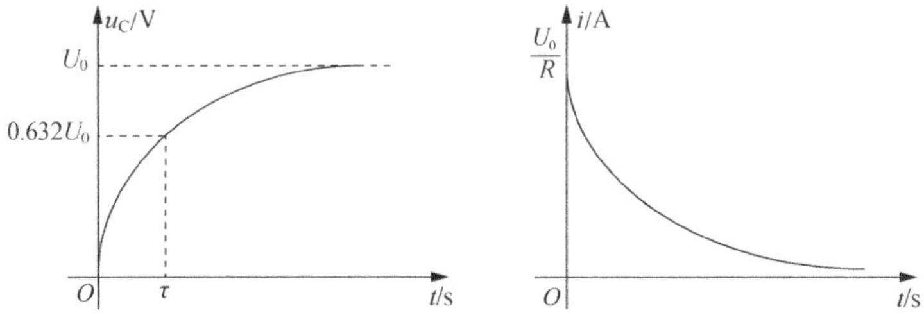

图4-3-3　电容电压和电流随时间变化曲线

4）微分电路

如图4-3-4所示一阶RC电路，输入信号为方波序列脉冲（周期为T），输出电压u_o取自电阻R，当RC电路的时间常数$\tau << T$时，为微分电路。电路的输出电压与输入电压近似为微分关系。

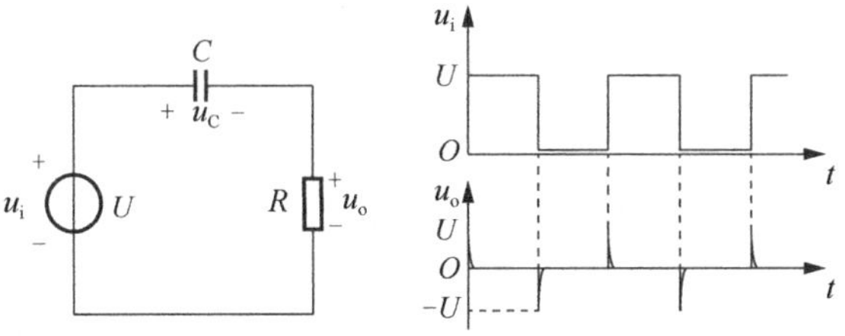

图4-3-4　微分电路

5）积分电路

将图4-3-4所示一阶RC电路的R与C位置调换，如图4-3-5所示，输入信号为方波序列脉冲（周期为T），输出电压u_o取自电容C，当RC电路的时间常数$\tau >> T$时，为积分电路。电路的输出电压与输入电压近似为积分关系。

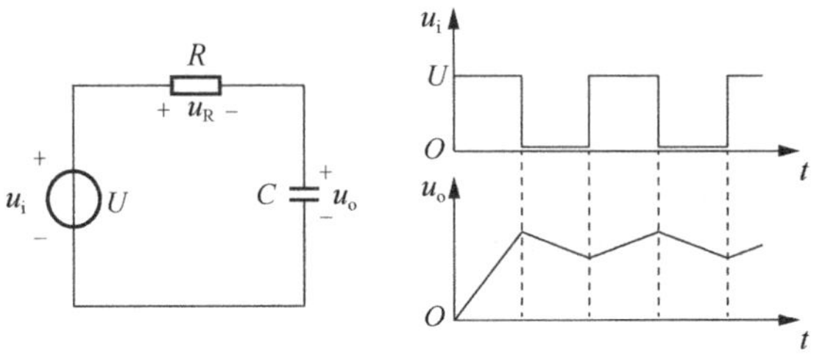

图4-3-5　积分电路

3. 实验内容及步骤

1）一阶 RC 电路的零输入响应及零状态响应

按图 4-3-6 连接电路，通过函数信号发生器产生 $f = 1\text{kHz}$ 、$V_{PP} = 5\text{V}$ 的方波信号作为激励源 u_i ，通过示波器同时观测激励源 u_i 及响应信号 u_C ，并测算出时间常数 τ 。

改变 R 和 C，观察响应变化，并记录。

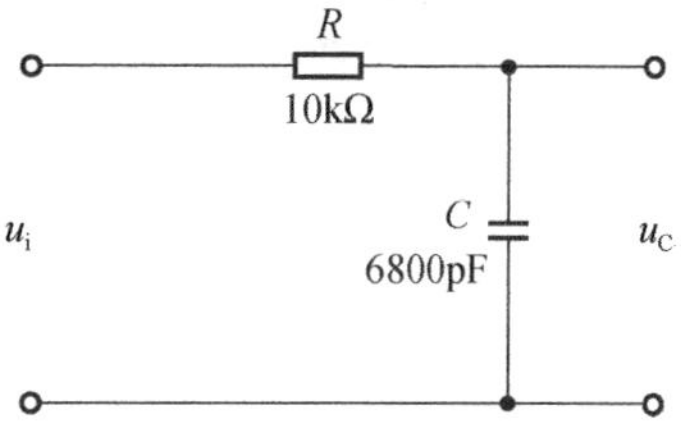

图 4-3-6　一阶 RC 电路的零输入响应测试电路图

2）微分电路波形观测

按图 4-3-4 连接电路，令 $C = 0.01\mu\text{F}$ ，$R = 10\text{k}\Omega$ 。通过函数信号发生器产生 $f = 1\text{kHz}$ 、$V_{PP} = 5\text{V}$ 的方波信号作为激励源 u_i，通过示波器同时观测激励源 u_i 及响应信号 u_o 的波形。改变电阻 R 的阻值，观察对输出响应的影响。

4. 思考题

（1）什么是电路的暂态过程？

（2）电路时间常数 τ 的物理意义是什么？

4.4　RLC 串联谐振电路

1. 实验目的

（1）掌握串联谐振电路的结构特点及确定谐振点的方法。

（2）掌握电路品质因数的物理意义及测量方法。

（3）理解电源频率变化对电路响应的影响。

2. 实验原理

如图 4-4-1 所示，RLC 串联电路的输入信号 $\dot{U}_i$ 为交流信号（角频率为 ω），当信号的频率发生变化时，电容的容抗、电感的感抗及相位都会发生变化。

$$Z = R + \text{j}\omega L - \text{j}\frac{1}{\omega C}$$

$$\dot{U}_i = \left(R + \text{j}\omega L - \text{j}\frac{1}{\omega C}\right)\dot{I}$$

$$\dot{U}_o = R\dot{I} = \dot{U}_i \frac{R}{R + \text{j}\omega L - \text{j}\frac{1}{\omega C}}$$

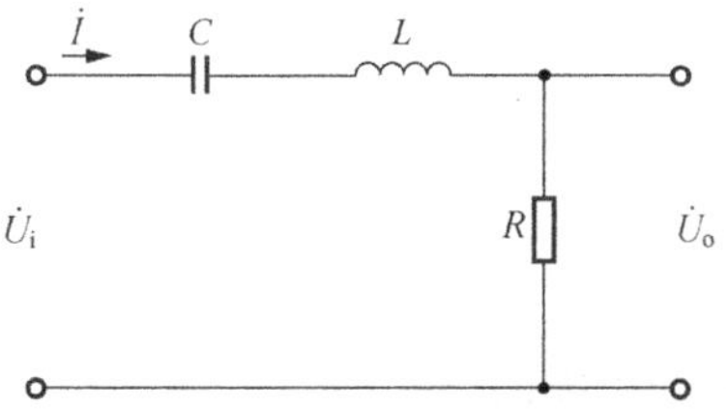

图 4-4-1　RLC 串联电路

当 $\omega L = \frac{1}{\omega C}$ 时，$\dot{U}_o = \dot{U}_i$，电路呈阻性，这种现象称为串联谐振。电路的谐振频率为

$$\omega_0 = \frac{1}{\sqrt{LC}}$$

$$f_0 = \frac{1}{2\pi\sqrt{LC}}$$

发生谐振时，电感的电压$\dot{U}_L$和电容的电压$\dot{U}_C$大小相等，相位相反，即$\dot{U}_L = \dot{U}_C$。电容中的电场能与电感中的磁场能相互转换，此增彼减，相互补偿。电源不必与电容或电感转换能量，只需供给电路中电阻所消耗的电能。

谐振时$\dot{U}_L$或者$\dot{U}_C$与输入信号$\dot{U}_i$的比值称为品质因数Q。

$$Q = \frac{\dot{U}_L}{\dot{U}_i} = \frac{\dot{U}_C}{\dot{U}_i} = \frac{\omega_0 L}{R} = \frac{1}{R\omega_0 C} = \frac{1}{R}\sqrt{\frac{L}{C}}$$

也可以测量RLC串联电路（带通滤波器）的通频带$\Delta f = f_2 - f_1$，再根据$Q = \frac{f_0}{\Delta f} = \frac{f_0}{f_2 - f_1}$求出$Q$值，RLC串联电路的幅频特性曲线如图4-4-2（a）所示。图4-4-2（b）是谐振相量图。

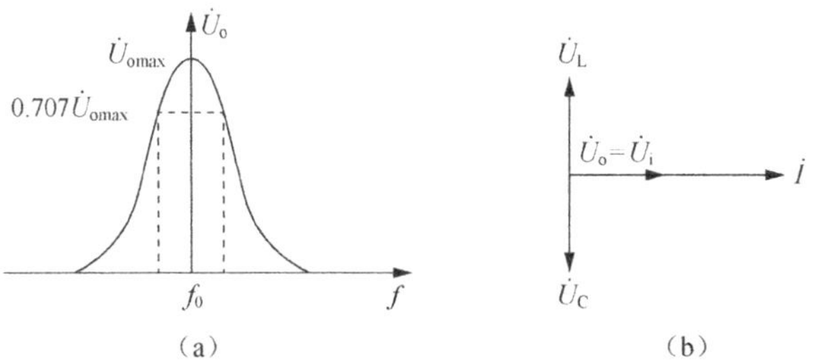

图4-4-2 RLC串联电路的幅频特性曲线及谐振相量图

3. 实验内容及步骤

设计一个谐振频率f_0为11kHz，品质因数Q分别为4和2的RLC串联谐振电路（其中L为30mH）。完成数据测量并填入表4-4-1，验证电路。

表4-4-1 RLC串联电路数据测量

f/kHz	U_o/V	U_L/V	U_C/V	f_0/kHz

4. 思考题

（1）改变RLC串联电路的哪些参数可以使电路发生谐振，电路中R值是否影响谐振频率？

（2）要提高RLC串联电路的品质因数，应该如何改变电路参数？

4.5 三相交流电路

1. 实验目的

（1）掌握三相交流电路的线电压与相电压、线电流与相电流的概念。

（2）掌握三相四线制供电线路中性线的作用。

（3）掌握负载呈星形和三角形连接时电压、电流的关系。

2．实验原理

图 4-5-1 是对称三相交流电波形图及相量图，三个电压的相量和为零，即 $\dot{U}_A+\dot{U}_B+\dot{U}_C=0$。相线之间的电压称为线电压，如 $\dot{U}_{AB}$、$\dot{U}_{BC}$、$\dot{U}_{CA}$；相线与中性线之间的电压称为相电压，如 $\dot{U}_A$、$\dot{U}_B$、$\dot{U}_C$。相线上的电流称为线电流，流过每相负载的电流称为相电流。

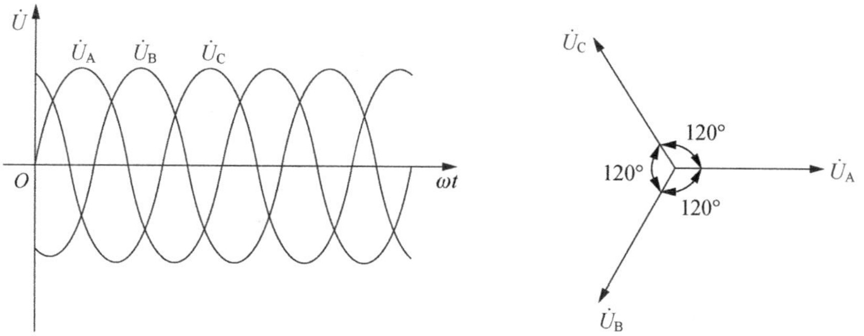

图 4-5-1　对称三相交流电波形图及相量图

三相负载的连接方式有两种：星形（Y）连接和三角形（△）连接。如果三相负载阻抗相同，则为对称三相负载，否则为不对称三相负载。

1）星形（Y）连接

图 4-5-2 为负载星形（Y）连接图：

如果负载对称，此时无论有无中性线，N 与 N′ 等电位，可用一根导线短接；线电压的大小为相电压大小的 $\sqrt{3}$ 倍；线电流等于相电流，且中性线电流 $\dot{I}_N=\dot{I}_A+\dot{I}_B+\dot{I}_C=0$。

如果负载不对称，且有中性线存在，则 $\dot{U}_{NN'}=0$，此时各相负载上相电压相同，负载能正常工作，中性线电流 $\dot{I}_N=\dot{I}_A+\dot{I}_B+\dot{I}_C\neq0$；如果没有中性线，则 $\dot{U}_{NN'}\neq0$，各相负载的相电压也不对称，当 $\dot{U}_{NN'}$ 过大时，电路将不能正常工作；由上可知，中性线的作用是保证星形连接时各相电压对称，使各相负载互不影响。

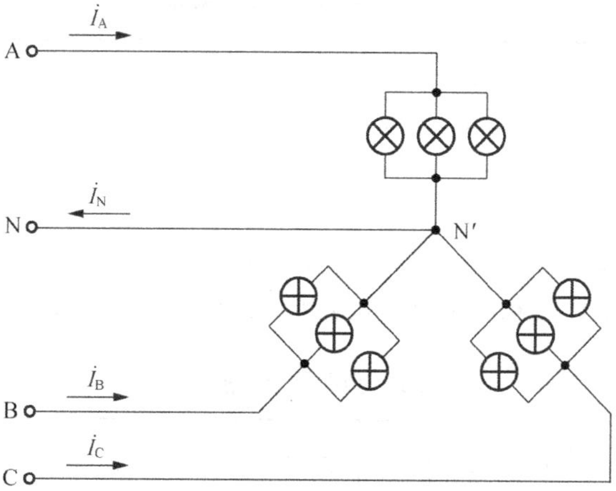

图 4-5-2　负载星形连接图

2）三角形（△）连接

图 4-5-3 为负载三角形（△）连接图。

如果负载对称，线电压等于相电压；线电流的大小为相电流大小的 $\sqrt{3}$ 倍。

如果负载不对称，线电压等于相电压；但是三个相电流因负载不同而不同，线电流也不再为相电流的 $\sqrt{3}$ 倍。

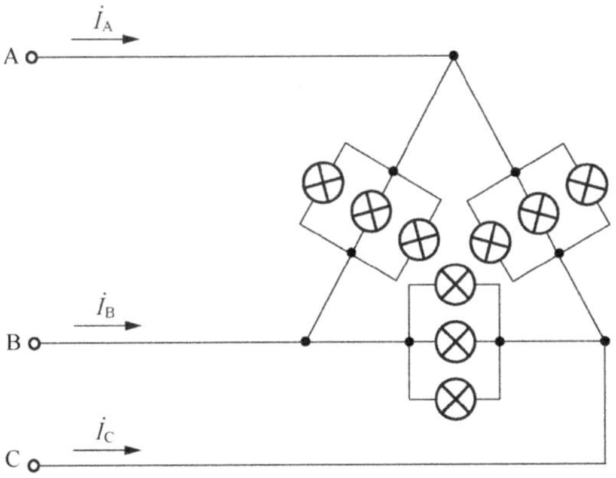

图 4-5-3　负载三角形连接图

3）三相电路的功率

三相电路的有功功率等于各相负载有功功率之和，即

$$P = P_A + P_B + P_C$$

如果负载不对称，需要用三个功率表分别测出各相负载的功率；如果负载对称，只需测出任何一相负载的功率，其 3 倍即为总功率。

3．实验内容及步骤

1）测量三相电源的线电压和相电压

调节电压旋钮，把线电压调至 220V，用万用表交流挡测量三相电源的线电压和相电压，填入表 4-5-1。

表 4-5-1　三相电源电压测量表

线电压			相电压		
U_{AB}	U_{BC}	U_{CA}	U_A	U_B	U_C

2）负载星形连接

按图 4-5-2 连接电路，完成表 4-5-2 中参数的测量。当负载对称时，灯泡全部点亮；当负载不对称时，A、B、C 三相电路分别亮 1 个、2 个、3 个灯泡。

表 4-5-2　负载星形连接测量表

	U_{AB}	U_{BC}	U_{CA}	$U_{AN'}$	$U_{BN'}$	$U_{CN'}$	I_A	I_B	I_C	I_N	有功功率		
											P_A	P_B	P_C
负载对称，有中性线													

续表

	U_{AB}	U_{BC}	U_{CA}	$U_{AN'}$	$U_{BN'}$	$U_{CN'}$	I_A	I_B	I_C	I_N	有功功率		
											P_A	P_B	P_C
负载对称，无中性线										—			
负载不对称，有中性线													
负载不对称，无中性线										—			

3）负载三角形连接

按图 4-5-3 连接电路，完成表 4-5-3 中参数的测量。当负载对称时，灯泡全部点亮；当负载不对称时，A、B、C 三相电路分别亮 1 个、2 个、3 个灯泡。

表 4-5-3　负载三角形连接测量表

	U_{AB}	U_{BC}	U_{CA}	I_A	I_B	I_C	I_{AB}	I_{BC}	I_{CA}	有功功率		
										P_A	P_B	P_C
负载对称												
负载不对称												

4．思考题

（1）为什么中性线上不允许接熔断器？说明三相四线制中性线在电路中的作用。

（2）负载不对称，无中性线，呈星形连接时，哪相的灯泡最亮？哪相的灯泡最暗？为什么？

第 5 章

模拟电路设计

5.1 单管共发射极放大电路的设计

1．实验目的

（1）掌握单管共发射极放大电路静态工作点的测量方法。
（2）掌握单管共发射极放大电路动态参数的测量方法。
（3）观察静态工作点对放大电路输出波形失真的影响。
（4）学会绘制放大电路的幅频特性曲线。

2．实验原理

1）放大的概念

如图 5-1-1 所示，传感器把自然界的信息转化为电信号，经过放大电路驱动执行机构。例如，麦克风将声音转化成电信号，然后放大该信号驱动扬声器，发出了更大的声音，这就是电子学中的放大。放大的本质是能量的控制与转换，能够控制能量的器件称为有源器件，如晶体管和场效应管等。放大的本质是不失真，否则放大就失去了意义。晶体管、场效应管是放大电路的核心器件，当晶体管工作在放大区、场效应管工作在恒流区时，信号才会不失真。

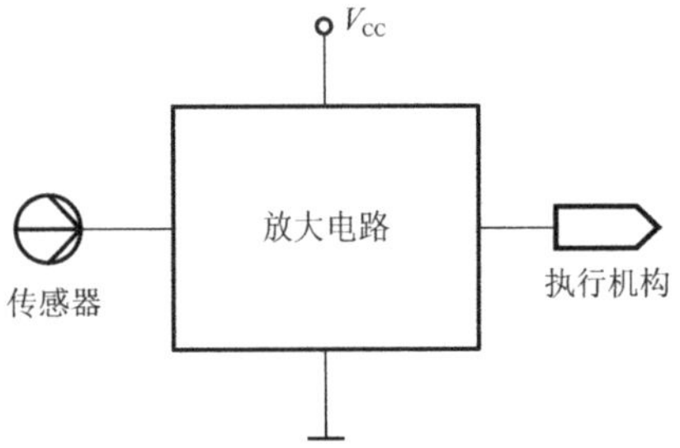

图 5-1-1　放大电路示意图

2）放大电路性能指标

如图 5-1-2 所示，将放大电路看成一个二端网络。

电压放大倍数：

$$\dot{A}_u = \frac{\dot{U}_o}{\dot{U}_i}$$

电流放大倍数：

$$\dot{A}_i = \frac{\dot{I}_o}{\dot{I}_i}$$

输入电阻：

$$R_i = \frac{\dot{U}_i}{\dot{I}_i} = \frac{R_i}{R_s + R_i}\dot{U}_s$$

输出电阻：

$$R_o = \left(\frac{\dot{U}'_o}{\dot{U}_o} - 1\right)R_L$$

R_o越小，负载R_L变化时，$\dot{U}_o$的变化越小，电路的带负载能力越强。输入、输出电阻都会直接或者间接影响电路的放大倍数。

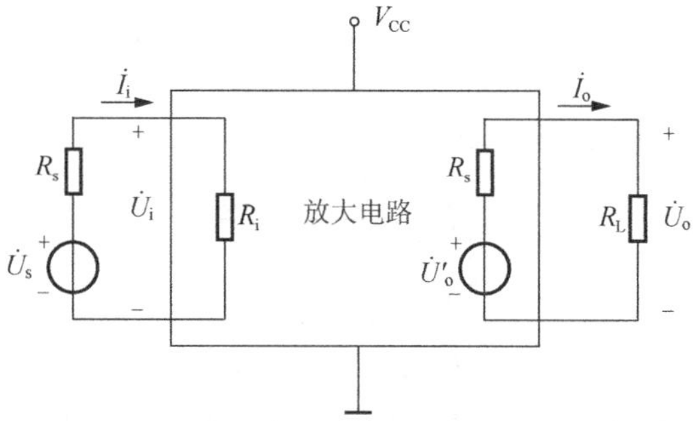

图 5-1-2　放大电路结构模型

在放大电路中存在电容、电感等电抗元件，在输入信号频率较低或者较高时，放大倍数会减小并产生相移，其幅频特性曲线如图 5-1-3 所示，$\dot{A}_m$称为中频放大倍数，在信号频率下降时，$|\dot{A}|$下降为$0.707|\dot{A}_m|$时的频率称为下限截止频率f_L；在信号频率上升时，$|\dot{A}|$上升为$0.707|\dot{A}_m|$时的频率称为上限截止频率f_H。f_L与f_H之间的频带称为通频带，即$f_{bw} = f_H - f_L$。

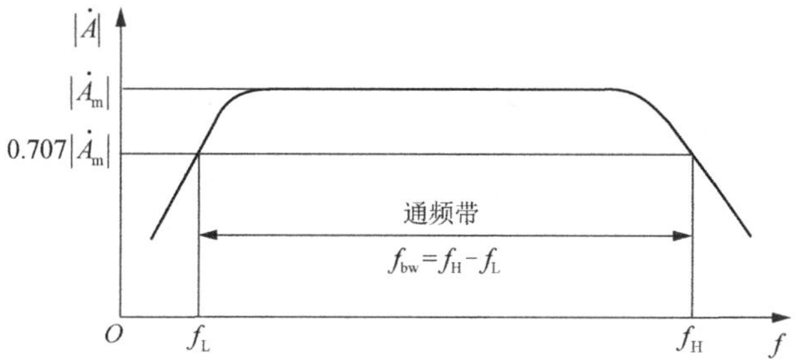

图 5-1-3　放大电路的幅频特性曲线

3）单管共发射极放大电路

图 5-1-4（该电路图为原理性电路图）所示电路的输入回路、输出回路以三极管发射极为公共端，称为单管共发射极放大电路。当输入信号$u_i = 0$，直流电源单独作用时称为静态，此时三极管的基极电流I_B、集电极电流I_C、b 与 e 间的电压U_{BE}、三极管压降U_{CE}称为静态工作点，记作 Q，分别记作I_{BQ}、I_{CQ}、U_{BEQ}、U_{CEQ}。做近似估算时，U_{BEQ}为常量，对于硅管，取 0.7V；对于锗管，取 0.2V。

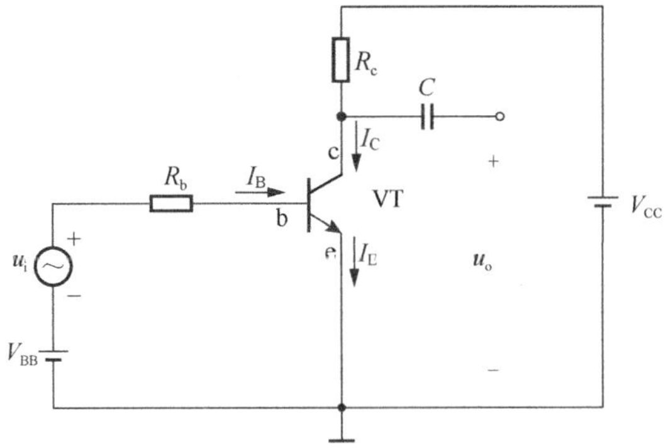

图 5-1-4 单管共发射极放大电路

图 5-1-4 所示电路的静态工作点表达式为

$$\begin{cases} I_{BQ} = \dfrac{V_{BB} - U_{BEQ}}{R_b} \\ I_{CQ} = \beta I_{BQ} \\ U_{CEQ} = V_{CC} - I_{CQ}R_c \end{cases}$$

三极管需要设置合适的静态工作点，把交流小信号加在直流分量上，以保证输入信号始终处在放大区，不至于产生失真。当输入信号 u_i 动态变化时，基极电流 i_B 必然在静态值 I_{BQ} 的基础上产生一个动态变化的 i_b，即 $i_B = I_{BQ} + i_b$；相应的集电极电流 i_C 也在静态值 I_{CQ} 的基础上产生一个动态变化的 i_c，即 $i_C = I_{CQ} + i_c$；从而使得三极管压降在静态值 U_{CEQ} 的基础上叠加一个与 i_c 变化相反的交变电压 u_{ce}，即 $u_{CE} = U_{CEQ} + u_{ce}$；通过电容 C 去掉直流分量 U_{CEQ} 即可得到一个与输入电压 u_i 反相的、放大的输出电压 u_o，如图 5-1-5 所示。

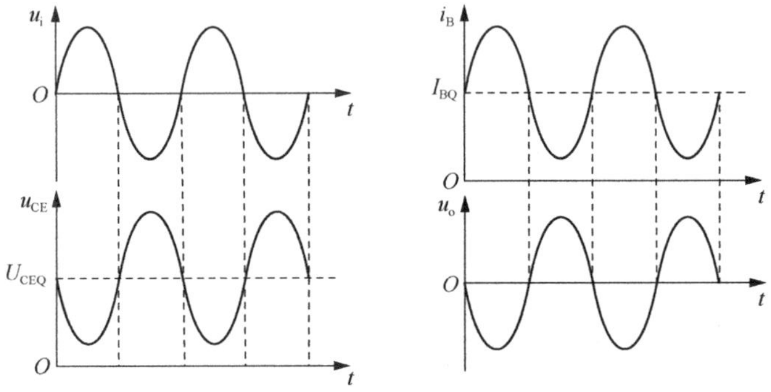

图 5-1-5 单管共发射极放大电路波形分析

利用交流等效电路可以求出电路的放大倍数、输入电阻、输出电阻，基本共发射极放大电路的交流等效电路如图 5-1-6 所示。

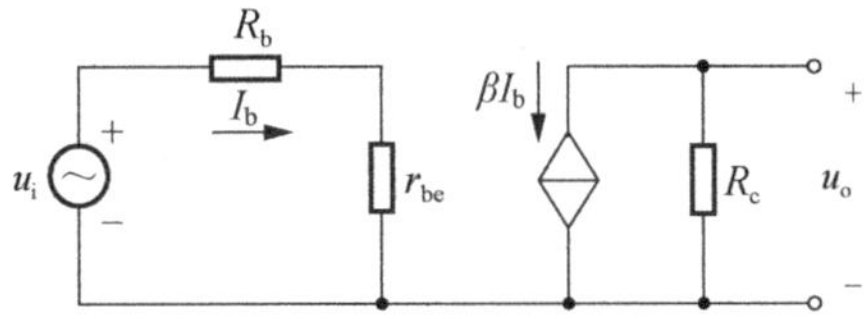

图 5-1-6 基本共发射极放大电路的交流等效电路

电压放大倍数：

$$\dot{A}_u = \frac{\dot{U}_o}{\dot{U}_i} = -\frac{\beta R_c}{R_b + r_{be}}$$

输入电阻：

$$R_i = R_b + r_{be}$$

输出电阻：

$$R_o = R_c$$

4）分压偏置式单管共发射极放大电路

电压的波动、外界温度的变化都会影响三极管参数，造成静态工作点不稳定，容易产生失真。为稳定静态工作点，采用图 5-1-7 所示的分压偏置式单管共发射极放大电路，其直流等效电路如图 5-1-8（a）所示。

① 由于$U_{BQ} \approx \frac{R_{b2}}{R_{b1}+R_{b2}}V_{CC}$，基极电压$U_{BQ}$仅取决于$R_{b2}$对$V_{CC}$的分压，不受温度变化的影响。

② 增加发射极电阻R_e（R_{e1}、R_{e2}），$T_{(温度)}\uparrow \rightarrow I_C \uparrow \rightarrow I_E \uparrow \rightarrow U_E \uparrow \rightarrow U_{BE} \downarrow \rightarrow I_B \downarrow \rightarrow I_C \downarrow$，起到了直流负反馈稳定静态工作点的作用。

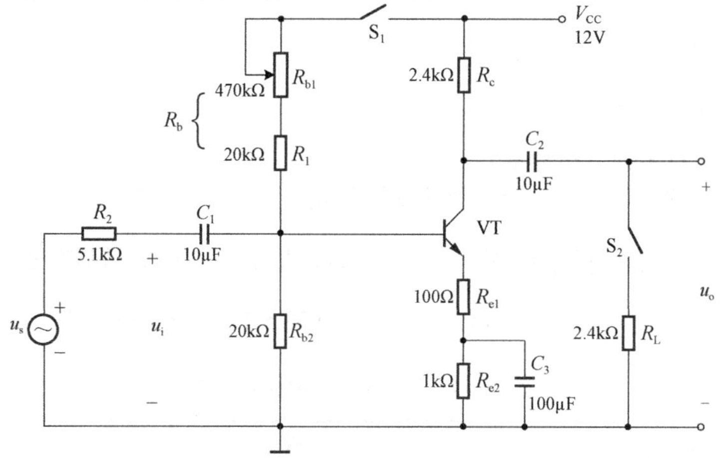

图 5-1-7 分压偏置式单管共发射极放大电路

其交流等效电路如图 5-1-8（b）所示。

$$\dot{U}_i = \dot{I}_b r_{be} + \dot{I}_e R_e = \dot{I}_b r_{be} + (1+\beta)\dot{I}_b R_{e1}$$

$$\dot{U}_o = -\beta \dot{I}_b (R_c // R_L)$$

$$\dot{A}_u = \frac{\dot{U}_o}{\dot{U}_i} = -\frac{\beta(R_c // R_L)}{r_{be} + (1+\beta)R_{e1}}$$

$$R_i = \frac{\dot{U}_i}{\dot{I}_i} = R_b // R_{b2} // \left[r_{be} + (1+\beta)R_{e1}\right]$$

$$R_o = R_c$$

若$(1+\beta)R_{e1} \gg r_{be}$，且$\beta \gg 1$，则

$$\dot{A}_u=\frac{\dot{U}_o}{\dot{U}_i}\approx-\frac{R_c // R_L}{R_{e1}}$$

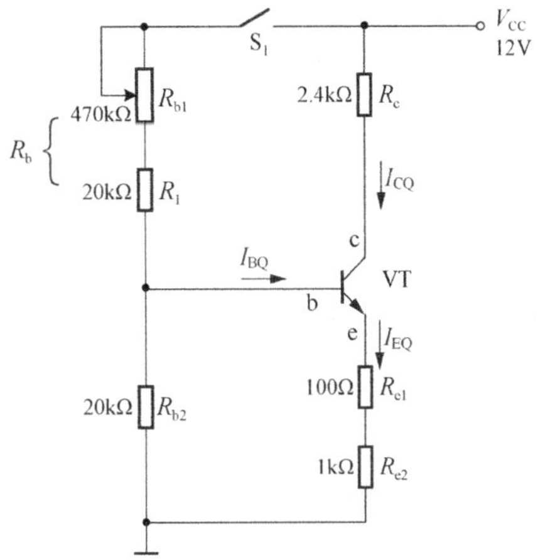

（a）直流等效电路

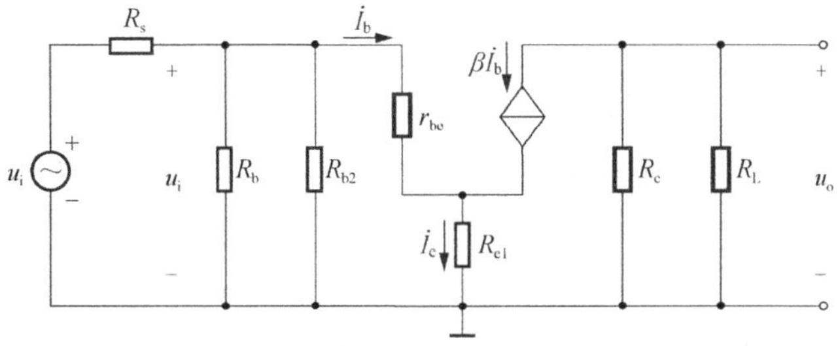

（b）交流等效电路

图 5-1-8 分压偏置式共发射极单管放大电路的直流、交流等效电路

可见，分压偏置式单管共发射极放大电路的放大倍数 $\dot{A}_u$ 仅取决于电阻的取值，不受外界环境变化的影响。

3．实验内容及步骤

1）静态工作点的调节与测量

按图 5-1-7 连接电路，同时调节滑动变阻器 R_{b1}，用万用表测量 U_{CEQ} 的变化值，当调到 U_{CEQ} 约等于 6V（$U_{CEQ}\approx\frac{1}{2}V_{CC}=6V$）时，说明此时的静态工作点已基本处于放大器交流负载线的中点，放大器的动态范围已趋向最大，完成表 5-1-1 中的静态工作点数据的测量。

表 5-1-1 静态工作点数据的测量

实测				实测			实测计算		
U_{Rb}（V）	U_{b2}（V）	U_{CE}（V）	U_{Rc}（V）	R_c（kΩ）	R_b（kΩ）	R_{b2}（kΩ）	I_{BQ}（μA）	I_{CQ}（mA）	β

2）动态放大倍数的测量

在输入端加入正弦信号 U_S（f=1kHz、$U_S\approx 100$mV），改变 R_L，用示波器测量输入端与输出端的电压，并记录在表 5-1-2 中。

表 5-1-2 动态放大倍数的测量

给定参数		实测		实测计算	理论估算
R_c（kΩ）	R_L（kΩ）	U_i（mV）	U_o（mV）	$\dot{A}_u$	$\dot{A}_u$
2.4	∞				
2.4	2.4				

3）研究静态工作点对放大器失真的影响

在图 5-1-7 所示电路中断开 R_L，分别将 R_{b1} 调至接近最小动态范围和接近最大动态范围，输入信号从零开始逐渐增大，用示波器观察输出电压 u_o 的波形，直至 u_o 的某个半波产生较明显的失真为止。记录此时的波形，测量 U_{CE}，记入表 5-1-3。

表 5-1-3　放大电路的失真现象

失　　真		
R_b	较小时	较大时
U_{CE}		
u_o 波形		
失真类型		

4）输入电阻、输出电阻的测量

完成放大电路的输入电阻、输出电阻的测量，记入表 5-1-4。

表 5-1-4　输入电阻、输出电阻的测量

测量输入电阻 R_i				测量输出电阻 R_o			
实测		测算	估算	实测		测算	估算
U_s(mV)	U_i(mV)	R_i	R_i	U'_o（R_L=∞）	U_o（R_L=2.4kΩ）	R_o	R_o

5）放大电路幅频特性数据的测量

U_S 幅值保持不变，测量不同频率点对应的输出电压 U_o，记入表 5-1-5，确定放大电路的上限截止频率 f_H 和下限截止频率 f_L，并作出幅频特性曲线。

表 5-1-5　幅频特性数据的测量

f(kHz)		f_L（kHz）					f_H（kHz）	
U_o（V）		0.707U_o（V）					0.707U_o（V）	

4．思考题

（1）单管共发射极放大电路为什么要调节静态工作点？如何把静态工作点调到最佳位置？

（2）单管共发射极放大电路的放大倍数是否随负载的变化而变化？为什么？

（3）在保证输出电压不失真的情况下，静态工作点的变化对放大电路的动态参数有无影响？为什么？

5.2　晶体管放大电路非线性失真的研究

1．实验目的

（1）掌握产生截止失真、饱和失真、双向失真的原因及改善方法。

（2）掌握产生交越失真的原因及改善方法。

（3）掌握测量总谐波失真的方法。

2. 实验原理

1）截止失真

在图 5-1-4 所示的单管共发射极放大电路中，该电路的输入回路满足$u_{BE}=V_{BB}-i_B R_b$，其静态工作点也应该在晶体管的输入特性曲线上，如图 5-2-1（a）所示；输出回路满足$u_{CE}=V_{CC}-i_C R_c$，其静态工作点也应该在晶体管的输出特性曲线上，如图 5-2-1（b）所示。

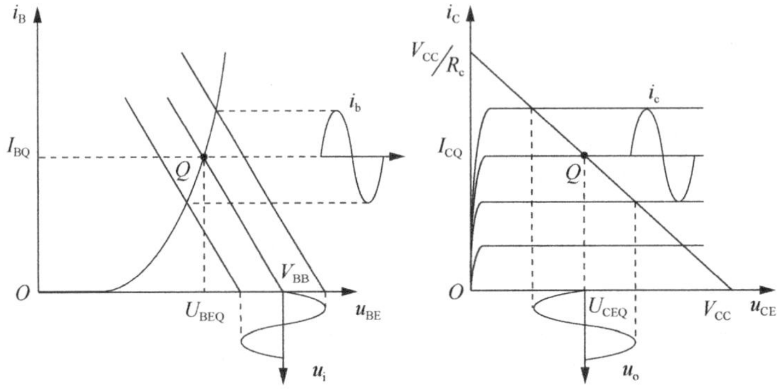

（a）输入回路　　（b）输出回路

图 5-2-1　共发射极放大电路的输入、输出回路特性曲线

当静态工作点（Q 点）过低时，在输入信号负半周期，必然会有某一段电压低于晶体管导通电压U_{on}，晶体管处于截止状态，则$i_B=0$，i_C和u_{R_c}也产生相应的失真，导致输出电压u_o产生顶部失真，如图 5-2-2 所示。这种失真是由晶体管截止产生的，称为截止失真。

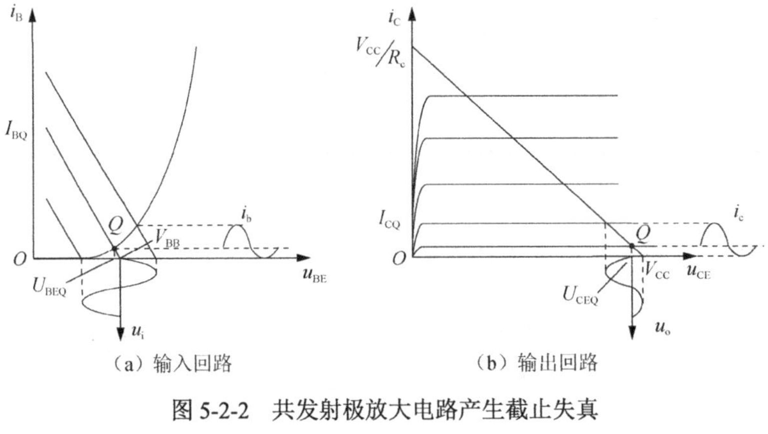

（a）输入回路　　（b）输出回路

图 5-2-2　共发射极放大电路产生截止失真

2）饱和失真

当静态工作点（Q 点）过高时，在输入信号正半周期靠近峰值的一段会进入晶体管的饱和区，导致集电极电流i_C和u_{R_c}产生失真，输出电压u_o产生底部失真，如图 5-2-3 所示。这种失真是由于晶体管饱和产生的，称为饱和失真。

3）双向失真

出现双向失真的原因是信号同时进入饱和区和截止区，输入信号的幅度增加到一定程度就会产生双向失真。

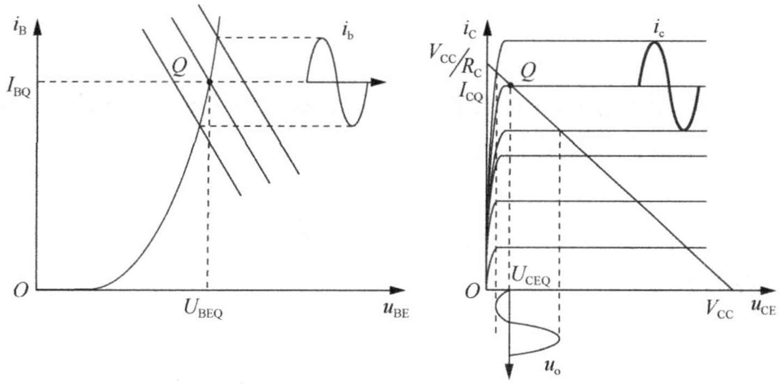

（a）输入回路　　（b）输出回路

图 5-2-3　共发射极放大电路产生饱和失真

4）交越失真

图 5-2-4（a）所示为互补输出级电路，假设晶体管为理想晶体管，输入 u_i 为正弦信号，当 $u_i > 0$ 时，VT$_1$ 导通、VT$_2$ 截止，$u_o = u_i$，此时正电源供电；当 $u_i < 0$ 时，VT$_2$ 导通、VT$_1$ 截止，$u_o = u_i$，此时负电源供电。但是如果是真实晶体管，当输入信号小于晶体管开启电压，即 $u_i < U_{on}$ 时，晶体管处于截止状态。u_i 在过零区域，输出电压将产生失真，交越失真波形如图 5-2-4（b）所示。

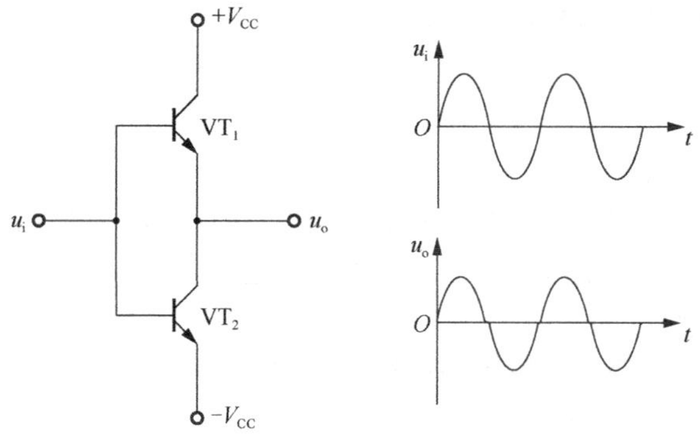

（a）互补输出级电路　　（b）交越失真波形

图 5-2-4　互补输出级电路及交越失真波形

5）失真度测量

通常用总谐波失真（THD）衡量放大器的非线性失真程度。若 $u_i = U_i \cos\omega t$，其含有非线性失真的输出交流电压为 $u_o = U_{o1}\cos(\omega t + \varphi_1) + U_{o2}\cos(2\omega t + \varphi_2) + U_{o3}\cos(3\omega t + \varphi_3) + \cdots + U_{on}\cos(n\omega t + \varphi_n)$。

$$\text{THD} = \frac{\sqrt{U_{o2}^{\ 2} + U_{o3}^{\ 2} + \cdots + U_{on}^{\ 2}}}{U_{o1}} \times 100\%$$

3．实验内容及步骤

1）截止失真与饱和失真

按图 5-1-7 连接电路，在输入端加正弦信号 U_S（f=1kHz、U_S≈100mV），同时调节滑动

变阻器 R_{b1}，用示波器观察输出波形的变化，当出现截止失真及饱和失真时，用万用表测量 U_{CEQ} 值，并记录。

2）双向失真

调节静态工作点，使 U_{CEQ}≈6V，在输入端加正弦信号 U_S（f=1kHz），幅值逐渐增加，当观察到双向失真波形时，记录该波形。

3）交越失真

用 Multisim 仿真图 5-2-4（a）所示的电路，观察交越失真波形，用失真度测量仪测量其总谐波失真（THD）值。

4. 思考题

（1）负反馈可以解决哪类失真？

（2）产生交越失真的原因是什么？如何消除交越失真？

5.3 晶体管开关特性的应用

1. 实验目的

（1）掌握二极管的开关特性及其应用。

（2）掌握三极管的开关特性及其应用。

2. 实验原理

1）二极管的开关特性

二极管的伏安特性曲线如图 5-3-1 所示，由于它具有单向导通性，因此它相当于一个受外加电压控制的开关，正向电压导通，反向电压截止。

2）二极管的开关特性的应用

① 如图 5-3-2 所示，假定二极管为理想二极管，当 $u_i > 0$ 时，二极管导通，$u_o = u_i$；当 $u_i < 0$ 时，二极管截止，$u_o = 0$。

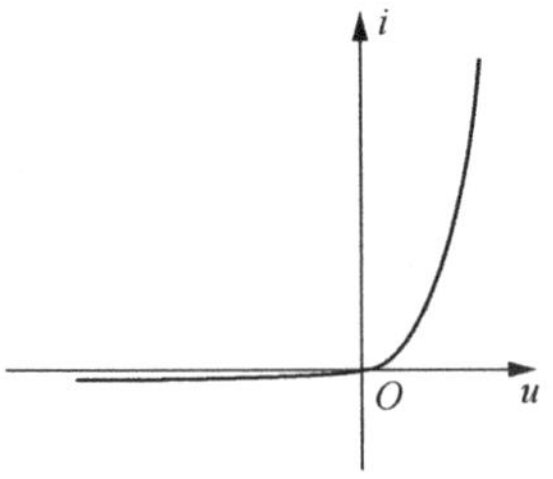

图 5-3-1　二极管的伏安特性曲线

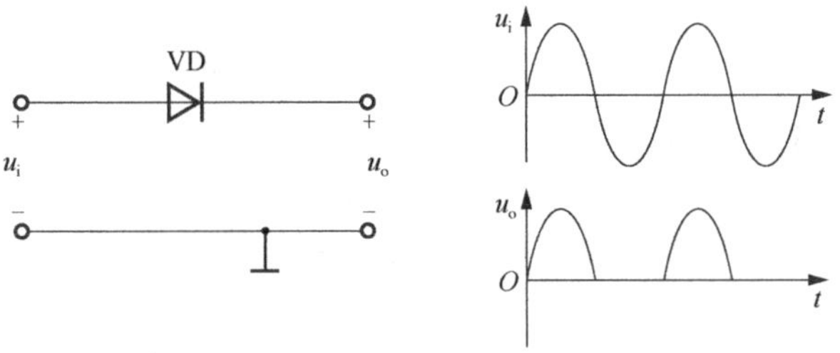

（a）二极管开关电路　（b）输入、输出波形

图 5-3-2　二极管开关特性的应用（1）

② 如图 5-3-3 所示，假定二极管为理想二极管，当输入信号 $u_i = V_{CC}$ 时，二极管截止，$u_o = u_i = V_{CC}$；当输入信号 $u_i = 0$ 时，二极管导通，$u_o = u_i = 0$。所以二极管相当于一个受外加电压极性控制的开关。

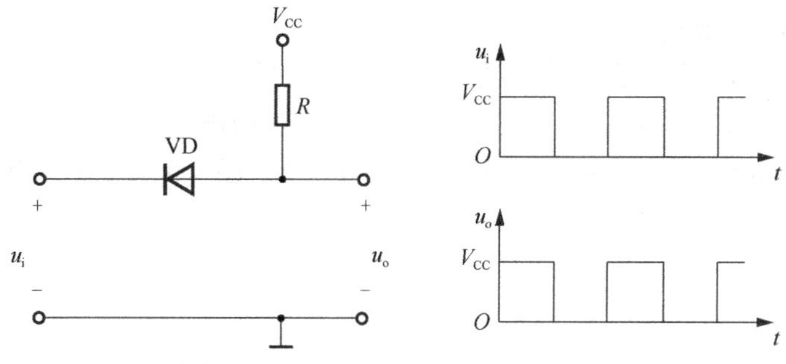

（a）二极管开关电路　　（b）输入、输出波形

图 5-3-3　二极管开关特性的应用（2）

③ 图 5-3-4 所示是由二极管组成的与门电路及逻辑电平，$V_{CC}=5V$。当 $u_A=u_B=0$ 时，二极管 VD_1、VD_2 都导通，u_Y 等于二极管导通压降，即 $u_Y=0.7V$；当 $u_A=0$、$u_B=3V$ 时，二极管 VD_1 导通、VD_2 截止，u_Y 等于二极管 VD_1 导通压降，即 $u_Y=0.7V$；当 $u_A=3V$、$u_B=0$ 时，二极管 VD_2 导通、VD_1 截止，u_Y 等于二极管 VD_2 导通压降，即 $u_Y=0.7V$；当 $u_A=3V$、$u_B=3V$ 时，二极管 VD_1、VD_2 都截止，$u_Y=u_A+0.7V=u_B+0.7V=3.7V$。

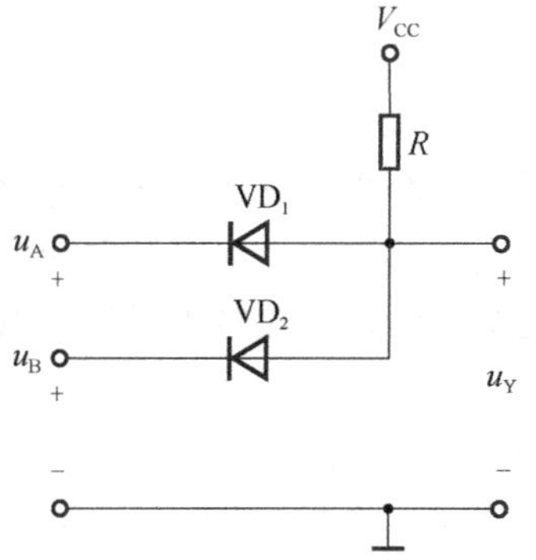

u_A（V）	u_B（V）	u_Y（V）
0	0	0.7
0	3	0.7
3	0	0.7
3	3	3.7

（a）与门电路　　（b）逻辑电平

图 5-3-4　由二极管组成的与门电路及逻辑电平

④ 图 5-3-5 所示是由二极管组成的或门电路及逻辑电平，u_A、u_B 最大为 3V。当 $u_A=u_B=0$ 时，二极管 VD_1、VD_2 都截止，$u_Y=0$；当 $u_A=3V$、$u_B=0$ 时，二极管 VD_1 导通、VD_2 截止，u_Y 等于电阻 R 的分压，即 $u_Y=u_A-0.7V=2.3V$；当 $u_A=0$、$u_B=3V$ 时，二极管 VD_2 导通、VD_1 截止，u_Y 等于电阻 R 的分压，即 $u_Y=u_B-0.7V=2.3V$；当 $u_A=3V$、$u_B=3V$ 时，二极管 VD_1、VD_2 都导通，$u_Y=u_A-0.7V=u_B-0.7V=2.3V$。

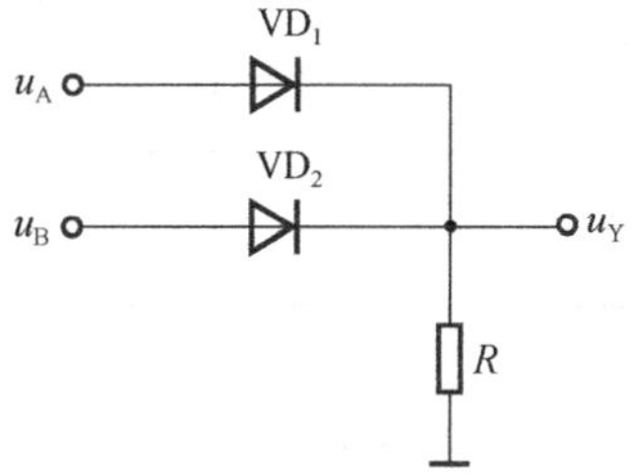

u_A（V）	u_B（V）	u_Y（V）
0	0	0
0	3	2.3
3	0	2.3
3	3	2.3

（a）或门电路　　（b）逻辑电平

图 5-3-5　由二极管组成的或门电路及逻辑电平

3）三极管的开关特性

如图 5-3-6 所示，选择合适的参数，当u_i为低电平时，$u_{BE} < U_{on}$，三极管处于截止状态，则$i_B = 0$，$i_C \approx 0$，$u_o = V_{CC}$；当u_i为高电平时，让基极电流i_B大于饱和基极电流（I_{BS}），三极管在深度饱和状态下工作时，三极管导通，$u_o \approx 0$。如上所述，三极管就相当于一个受u_i控制的开关。

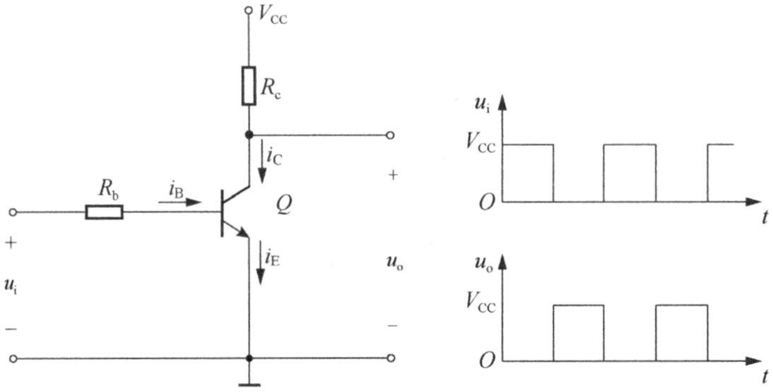

（a）三极管开关电路 （b）输入、输出波形

图 5-3-6　三极管的开关特性

4）三极管的开关特性的应用

三极管开关与机械开关相比具有以下优点：机械开关易磨损，三极管开关无此缺点；三极管开关速度快，以μs 计；机械开关闭合、开启瞬间会有抖动，三极管开关闭合、开启瞬间没有抖动；机械开关断开感性负载回路会产生感应电动势，在接触点产生电弧，三极管开关断开感性负载回路不会产生火花。

① 图 5-3-6（a）所示实际就是一个简单的反相器（非门）电路。

② 图 5-3-7 所示为由三极管构成的与门电路及逻辑电平。当$u_A = 0$、$u_B = 0$时，VT_1、VT_2截止，三极管呈高阻态（$\gg R$），u_Y等于电阻 R 的分压，故$u_Y \approx 0$；当$u_A = 0$、$u_B = 3V$时，VT_1截止、VT_2导通，u_Y等于电阻 R 的分压，故$u_Y \approx 0$；当$u_A = 3V$、$u_B = 0$时，VT_1导通、VT_2截止，u_Y等于电阻 R 的分压，故$u_Y \approx 0$；当$u_A = 3V$、$u_B = 3V$时，VT_1、VT_2导通，u_Y等于电阻 R 的分压，故$u_Y \approx V_{CC} = 5V$。

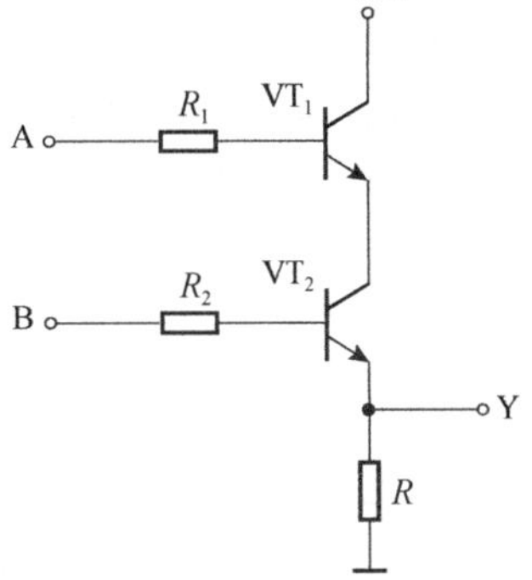

u_A（V）	u_B（V）	u_Y（V）
0	0	0
0	3	0
3	0	0
3	3	5

（a）与门电路 （b）逻辑电平

图 5-3-7　由三极管构成的与门电路及逻辑电平

③ 图 5-3-8 所示为由三极管构成的或门电路及逻辑电平。当 $u_A = 0$、$u_B = 0$ 时，VT_1、VT_2 截止，三极管呈高阻态（$\gg R$），u_Y 等于电阻 R 的分压，故 $u_Y \approx 0$；当 $u_A = 3V$ 或者 $u_B = 3V$ 时，VT_1 或者 VT_2 导通，$u_Y \approx V_{CC} = 5V$。

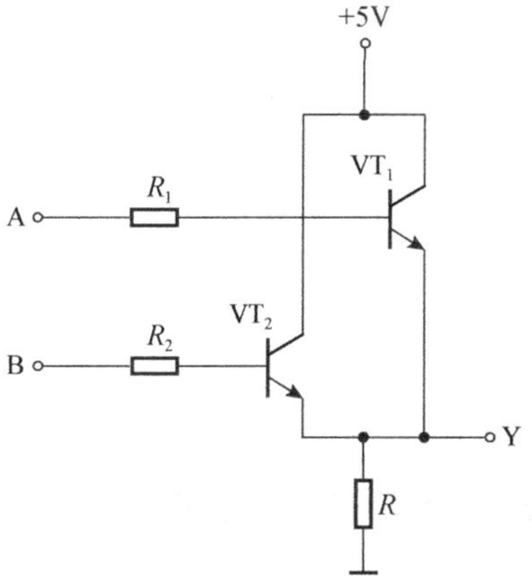

（a）或门电路

u_A（V）	u_B（V）	u_Y（V）
0	0	0
0	3	5
3	0	5
3	3	5

（b）逻辑电平

图 5-3-8　由三极管构成的或门电路及逻辑电平

④ 图 5-3-9 所示为三极管开关电路，它采用不同的三极管实现高电平开启开关或者低电平开启开关。

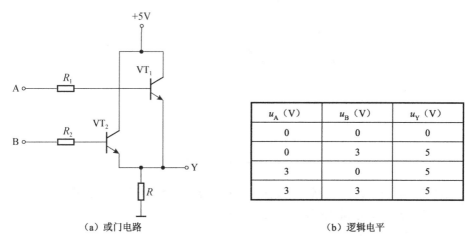

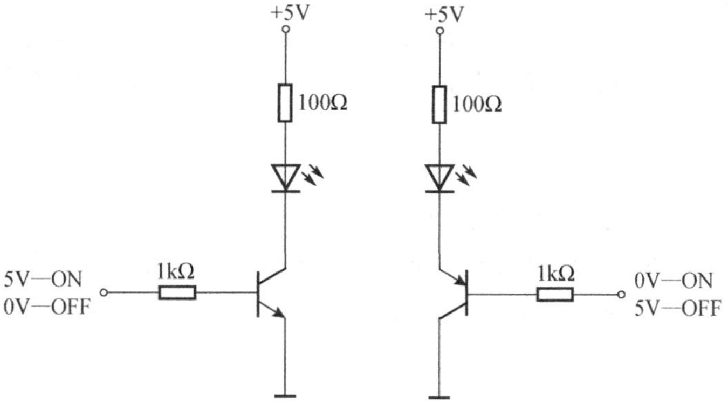

（a）高电平开启开关　（b）低电平开启开关

图 5-3-9　三极管开关电路

⑤ 图 5-3-10 所示为由三极管构成的 H 桥驱动电路，它可以用来控制电动机的旋转。当 $INA = 0$、$INB = 1$ 时，VT_1、VT_4 导通，VT_2、VT_3 截止，直流电动机正向旋转；当 $INA = 1$、$INB = 0$ 时，VT_2、VT_3 导通，VT_1、VT_4 截止，直流电动机反向旋转；当 $INA = 0$、$INB = 0$ 时，VT_1、VT_2 导通，VT_3、VT_4 截止，直流电动机不旋转；当 $INA = 1$、$INB = 1$ 时，VT_3、VT_4 导通，VT_1、VT_2 截止，直流电动机不旋转。

3．实验内容及步骤

1）二极管开关电路的应用

① 按图 5-3-3（a）连接电路，$V_{CC} = 5V$，u_i 为 $f = 100Hz$，幅值为 5V 的方波，同时观

察输入、输出波形。

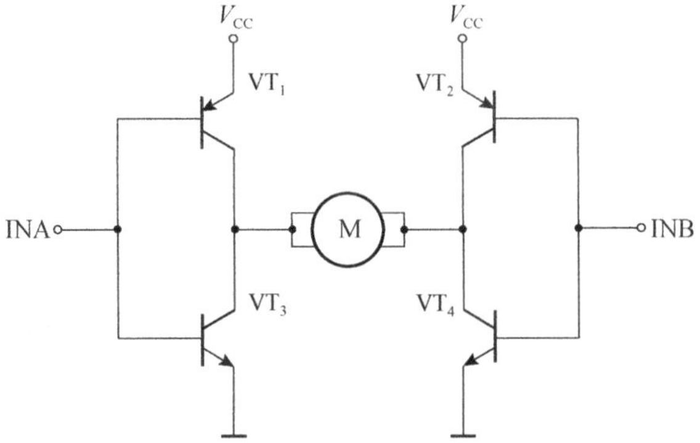

图 5-3-10 由三极管构成的 H 桥驱动电路

② 按图 5-3-4（a）连接电路，测试u_A、u_B、u_Y，验证与门逻辑关系。

③ 按图 5-3-5（a）连接电路，测试u_A、u_B、u_Y，验证或门逻辑关系。

2）三极管开关电路的应用

① 按图 5-3-9 连接电路，输入信号的幅值为5V 或者 0V，观察 NPN 型和 PNP 型三极管的开启、关闭方式。

② 按图 5-3-6（a）连接电路，$V_{CC}=5V$，u_i 为 $f=100Hz$，幅值为3V 的方波，同时观察输入、输出波形，并验证非门逻辑关系。

③ 按图 5-3-7（a）连接电路，测试u_A、u_B、u_Y，验证与门逻辑关系。

④ 按图 5-3-8（a）连接电路，测试u_A、u_B、u_Y，验证或门逻辑关系。

4. 思考题

（1）利用二极管的什么特性可以把它当作开关使用？

（2）三极管的开关特性是指三极管处于饱和导通状态，相当于开关的什么状态？三极管截止相当于开关的什么状态？即三极管是一个受什么控制的无触点开关电路？

5.4 晶体管多级放大电路与负反馈的研究

1. 实验目的

（1）掌握两级阻容耦合放大电路静态工作点的调整方法。

（2）掌握两级阻容耦合放大电路电压放大倍数的测量方法。

（3）掌握负反馈对放大电路的影响。

2. 实验原理

在实际应用中，放大电路除要满足一定放大倍数要求外，还需要同时满足输入电阻、输出电阻、带宽等要求，单靠一级放大电路难以实现，需要多级放大电路合理连接来实现。多级放大电路的放大倍数等于各级放大电路放大倍数的乘积，输入电阻等于第一级放大电路的输入电阻，输出电阻等于最后一级放大电路的输出电阻，如图 5-4-1 所示。级间耦合方式包括直接耦合、电容耦合、变压器耦合、光电耦合等。

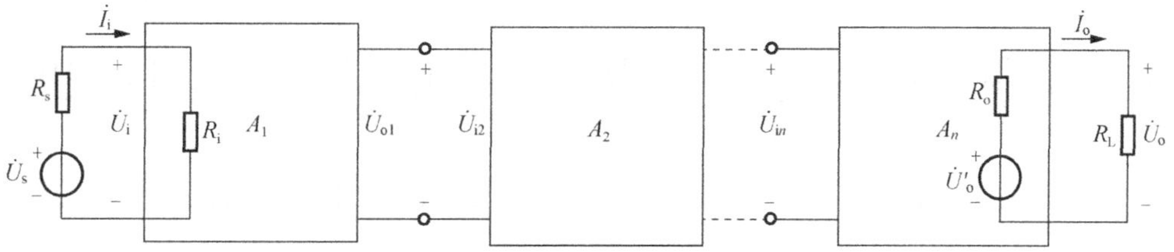

图 5-4-1　多级放大电路框图

1）两级阻容耦合放大电路

图 5-4-2 所示为两级阻容耦合放大电路，其交流等效电路如图 5-4-3 所示。

第一级放大倍数为

$$\dot{A}_{u1}=\frac{\dot{U}_{o1}}{\dot{U}_i}=-\frac{\beta_1(R_{c1}\ //\ R_{i2})}{r_{be1}+(1+\beta_1)R_{e1}}$$

$$R_{i2}=R_{b3}\ //\ R_{b4}\ //\ r_{be2}$$

若 $(1+\beta_1)R_{e1}\gg r_{be1}$ 且 $\beta_1\gg 1$，则

$$\dot{A}_{u1}=\frac{\dot{U}_{o1}}{\dot{U}_i}\approx-\frac{R_{c1}\ //\ R_{i2}}{R_{e1}}$$

第二级放大倍数为

$$\dot{A}_{u2}=\frac{\dot{U}_o}{\dot{U}_{o1}}=-\frac{\beta_2(R_{c2}\ //\ R_L)}{r_{be2}}$$

两级放大倍数为

$$\dot{A}_u=\frac{\dot{U}_o}{\dot{U}_i}=\dot{A}_{u1}\times\dot{A}_{u2}$$

输入电阻为

$$R_i=R_{b1}\ //\ R_{b2}\ //\left[r_{be1}+(1+\beta_1)R_{e1}\right]$$

输出电阻为

$$R_o=R_{c2}$$

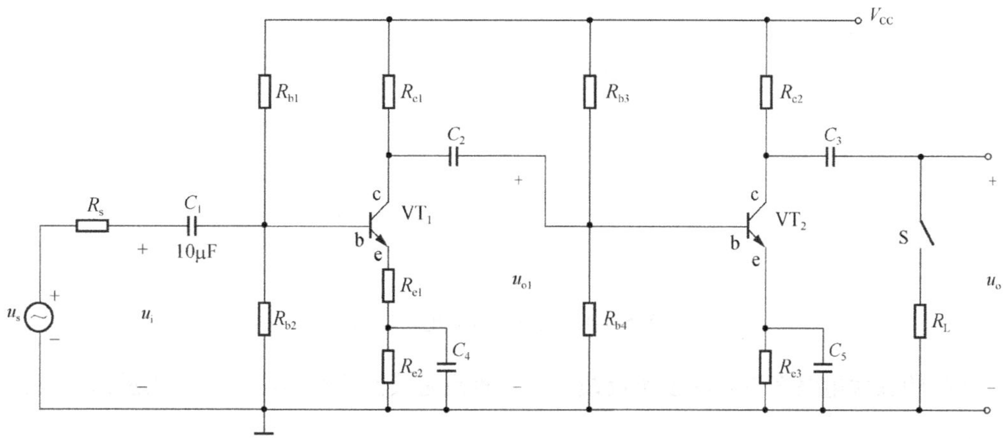

图 5-4-2　两级阻容耦合放大电路

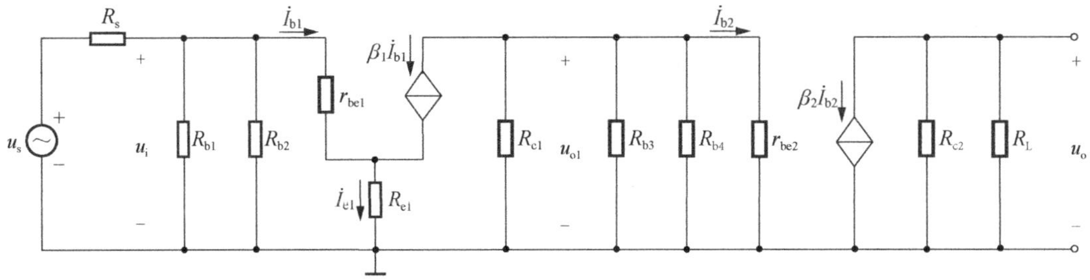

图 5-4-3　两级阻容耦合放大电路交流等效电路

2）负反馈

负反馈放大电路框图如图 5-4-4 所示。

电路放大倍数为

$$\dot{A}=\frac{\dot{X}_{o}}{\dot{X}_{i}'}$$

反馈系数为

$$\dot{F}=\frac{\dot{X}_{f}}{\dot{X}_{o}}$$

负反馈放大电路的放大倍数为

$$\dot{A}_{f}=\frac{\dot{X}_{o}}{\dot{X}_{i}}$$

电路的环路放大倍数为

$$\dot{A}\dot{F}=\frac{\dot{X}_{f}}{\dot{X}_{i}'}$$

由上可得：

$$\dot{A}_{f}=\frac{\dot{X}_{o}}{\dot{X}_{i}}=\frac{\dot{X}_{o}}{\dot{X}_{i}'+\dot{X}_{f}}=\frac{\dot{A}\dot{X}_{i}'}{\dot{X}_{i}'+\dot{A}\dot{F}\dot{X}_{i}'}=\frac{\dot{A}}{1+\dot{A}\dot{F}}$$

倘若 $\dot{A}\dot{F}<0$，则说明引入了正反馈；若 $\dot{A}\dot{F}=-1$，电路产生自激振荡；若 $1+\dot{A}\dot{F}\gg 1$，则说明引入了深度负反馈，$\dot{A}_{f}\approx\frac{1}{\dot{F}}$。

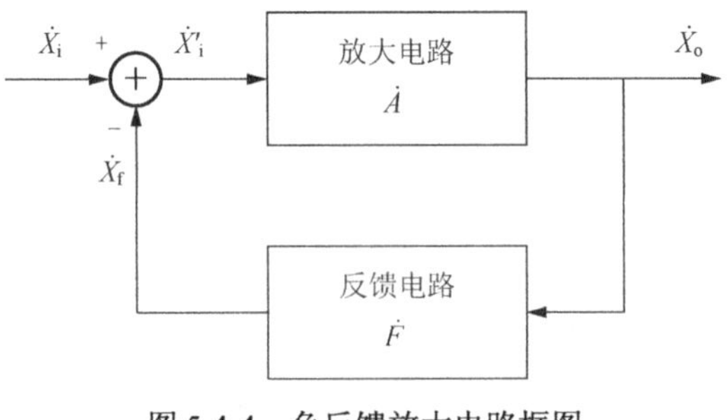

图 5-4-4　负反馈放大电路框图

实际的放大电路多引入深度负反馈，分析重点是找到反馈网络，并求出反馈系数 $\dot{F}$，可近似得到 $\dot{A}_{f}\approx\frac{1}{\dot{F}}$。

在图 5-4-5 所示的电路中，如果闭合开关 S_3，即引入交流电压串联负反馈，反馈系数为 $\dot{F}=\dfrac{\dot{U}_f}{\dot{U}_o}=\dfrac{R_f}{R_f+R_{e1}}$，则电路放大倍数为 $\dot{A}_f\approx\dfrac{1}{\dot{F}}=1+\dfrac{R_{e1}}{R_f}$。

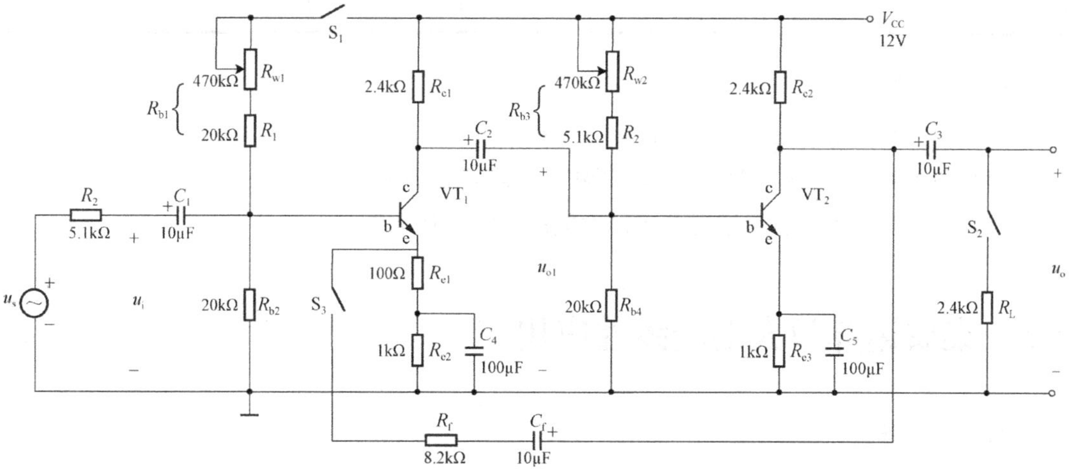

图 5-4-5 负反馈两级放大电路图

3．实验内容及步骤

1）静态工作点的调节及测量

按图 5-4-5 连接电路，闭合开关 S_1，断开开关 S_3，分别调节第一级、第二级放大电路的静态工作点。调节滑动变阻器 R_{w1}、R_{w2}，用万用表测量 U_{CEQ1}、U_{CEQ2} 的变化值，当 $U_{CEQ1}\approx\dfrac{1}{2}V_{CC}=6V$、$U_{CEQ2}\approx\dfrac{1}{2}V_{CC}=6V$ 时，说明静态工作点已基本处于放大器交流负载线的中点，放大器的动态范围已趋于最大，完成表 5-4-1 中的静态工作点数据的测量。

表 5-4-1 静态工作点数据的测量

一级放大电路静态工作点				二级放大电路静态工作点			
U_{Rb1}	U_{Rb2}	U_{CEQ1}	U_{Rc1}	U_{Rb3}	U_{Rb4}	U_{CEQ2}	U_{Rc2}

2）动态放大倍数的测量

在输入端加正弦信号 U_S（f=1kHz、U_S≈100mV），改变负载 R_L，用示波器测量输入端与一级输出端、二级输出端的电压，计算放大倍数，并记录在表 5-4-2 中。

表 5-4-2 放大倍数的测量（未引入负反馈）

R_L	U_i	U_{o1}	U_o	A_{u1}	A_u
∞					
2.4kΩ					

3）负反馈对放大电路的影响

在图 5-4-5 所示电路中闭合开关 S_3，引入交流电压串联负反馈，用示波器测量输出端电压的变化值，记入表 5-4-3。

表 5-4-3 放大倍数的测量（引入负反馈）

R_L	U_i	U_{o1}	U_o	A_{u1}	A_u	$1/F$
∞						
2.4kΩ						

4．思考题

（1）如何测量放大电路的输入电阻、输出电阻？
（2）图 5-4-5 中，R_{e2} 对放大电路的动态性能有无影响？为什么？
（3）交流电压串联负反馈对放大器性能的影响是什么？

5.5 集成运算放大器的线性应用

1．实验目的

（1）深入理解集成运算放大器线性应用的条件与特点。
（2）掌握用集成运算放大器设计比例、加减运算等电路的基本方法。
（3）掌握用集成运算放大器设计积分运算电路的方法。

2．实验原理

通常在分析运算电路时均假定运算放大器（简称运放）为理想运放，其同相输入端和反相输入端的电位分别为 u_P 、u_N ，电流分别为 i_P 、i_N 。当集成运放工作在线性区时，输出端电压 u_o 与输入差模电压呈线性关系，即

$$u_o = A_{od}\left(u_P - u_N\right)$$

理想运放的开环差模增益系数满足 $A_{od} = \infty$ ，而 u_o 是一个有限值，因而净输入电压满足 $u_P - u_N = 0$，即

$$u_P = u_N$$

称为两个输入端虚短路。所谓虚短路，是指理想运放的两个输入端电位无限接近，但又不是真正短路。因为净输入电压为零，且理想运放输入电阻无穷大，所以两个输入端的输入电流也均为零，即

$$i_P = i_N = 0$$

称为两个输入端虚断路。所谓虚断路，是指理想运放的两个输入端的电流趋于零，但又不是真正断路。

对于运放工作在线性区的应用电路，虚短路和虚断路是分析输入信号与输出信号关系的两个基本出发点。

对于理想运放，$A_{od} = \infty$ ，因此即使在两个输入端之间加微小电压，输出电压都将超出其线性范围，不是正向最大电压 $+U_{OM}$ ，就是负向最大电压 $-U_{OM}$ 。因此，只有在电路中引入负反馈，使得净输入量趋近零，才能保证运放工作在线性区。可以通过分析电路是否引入负反馈来判断运放是否工作在线性区。

对于单个集成运放，通过无源的反馈网络将集成运放的输出端与反相输入端连接起来，

就表明电路引入负反馈，负反馈放大电路如图 5-5-1 所示。

1）反相比例运算电路

反相比例运算电路如图 5-5-2 所示。

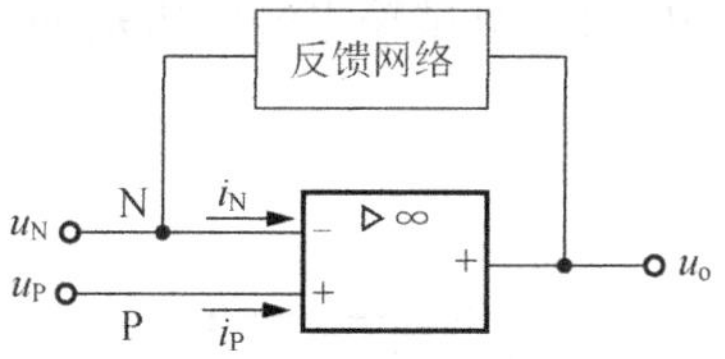

图 5-5-1 负反馈放大电路

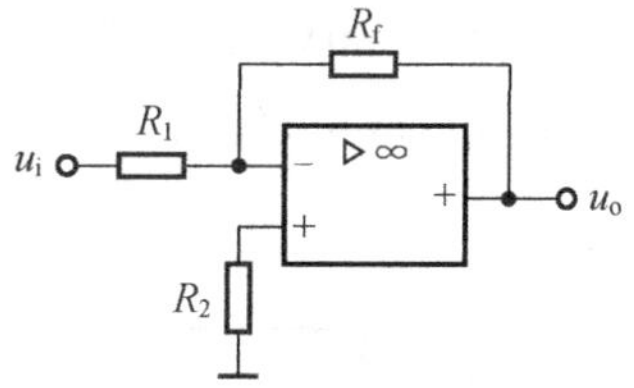

图 5-5-2 反相比例运算电路

该电路输出端电压与输入端电压的关系为

$$u_o = -\frac{R_f}{R_1}$$

为了减小输入级偏置电流引起的运算误差，在同相输入端接入平衡电阻 $R_2 = R_1 // R_f$。

2）同相比例运算电路

同相比例运算电路如图 5-5-3 所示。

该电路输出端电压与输入端电压的关系为

$$u_o = \left(1 + \frac{R_f}{R_1}\right) u_i$$

为了减小输入级偏置电流引起的运算误差，在同相输入端接入平衡电阻 $R_2 = R_1 // R_f$。

3）反相加法运算电路

反相加法运算电路如图 5-5-4 所示。

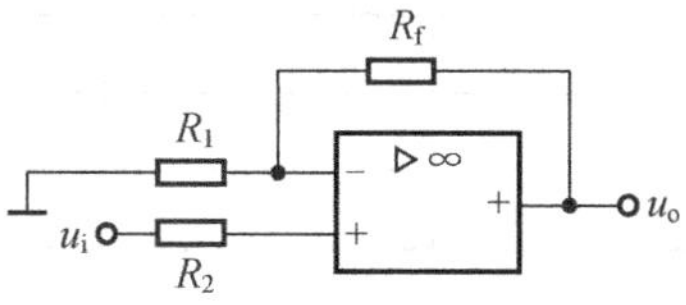

图 5-5-3 同相比例运算电路

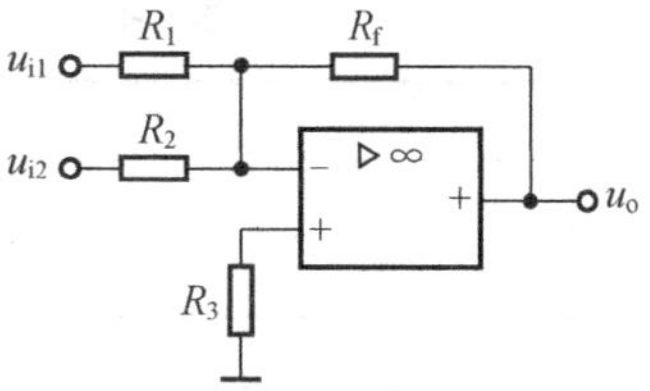

图 5-5-4 反相加法运算电路

该电路输出端电压与输入端电压的关系为

$$u_o = -\left(\frac{R_f}{R_1} u_{i1} + \frac{R_f}{R_2} u_{i2}\right)$$

为了减小输入级偏置电流引起的运算误差，在同相输入端接入平衡电阻 $R_2 = R_1 // R_2 // R_f$。

4）减法运算电路

减法运算电路如图 5-5-5 所示。

该电路输出端电压与输入端电压的关系为

$$u_o = \left(1 + \frac{R_f}{R_1}\right) \frac{R_3}{R_2 + R_3} u_{i1} - \frac{R_f}{R_1} u_{i2}$$

3．实验内容及步骤

1）判断集成运放的好坏

如图 5-5-6 所示，将集成运放接成过零电压比较器，当开关 S 接至+5V 电压时，测试输出端电压 u_o 应该为−10V 左右，当开关 S 接至−5V 电压时，测试输出端电压 u_o 应该为+11V 左右，这表明集成运放是好的。

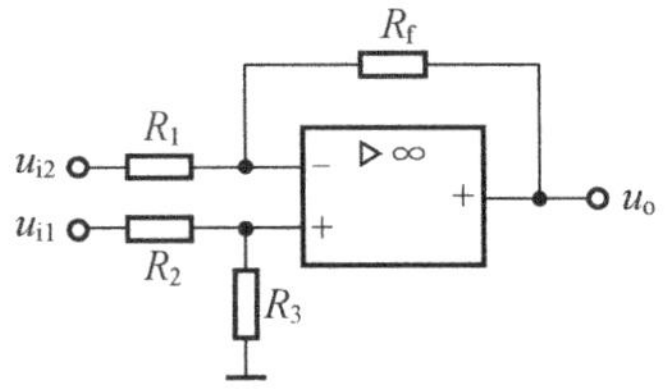

图 5-5-5　减法运算电路

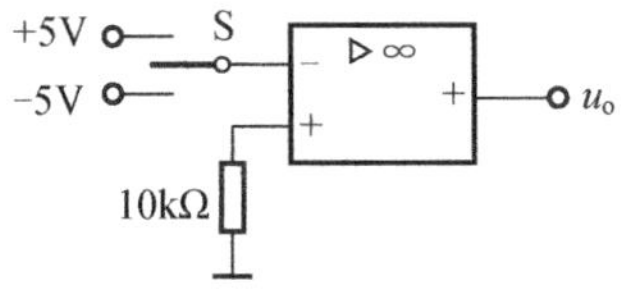

图 5-5-6　判断集成运放好坏电路图

2）集成运放调零

由于输入失调的存在，集成运放在输入为零时输出并不为零，因此除具有自动调零功能的集成运放外，一般需要外接调零电路。如图 5-5-7 所示，用万用表测量输出电压 u_o，调节电位器 R_p，使 u_o 为 0。

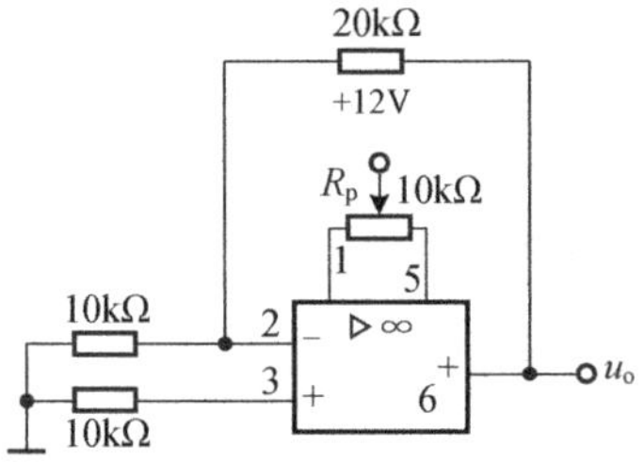

图 5-5-7　集成运放调零电路图

3）验证反相比例放大电路（$u_o = 3u_i$）

① 设计电路原理图，选择电阻参数，接通 ±12V 电压，在输入端加如表 5-5-1 所示的直流电压，用万用表测量输出端的电压 u_o，记录在表 5-5-1 中。

表 5-5-1　反相比例放大电路验证数据

u_i（V）	−4	拐点	−3	−2	−1	0	1	2	3	拐点	4
u_o（V）											
u_o（理论）											

② 画出电路的传输特性曲线。

③ 输入 u_i 为正弦交流信号（频率为 1kHz，峰峰值为 10V），用示波器定量观察 u_i 与 u_o 的波形及相位关系。

4）设计一个同相比例运算电路 $u_o = -5u_i$

设计电路原理图，选择电阻参数，用万用表测量相应的输入、输出电压，填入自行设计的表格中。画出电路传输特性曲线。

5）设计一个减法运算电路 $u_o = 2u_{i1} - 5u_{i2}$

设计电路原理图，选择电阻参数，同时输入两路直流电压，用万用表测量相应的输入、输出电压，填入自行设计的表格中。

6）利用积分电路设计一个三角波输出电路

要求完成电路设计，选择合适的输入电压波形及电路参数，用示波器观察 u_o 与 u_i 的波形，记入自行设计的表格中。（提示：根据输出三角波可以确定输入电压的波形及周期，再结合输出电压的幅度确定积分时间常数。）

4．思考题

（1）如何减少非理想运算放大器的误差？
（2）平衡电阻的作用是什么？应该如何取值？
（3）画出调零电路图，并说明调零的步骤。

5.6　集成运算放大器的非线性应用

1．实验目的

（1）深入理解集成运算放大器非线性应用的条件及特点。
（2）能利用集成运算放大器实现过零电压比较器和滞回电压比较器。
（3）掌握利用集成运算放大器实现波形发生电路的设计方法。

2．实验原理

如果理想运放处于开环或者正反馈状态，则它工作在非线性区。此时，输出电压 u_o 与输入电压 $(u_P - u_N)$ 不再是线性关系，当 $u_P > u_N$ 时 $u_o = +U_{OM}$，当 $u_P < u_N$ 时 $u_o = -U_{OM}$，如图 5-6-1 所示。

电压比较器是集成运放非线性应用的典型电路，常用于对输入信号进行鉴幅和比较，在测量与控制电路中得到广泛应用，也是非正弦波发生电路的基本单元。

1）单限电压比较器

如图 5-6-2 所示，该电路只有一个阈值电压，当 $u_i > u_{Th}$ 时 $u_o = +U_{OM}$，当 $u_i < u_{Th}$ 时 $u_o = -U_{OM}$。

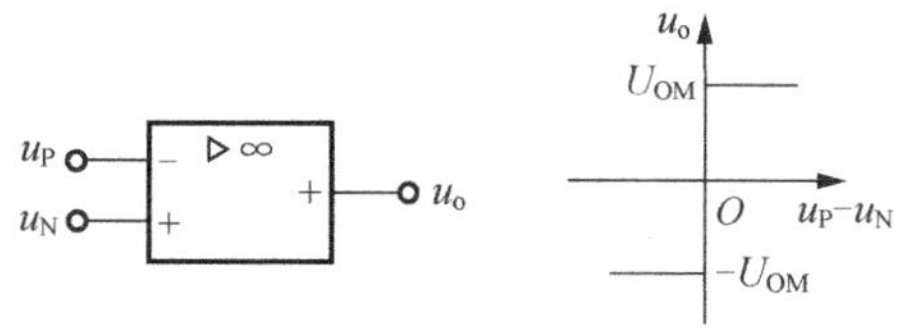

图 5-6-1　理想运放开环电路及电压传输特性曲线

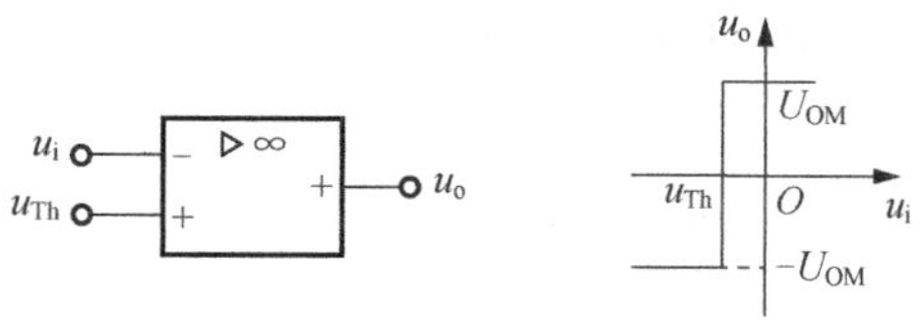

图 5-6-2　单限电压比较器电路及电压传输特性曲线

2）过零电压比较器

过零电压比较器，顾名思义，其阈值电压 $u_{Th} = 0$，当 $u_i > 0V$ 时 $u_o = -U_{OM}$，当 $u_i < 0V$ 时 $u_o = U_{OM}$，如图 5-6-3 所示。

3）滞回电压比较器

单限电压比较器输入信号的微小变化都会导致输出电压的跃变，可以采用滞回电压比较器加以解决。滞回电压比较器的特点是当输入信号逐渐增大或者减小时，它有两个不同的阈值。如图 5-6-4 所示，D_Z 为限幅稳压二极管，输出电压 u_o 被限定为 $\pm U_Z$，当 $u_i > u_{Th2} = \dfrac{R_1}{R_1 + R_2} U_Z$ 时，u_o 从 $+U_Z$ 跃变为 $-U_Z$；当 $u_i < u_{Th1} = -\dfrac{R_1}{R_1 + R_2} U_Z$ 时，u_o 从 $-U_Z$ 跃变为 $+U_Z$；当 $u_{Th1} < u_i < u_{Th2}$ 时，u_i 的变化不影响 u_o。两个阈值电压的差值称为回差电压，即

$\Delta U = u_{Th2} - u_{Th1}$，$\Delta U$ 越大，灵敏度越差，但是抗干扰能力越强。

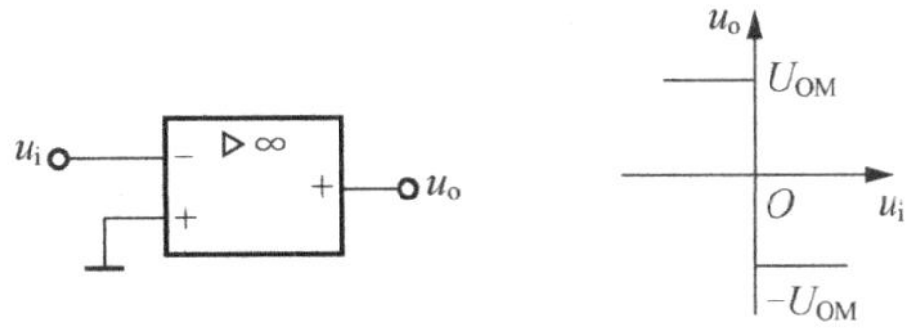

图 5-6-3　过零电压比较器电路及电压传输特性曲线

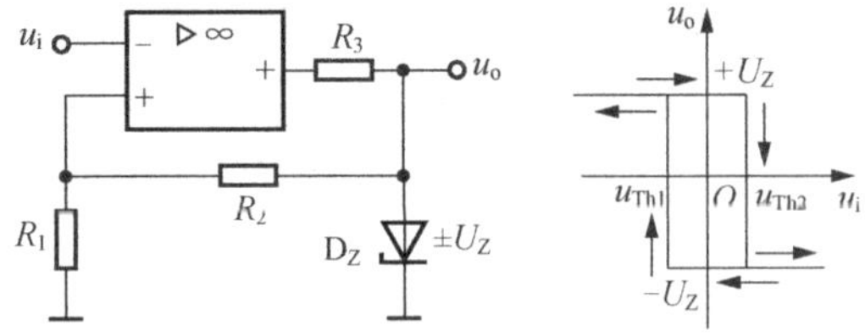

图 5-6-4　滞回电压比较器电路及电压传输特性曲线

3. 实验内容及步骤

1）设计过零电压比较器

① 按图 5-6-5 连接电路，在输入端加直流电压 u_i，测量对应的输出电压 u_o，将数据记入表 5-6-1，并绘制电压传输特性曲线。

表 5-6-1　过零电压比较器实验数据

u_i（V）	−4	−3	−2	−1	0	1	2	3	4
u_o（V）									

② 在输入端加一个频率为 100Hz、幅值为 5V 的正弦交流信号，用双踪示波器观察 u_i 与 u_o 的波形，并记录该波形。

2）设计能够实现图 5-6-6 所示的电压传输特性的滞回电压比较器

设计电路并连线，当输入电压 u_i 为频率 100Hz、幅值 10V 的正弦交流信号时，用双踪示波器观察输入电压 u_i 与输出电压 u_o 的波形，并测出 U_{OH}、U_{OL}、U_{Th1}、U_{Th2}，计算回差电压 ΔU，将这些值与理论计算值进行比较，填入自行设计的表格中。改变 u_i 的幅值，观察输出电压 u_o 波形的变化情况。

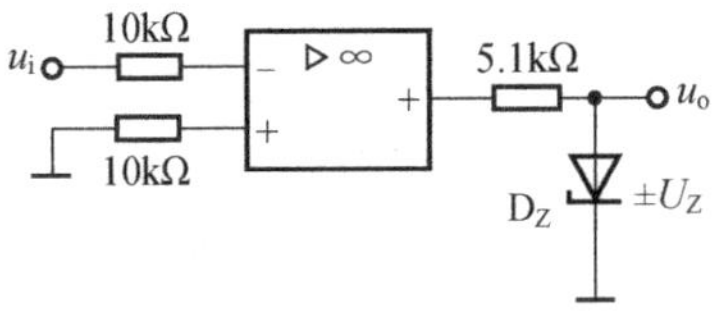

图 5-6-5　过零电压比较器

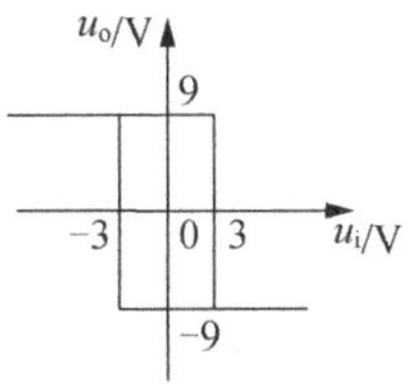

图 5-6-6　电压传输特性曲线

4. 思考题

说明不同类型比较器的共同点及分析方法。

5.7　有源滤波器的设计

1. 实验目的

（1）熟练掌握设计 RC 有源滤波器（低通滤波器、高通滤波器、带通滤波器、带阻滤波器）的方法。

（2）掌握滤波器幅频特性的测量方法。

2．实验原理

滤波器，顾名思义就是过滤信号的电路，它能使特定频率的信号通过，而极大地衰减其他频率的信号。滤波器可广泛应用在信号处理、抗干扰等方面。按照工作频带不同，滤波器分为低通滤波器、高通滤波器、带通滤波器、带阻滤波器。如果电路仅仅由无源元件（电阻、电容、电感）组成，则称为无源滤波器；如果电路中包括有源器件（晶体管、运算放大器），则称为有源滤波器。

图 5-7-1 所示为低通滤波器的幅频特性曲线，$\dot{A}_{up}$是频率为 0 时的电压放大倍数，使$|\dot{A}_u| = 0.707|\dot{A}_{up}|$的频率为通带截止频率 f_p。

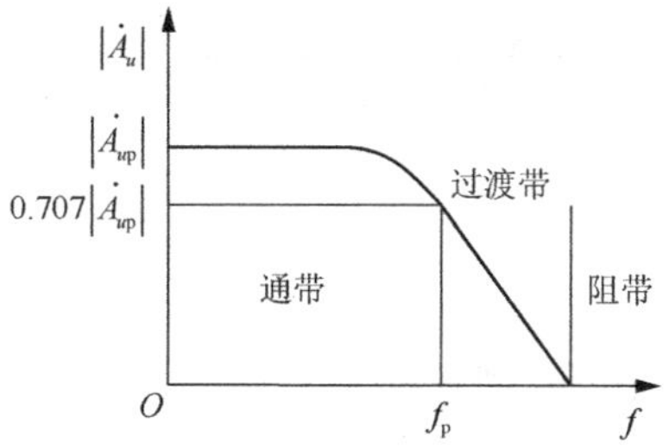

图 5-7-1　低通滤波器的幅频特性曲线

1）无源低通滤波器

图 5-7-2（a）所示为一阶 RC 无源低通滤波器电路，其电压放大倍数为

$$\dot{A}_u = \frac{\dot{U}_o}{\dot{U}_i} = \frac{\frac{1}{j\omega C}}{R + \frac{1}{j\omega C}} = \frac{1}{1 + j\omega RC}$$

令 $\omega_p = \frac{1}{RC}$，有

$$\dot{A}_u = \frac{1}{1 + j\frac{\omega}{\omega_p}} = \frac{1}{1 + j\frac{f}{f_p}}$$

则

$$\left|\dot{A}_u\right| = \frac{1}{\sqrt{1 + \left(\frac{f}{f_p}\right)^2}}$$

当 $f = f_p$时，有

$$\left|\dot{A}_u\right| = \frac{1}{\sqrt{2}}$$

由于 $\dot{A}_{up} = 1$，则

$$\left|\dot{A}_u\right| = \frac{1}{\sqrt{2}}\left|\dot{A}_{up}\right| = 0.707\left|\dot{A}_{up}\right|$$

当 $f \gg f_p$ 时，过渡带的斜率为−20dB/十倍频，如图 5-7-2（b）中实线所示。

当电路中接入负载后，通带放大倍数为

$$\dot{A}_{up} = \frac{R_L}{R + R_L}$$

$$\dot{A}_u=\frac{R_L\ //\ \dfrac{1}{j\omega C}}{R+R_L\ //\ \dfrac{1}{j\omega C}}=\frac{\dfrac{R_L}{R+R_L}}{1+j\left(R\ //\ R_L\right)C}=\frac{\dot{A}_{up}}{1+j\left(\dfrac{f}{f_{p1}}\right)}$$

通带截止频率为

$$f_{p1}=\frac{1}{2\pi\left(R\ //\ R_L\right)C}$$

我们会发现，无源滤波器的通带放大倍数 $\dot{A}_u$ 及通带截止频率 f_p 会随着负载阻值的变化而变化，不利于滤波器性能参数保持稳定。

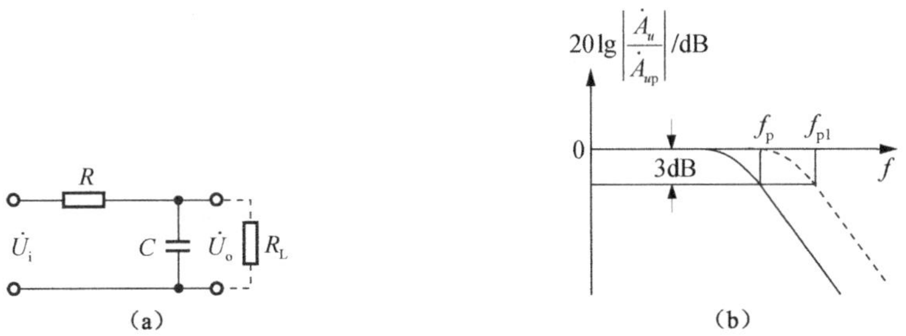

图 5-7-2 一阶 RC 无源低通滤波器电路及幅频特性曲线

2）一阶有源低通滤波器

为了使接入的负载不影响滤波器的性能参数，在无源滤波器与负载之间接一个电压跟随器，利用集成运放高输入电阻、低输出电阻的特性进行隔离，这就是一阶有源低通滤波器，其电路如图 5-7-3 所示。

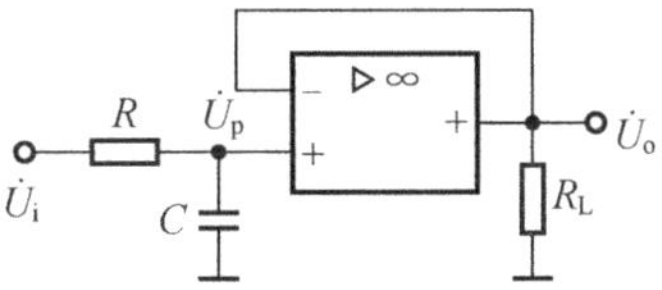

图 5-7-3 一阶有源低通滤波器电路

为了分析其频率特性，把电路的伏安特性表示在复频域上。经过拉普拉斯变换，电压转化为 $U(s)$，电流转化为 $I(s)$，电阻 $R(s)=R$，电容的阻抗 $Z_C(s)=1/sC$，电感的阻抗 $Z_L(s)=1/sL$，传递函数为

$$A_u(s)=\frac{U_o(s)}{U_i(s)}$$

传递函数分母中 s 的最高指数称为滤波器的阶数。

图 5-7-3 所示的一阶有源低通滤波器的传递函数为

$$A_u(s)=\frac{U_o(s)}{U_i(s)}=\frac{\dfrac{1}{sC}}{R+\dfrac{1}{sC}}=\frac{1}{1+sRC}$$

$s=j\omega$，则电路的放大倍数为

$$\dot{A}_u=\frac{\dot{U}_o}{\dot{U}_i}=\frac{\dfrac{1}{j\omega C}}{R+\dfrac{1}{j\omega C}}=\frac{1}{1+j\omega RC}$$

令 $\omega=0$，得到通带放大倍数：

$$\dot{A}_{up}=1$$

令 $\omega_p=\dfrac{1}{RC}$，有

$$\dot{A}_u=\frac{\dot{U}_o}{\dot{U}_i}=\frac{1}{1+j\dfrac{\omega}{\omega_p}}=\frac{1}{1+j\dfrac{f}{f_p}}$$

与之前在实域上分析得到的结果一致。

3）二阶有源低通滤波器

一阶滤波器的幅频特性最大衰减速率为-20dB/十倍频，在很多要求不高的场合经常被采用，增加滤波器的阶数可以加快其幅频特性的衰减。但是阶数越大，参数计算越复杂，电路调试也更困难。图 5-7-4 所示为一阶低通滤波器、二阶低通滤波器与理想低通滤波器的幅频特性曲线。

图 5-7-5 所示为一个简单的二阶有源低通滤波器电路，其中 $C_1=C_2=C$。

其传递函数为

$$A_u(s)=\frac{U_o(s)}{U_i(s)}=\left(1+\frac{R_2}{R_1}\right)\frac{1}{1+3sRC+(sRC)^2}$$

$s=j\omega$，$f_0=\dfrac{1}{2\pi RC}$（f_0 称为特征频率），则

$$\dot{A}_u=\frac{1+\dfrac{R_2}{R_1}}{1+j3\dfrac{f}{f_0}-\left(\dfrac{f}{f_0}\right)^2}$$

通带放大倍数为

$$\dot{A}_{up}=1+\frac{R_2}{R_1}$$

$$f_p=0.37f_0$$

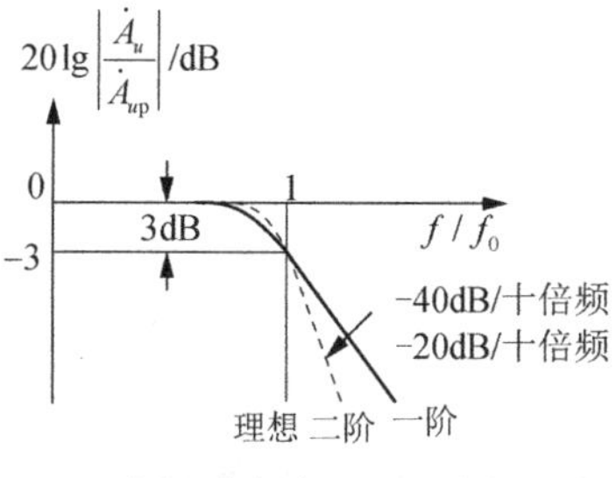

图 5-7-4 一阶低通滤波器、二阶低通滤波器与理想低通滤波器的幅频特性曲线

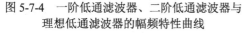

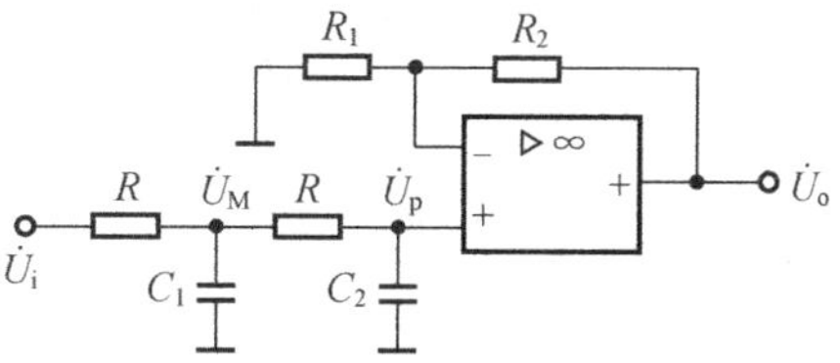

图 5-7-5 二阶有源低通滤波器电路

其幅频特性曲线如图 5-7-6 所示，衰减速率增大到-40dB/十倍频，但是截止频率 f_p 远离特征频率 f_0，为了使 f_p 趋近于 f_0，可引入正反馈以增大 f_0 附近的电压放大倍数。

4）压控电压源二阶低通滤波器

在图 5-7-5 所示电路中引入正反馈，将 C_1 接到集成运放输出端，即得到图 5-7-7 所示的

电路，称为压控电压源二阶低通滤波器电路。只要正反馈引入得当，就可以使 f_0 附近的电压放大倍数增大，又不会产生自激振荡。

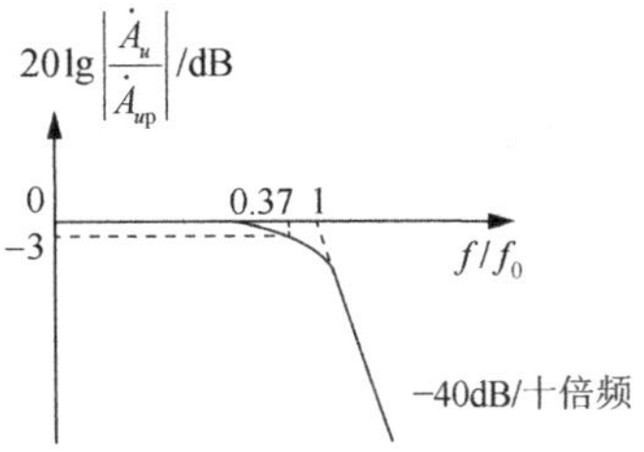

图 5-7-6　二阶有源低通滤波器的幅频特性曲线

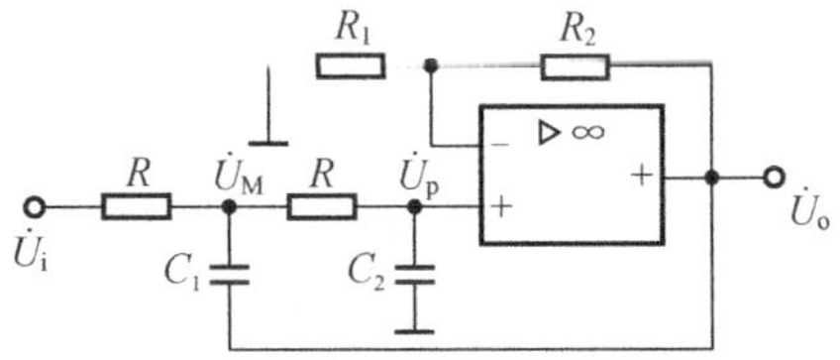

图 5-7-7　压控电压源二阶低通滤波器电路

其通带放大倍数为

$$\dot{A}_{up}=1+\frac{R_2}{R_1}$$

其传递函数为

$$A_u(s)=\frac{A_{up}(s)}{1+\left[3-A_{up}(s)\right]sRC+(sRC)^2}$$

当分母中 s 的一次项系数大于 0，即 $\dot{A}_{up}<3$ 时，电路才能稳定工作，不产生自激振荡。

令 $s=\mathrm{j}\omega$，$f_0=\dfrac{1}{2\pi RC}$，电压放大倍数为

$$\dot{A}_u=\frac{\dot{A}_{up}}{1-\left(\dfrac{f}{f_0}\right)^2+\mathrm{j}\left(3-\dot{A}_{up}\right)\dfrac{f}{f_0}}$$

当 $f=f_0$ 时，有

$$\dot{A}_u=\frac{\dot{A}_{up}}{\mathrm{j}\left(3-\dot{A}_{up}\right)}$$

则

$$\left|\dot{A}_u\right|=\frac{\left|\dot{A}_{up}\right|}{\left|3-\dot{A}_{up}\right|}$$

令 $Q=\dfrac{1}{\left|3-\dot{A}_{up}\right|}$，则

$$Q=\frac{\left|\dot{A}_u\right|_{f=f_0}}{\left|\dot{A}_{up}\right|}$$

Q 称为品质因数，也称为截止特性系数，其值决定于 f_0 附近的频率特性。其幅频特性曲线如图 5-7-8 所示。

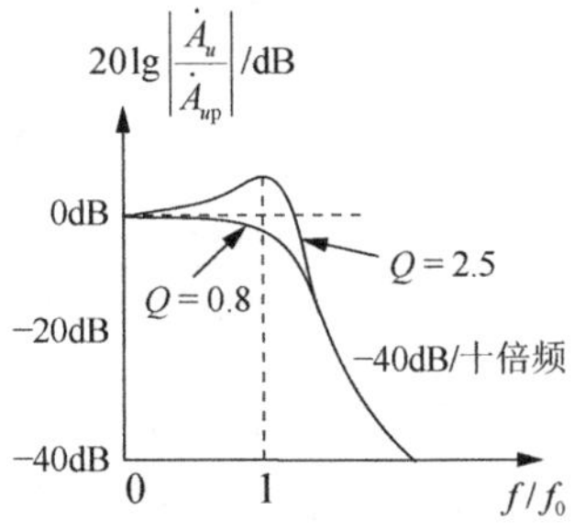

图 5-7-8　压控电压源二阶低通滤波器的幅频特性曲线

5）压控电压源二阶有源高通滤波器

将图 5-7-7 中 RC 滤波电路的电阻和电容互换，即得到压控电压源二阶有源高通滤波器电路，如图 5-7-9 所示。

其通带放大倍数为

$$\dot{A}_{up}=1+\frac{R_2}{R_1}$$

其传递函数为

$$A_u(s)=\frac{A_{up}(s)sRC^2}{1+[3-A_{up}(s)]sRC+(sRC)^2}$$

其品质因数为

$$Q=\frac{1}{|3-\dot{A}_{up}|}$$

其幅频特性曲线如图 5-7-10 所示。

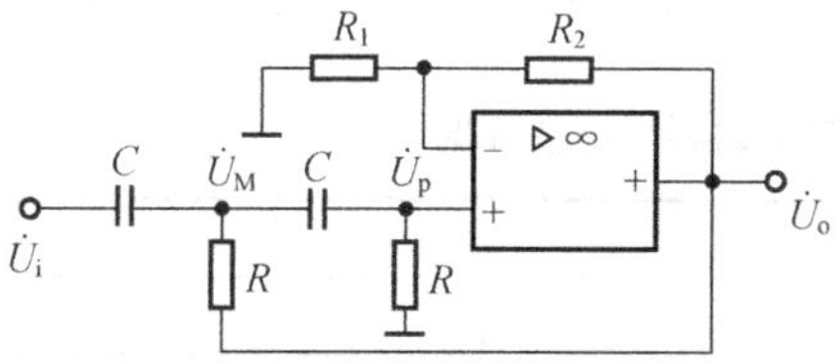

图 5-7-9 压控电压源二阶有源高通滤波器电路

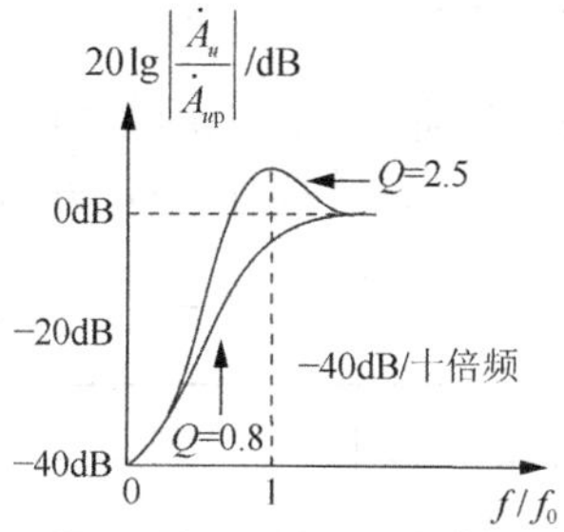

图 5-7-10 压控电压源二阶有源高通滤波器的幅频特性曲线

6）压控电压源二阶有源带通滤波器

将低通滤波器（截止频率为 f_{p1}）与高通滤波器（截止频率为 f_{p2}）串联就可得到带通滤波器，其通频带为 $f_{p1}-f_{p2}$。也可用单个集成运放构成压控电压源二阶有源带通滤波器，其电路如图 5-7-11 所示，其幅频特性曲线如图 5-7-12 所示。

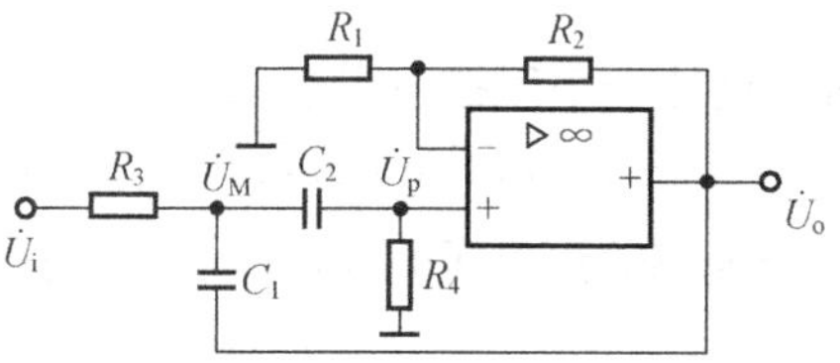

图 5-7-11 压控电压源二阶有源带通滤波器电路

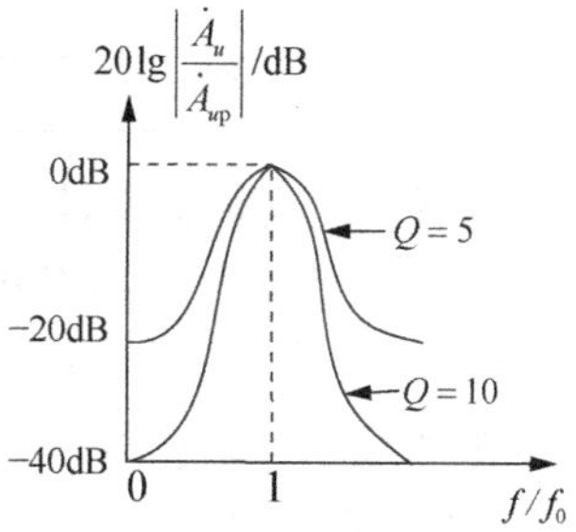

图 5-7-12 压控电压源二阶有源带通滤波器的幅频特性曲线

7）压控电压源二阶有源带阻滤波器

带阻滤波器又称陷波器，通常利用无源低通滤波器和高通滤波器并联得到。图 5-7-13 所示为压控电压源二阶有源带阻滤波器电路，其幅频特性曲线如图 5-7-14 所示。

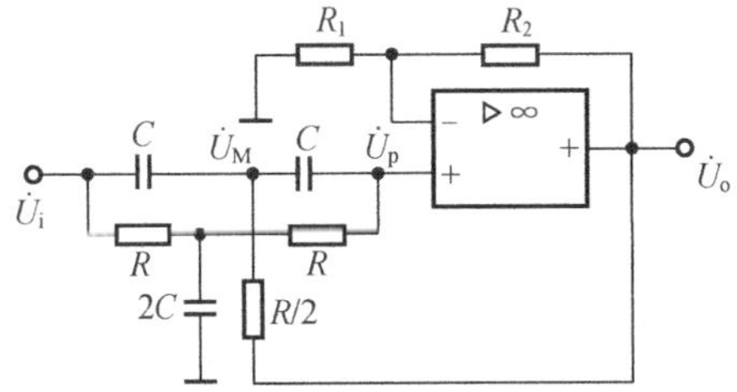

图 5-7-13　压控电压源二阶有源带阻滤波器电路

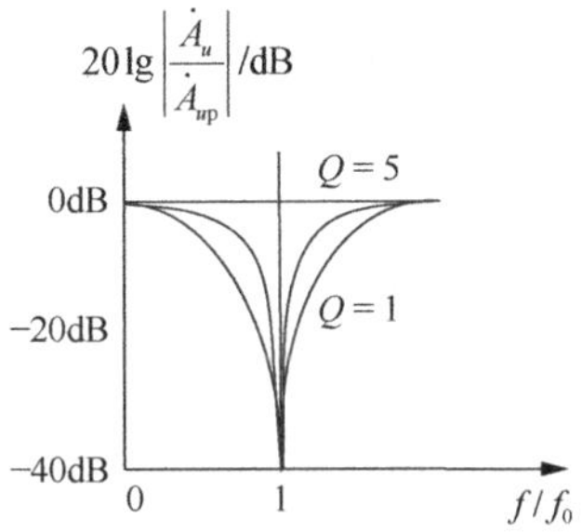

图 5-7-14　压控电压源二阶有源带阻滤波器的幅频特性曲线

3．实验内容及步骤

1）一阶有源低通滤波器

按图 5-7-3 设计一个截止频率满足 $f_p = 1\text{kHz}$ 的一阶有源低通滤波器，计算出 R 和 C。连接电路，在输入端接上函数信号发生器，输入幅值为 5V 的正弦信号，调节频率，通过示波器观测输出电压的变化值，并找到截止频率 f_p，填入表 5-7-1，画出幅频特性曲线。

表 5-7-1　一阶有源低通滤波器的幅频特性数据

f/Hz					f_p				
U_o/V					$0.707U_i$				

2）压控电压源二阶有源低通滤波器

如图 5-7-5 所示，通过 TI 在线滤波器设计工具 Filter Designer，设计一个压控电压源二阶有源低通滤波器，截止频率满足 $f_p = 3\text{kHz}$，计算出相应的参数，并通过 Multisim 仿真软件仿真该电路，输入幅值为 5V 的正弦信号，调节频率，通过示波器观测输出电压的变化值，填入表 5-7-2，并找到截止频率 f_p，通过波特仪观察幅频特性。

表 5-7-2　压控电压源二阶有源低通滤波器的幅频特性数据（Multisim 仿真数据）

f/Hz					f_p				
U_o/V					$0.707U_i$				

3）压控电压源二阶有源高通滤波器

通过 TI 在线滤波器设计工具 Filter Designer，设计一个压控电压源二阶有源高通滤波器，截止频率满足 $f_p = 300\text{Hz}$，计算出相应的参数，并通过 Multisim 仿真软件仿真该电路，输入幅值为 5V 的正弦信号，调节频率，通过示波器观测输出电压的变化值，填入表 5-7-3，并找到截止频率 f_p，通过波特仪观察幅频特性。

表 5-7-3　压控电压源二阶有源高通滤波器的幅频特性数据（Multisim 仿真数据）

f/Hz					f_p				
U_o/V					$0.707U_i$				

4）压控电压源二阶有源带通滤波器

设计一个压控电压源二阶有源带通滤波器，截止频率满足 $f_{p1} = 300\text{Hz}$、$f_{p2} = 3\text{kHz}$，并通过 Multisim 仿真软件仿真该电路，输入幅值为 5V 的正弦信号，调节频率，通过示波器观测输出电压的变化值，填入表 5-7-4，并找到截止频率 f_{p1}、f_{p2}，通过波特仪观察幅频特性。

表 5-7-4 压控电压源二阶有源带通滤波器的幅频特性数据（Multisim 仿真数据）

f/Hz			f_{p1}				f_{p2}		
U_o/V			$0.707U_i$				$0.707U_i$		

4．思考题

举例说明四种滤波器（低通滤波器、高通滤波器、带通滤波器、带阻滤波器）在日常生活中的应用。

5.8 波形发生器的设计

1．实验目的

（1）深入理解桥式正弦波发生电路的工作原理及设计方法。

（2）深入理解矩形波发生电路的工作原理及设计方法。

（3）掌握应用集成运算放大器设计方波发生电路和三角波发生电路的方法。

2．实验原理

在电子线路设计中，需要用到各种波形的信号来进行电路的测试及输出的控制，例如用正弦波来测试放大电路的性能；用方波来测试数字电路的逻辑或输出的控制等。波形发生器不需要外加输入信号，输入信号通过自激振荡产生。

1）正弦波振荡电路

正弦波振荡电路由以下四个部分组成：

① 放大电路：建立和维持振荡。

② 正反馈网络：与放大电路共同满足振荡条件。

③ 选频网络：选择某一频率进行振荡。

④ 稳幅电路：使波形幅值稳定。

如图 5-8-1 所示，当输入量 $\dot{X}_i$ 为 0，净输入量 $\dot{X}_i'$ 等于反馈量 $\dot{X}_f$，则输出量 $\dot{X}_o$ 将逐步增大，由于晶体管的非线性特性，$\dot{X}_o$ 不会无限增大，当增大到一定值时电路会达到动态的平衡，即

$$\dot{X}_o = \dot{A}\dot{X}_f = \dot{A}\dot{F}\dot{X}_o$$

如果要达到动态平衡，则

$$\dot{A}\dot{F} = 1$$

即

$$\begin{cases} \left|\dot{A}\dot{F}\right| = 1 \\ \varphi_A + \varphi_F = 2n\pi \quad (n = 0,1,2,3,\cdots) \end{cases}$$

电路的起振条件为

$$\dot{A}\dot{F} > 1$$

通过给电路增加选频网络，可以将所需频率以外的信号逐渐衰减为 0，进而得到所需频率的正弦波。图 5-8-2 所示为 RC 串并联选频网络，它也是正弦波振荡电路的正反馈网络，选取 $R_1 = R_2 = R$，$C_1 = C_2 = C$，则它的反馈系数为

$$\dot{F} = \frac{\dot{U}_f}{\dot{U}_o} = \frac{R // \dfrac{1}{j\omega C}}{R + \dfrac{1}{j\omega C} + R // \dfrac{1}{j\omega C}} = \frac{1}{3 + j\left(\omega RC - \dfrac{1}{\omega RC}\right)}$$

令 $\omega_0 = \dfrac{1}{RC}$，则

$$\dot{F} = \frac{1}{3 + j\left(\dfrac{\omega}{\omega_0} - \dfrac{\omega_0}{\omega}\right)} = \frac{1}{3 + j\left(\dfrac{f}{f_0} - \dfrac{f_0}{f}\right)}$$

即

$$\begin{cases} \left|\dot{F}\right| = \dfrac{1}{\sqrt{3^2 + \left(\dfrac{f}{f_0} - \dfrac{f_0}{f}\right)^2}} \\ \varphi_F = -\arctan \dfrac{1}{3}\left(\dfrac{f}{f_0} - \dfrac{f_0}{f}\right) \end{cases}$$

当 $f = f_0$ 时，$\left|\dot{F}\right| = \dfrac{1}{3}$，$\varphi_F = 0°$。

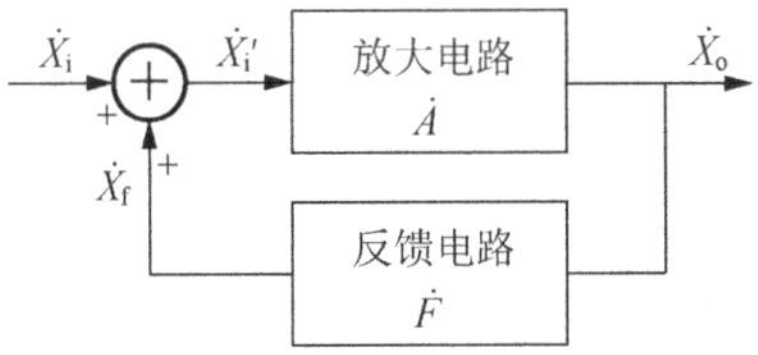

图 5-8-1 正弦波振荡电路框图

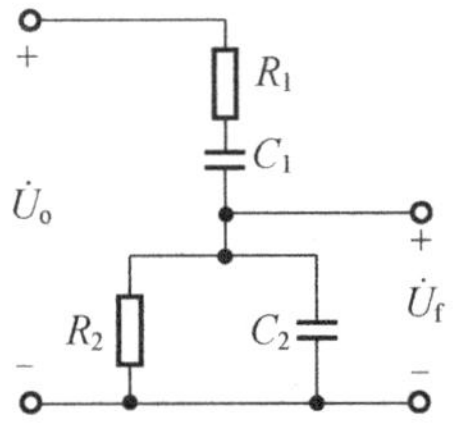

图 5-8-2 RC 串并联选频网络

因此，给 RC 串并联选频网络匹配一个电压放大倍数为 3 的放大电路就构成了正弦波振荡电路，如图 5-8-3 所示。

此时，根据起振条件和幅值平衡条件，有

$$\dot{A}_u = \frac{\dot{U}_o}{\dot{U}_f} = 1 + \frac{R_f}{R_1} \gg 3$$

$$R_f \gg 2R_1$$

R_f 的取值应该略大于 $2R_1$。

此外，可以在正弦波振荡电路的反馈电路中增加稳幅电路，在 R_f 回路串联两个二极管，利用二极管动态电阻随电流增大而减小、随电流减小而增大的特性，可使得输出波形稳定，如图 5-8-4 所示。此时电压放大倍数为

$$\dot{A}_u = \frac{\dot{U}_o}{\dot{U}_f} = 1 + \frac{R_f}{R_1}$$

$$R_f = R_2 + R_w + R_3 // r_d$$

式中，r_d 为二极管正向导通电阻。

调节 R_w 使电路起振，如果不能起振，适当增大 R_f；若波形失真，适当减小 R_f。

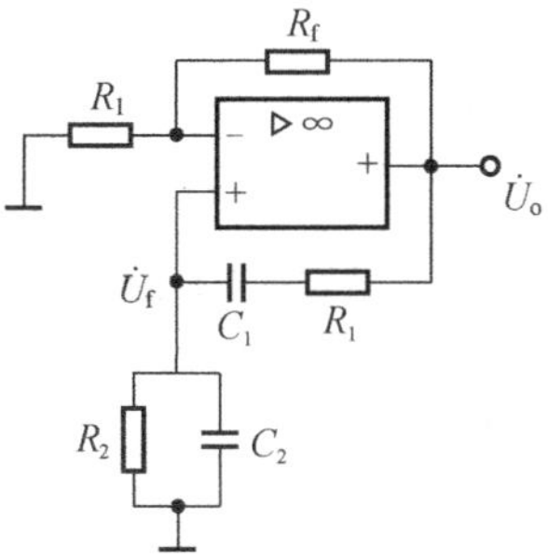

图 5-8-3　正弦波振荡电路

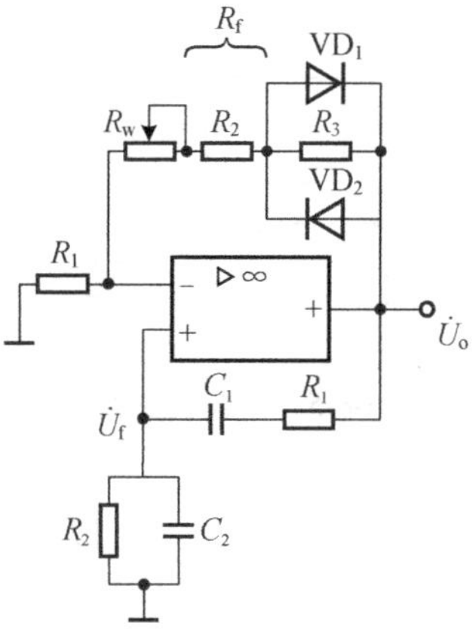

图 5-8-4　增加稳幅电路的正弦波振荡电路

2）矩形波发生电路

矩形波发生电路是其他非正弦波发生电路的基础，例如将矩形波加在积分电路中，可获得三角波；若改变积分电路的时间常数，则可获得锯齿波。方波是矩形波的一种特殊形式，方波的占空比为 50%。图 5-8-5 所示是最基本的方波发生电路，它由滞回电压比较器和 RC 回路组成。

图 5-8-5 所示电路中的输出端电压 $u_o = \pm U_Z$，阈值电压为

$$u_{Th1} = \frac{R_1}{R_1 + R_2} U_Z\text{；}\quad u_{Th2} = -\frac{R_1}{R_1 + R_2} U_Z$$

运放的输入端：

$$u_P = \pm \frac{R_1}{R_1 + R_2} U_Z\text{；}\quad u_N = u_C$$

t_0 时刻，$u_o = +U_Z$，u_o 通过电阻 R_1 对电容 C 充电，u_C 逐渐增加，当 $u_C \leqslant u_{Th1}$ 时，$u_o = +U_Z$ 保持不变；t_1 到 t_2 时刻，当 $u_C > u_{Th1}$ 时，u_o 从 $+U_Z$ 跳转到 $-U_Z$，同时 u_P 也从 u_{Th1} 跳转到 u_{Th2}，电容 C 通过电阻 R_1 开始放电，u_C 逐渐减小，当 $u_C \geqslant u_{Th2}$ 时，$u_o = -U_Z$，保持不变；t_2 到 t_3 时刻，当 $u_C < u_{Th2}$ 时，u_o 从 $-U_Z$ 跳转到 $+U_Z$，u_o 通过电阻 R_1 对电容 C 充电，周而复始，电路产生自激振荡，其电压波形如图 5-8-6 所示，振荡周期为

$$T = 2R_1 C\ln\left(1 + \frac{2R_2}{R_3}\right)$$

通过改变电路中充放电的时间常数，即可得到占空比不同的矩形波发生电路，如图 5-8-7 所示。

当 $u_o = +U_Z$ 时，u_o 通过 VD_1、R_{w1}、R_1 和对电容 C 充电；当 $u_o = -U_Z$ 时，电容 C 通过 R_1、R_{w2}、VD_2 放电，其电压波形如图 5-8-8 所示，振荡周期为

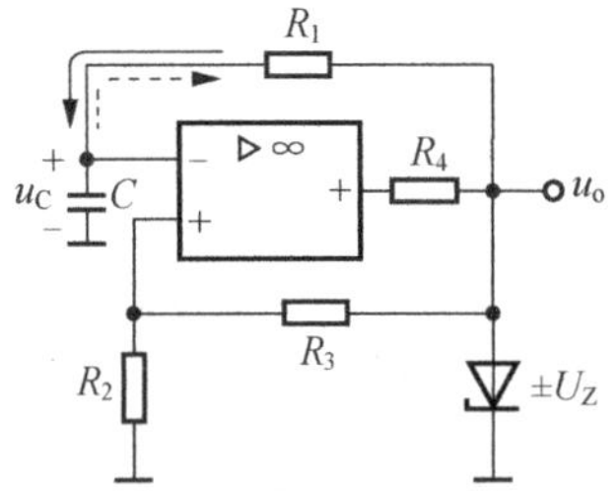

图 5-8-5　方波发生电路

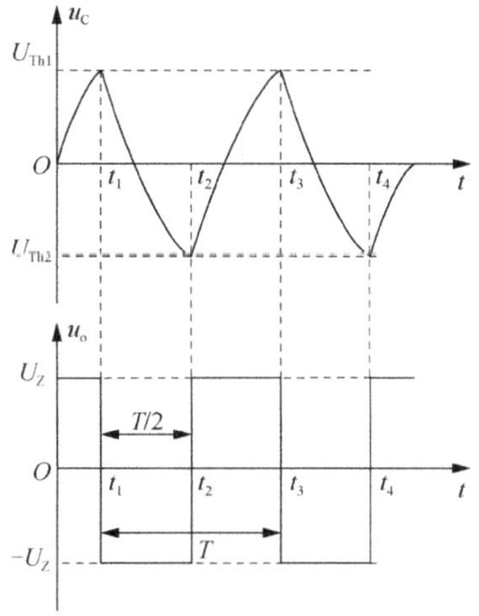

图 5-8-6　方波发生电路的电压波形

$$\begin{cases} T_1 = (R_1 + R_{w1})C\ln\left(1+\dfrac{2R_2}{R_3}\right) \\ T_2 = (R_1 + R_{w2})C\ln\left(1+\dfrac{2R_2}{R_3}\right) \end{cases}$$

$$T = T_1 + T_2 = (2R_1 + R_w)C\ln\left(1+\dfrac{2R_2}{R_3}\right)$$

占空比为

$$q = \frac{T_1}{T} = \frac{R_1 + R_{w1}}{2R_1 + R_w}$$

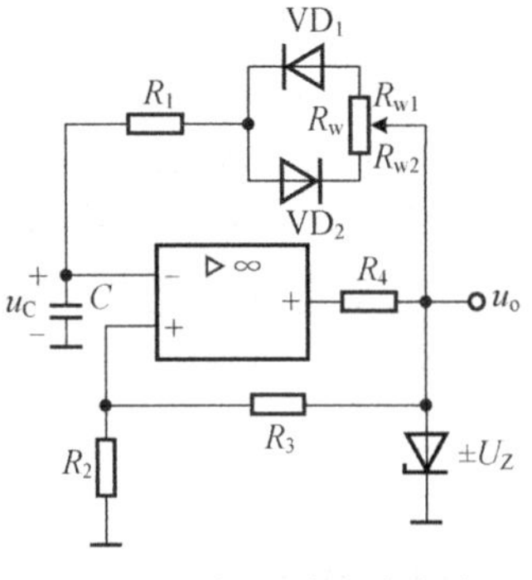

图 5-8-7　矩形波发生电路

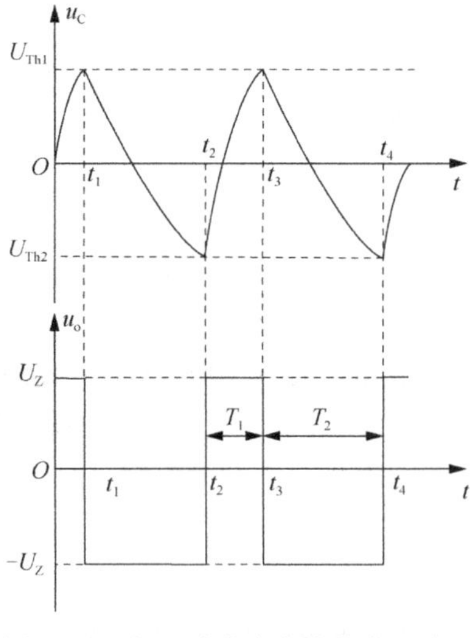

图 5-8-8　矩形波发生电路的电压波形

3）三角波发生电路

使方波发生电路输出经过积分电路，可得到三角波发生电路。三角形发生电路及其电压波形如图 5-8-9 所示。

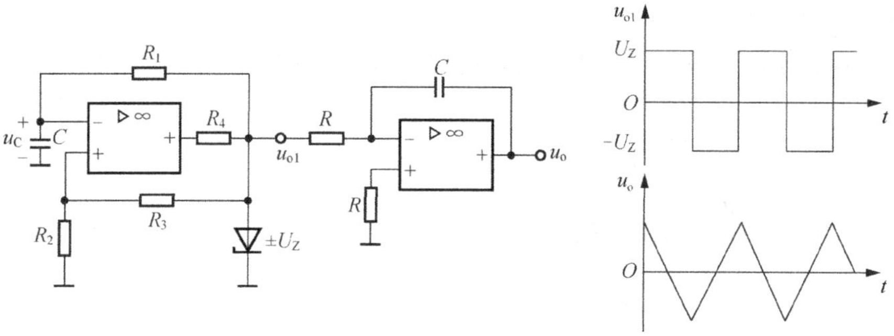

图 5-8-9　三角波发生电路及其电压波形

实际应用中，我们把滞回电压比较器和积分电路的输出互为另一个电路的输入，可得到三角波-方波发生电路，如图 5-8-10 所示。

$u_{o1}=\pm U_Z$，A_1的同相输入端电压为

$$u_{P1}=\frac{R_2}{R_2+R_3}u_{o1}+\frac{R_3}{R_2+R_3}u_o=\pm\frac{R_2}{R_2+R_3}U_Z+\frac{R_3}{R_2+R_3}u_o$$

由于$u_{P1}=u_{N1}=0$，因此阈值电压为

$$u_{Th1}=\frac{R_2}{R_3}U_Z；\quad u_{Th2}=-\frac{R_2}{R_3}U_Z$$

其电压波形如图 5-8-11 所示。

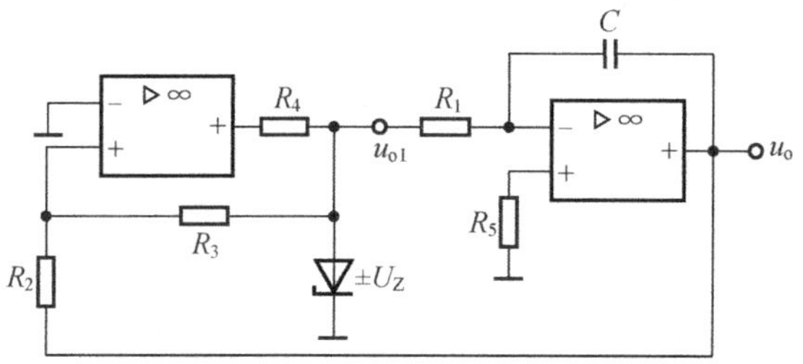

图 5-8-10　三角波-方波发生电路

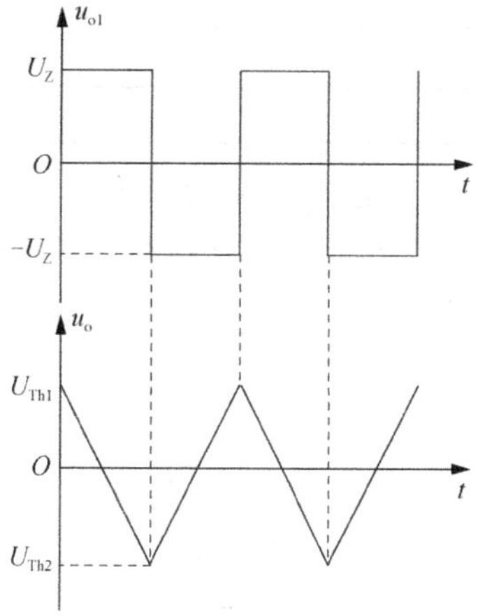

图 5-8-11　三角波-方波发生电路的电压波形

3．实验内容及步骤

1）正弦波发生电路

按图 5-8-12 连接电路，调节滑动变阻器R_w，用示波器观测u_o无明显失真的正弦波形，并记录幅值及频率f_0，完成表 5-8-1。

表 5-8-1　正弦波发生电路的实验数据

测试条件	$R=10\text{k}\Omega$，$C=0.01\mu\text{F}$		$R=10\text{k}\Omega$，$C=0.05\mu\text{F}$	
f_0（kHz）				
u_o（V）	$u_{o(max)}$	$u_{o(min)}$	$u_{o(max)}$	$u_{o(min)}$

2）方波发生电路

按图 5-8-13 连接电路，用示波器同时观测 u_C 和 u_o 的波形，并测量方波的周期及幅值。

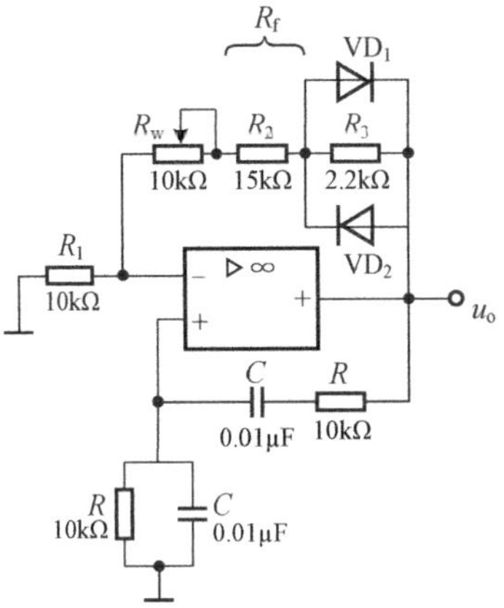

图 5-8-12 正弦波发生电路

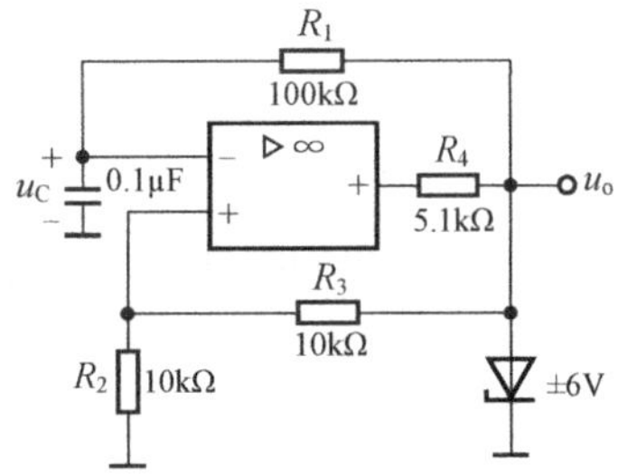

图 5-8-13 方波发生电路

3）矩形波发生电路

按图 5-8-14 连接电路，用示波器同时观测 u_C 和 u_o 的波形，并测量矩形波的周期及幅值，调节滑动变阻器 R_w，记录占空比的范围，完成表 5-8-2。

表 5-8-2 矩形波发生电路的实验数据

f_0（kHz）	u_o（V）	$q_{(max)}$	$q_{(min)}$

4）三角波-方波发生电路

按图 5-8-15 连接电路，用示波器同时观测 u_{o1} 和 u_o 的波形，并测量三角波-方波的周期及幅值。

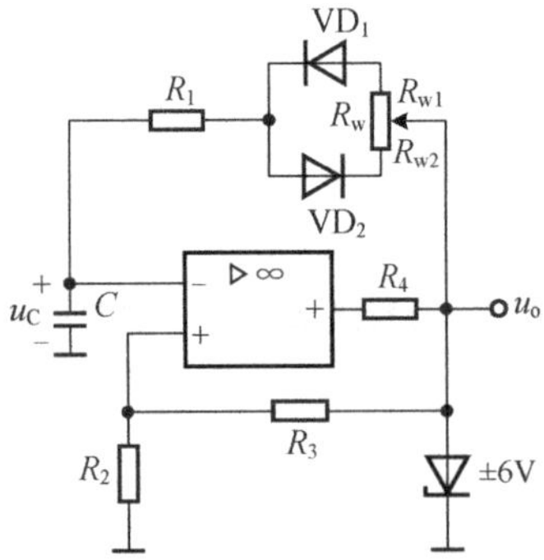

图 5-8-14 矩形波发生电路

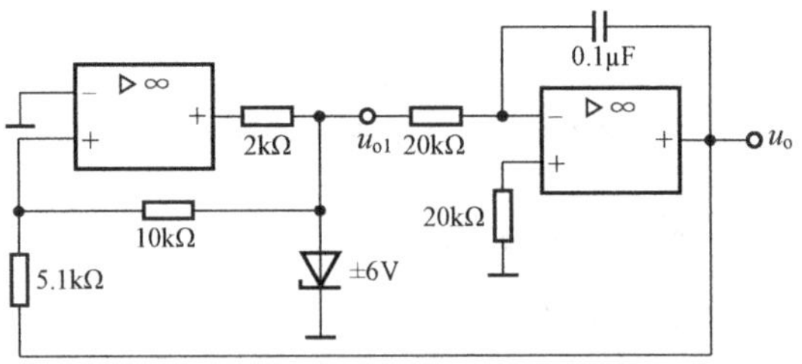

图 5-8-15 三角波-方波发生电路

4．思考题

设计一个频率为 500Hz～1kHz、频率可调的正弦波振荡电路。

5.9　直流稳压电源的设计

1．实验目的

（1）深入理解直流稳压电源各部分的组成及作用，观察各环节输出电压波形。
（2）掌握集成三端稳压器构成输出电压可调的直流稳压电源的设计和调试方法。

2．实验原理

在电子线路中，一般需要稳定的直流稳压电源进行供电，电网供给的市电通常为频率为 50Hz、电压为 220V 或者 380V 的交流电，要转化为稳定的直流稳压电源通常需要经过降压、整流、滤波、稳压四个环节，如图 5-9-1 所示。

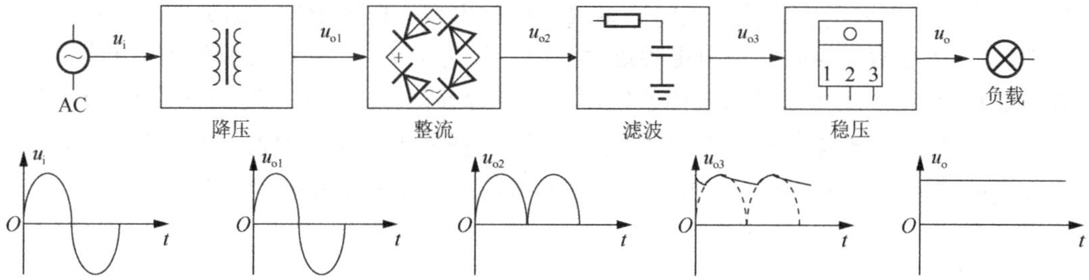

图 5-9-1　直流稳压电源框图及电压波形图

1）桥式整流电路

图 5-9-2 所示为桥式整流电路。

在 u_{o1} 的正半周，VD_1、VD_4 导通，VD_2、VD_3 截止，负载 R_L 的电流方向为从上到下，如图 5-9-3 所示；在 u_{o1} 的负半周，VD_1、VD_4 截止，VD_2、VD_3 导通，负载 R_L 的电流方向为从上到下，如图 5-9-4 所示；u_{o1} 与 u_{o2} 的波形如图 5-9-5 所示。

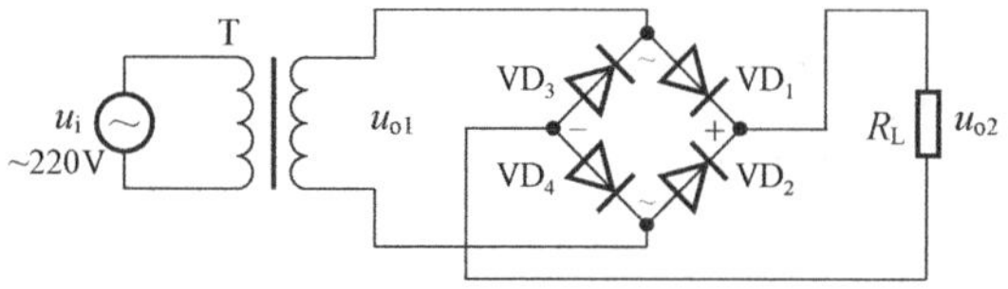

图 5-9-2　桥式整流电路

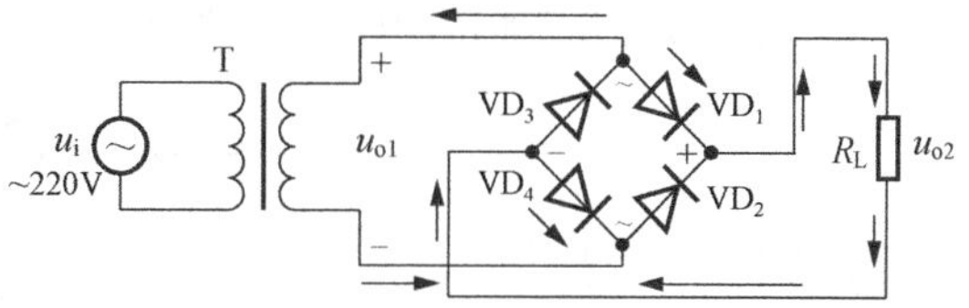

图 5-9-3　桥式整流电路正半周电流方向

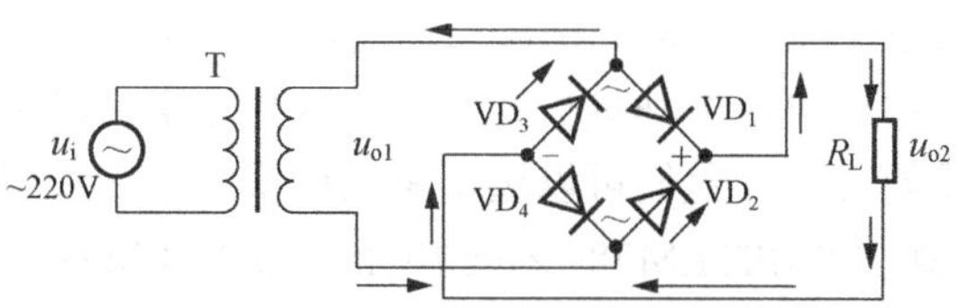

图 5-9-4　桥式整流电路负半周电流方向

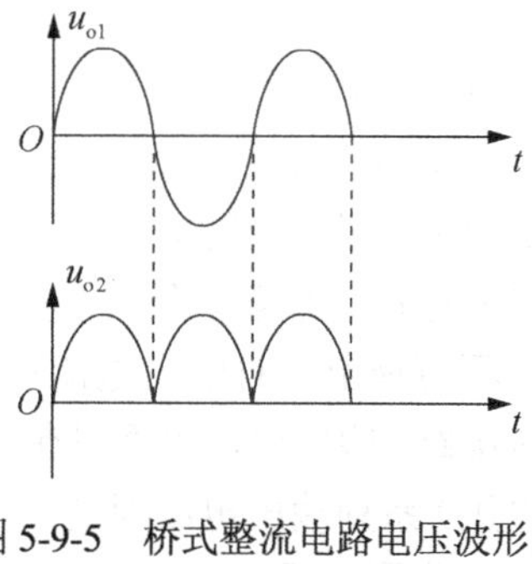

图 5-9-5　桥式整流电路电压波形图

设 $u_{o1}=\sqrt{2}U_2\sin\omega t$，$U_2$ 为有效值，则桥式整流电路输出电压的平均值为

$$U_{o2(AV)}=\frac{1}{\pi}\int_0^{\pi}\sqrt{2}U_2\sin\omega t\mathrm{d}(\omega t)$$

$$U_{o2(AV)}=\frac{2\sqrt{2}U_2}{\pi}\approx 0.9U_2$$

输出负载电流的平均值为

$$I_{o2(AV)}=\frac{U_{o2(AV)}}{R_L}\approx\frac{0.9U_2}{R_L}$$

2）滤波电路

经过整流之后的信号仍然为周期信号，包含了大量的谐波分量，还需经过滤波器把高频谐波滤除掉，在整流电路中加入最简单的 RC 低通滤波器，利用电容的充放电使输出电压平滑。当要求电容的容值比较大时，多选用电解电容，电容滤波电路如图 5-9-6 所示。

当 u_{o2} 大于电容电压时，则对电容进行充电，使 $u_C=u_{o2}$，当 u_{o2} 达到峰值后开始下降，电容通过 R_L 放电，电容按指数规律放电，由于电容容值较大，放电时间常数 τ（$\tau=RC$）比较大，u_C 的下降速度小于 u_{o2} 的下降速度，当 u_{o2} 幅值再次变化到大于电容电压时，继续对电容充电，重复上述过程，电容滤波电路的电压波形图如图 5-9-7 所示。

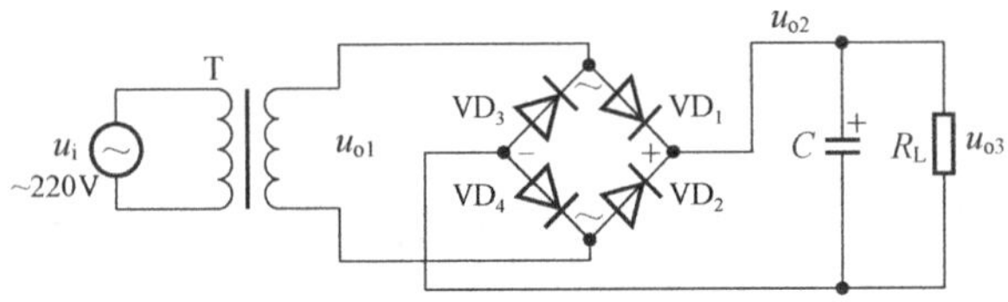

图 5-9-6 电容滤波电路

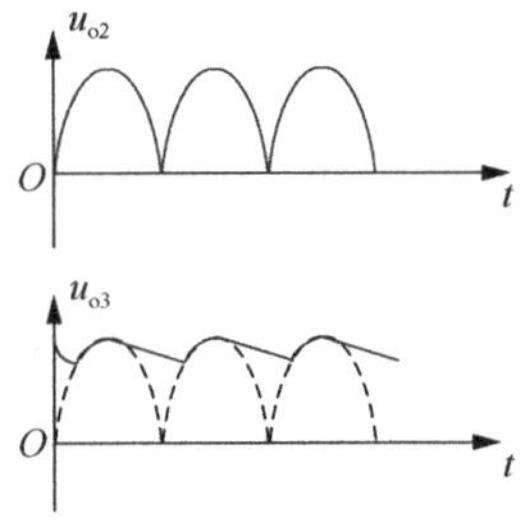

图 5-9-7 电容滤波电路的电压波形图

则经过滤波器的输出电压的平均值为

$$U_{o3(AV)}=\sqrt{2}U_2\left(1-\frac{T}{4R_LC}\right)$$

式中，T 为市电周期。

当 $R_L=\infty$ 时，$U_{o3(AV)}=\sqrt{2}U_2$；为获得较好的滤波效果，使 $R_LC=(3\sim5)T/2$，得到：

$$U_{o3(AV)}\approx 1.2U_2$$

3）稳压电路

由于电网电压的波动，以及负载发生的变化会对输出电压造成影响，为得到稳定的电压，需要增加稳压环节，最简单的方式就是在输出端接上稳压二极管，如图 5-9-8 所示。

只要稳压二极管始终工作在稳压区，输出电压可基本稳定，但是这种方案的输出电压固定，不可调节，且输出电流小，带负载能力弱。我们可以选用集成稳压块，它采用串联型稳压电路，输出电压可调且带负载能力强。常用的 LM78××（输出正电压）、LM79××（输出负电压）系列输出电压固定（××代表输出的电压值）；LM117 、LM317 的输出电压可调，输出电压范围一般为 1.25～30V。图 5-9-9 所示为 LM7805 稳压电路。

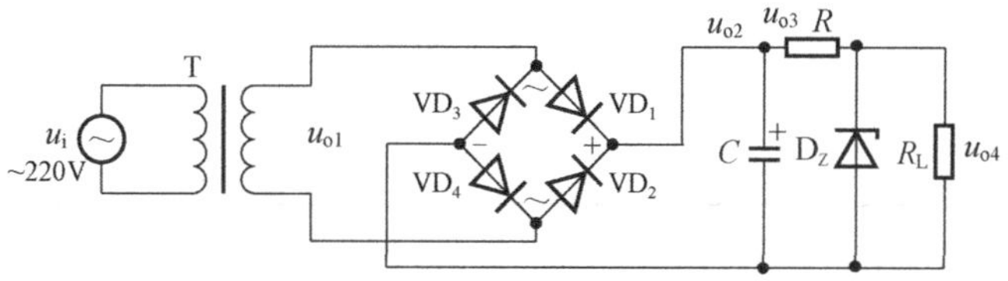

图 5-9-8　稳压电路

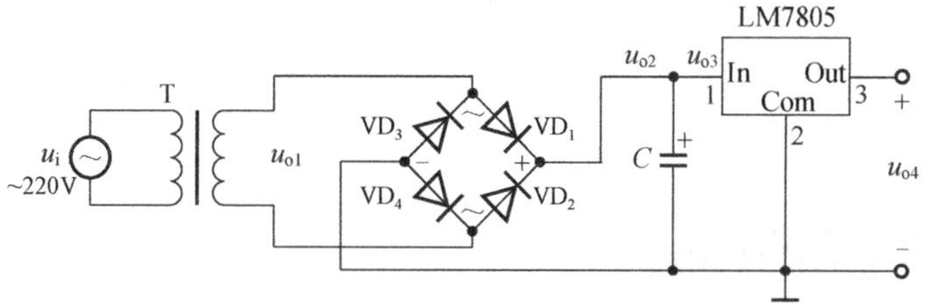

图 5-9-9　LM7805 稳压电路

3．实验内容及步骤

1）直流稳压电源的测试

按图 5-9-10 依次连接降压、整流、滤波、稳压电路，完成数据及波形测量并填入表 5-9-1。

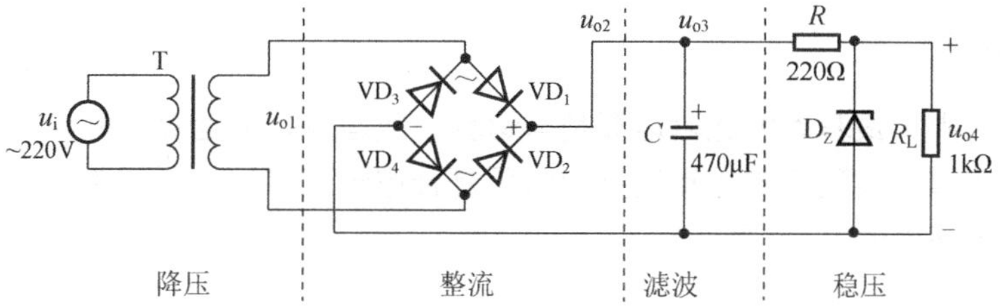

图 5-9-10　直流稳压电源电路

表 5-9-1　直流稳压电源性能测试表

顺序	模块	测试点	测量值（V）	理论值（V）	波　形
1	降压	$U_{o1(AV)}$			
2	整流	$U_{o2(AV)}$			
3	滤波	$U_{o3(AV)}$			
4	稳压	$U_{o4(AV)}$			

2）直流稳压电源的设计

用 LM7805 设计一个输出电压为 5V 的直流稳压电源，用 Multisim 验证该电路。

4．思考题

自行查阅数据手册，用 LM317 设计一个输出电压为 3～12V、可调的直流稳压电源，用 Multisim 验证该电路。

第 6 章

数字电路设计

6.1 集成门电路的测试

1. 实验目的

（1）了解 TTL、CMOS 集成电路的区别。

（2）掌握集成逻辑门电路功能的测试方法。

（3）理解并掌握门的控制作用。

2. 实验原理

在数字逻辑中，最基本的逻辑运算是与运算、或运算、非运算三种，并由此组合成各种各样复杂的逻辑，实现基本逻辑运算和常用复合逻辑运算的电子线路称为逻辑门电路，常用的逻辑门电路如表 6-1-1 所示。

表 6-1-1　常用的逻辑门电路

名称	表达式	逻辑符号	特点
与门	$Y = AB$	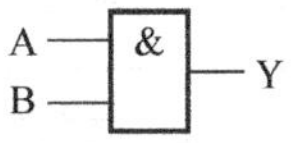	有“0”出“0” 全“1”出“1”
或门	$Y = A + B$	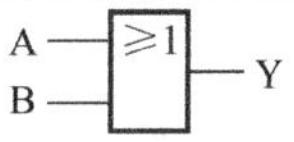	有“1”出“1” 全“0”出“0”
非门	$Y = \overline{A}$	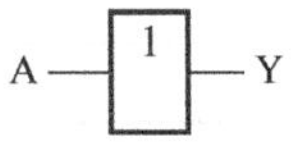	有“0”出“1” 有“1”出“0”
与非门	$Y = \overline{AB}$	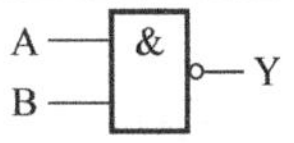	有“0”出“1” 全“1”出“0”
或非门	$Y = \overline{A + B}$	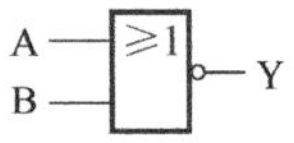	全“0”出“1” 有“1”出“0”
异或门	$Y = A \oplus B$	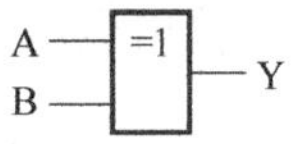	相同出“0” 不同出“1”

1）TTL 电路与 CMOS 电路

TTL 电路传输延时为 5～10ns，CMOS 电路传输延时为 25～50ns，TTL 电路速度更快，但是 TTL 电路比 CMOS 电路功耗大；CMOS 器件的噪声容限大，抗干扰能力更强。

常用集成门电路电平参数如表 6-1-2 所示。

表 6-1-2　常用集成门电路电平参数

单位：V

逻辑电平	V_{CC}	V_{iH}	V_{iL}	V_{oH}	V_{oL}
TTL	5.0	2.0	0.8	2.4	0.5
LVTTL	3.3	2.0	0.8	2.4	0.4
CMOS	5.0	3.5	1.5	4.45	0.5
LVCMOS	3.3	2.0	0.8	2.4	0.4

2）门的控制作用

图 6-1-1 所示为与非门的输入、输出波形图。当在与非门 B 端接入方波，在 A 端加上高电平时，方波信号能输出到 Y 端；当在 A 端加上低电平时，方波信号不能输出到 Y 端。

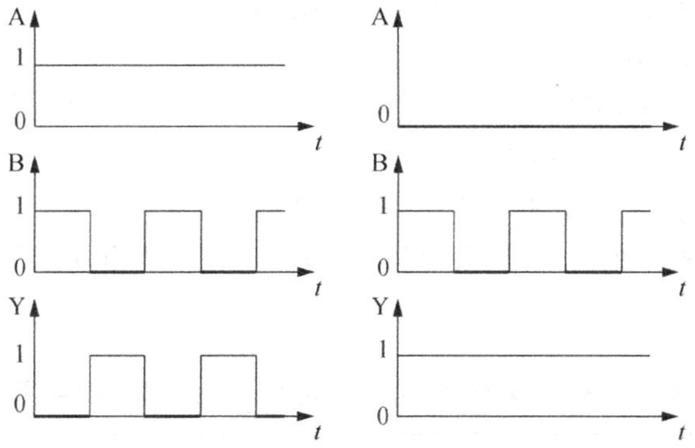

图 6-1-1　与非门的输入、输出波形图

图 6-1-2 所示为或非门的输入、输出波形图。当在或非门 B 端接入方波，在 A 端加上高电平时，方波信号不能输出到 Y 端；当在 A 端加上低电平时，方波信号能输出到 Y 端。

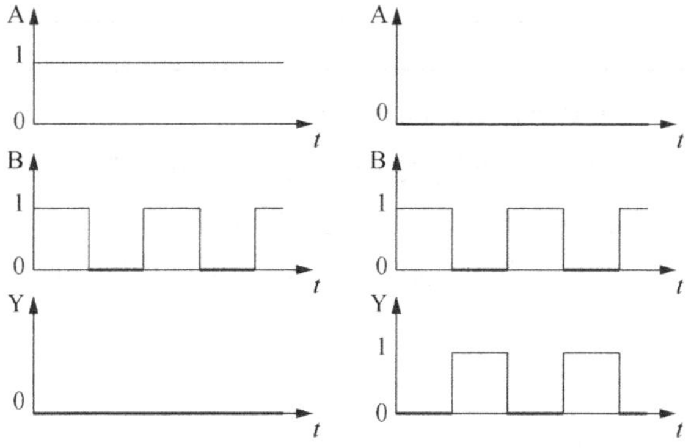

图 6-1-2　或非门的输入、输出波形图

从上面两组波形可以发现，A 端起到了一个“门”的作用，也就是作为一个控制端，在集成电路中，常用来对输出信号进行控制，称为使能端 OE 或者片选端 $\overline{CS}$。

3）芯片引脚的识别

图 6-1-3 所示为与非门 74LS00 的封装及引脚图。芯片上面的圆点指示了芯片的第一引

脚，引脚号按逆时针排列。

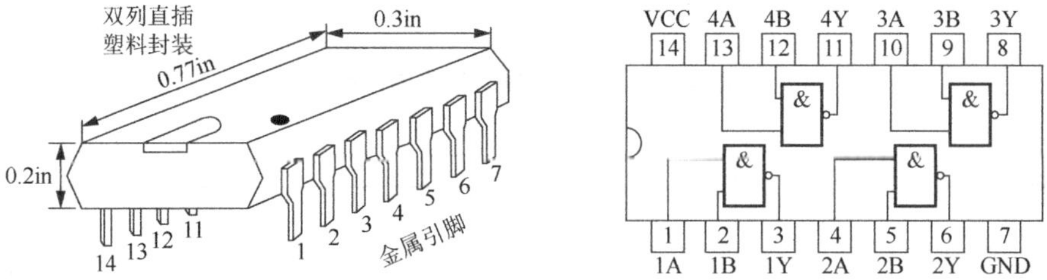

图 6-1-3　与非门 74LS00 的封装及引脚图

3．实验内容及步骤

1）TTL 与非门逻辑功能的测试

完成 TTL 与非门 74LS00 的逻辑功能及输入、输出电平的测试，将测试结果记录于表 6-1-3 中，并记录门控制功能实验的输入、输出波形。

2）CMOS 或非门逻辑功能的测试

完成 CMOS 或非门 CD4001 的逻辑功能和门的控制功能测试，将测试结果记录于表 6-1-3 中，并记录门控制功能实验的输入、输出波形。

3）用 1 片 TTL 与非门 74LS00 芯片实现异或门

推导出逻辑表达式，画出电路图，搭建电路，并进行逻辑功能测试，将测试结果记录于表 6-1-3 中。

表 6-1-3　门电路逻辑功能及输入、输出电平测试结果

逻辑功能测试结果					输入、输出电平测试结果		
A	B	$\overline{AB}$	$\overline{A+B}$	$A\oplus B$	A 端电平值（V）	B 端电平值（V）	$\overline{AB}$ 端电平值（V）
0	0						
0	1						
1	0						
1	1						

4）用 1 片 CD4001 和 1 片 74LS00 验证摩根定律的正确性

搭建电路并对电路进行逻辑功能测试，自行列表并记录逻辑功能测试结果。

5）用 1 片 CD4001 设计一个能实现同或运算的电路

推导出逻辑表达式，画出电路图，搭建电路，并进行逻辑功能测试，自行列表并记录逻辑功能测试结果。

4．思考题

（1）如何判断门电路芯片的好坏？

（2）门的逻辑功能和门的控制作用有何不同？

（3）二输入与非门的一个输入端接连续脉冲信号，另一个输入端处于什么状态时允许脉冲信号通过？处于什么状态时禁止脉冲信号通过？

（4）二输入或非门的一个输入端接连续脉冲信号，另一个输入端处于什么状态时允许脉冲信号通过？处于什么状态时禁止脉冲信号通过？

6.2 组合逻辑电路设计

1．实验目的

（1）熟练掌握组合逻辑电路的设计与测试方法。

（2）掌握利用小规模组合逻辑器件设计组合电路的一般方法。

2．实验原理

组合逻辑电路的输出只决定于同一时刻的输入状态，输入、输出之间没有反馈，电路中也不含记忆元件。设计组合逻辑电路的方法及步骤如下：

① 根据具体问题进行逻辑抽象，明确输入（原因）/输出（结果），定义逻辑状态的含义，列出真值表。

② 把真值表转化为逻辑函数表达式，并对逻辑函数表达式进行化简。

③ 根据逻辑函数表达式画出逻辑电路图。

常见的组合逻辑电路单元包括译码器、数据选择器等。

1）译码器

译码器也称解码器，按功能可分为变量译码器和显示译码器两类。常见的变量译码器有 n 线- 2^n 线译码器和 8421-BCD 码译码器两类；显示译码器用来将二进制数转换成对应的段码，以驱动 LED 或者 LCD。

74LS138 是 1 个 3 线-8 线译码器，它是一种通用译码器，其逻辑符号如图 6-2-1 所示。根据其功能表（见表 6-2-1），当 G_1 为高电平且 $G_2=G_{2A}+G_{2B}$ 为低电平时，译码器被选通，输出二进制代码与输入二进制代码相对应。

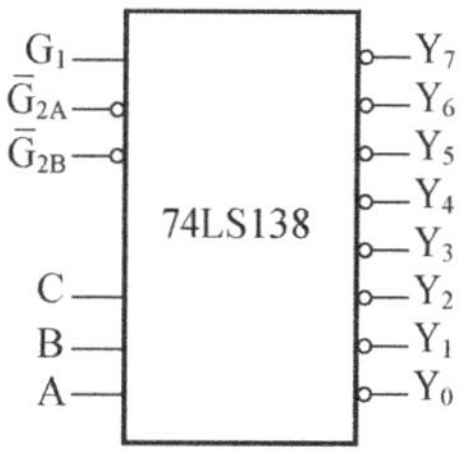

图 6-2-1 74LS138 译码器的逻辑符号

表 6-2-1 74LS138 译码器功能表

输入					输出							
G_1	G_2	C	B	A	Y_0	Y_1	Y_2	Y_3	Y_4	Y_5	Y_6	Y_7
×	1	×	×	×	1	1	1	1	1	1	1	1
0	×	×	×	×	1	1	1	1	1	1	1	1
1	0	0	0	0	0	1	1	1	1	1	1	1
1	0	0	0	1	1	0	1	1	1	1	1	1
1	0	0	1	0	1	1	0	1	1	1	1	1
1	0	0	1	1	1	1	1	0	1	1	1	1
1	0	1	0	0	1	1	1	1	0	1	1	1
1	0	1	0	1	1	1	1	1	1	0	1	1
1	0	1	1	0	1	1	1	1	1	1	0	1
1	0	1	1	1	1	1	1	1	1	1	1	0

注：×=不定，$G_2=G_{2A}+G_{2B}$。

2）数据选择器

数据选择器可以从多个输入源中选择某一路数据输出。74LS151是一个八选一数据选择器，其逻辑符号如图6-2-2所示。由它的内部逻辑电路图（见图6-2-3）及功能表（见表6-2-2）可知，S_0、S_1、S_2是地址输入端，$I_0 \sim I_7$是数据输入端，Z、$\overline{Z}$是输出端，$\overline{E}$是使能端，当$\overline{E}=0$时，芯片被使能，根据地址信号S_0、S_1、S_2的不同组合从$I_0 \sim I_7$中选择一路输出到Z。其逻辑表达式为

$$Z=\overline{S}_2\overline{S}_1\overline{S}_0I_0+\overline{S}_2\overline{S}_1S_0I_1+\overline{S}_2S_1\overline{S}_0I_2+\overline{S}_2S_1S_0I_3+S_2\overline{S}_1\overline{S}_0I_4+S_2\overline{S}_1S_0I_5+S_2S_1\overline{S}_0I_6+S_2S_1S_0I_7$$

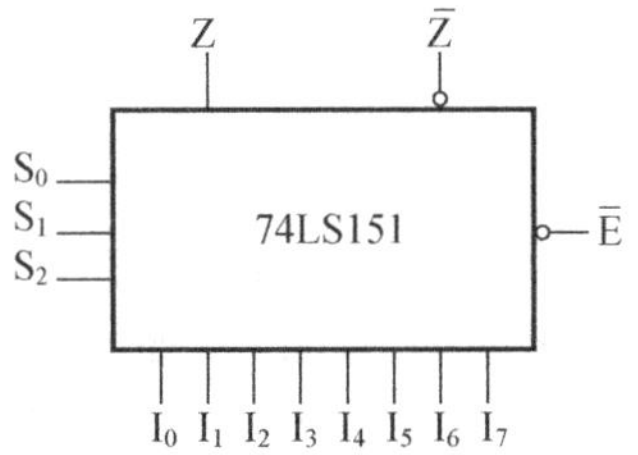

图6-2-2　74LS151数据选择器的逻辑符号

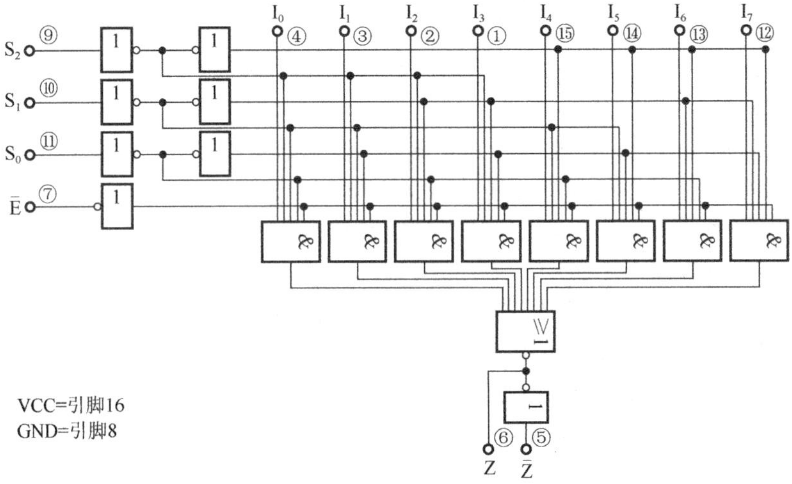

图6-2-3　74LS151数据选择器内部逻辑电路图

表6-2-2　74LS151数据选择器功能表

$\overline{E}$	S_2	S_1	S_0	$I_0 \sim I_7$	Z	$\overline{Z}$
1	×	×	×	×	1	0
0	0	0	0	$I_0 \sim I_7$	I_0	$\overline{I_0}$
0	0	0	1	$I_0 \sim I_7$	I_1	$\overline{I_1}$
0	0	1	0	$I_0 \sim I_7$	I_2	$\overline{I_2}$
0	0	1	1	$I_0 \sim I_7$	I_3	$\overline{I_3}$
0	1	0	0	$I_0 \sim I_7$	I_4	$\overline{I_4}$
0	1	0	1	$I_0 \sim I_7$	I_5	$\overline{I_5}$
0	1	1	0	$I_0 \sim I_7$	I_6	$\overline{I_6}$
0	1	1	1	$I_0 \sim I_7$	I_7	$\overline{I_7}$

3. 实验内容及步骤

1）自动传输线中停机与告警控制电路设计

某自动传输线由三条传送带串联而成，各传送带均由一台电动机拖动。自物料起点至终点，这三台电动机分别设为 A、B、C。为了避免物料在传输途中堆积于传送带上，要求 A 开机则 B 必须开机，B 开机则 C 必须开机；否则，应立即停机并发出告警信号 F。试用最少的与非门（选用 74LS00）及非门（选用 74LS04）设计具有停机与告警功能（用 LED 显示）的控制电路。要求：

① 写出设计过程，列出真值表，写出逻辑函数表达式，画出逻辑电路图。

② 对所设计的电路进行逻辑功能测试，将测试结果填入表 6-2-3 中。

③ 将输入端 A、B 接高电平，输入端 C 接 1kHz 的方波，双踪观测输入 C 和输出 F 的波形并记录。

表 6-2-3 逻辑功能测试结果

输入			输出
A	B	C	F

2）自备电站中发电机启停控制电路设计

某工厂有三个车间和一个自备电站，站内有两台发电机 X 和 Y，Y 的发电量是 X 的两倍，如果一个车间开工，启动 X 就可满足要求；如果两个车间同时开工，启动 Y 就可满足要求；若三个车间同时开工，则 X 和 Y 都要启动。要求：

① 用异或门（选用 74LS86）、与或非门（选用 74LS54）及非门（选用 74LS04）设计一个控制 X 和 Y 启停的电路。

② 用 74LS138 译码器及 74LS20 与非门实现该电路。

3）设计 1 位二进制全加器

要求：

① 检测 74LS138 译码器的逻辑功能。

② 用 74LS138 译码器及 74LS20 与非门实现。

③ 用 74LS151 数据选择器实现。

4）设计一个可控加、减运算电路

试分别用 74LS138 译码器和 74LS153 数据选择器实现可控加、减运算电路。要求当控制端 X=0 时，进行 1 位二进制加法运算；当控制端 X=1 时，进行 1 位二进制减法运算。要求：

① 写出设计过程，列出真值表，写出逻辑函数表达式，画出逻辑电路图；

② 对所设计的电路进行测试，记录测试结果。

4. 思考题

（1）简述设计组合逻辑电路的步骤。
（2）对于与或非门来说，多出的与门如何处理？对于与门中多出的输入端又如何处理？
（3）用 74LS00 与非门和 74LS20 与非门设计一个三人表决器。

6.3 触发器及其应用

1. 实验目的

（1）掌握测试 D 触发器和 JK 触发器逻辑功能的方法。
（2）了解触发器的基本应用。

2. 实验原理

在数字电路中，需要使用具有记忆功能的逻辑单元电路来对状态信息进行保存，这种基本单元电路称为锁存器（Latch），图 6-3-1 所示为用或非门组成的 RS 锁存器，图 6-3-2 所示为用与非门组成的 RS 锁存器，其逻辑功能分别如表 6-3-1、表 6-3-2 所示。

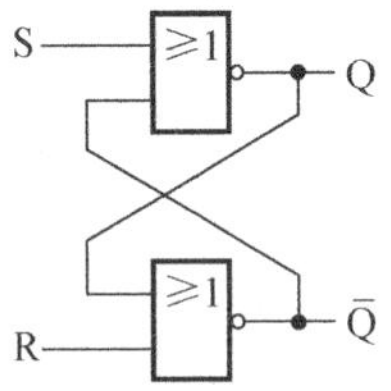

图 6-3-1 用或非门组成的 RS 锁存器

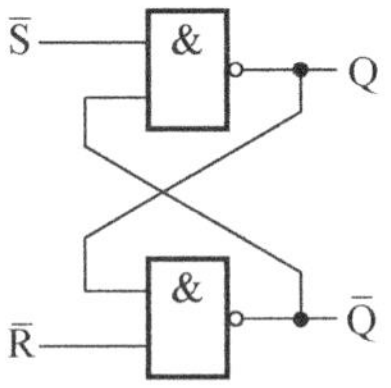

图 6-3-2 用与非门组成的 RS 锁存器

表 6-3-1 用或非门组成的 RS 锁存器的逻辑功能

S	R	Q^n	Q^{n+1}
0	0	0	0
0	0	1	1
1	0	0	1
1	0	1	1
0	1	0	0
0	1	1	0
1	1	0	不定
1	1	1	不定

表 6-3-2 用与非门组成的 RS 锁存器的逻辑功能

$\bar{S}$	$\bar{R}$	Q^n	Q^{n+1}
1	1	0	0
1	1	1	1
0	1	0	1
0	1	1	1
1	0	0	0
1	0	1	0
0	0	0	不定
0	0	1	不定

如果在每个存储单元电路中引入一个时钟信号作为触发信号，只有当触发信号为有效电平时，该电路才能按照输入被设置为相应的状态，这种单元电路称为触发器。触发器按照触发方式分为电平触发器、脉冲触发器、边沿触发器等；按照逻辑功能分为 RS 触发器、JK 触发器、T 触发器、D 触发器等，其特性及逻辑符号如表 6-3-3 所示。

表 6-3-3 触发器的特性及逻辑符号

<table>
<tr><th>名称</th><th>特性表</th><th>状态方程及状态转换图</th><th>逻辑符号</th></tr>
<tr><td>RS 触发器</td><td>
<table>
<tr><td>S</td><td>R</td><td>Q^n</td><td>Q^{n+1}</td></tr>
<tr><td>0</td><td>0</td><td>0</td><td>0</td></tr>
<tr><td>0</td><td>0</td><td>1</td><td>1</td></tr>
<tr><td>0</td><td>1</td><td>0</td><td>0</td></tr>
<tr><td>0</td><td>1</td><td>1</td><td>0</td></tr>
<tr><td>1</td><td>0</td><td>0</td><td>1</td></tr>
<tr><td>1</td><td>0</td><td>1</td><td>1</td></tr>
<tr><td>1</td><td>1</td><td>0</td><td>不定</td></tr>
<tr><td>1</td><td>1</td><td>1</td><td>不定</td></tr>
</table>
</td><td>$Q^{n+1}=S+\overline{R}Q^n$
$RS=0$
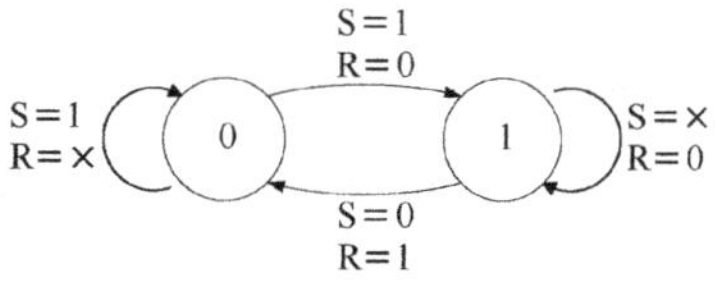</td><td>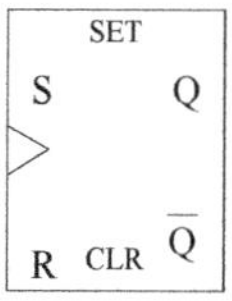</td></tr>
<tr><td>JK 触发器</td><td>
<table>
<tr><td>J</td><td>K</td><td>Q^n</td><td>Q^{n+1}</td></tr>
<tr><td>0</td><td>0</td><td>0</td><td>0</td></tr>
<tr><td>0</td><td>0</td><td>1</td><td>1</td></tr>
<tr><td>0</td><td>1</td><td>0</td><td>0</td></tr>
<tr><td>0</td><td>1</td><td>1</td><td>0</td></tr>
<tr><td>1</td><td>0</td><td>0</td><td>1</td></tr>
<tr><td>1</td><td>0</td><td>1</td><td>1</td></tr>
<tr><td>1</td><td>1</td><td>0</td><td>1</td></tr>
<tr><td>1</td><td>1</td><td>1</td><td>0</td></tr>
</table>
</td><td>$Q^{n+1}=J\overline{Q^n}+\overline{K}Q^n$
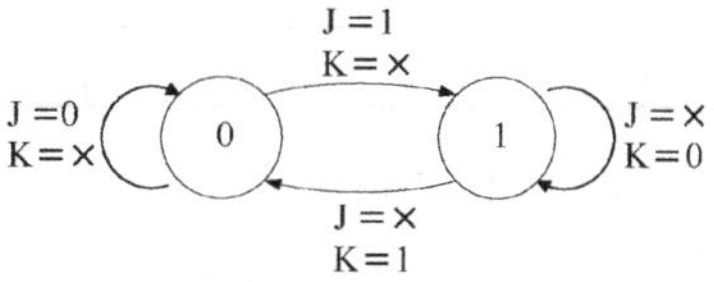</td><td>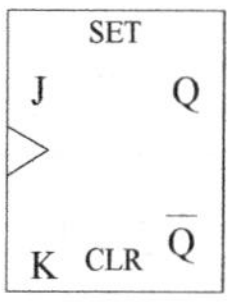</td></tr>
<tr><td>T 触发器</td><td>
<table>
<tr><td>T</td><td>Q^n</td><td>Q^{n+1}</td></tr>
<tr><td>0</td><td>0</td><td>0</td></tr>
<tr><td>0</td><td>1</td><td>1</td></tr>
<tr><td>1</td><td>0</td><td>1</td></tr>
<tr><td>1</td><td>1</td><td>0</td></tr>
</table>
</td><td>$Q^{n+1}=T\overline{Q^n}+\overline{T}Q^n$
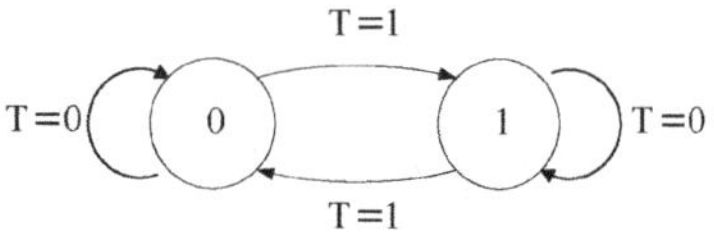</td><td>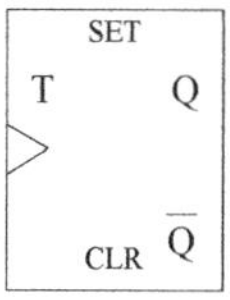</td></tr>
<tr><td>D 触发器</td><td>
<table>
<tr><td>D</td><td>Q^n</td><td>Q^{n+1}</td></tr>
<tr><td>0</td><td>0</td><td>0</td></tr>
<tr><td>0</td><td>1</td><td>1</td></tr>
<tr><td>1</td><td>0</td><td>1</td></tr>
<tr><td>1</td><td>1</td><td>0</td></tr>
</table>
</td><td>$Q^{n+1}=D \quad CP\uparrow$
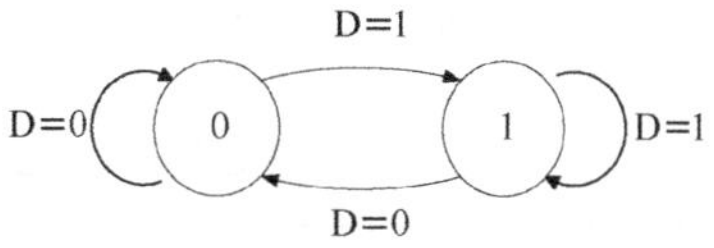</td><td>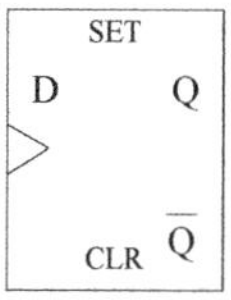</td></tr>
</table>

1）D 触发器（74LS74）

74LS74 是一个边沿触发的双 D 触发器，其逻辑符号及内部逻辑电路图如图 6-3-3 所示，其逻辑功能表如表 6-3-4 所示。74LS74 由时钟脉冲的上升沿触发，输入端的信号将被传送到输出端。

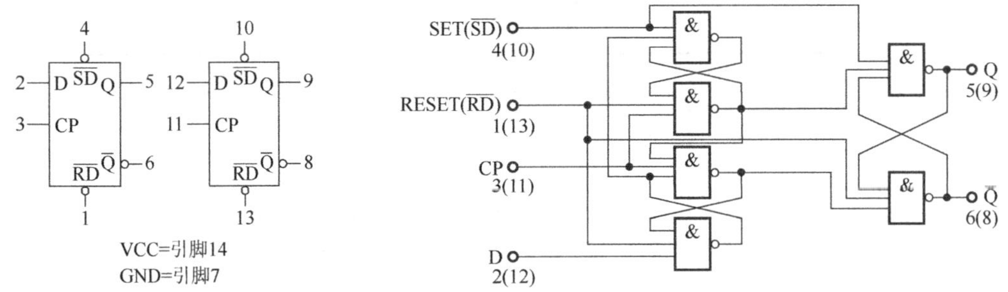

（a）逻辑符号　　（b）逻辑电路

图 6-3-3　74LS74 的逻辑符号及内部逻辑电路图

表 6-3-4　74LS74 的逻辑功能表

Operating Mode（操作模式）	INPUTS（输入）			OUTPUTS（输出）	
	$\overline{SD}$	$\overline{RD}$	D	Q	$\overline{Q}$
Set（置位）	0	1	×	1	0
Reset（清零）	1	0	×	0	1
Undetermined（不确定状态）	0	0	×	1	1
Load "1"（置 1）	1	1	1	1	0
Load "0"（置 0）	1	1	0	0	1

2）JK 触发器（74LS76）

74LS76 是一个边沿触发的 JK 触发器，其逻辑符号及内部逻辑电路图如图 6-3-4 所示，其逻辑功能表如表 6-3-5 所示。74LS76 由时钟脉冲的下降沿触发，输入端的信号将被传送到输出端。

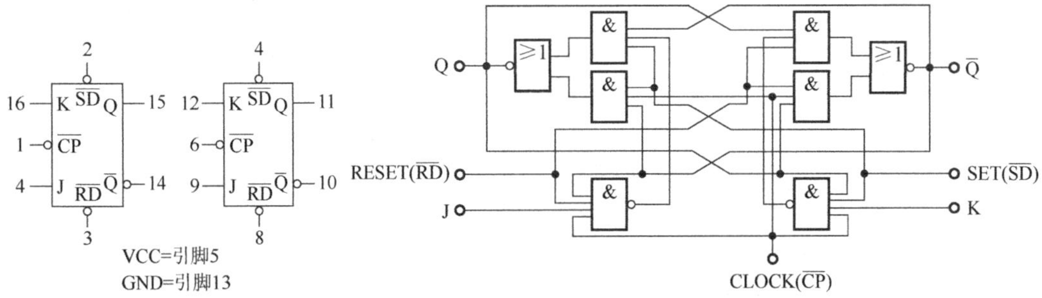

（a）逻辑符号　　（b）逻辑电路

图 6-3-4　74LS76 的逻辑符号及内部逻辑电路图

表 6-3-5　74LS76 的逻辑功能表

操作模式	输入				输出	
	$\overline{SD}$	$\overline{RD}$	J	K	Q	$\overline{Q}$
置位	0	1	×	×	1	0
清零	1	0	×	×	0	1
不确定状态	0	0	×	×	1	1
翻转（计数）	1	1	1	1	$\overline{Q}$	Q
置 1	1	1	0	1	0	1

续表

操作模式	输入			输出		
	$\overline{SD}$	$\overline{RD}$	J	K	Q	$\overline{Q}$
置 0	1	1	1	0	1	0
保持	1	1	0	0	Q	$\overline{Q}$

3．实验内容及步骤

1）RS 锁存器的逻辑功能测试

如图 6-3-2 所示，用 74LS00 芯片搭建 RS 锁存器，并测试其逻辑功能，将结果填入表 6-3-6。

表 6-3-6　RS 锁存器的逻辑功能测试

$\overline{S}$	$\overline{R}$	Q^n	Q^{n+1}
1	1	0	
1	1	1	
0	1	0	
0	1	1	
1	0	0	
1	0	1	
0	0	0	不定
0	0	1	不定

2）D 触发器的逻辑功能测试

设置触发器的初始状态，将 D 端分别接高、低电平，用点动脉冲作为 CP，观察并记录当 CP 的上升沿、下降沿到来时 Q 端状态的变化，并将结果填入表 6-3-7。

表 6-3-7　D 触发器的逻辑功能测试

$\overline{RD}$	$\overline{SD}$	D	CP	Q^n	Q^{n+1}	功能
0	1	×	×		×	
1	0	×	×		×	
1	1	0	↑	0		
1	1	0	↑	1		
1	1	0	↓	0		
1	1	0	↓	1		
1	1	1	↑	0		
1	1	1	↑	1		
1	1	1	↓	0		
1	1	1	↓	1		

3）JK 触发器的逻辑功能测试

设置 JK 触发器的初始状态，用点动脉冲作为 CP，观察并记录当 CP 的下降沿到来时 Q 端状态的变化，并将结果填入表 6-3-8。

表 6-3-8　JK 触发器的逻辑功能测试

$\overline{RD}$	$\overline{SD}$	J	K	CP	Q^n	Q^{n+1}	功能
0	1	×	×	×		×	置位
1	0	×	×	×		×	复位（清零）
1	1	0	0	↓	0		保持
1	1	0	0	↓	1		
1	1	0	1	↓	×		置 0
1	1	1	0	↓	×		置 1
1	1	1	1	↓	0		翻转（计数）
1	1	1	1	↓	1		

4）用 D 触发器设计一个二分频器

输入 1kHz 的方波信号，用示波器同时观测输入、输出波形。

5）用 74LS74 芯片中的两个 D 触发器构成一个同步的四进制加法计数器

用示波器观察输入、输出波形，记录各自的幅值、脉宽和周期。

4. 思考题

当 $\overline{SD}$ 端、$\overline{RD}$ 端为什么电平时，D 触发器的输出状态由 D 及 CP 决定？若时钟脉冲 CP 接至单次正脉冲按钮，则在按钮处于什么状态时，触发器状态会更新？

6.4　计数器及其综合应用

1. 实验目的

（1）理解时序逻辑电路的工作原理。

（2）掌握任意进制计数器的设计方法。

（3）理解计数-译码-显示电路的工作原理。

2. 实验原理

计数-译码-显示电路框图如图 6-4-1 所示。

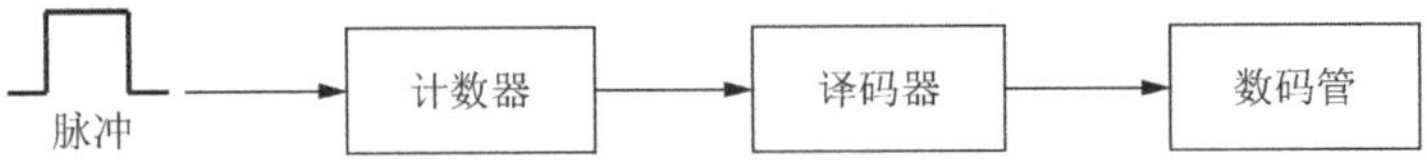

图 6-4-1　计数-译码-显示电路框图

1）74LS161 计数器

在数字电路中，计数器是经常使用的时序逻辑电路。计数器除了可以用来对脉冲进行计数，还可以用于分频、定时、测量、运算、控制等。计数器按照内部触发器是否随脉冲同时翻转，可分为同步计数器和异步计数器两种；按照计数值增减，可分为加法计数器、减法计数器、加/减计数器三种；按照编码方式，可分为二进制计数器、二-十进制计数器等。

74LS161 计数器是一个 4 位二进制加法计数器，图 6-4-2 所示是它的引脚图及逻辑图，其逻辑功能表如表 6-4-1 所示。74LS161 计数器具有以下主要功能：

① 异步清零：当 $Reset = 0$ 时，$Q_3Q_2Q_1Q_0 = 0000$，由于不需要时钟脉冲 CP 的配合，故称为“异步清零（复位）”。

② 同步置数：当 $Load = 0$ 且 $Reset = 1$ 时，在时钟脉冲的上升沿，计数器把输入端 P_3、P_2、P_1、P_0 的预置数并行输出到输出端 Q_3、Q_2、Q_1、Q_0，即 $Q_3 = P_3$、$Q_2 = P_2$、$Q_1 = P_1$、$Q_0 = P_0$，由于需要同步脉冲上升沿的配合，故称为“同步置数（置位）”。

③ 计数：当控制端 $EnP \cdot EnT = 1$ 且 $Reset \cdot Load = 1$ 时，计数器伴随着时钟脉冲的上升沿开始计数；

④ 保持：当控制端 $EnP \cdot EnT = 1$ 且 $Reset \cdot Load = 0$ 时，计数器输出保持不变。

⑤ 进位：$RCO = EnT \cdot Q_3 \cdot Q_2 \cdot Q_1 \cdot Q_0$。

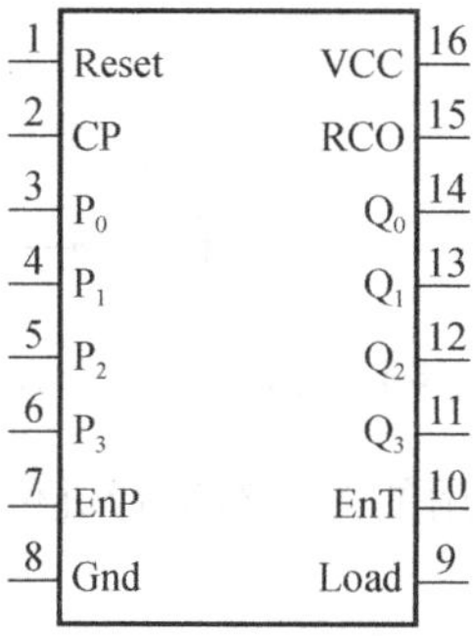

（a）引脚图

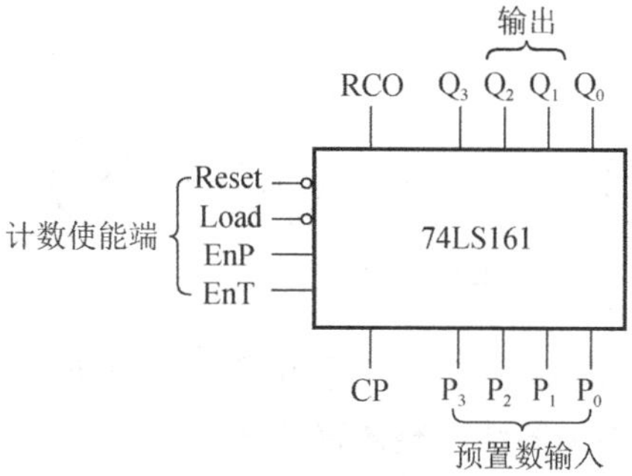

（b）逻辑图

图 6-4-2　74LS161 计数器的引脚图及逻辑图

表 6-4-1　74LS161 计数器的逻辑功能表

输入					输出				功能
Reset	Load	EnP	EnT	CP	Q_3	Q_2	Q_1	Q_0	
0	×	×	×	×	0	0	0	0	异步清零
1	0	×	×	↑	P_3	P_2	P_1	P_0	同步置数
1	1	×	0	↑	保持不变				不计数
1	1	0	×	↑	保持不变				不计数
1	1	1	1	↑	开始计数				计数
1	×	×	×	↓	保持不变				不计数

2）任意进制计数器的设计方法

已有 N 进制计数器，设计 M 进制计数器，其设计方法如下。

① 如果 $M<N$，只要跳过 $N-M$ 个状态即可。常用的方法有清零（复位）法和置数（置位）法。

清零（复位）法适用于有清零输入端的计数器，清零又分为异步清零和同步清零。异步清零在 S_M 状态产生清零信号，计数器立刻返回 S_0 状态，如图 6-4-3 中实线所示。同步清零在清零信号产生时，计数器不会马上清零，必须等待下一个时钟脉冲到来后，才能完成清零，所以应该在 S_{M-1} 状态产生清零信号，如图 6-4-3 中虚线所示。

置数（置位）法适用于有预置数功能的计数器，置数可以从计数器任意一个状态下开始，假定从 S_i 状态开始计数。置数分为异步置数和同步置数。异步置数在 S_{i+M} 状态产生置数信号，计数器立刻返回 S_i 状态，如图 6-4-4 中实线所示。同步置数在置数信号产生时，计数器不会马上置数，必须等待下一个时钟脉冲到来后，才能完成置数，所以应该在 S_{i+M-1} 状态产生置数信号，如图 6-4-4 中虚线所示。

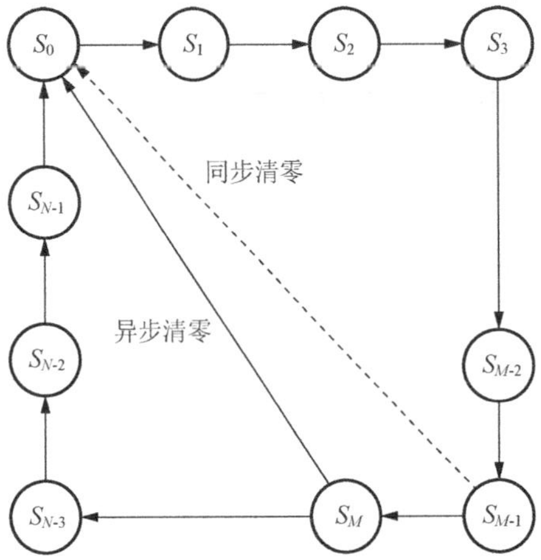

图 6-4-3 清零（复位）法

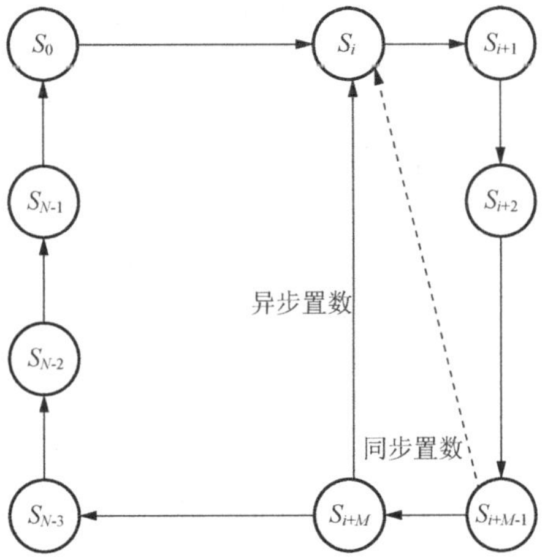

图 6-4-4 置数（置位）法

② 如果 $M>N$，则需要由多片 N 进制计数器级联。常用的方法有串行进位法、并行进位法、整体清零法、整体置数法。

若 M 可以分解为两个小于 N 的因数 N_1、N_2 相乘，即 $M=N_1 \times N_2$，则可以将一个 N_1 进制和一个 N_2 进制的计数器以串行方式或者并行方式连接成 M 进制计数器。

整体清零法：将多片 N 进制计数器接成一个大于 M 进制的计数器，然后通过清零信号将多片 N 进制计数器一起清零。

整体置数法：将多片 N 进制计数器接成一个大于 M 进制的计数器，然后通过置数信号将多片 N 进制计数器一起置数，跳过多余状态。

3）译码器

为了将计数器输出的 BCD 码在七段数码管上显示出来，需要把 BCD 码转化为七段数码管的段码。CC4511 是一个专用的 BCD-7 段译码器，其逻辑图如图 6-4-5 所示，功能表如表 6-4-2 所示。LE 为锁存使能端，当 LE = 0 时，译码器允许输出。$\overline{LT}$ 和 $\overline{BL}$ 分别为数码管小灯亮、灭测试端，当 $\overline{LT}=0$ 时，译码器输出全 1，接入共阴极数码管，数码管全亮，显示字符“8”；当 $\overline{BL}=0$，$\overline{LT}=1$ 时，译码器输出全 0，接入共阴极数码管，数码管全灭。

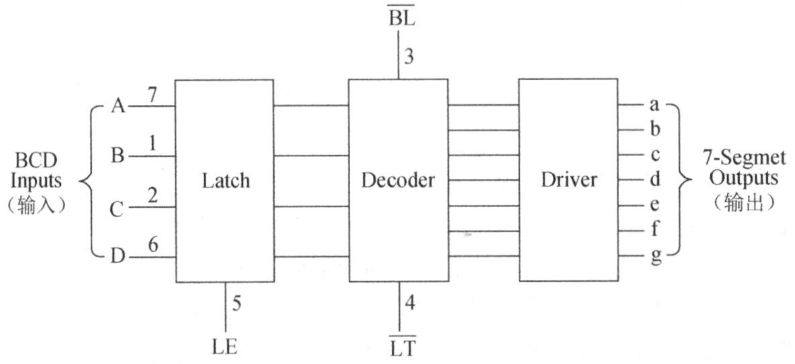

图 6-4-5 CC4511 逻辑图

表 6-4-2　CC4511 功能表

Enable（使能）			BCD-Inputs（输入）				7-Segment Outputs（输出）							Display（字形）
LE	$\overline{BL}$	$\overline{LT}$	D	C	B	A	a	b	c	d	e	f	g	
×	×	0	×	×	×	×	1	1	1	1	1	1	1	8
×	0	1	×	×	×	×	0	0	0	0	0	0	0	Blank（空白）
0	1	1	0	0	0	0	1	1	1	1	1	1	0	0
0	1	1	0	0	0	1	0	1	1	0	0	0	0	1
0	1	1	0	0	1	0	1	1	0	1	1	0	1	2
0	1	1	0	0	1	1	1	1	1	1	0	0	1	3
0	1	1	0	1	0	0	0	1	1	0	0	1	1	4
0	1	1	0	1	0	1	1	0	1	1	0	1	1	5
0	1	1	0	1	1	0	0	0	1	1	1	1	1	6
0	1	1	0	1	1	1	1	1	1	0	0	0	0	7
0	1	1	1	0	0	0	1	1	1	1	1	1	1	8
0	1	1	1	0	0	1	1	1	1	0	0	1	1	9
0	1	1	1	0	1	0	0	0	0	0	0	0	0	Blank（空白）
0	1	1	1	0	1	1	0	0	0	0	0	0	0	Blank（空白）
0	1	1	1	1	0	0	0	0	0	0	0	0	0	Blank（空白）
0	1	1	1	1	0	1	0	0	0	0	0	0	0	Blank（空白）
0	1	1	1	1	1	0	0	0	0	0	0	0	0	Blank（空白）
0	1	1	1	1	1	1	0	0	0	0	0	0	0	Blank（空白）
1	1	1	×	×	×	×	*							*

4）数码管

图 6-4-6 所示为七段数码管（若加小数点 dp，则为八段）的符号及内部结构，它由七个 LED 组成。当所有 LED 的阳极连在一起作为公共端（com）时，为共阳极数码管；当所有 LED 的阴极连在一起作为公共端（com）时，则为共阴极数码管。当相应的 LED 被点亮时，数码管显示不同的字符。

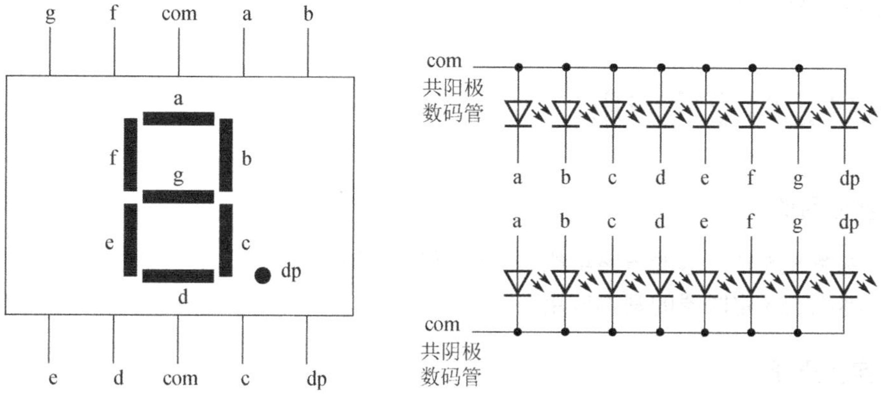

图 6-4-6　七段数码管的符号及内部结构图

3．实验内容及步骤

（1）十进制加法计数器设计。

用 1 片 74LS161 计数器、1 片 74LS00 与非门、1 片 4511BD_5V 译码器、1 个七段数码管实现一个带显示屏的十进制计数器，可采用同步置数法或异步清零法实现。完成电路连接后，CP 端接入点动脉冲，记录 74LS161 芯片输出端 BCD 码与数码管字形的对应关系，并将相应数据填入表 6-4-3。

CP 端通过函数信号发生器接入$f = 1\text{kHz}$的方波脉冲信号，用示波器记录 74LS161 计数器的 CP、Q_3端信号波形。

表 6-4-3　十进制加法计数器输出 BCD 码与数码管字形

CP	Q_3	Q_2	Q_1	Q_0	字形
0	0	0	0	0	
1	0	0	0	1	
2	0	0	1	0	
3	0	0	1	1	
4	0	1	0	0	
5	0	1	0	1	
6	0	1	1	0	
7	0	1	1	1	
8	1	0	0	0	
9	1	0	0	1	
10	1	0	1	0	
11	1	0	1	1	

（2）用 2 片 74LS161 计数器、1 片 74LS00 与非门、2 片 4511BD_5V 译码器、2 个七段数码管实现一个带显示屏的六十进制计数器。

4．思考题

（1）简要说明异步清零法和同步置数法的区别。

（2）74LS161 计数器什么时候会在 RCO 引脚上产生高电平？

（3）译码显示电路中，若采用高电平输出有效的译码/驱动器，则应该采用共阴极数码管还是共阳极数码管？

6.5　555 定时器的应用

1．实验目的

（1）熟悉 555 定时器的电路结构、工作原理及特点。

（2）熟悉 555 定时器的基本应用。

2．实验原理

555 定时器是一个数模混合集成电路，常用于波形变换电路、定时控制电路、波形发生器、振荡电路等。图 6-5-1 为 TI 公司 555 定时器的电路结构图，表 6-5-1 为其功能表。根据电路结构图及功能表可知：

① 当 CONT 端悬空时，$V_{R1}=\frac{2}{3}V_{CC}$，$V_{R2}=\frac{1}{3}V_{CC}$。

② RESET 为复位端，当 RESET = 0 时，触发器被清零，输出端的电压 $u_o=0$，三极管 VT 导通。

③ 当 RESET = 1、$V_{TR}<V_{R2}$ 时，$V_{C1}=1$，$V_{C2}=0$，触发器被置 1，输出端的电压 $u_o=1$，三极管 VT 截止。

④ 当 RESET = 1、$V_{TH}>V_{R1}$、$V_{TR}>V_{R2}$ 时、$V_{C1}=0$，$V_{C2}=1$，触发器被置 0，输出端的电压 $u_o=0$，三极管 VT 导通。

⑤ 当 RESET = 1、$V_{TH}<V_{R1}$、$V_{TR}>V_{R2}$ 时，$V_{C1}=1$，$V_{C2}=1$，触发器保持状态不变，输出端电压和三极管 VT 状态不变。

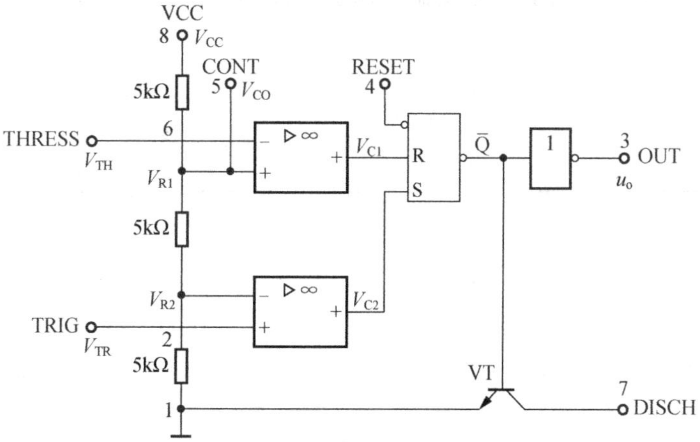

图 6-5-1　555 定时器的电路结构图

表 6-5-1　555 定时器的功能表

RESET	V_{TR}	V_{TH}	u_o	DISCH（开关状态）
0	Irrelevant（无关）	Irrelevant（无关）	0	On（开）
1	$<\frac{1}{3}V_{CC}$	Irrelevant	1	Off（关）
1	$>\frac{1}{3}V_{CC}$	$>\frac{2}{3}V_{CC}$	0	On（开）
1	$>\frac{1}{3}V_{CC}$	$<\frac{2}{3}V_{CC}$	As previously established（保持）	

555 定时器外接少量阻容元件，即可构成多种功能电路。

1）施密特触发器

将 555 定时器的 THRESS 端和 TRIG 端连在一起，就构成了施密特触发器，其电路如图 6-5-2（a）所示。根据表 6-5-1 可知，当 $u_i<\frac{1}{3}V_{CC}$ 时，输出高电平；当 $u_i>\frac{2}{3}V_{CC}$ 时，输出低电平；当 $\frac{1}{3}V_{CC}<u_i<\frac{2}{3}V_{CC}$ 时，输出保持不变。当接入端输入图 6-5-2（b）所示三角波信号时，输出方波信号。

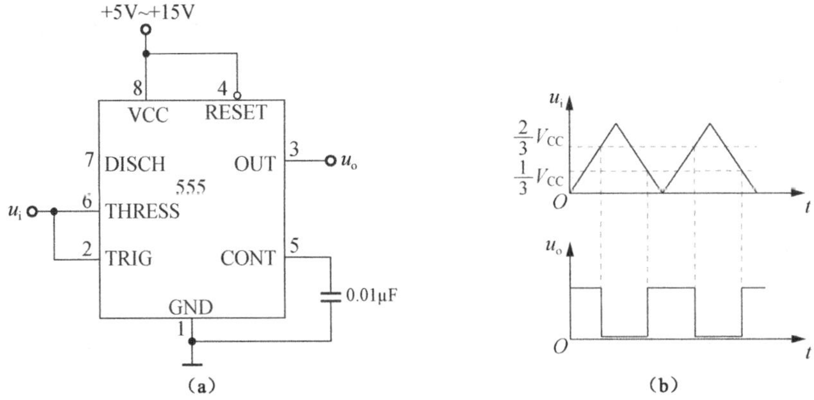

图 6-5-2　555 定时器构成施密特触发器

应用 555 定时器构成施密特触发器可以实现波形变换、脉冲整形、鉴幅等功能，如图 6-5-3 所示。

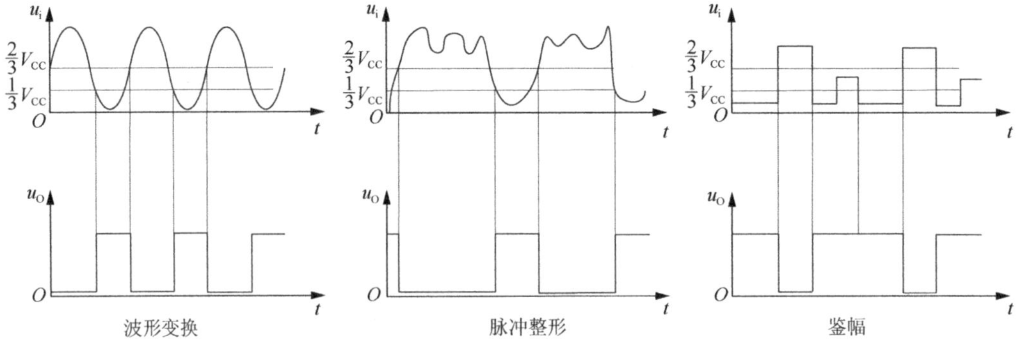

图 6-5-3　施密特触发器的应用

2）单稳态触发器

图 6-5-4（a）所示为由 555 定时器构成的单稳态触发器电路，图 6-5-4（b）所示为其电压波形。

① 当 555 定时器上电时，输入端无触发信号，$u_i > \frac{2}{3}V_{CC}$，输出低电平，555 定时器内部三极管导通，外接电容 C 被短路，$u_C = 0$。

② 当在 TRIG 端产生一个触发信号，即 $u_i < \frac{1}{3}V_{CC}$ 时，输出高电平，555 定时器内部三极管截止，电源通过外接电阻对电容 C 充电，u_C 逐渐增大。

③ 当 $u_C > \frac{2}{3}V_{CC}$，即 $u_i > \frac{2}{3}V_{CC}$ 时，输出低电平，555 定时器内部三极管导通，电容 C 通过内部三极管放电至 $u_C = 0$，电路恢复到初始稳态。

电路的输出脉宽 T_W 由电容的充电过程所决定。

$$u_C(t) = V_{CC}\left(1 - e^{-\frac{t}{RC}}\right)$$

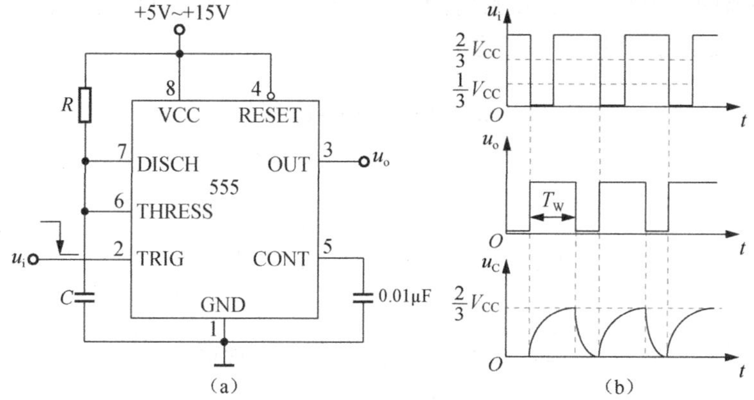

图 6-5-4　由 555 定时器构成的单稳态触发器

当 u_C 充电至 $u_C=\frac{2}{3}V_{CC}$ 时，状态翻转，故：

$$\frac{2}{3}V_{CC}=V_{CC}\left(1-e^{-\frac{T_W}{RC}}\right)$$

$$T_W=RC\ln 3\approx 1.1RC$$

触发脉冲的低电平维持时间必须小于输出脉宽，即 $t<T_W$。

用 555 定时器构成的单稳态触发器可以用来定时，定时时间由外接电阻、电容决定。

3）多谐振荡器

图 6-5-5（a）所示为由 555 定时器构成的多谐振荡器电路，其电压波形如图 6-5-5（b）所示。

① 当 555 定时器上电时，由于外接电容 C 的电压不能突变，即 $u_C=V_{TR}<\frac{1}{3}V_{CC}$，输出高电平，555 定时器内部三极管截止，电源通过外接电阻 R_1、R_2 对电容 C 充电，u_C 逐渐增大。

② 当 $u_C>\frac{2}{3}V_{CC}$，即 $V_{TH}>\frac{2}{3}V_{CC}$ 且 $V_{TR}>\frac{1}{3}V_{CC}$ 时，输出低电平，555 定时器内部三极管导通，电容 C 通过 R_2 及内部三极管放电至 $u_C=\frac{1}{3}V_{CC}$，当 $u_C<\frac{1}{3}V_{CC}$ 时，继续重复过程①。

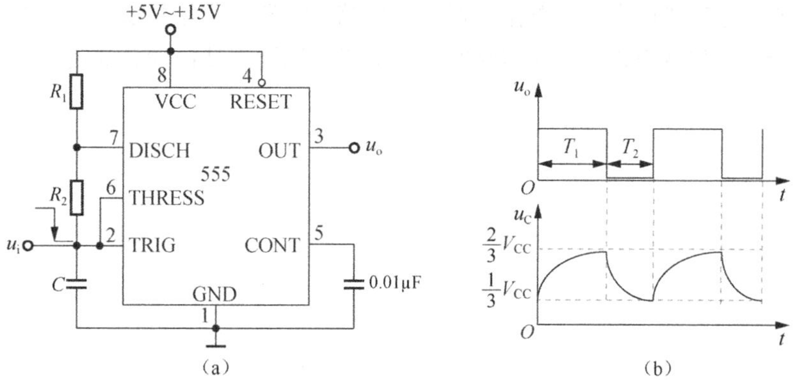

图 6-5-5　由 555 定时器构成的多谐振荡器

多谐振荡器的两个暂稳态的维持时间取决于充、放电回路的参数，充电回路决定了 u_o 的正向脉宽 T_1，放电回路决定了 u_o 的负向脉宽 T_2，由

$$u_C(t) = V_{CC}\left(1 - e^{-\frac{t}{RC}}\right)$$

可知：

$$\frac{1}{3}V_{CC} = V_{CC}\left(1 - e^{-\frac{T_1}{(R_1+R_2)C}}\right) \quad \text{（充电）}$$

$$\frac{1}{3}V_{CC} = V_{CC}\left(1 - e^{-\frac{T_2}{R_2 C}}\right) \quad \text{（放电）}$$

$$T_1 \approx 0.7(R_1 + R_2)C$$

$$T_2 \approx 0.7R_2C$$

因此振荡周期为

$$T = T_1 + T_2 \approx 0.7(R_1 + 2R_2)C$$

占空比为

$$q = \frac{T_1}{T} = \frac{R_1 + R_2}{R_1 + 2R_2}$$

3．实验内容及步骤

（1）利用 555 定时器设计一个多谐振荡器，要求输出波形占空比为 2/3，输出频率为 1Hz。完成电路的设计，观测输出波形，并记录相应参数。

（2）利用 555 定时器设计一个单稳态触发器，要求电路的暂稳态持续时间为 3.3s。完成电路的设计，并将输出接到发光二极管上，验证持续时间是否正确。

（3）利用 555 定时器设计一个 5.5s 的定时器，要求定时开始，发光二极管闪烁；定时结束，发光二极管停止闪烁。

（4）利用 555 定时器设计一个门铃电路，要求按下按钮时，门铃响声持续时间为 10s。

4．思考题

（1）由 555 定时器构成的多谐振荡器，其振荡周期和占空比与哪些因素有关？

（2）由 555 定时器构成的单稳态触发器的输出脉宽和周期由什么决定？

第 7 章

数模混合电路设计

7.1　心率计的设计

1．设计任务

（1）设计一个电源极性保护电路，输出电压为±12V。
（2）设计一个心电信号检测电路。
（3）设计一个心电信号调理电路，输出方波信号。
（4）设计一个门控电路，定时时间为 30s。
（5）设计一个计数-译码-显示电路，计数范围为 0～999，并通过数码管显示。

2．设计原理及方案

心率计电路包括电源极性保护电路、心电信号检测电路、心电信号调理电路、计数-译码-显示电路等，其设计框图如图 7-1-1 所示。

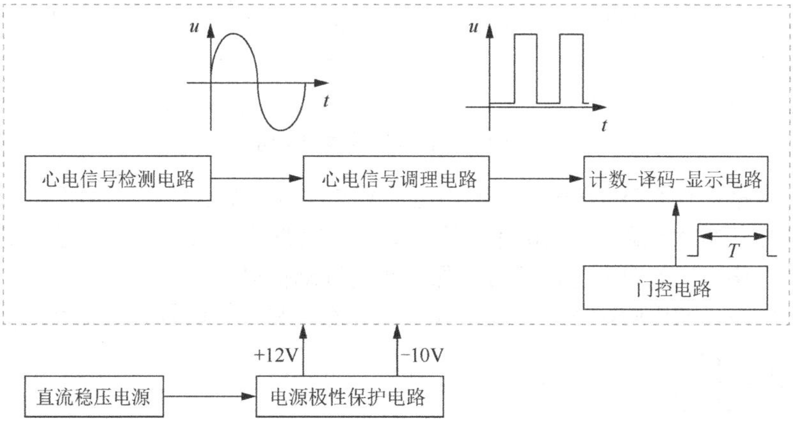

图 7-1-1　心率计电路设计框图

1）电源极性保护电路

利用二极管的单向导通性，设计图 7-1-2 所示的电源极性保护电路，当输入电源极性接反时，二极管截止，输出电压降为 0，起到了保护的作用。

2）心电信号检测电路

心电信号检测电路如图 7-1-3 所示，其中 TCRT5000 是一个反射式光学传感器，它由一个红外发光二极管和一个光敏三极管组成。工作时，红外发光二极管不断发射红外线（不可见光），波长为950nm。当发射的红外线没有被障碍物反射回来或者反射强度不足时，光敏三极管截止；当红外线的反射强度足够且同时被光敏三极管接收时，光敏三极管导通。当手指贴在探头上时，红外发光二极管发射的红外线穿过动脉血管经手指指骨反射回来，反射信号强度随着血液流动的变化而变化，光敏三极管把反射回来的光信号变成微弱的电信号，通过 C_{11} 耦合到放大电路。

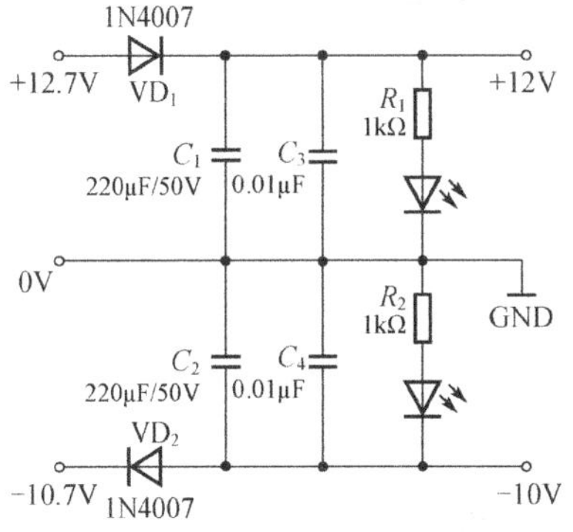

图 7-1-2 电源极性保护电路

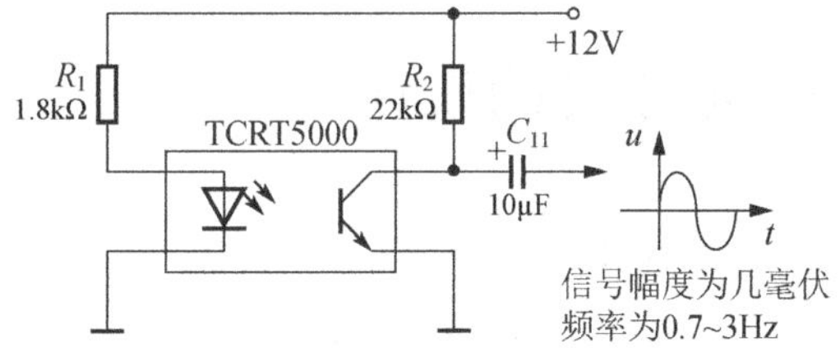

图 7-1-3 心电信号检测电路

3）心电信号调理电路

心电信号调理电路包括放大电路、检波电路、滤波电路、整形电路，如图 7-1-4 所示。

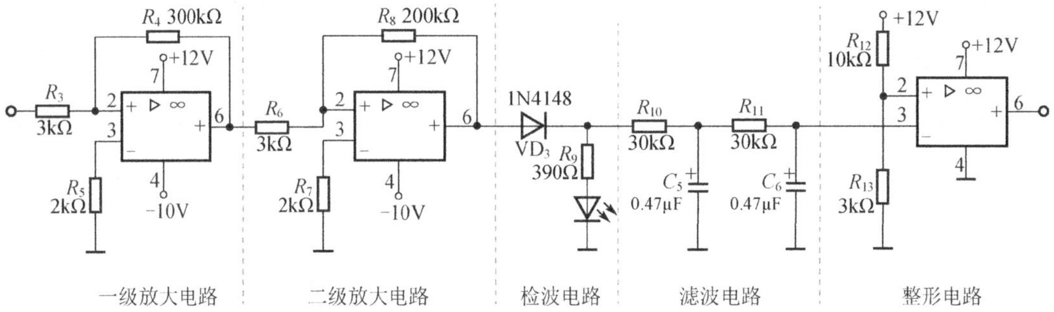

图 7-1-4 心电信号调理电路

① 放大电路：TCRT5000 采集到的心电信号幅度为几毫伏，通过两级放大电路对信号进行放大，第一级放大电路放大 100 倍，第二级放大电路放大 66 倍左右，运放采用 LM741。

② 检波电路：去除负向脉动信号，保留正向脉动信号。

③ 滤波电路：利用两阶 RC 低通滤波器，滤除高频干扰信号。截止频率 f_p 为 50Hz，C=0.47μF，$R=\dfrac{0.37}{2\pi f_p C}$。

④ 整形电路：其中有一个电压比较器，当同相输入端电压大于反相输入端电压时，输出电压为高电平（10V）；当同相输入端电压小于反相输入端电压时，输出电压为低电平（0V）。

4）门控电路

由 555 定时器构成的单稳态触发器，其门控电路及电压波形如图 7-1-5 所示，若在引脚 2 上加一个触发电平，则会在引脚 3 上产生一个脉宽可调的方波信号，脉宽满足 $T_W=(R_{14}+R_{16})C_7\ln 3\approx 1.1(R_{14}+R_{16})C_7$。

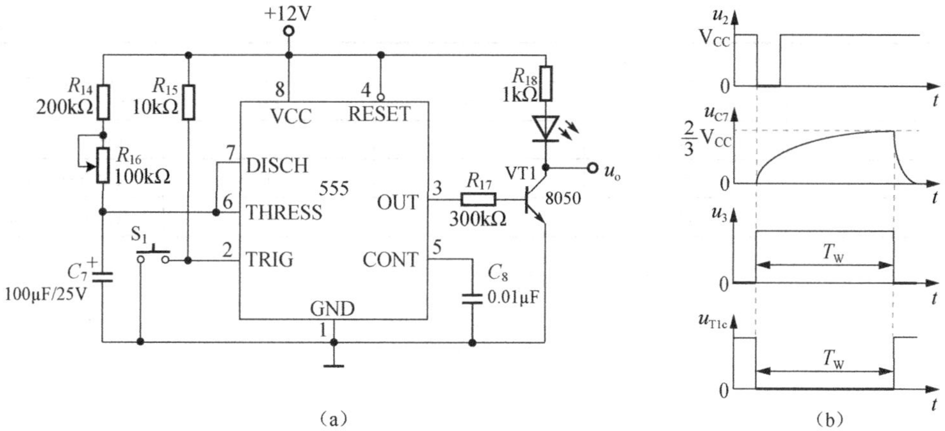

（a）　　　　　　（b）

图 7-1-5　门控电路及波形

5）计数-译码-显示电路

① 计数电路。

MC14553 是一个三位 BCD 计数器，它由三个下降沿触发的计数器同步级联而成，其引脚图及功能图如图 7-1-6 所示，其真值表如表 7-1-1 所示。三位计数结果分时通过 Q_3～Q_0 输出，$\overline{DS_1}$～$\overline{DS_3}$ 作为分时输出的控制信号（低电平有效）用于显示控制，当 $\overline{DS_1}$ 为低电平时，Q_3～Q_0 输出个位的计数值；当 $\overline{DS_2}$ 为低电平时，Q_3～Q_0 输出十位的计数值；当 $\overline{DS_3}$ 为低电平时，Q_3～Q_0 输出百位的计数值。芯片内置晶振产生扫描时钟脉冲，$\overline{DS_1}$～$\overline{DS_3}$ 在某一时刻只有一个为低电平，其时序如图 7-1-7 所示。

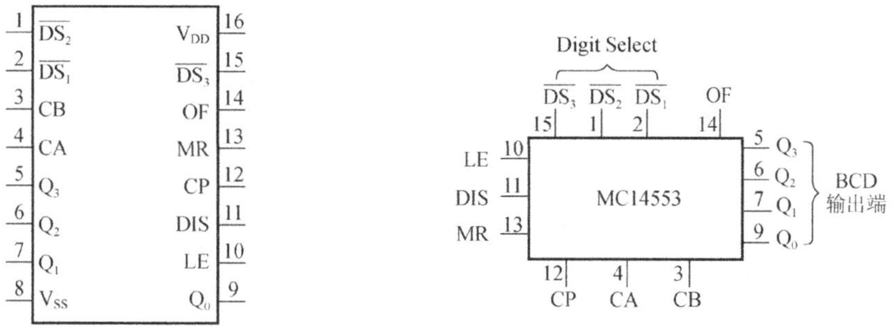

（a）　　　　　　（b）

图 7-1-6　MC14553 引脚图及功能图

表 7-1-1　MC14553 真值表

Inputs（输入）				Outputs（输出）
MR	CP	DIS	LE	
0	↑	0	0	No change（不变）
0	↓	0	0	Advance（递增）
0	×	1	×	No change（不变）
0	1	↑	0	Advance（递增）
0	1	↓	0	No change（不变）
0	0	×	×	No change（不变）

续表

Inputs（输入）				Outputs（输出）
MR	CP	DIS	LE	
0	×	×	↑	Latched（锁存）
0	×	×	1	Latched（锁存）
1	×	×	0	$Q_3=Q_2=Q_1=Q_0=0$

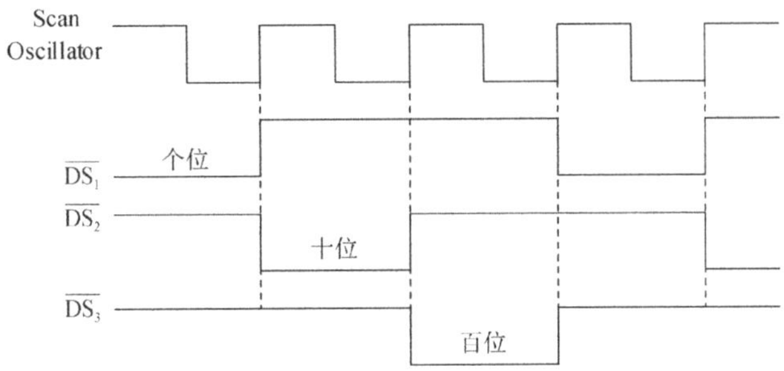

图 7-1-7　$\overline{DS_1}$ ～ $\overline{DS_3}$ 时序图

② 译码-显示电路。

为了将计数器输出的 BCD 码在七段数码管上显示出来，需要把 BCD 码转化为七段数码管的段码。CD4543 是一个专用的 BCD-7 段译码器，其引脚及功能图如图 7-1-8 所示，其功能表如表 7-1-2 所示。LD 为锁存禁用端，当 LD = 1 时，锁存禁用。BI 为清零端，当 BI = 1 时，译码器输出全 0。如果接共阴极数码管，则需要在 PH 端接入低电平；如果接共阳极数码管，则需要在 PH 端接入高电平。

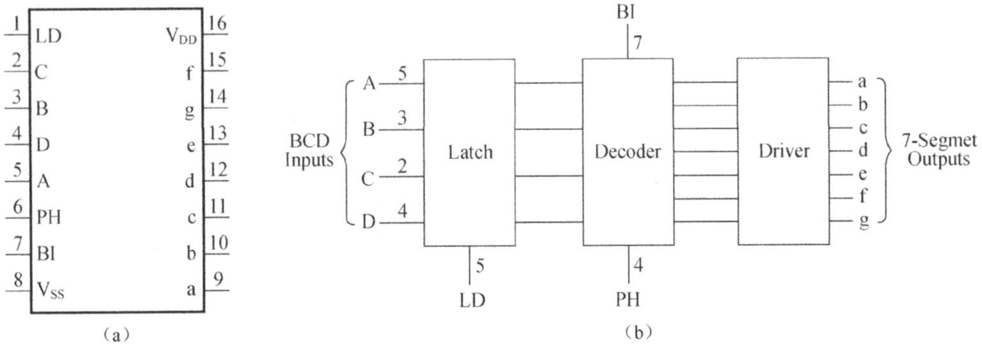

图 7-1-8　CD4543 引脚及功能图

表 7-1-2　CD4543 功能表

Enable（使能）			BCD-Inputs（输入）				7-Segment Outputs（输出）							Display（字形）
LD	BI	PH	D	C	B	A	a	b	c	d	e	f	g	
×	1	0	×	×	×	×	0	0	0	0	0	0	0	Blank（空白）
1	0	0	0	0	0	0	1	1	1	1	1	1	0	0
1	0	0	0	0	0	1	0	1	1	0	0	0	0	1
1	0	0	0	0	1	0	1	1	0	1	1	0	1	2
1	0	0	0	0	1	1	1	1	1	1	0	0	1	3

续表

Enable（使能）			BCD-Inputs（输入）				7-Segment Outputs（输出）							Display（字形）
LD	BI	PH	D	C	B	A	a	b	c	d	e	f	g	
1	0	0	0	1	0	0	0	1	1	0	0	1	1	4
1	0	0	0	1	0	1	1	0	1	1	0	1	1	5
1	0	0	0	1	1	0	1	0	1	1	1	1	1	6
1	0	0	0	1	1	1	1	1	1	0	0	0	0	7
1	0	0	1	0	0	0	1	1	1	1	1	1	1	8
1	0	0	1	0	0	1	1	1	1	1	0	1	1	9
1	0	0	1	0	1	0	0	0	0	0	0	0	0	Blank（空白）
1	0	0	1	0	1	1	0	0	0	0	0	0	0	Blank（空白）
1	0	0	1	1	0	0	0	0	0	0	0	0	0	Blank（空白）
1	0	0	1	1	0	1	0	0	0	0	0	0	0	Blank（空白）
1	0	0	1	1	1	0	0	0	0	0	0	0	0	Blank（空白）
1	0	0	1	1	1	1	0	0	0	0	0	0	0	Blank（空白）
0	0	0	×	×	×	×	*							*

通过数码管的动态显示方法实现三位计数值的显示，具体过程如下：

MC14553 对计数脉冲进行计数，并按照图 7-1-7 所示的 $\overline{DS_1}$～$\overline{DS_3}$ 时序，分时循环输出个位、十位、百位的 BCD 码，然后经过译码器 CD4543 译码，驱动数码管的百位、十位、个位轮流显示，由于 MC14553 的 BCD 码输出频率较高，利用发光二极管的余辉和人眼视觉的暂留效应，使人感觉数码管个位、十位、百位同时在显示，计数-译码-显示电路如图 7-1-9 所示。心率计电路如图 7-1-10 所示。

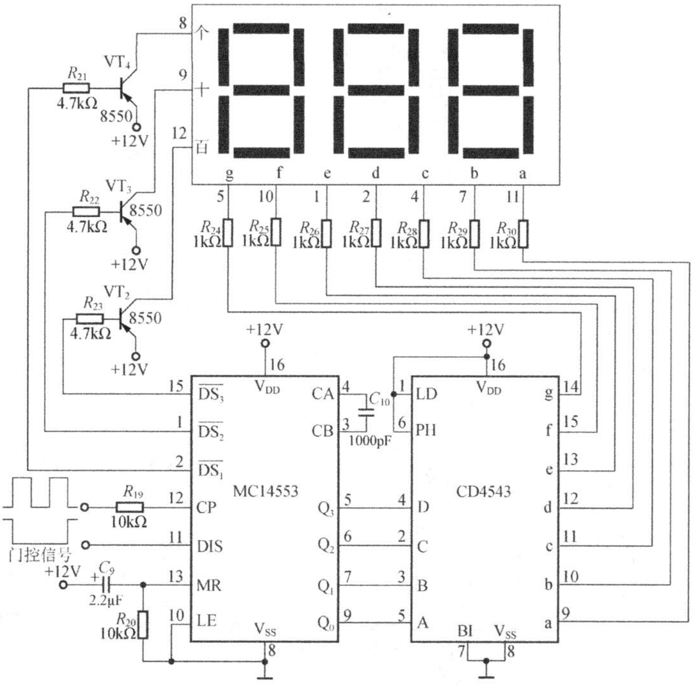

图 7-1-9　计数-译码-显示电路

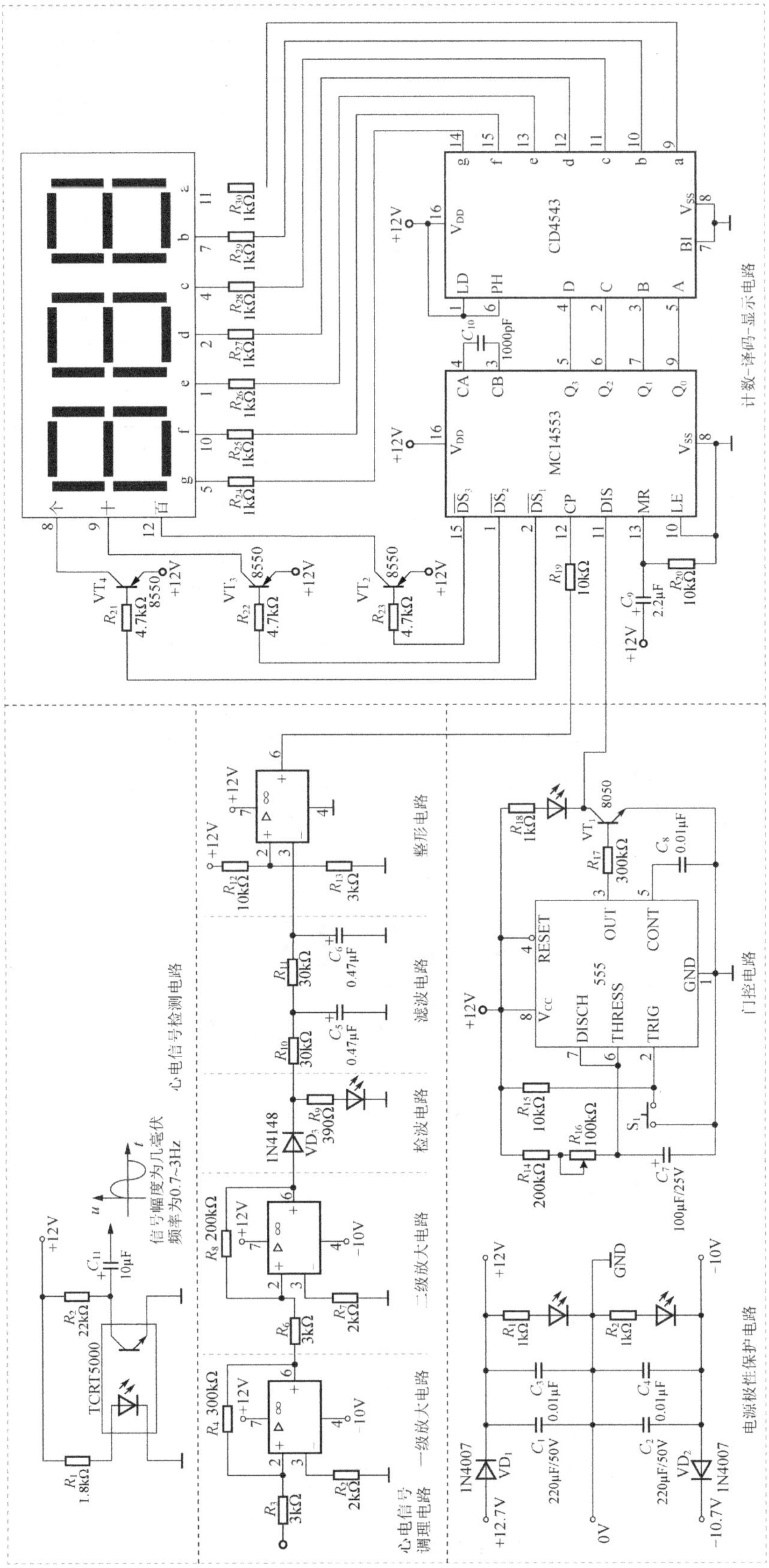
心电信号检测电路
心电信号调理电路
一级放大电路
二级放大电路
检波电路
滤波电路
整形电路
门控电路
电源极性保护电路
计数-译码-显示电路
信号幅度为几毫伏
频率为0.7~3Hz
TCRT5000
CD4543
MC14553
555
1N4148
1N4007
8550
8050
+12V
-10V
+12.7V
-10.7V
0V
GND

图 7-1-10　心率计电路

3. 实验内容及步骤

1）电源极性保护电路的搭建与调试

搭建图 7-1-2 所示的电源极性保护电路，调节输入电压，完成表 7-1-3 中参数的测量。

表 7-1-3　电源极性保护电路参数测量

测量项目	U_{D1}	U_{D2}	U_{C1}	U_{C2}
测量值				

2）心电信号检测电路

搭建图 7-1-3 所示的心电信号检测电路，完成表 7-1-4 中参数的测量，画出输出波形。

表 7-1-4　心电信号检测电路参数测量

测量项目	U_{CE}（无障碍物）	U_{CE}（有障碍物）	输出波形
测量值			

3）心电信号调理电路

搭建图 7-1-4 所示的心电信号调理电路，完成表 7-1-5 中参数的测量，画出输出波形。

表 7-1-5　心电信号调理电路参数测量

测量项目	一级放大电路	二级放大电路	检波电路	滤波电路	整形电路	
波形						
测量值	放大倍数 A_1	放大倍数 A_2	幅值（V）	幅值（V）	V_E	V_D

4）门控电路

搭建图 7-1-5 所示的门控电路，调节滑动变阻器 R_{16}，设定输出脉宽为 30s，完成表 7-1-6 中参数的测量。

表 7-1-6　门控电路参数测量

测量项目	U_{C7}	U_3	U_{T1c}	脉宽（s）
波形				

5）计数-译码-显示电路

搭建图 7-1-9 所示的计数-译码-显示电路，完成表 7-1-7 中参数的测量。

表 7-1-7　计数-译码-显示电路参数测量

测量项目	$\overline{DS_1}$	$\overline{DS_2}$	$\overline{DS_3}$
波形			

6）心率计电路

按图 7-1-10 把各模块连接好，按下触发开关 S_1，观察数码管数值变化，并记录、计算出当前心率。

7.2 多波形产生电路的设计

1. 设计任务

用 555 定时器设计一个频率为 20kHz～50kHz 的方波Ⅰ作为信号源，并利用方波Ⅰ产生 4 种波形：方波Ⅱ、三角波、正弦波Ⅰ、正弦波Ⅱ。电源只能选用+10V 的单电源，不得使用额外电源。具体参数要求如下：

（1）用 555 定时器设计一个频率为 20kHz～50kHz、连续可调、$V_{PP}=1V$ 的方波Ⅰ。

（2）用 74LS74 产生频率为 5kHz～10kHz、连续可调、$V_{PP}=1V$ 的方波Ⅱ。

（3）用 74LS74 产生频率为 5kHz～10kHz、连续可调、$V_{PP}=3V$ 的三角波。

（4）产生频率为 20kHz～30kHz、连续可调、$V_{PP}=3V$ 的正弦波Ⅰ。

（5）产生频率为 250kHz、连续可调、$V_{PP}=8V$ 的正弦波Ⅱ。

2. 设计原理及方案

根据任务要求，多波形产生电路设计框图如图 7-2-1 所示。

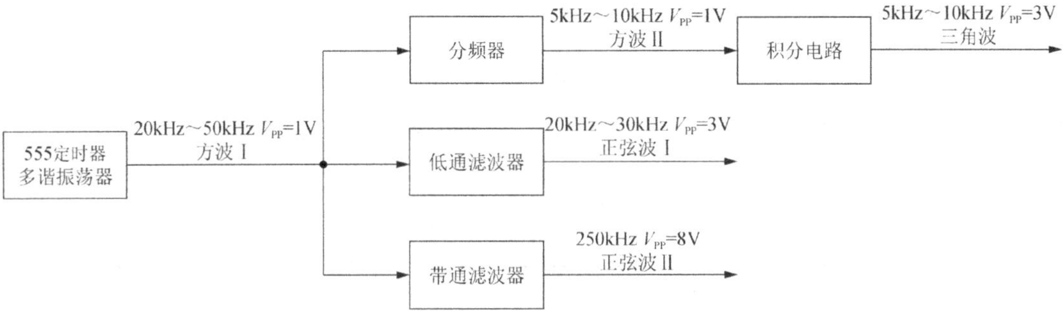

图 7-2-1 多波形产生电路设计框图

1）方波Ⅰ产生电路

将 555 定时器接成多谐振荡器，如图 6-5-5 所示，可通过调节电阻 R_1、R_2 及电容 C，得到方波Ⅰ，振荡频率满足 $f=\dfrac{1}{T}=\dfrac{1}{T_1+T_2}\approx\dfrac{1}{0.7\left(R_1+2R_2\right)C}$。

2）方波Ⅱ产生电路

用 D 触发器（74LS74）可实现四分频电路，如图 7-2-2（a）所示，其电压波形如图 7-2-2（b）所示。

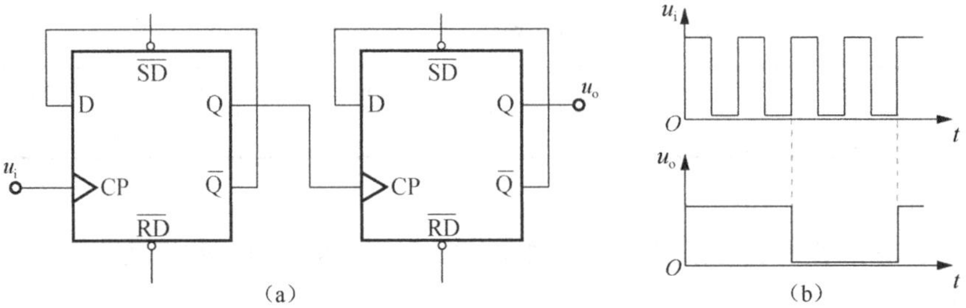

图 7-2-2 四分频电路及其电压波形

3）三角波产生电路

方波通过积分电路可变为三角波，三角波产生电路及其电压波形图如图 7-2-3 所示。

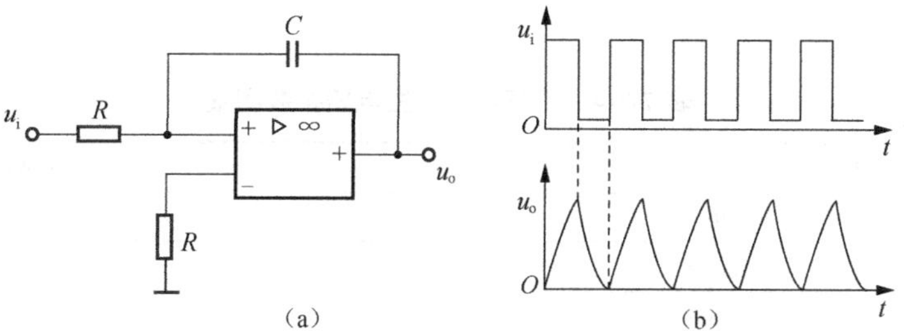

图 7-2-3　三角波产生电路及其电压波形图

4）正弦波 I 产生电路

将方波 I 通过截止频率为 30kHz 的低通滤波器即可得到正弦波 I 。

5）正弦波 II 产生电路

由分析得知，正弦波 II 为频率为 250kHz 的正弦波，其为方波 I 的 5 次谐波，将方波 I 通过频率为 250kHz 的带通滤波器即可得到正弦波 II 。

3．实验内容及步骤

1）方波 I 产生电路搭建与测试

搭建图 6-5-5（a）所示的多谐振荡器，完成表 7-2-1 中参数的测量，并画出输出波形。

表 7-2-1　方波 I 产生电路参数测量

测量项目	f（Hz）	U_o（V）	输出波形
测量值	20		
	20000		
	50000		

2）方波 II 产生电路搭建与测试

搭建图 7-2-2（a）所示的四分频电路，完成表 7-2-2 中参数的测量，并画出输出波形。

表 7-2-2　方波 II 产生电路参数测量

测量项目	f（Hz）	U_o（V）	输出波形
测量值	5		
	5000		
	10000		

3）三角波产生电路搭建与测试

搭建图 7-2-3（a）所示的三角波产生电路，完成表 7-2-3 中参数的测量，并画出输出波形。

表 7-2-3　三角波产生电路参数测量

测量项目	f（Hz）	U_o（V）	输出波形
测量值	5		
	5000		
	10000		

4）正弦波Ⅰ产生电路设计与测试

设计截止频率为 30kHz 的低通滤波器电路，完成表 7-2-4 中参数的测量，并画出输出波形。

表 7-2-4　正弦波Ⅰ产生电路参数测量

测量项目	f（Hz）	U_o（V）	输出波形
测量值	20		
	20000		
	30000		

5）正弦波Ⅱ产生电路设计与测试

设计频率为 250kHz 的低通滤波器电路，完成表 7-2-5 中参数的测量，并画出输出波形。

表 7-2-5　正弦波Ⅱ产生电路参数测量

测量项目	f（Hz）	U_o（V）	输出波形
测量值			

第 8 章

数模混合电路设计虚拟仿真实验

数模混合电路设计虚拟仿真实验采用的软件是用 Excel 开发的虚拟仿真教学与实训软件。该软件集成了仿真等一系列真实数模混合电路设计的基本功能。

8.1 运行环境

操作系统：Windows XP/Windows 7/Windows 8/Windows 10。

CPU：Intel 双核 @ 2.40GHz 或以上（CPU 配置越高越好，运行越流畅）。

内存：4GB 以上（内存越大，运行越流畅）。

显卡：显存 2GB 以上（由于仿真软件画质较高，只有显卡性能较好，才能有最佳的运行效果，显卡配置较低会导致运行较为卡顿）。

浏览器：推荐谷歌浏览器。

8.2 操作使用说明

1. 登录虚拟仿真实验教学管理平台

① 登录虚拟仿真实验教学管理平台，如图 8-1-1 所示，单击“登录”，账户为学号，初始密码也为学号。

图 8-1-1 虚拟仿真实验教学管理平台

② 登录成功，单击“未完成任务”，进入任务列表，如图 8-1-2 所示，选择相应任务，单击“去完成”，进入图 8-1-3 所示界面。

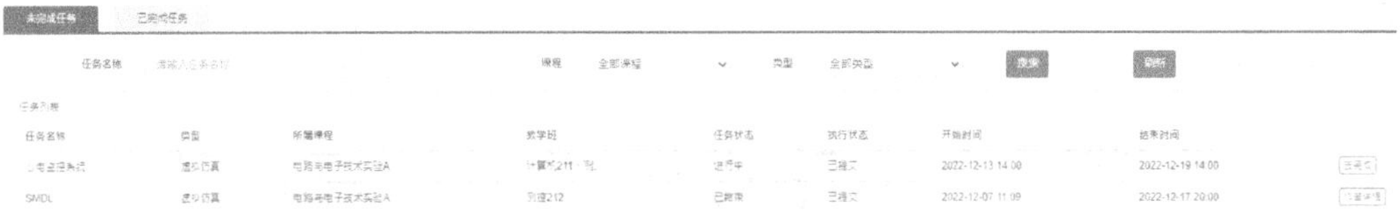

图 8-1-2　任务列表

图 8-1-3　项目简介界面

③ 单击“启动虚拟仿真软件”，即可进入虚拟仿真实验启动界面，如图 8-1-4 所示。

2. 虚拟仿真实验项目介绍

数模混合电路虚拟仿真实验项目包括软件介绍、设备认知、仿真实训、综合运用四个模块，如图 8-1-5 所示。设备认知包括基本仪器（万用表、示波器、信号源）的使用方法、仿真实训包括 5 个单元电路的设计（运放的线性放大、运放的非线性应用、计数器、单稳态触发器、多谐振荡器）、综合运用包括两个数模混合电路的综合应用（心率监控系统、智慧农场）。

图 8-1-4　虚拟仿真实验启动界面

图 8-1-5　数模混合电路虚拟仿真实验主界面

3. 常用电子仪器的使用

在图 8-1-5 所示的主界面中，单击“设备认知”，即可进入图 8-1-6 所示的设备认知界面，选择相应的仪器，并按照操作进度提示完成各个设备的认知。

4. 单元电路的设计

在图 8-1-5 所示的主界面中，单击“仿真实训”，即可进入图 8-1-7 所示的单元电路设计界面，选择相应的单元电路，并按照操作进度提示完成 5 个单元电路的设计。

设计过程中可以参考左侧电路图进行设计，也可单击右上角功能按钮辅助完成设计，功能按钮如图 8-1-8 所示。

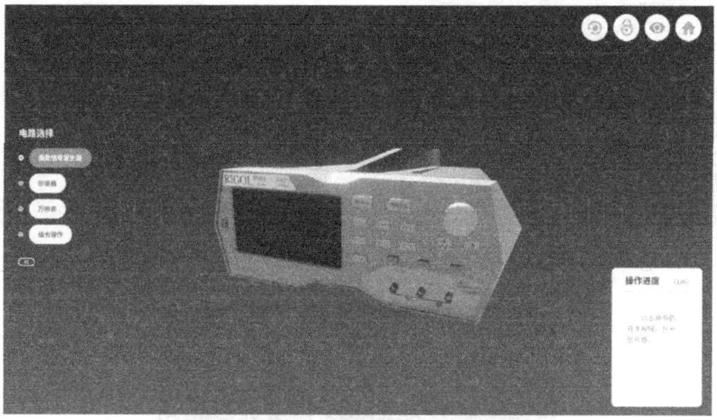

图 8-1-6　设备认知界面

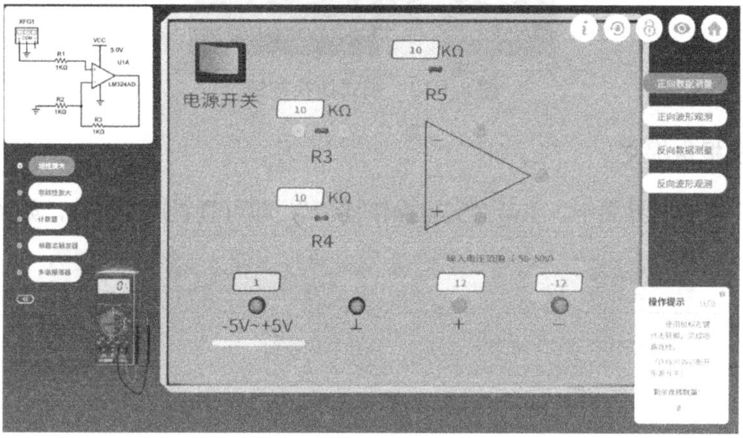

图 8-1-7　单元电路设计界面

5. 综合运用

在图 8-1-5 所示的主界面中，单击“综合运用”，即可进入图 8-1-9 所示的数模混合电路综合运用设计界面，单击相应的按钮即可进入“心率监控系统”及“智慧农场”，如图 8-1-10 及图 8-1-11 所示，并按照操作进度提示完成设计。综合项目有练习及考试两种模式，单击相应的按钮可进行切换，如图 8-1-12 所示。

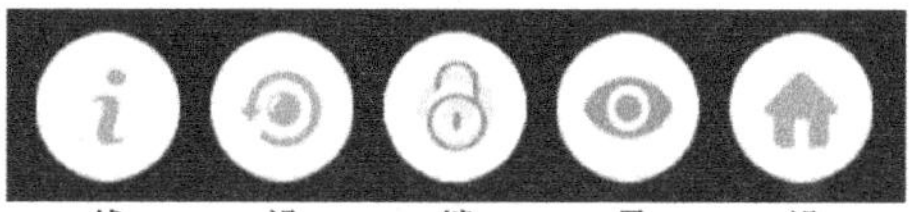

图 8-1-8　功能按钮

图 8-1-9　数模混合电路综合运用设计界面

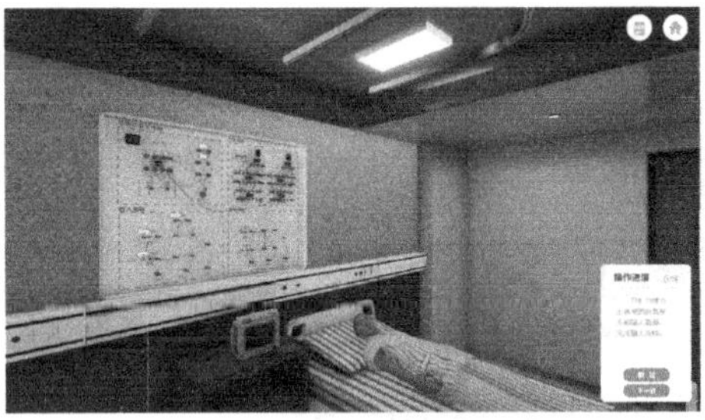

图 8-1-10　心率监控系统

图 8-1-11　智慧农场

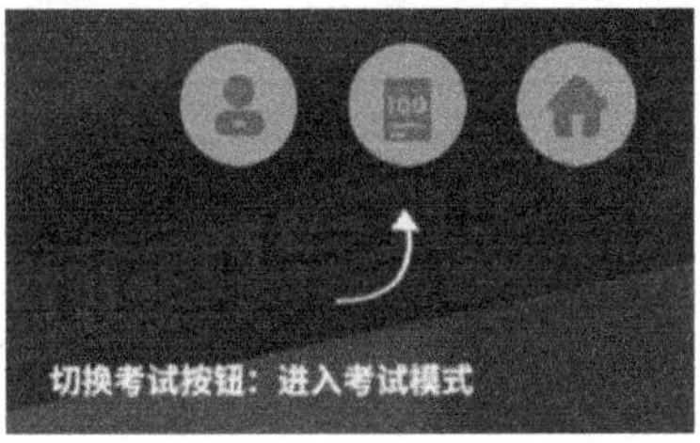

图 8-1-12　模式切换按钮

6．成绩及报告提交

在图 8-1-3 所示的界面中，单击“实验操作详情”，即可查看操作得分，如图 8-1-13 所示。

步骤得分情况

姓名：王祉欣　总分：80.0　操作时间：2022-12-15- 15:17:34　2022-12-15- 15:17:34(最高分)

序号	操作内容	分值	成绩(分)	推荐用时	实际用时
1	案例1点击血氧探头	10	10.0	10s	19s
2	案例1点击输入管脚	10	10.0	10s	11s
3	案例1线性放大与非线性放大连线	10	10.0	10s	8s
4	案例1单稳态触发器与计数器连线	10	10.0	10s	3s
5	案例1非线性放大与计数器连线	10	10.0	10s	3s
6	案例1计数器个十位连线	10	10.0	10s	4s
7	案例1放大倍数设置	20	20.0	2m0s	8s
8	案例1计数器设置	20	0.0	2m0s	11s

图 8-1-13　操作得分情况

如果要求将实验数据及实验报告上传，则可以单击“上传实验数据”“上传实验（实践）报告”在线提交设计报告，如图 8-1-14 所示。

图 8-1-14　上传实验数据及实验报告

第 3 篇

嵌入式系统设计

第 9 章

基于树莓派的图形化在线编程

9.1 基于树莓派的图形化在线编程平台

9.1.1 树莓派

树莓派（Raspberry Pi）是由树莓派基金会开发的一种基于 Linux 系统的微型计算机，以 SD/MicroSD 卡为内存硬盘，卡片主板周围有 1/2/4 个 USB 接口和一个 10/100Mbit/s 以太网接口（A 型没有网口），可连接键盘、鼠标和网线，同时拥有视频模拟信号的电视输出接口和高清视频输出接口 HDMI 等，以上部件被全部整合在一张比信用卡稍大的主板上，具备所有个人计算机的基本功能，只需连接电视机或者显示屏及鼠标、键盘，就能执行如电子表格、文字处理、玩游戏、播放高清视频等诸多功能。其选型表如表 9-1-1 所示。图 9-1-1 所示为最新款的 Raspberry Pi 4 Model B。

图 9-1-1　Raspberry Pi 4 Model B

Raspberry Pi 4 Model B 搭载了一颗工作频率为 1.5GHz 的 64 位 ARM Cortex-A72 四核处理器，有 1GB、2GB、4GB 的 LPDDR4 RAM 可供选择，具有 H.265 硬件解码器（可达 4Kp60）及 H.264 硬件解码器（可达 1080p60），VideoCore VI 3D 图形加速器，支持高达 4Kp60 的双 HDMI 显示器输出，支持 802.11 b/g/n/ac 的无线（Wi-Fi）模块和 BLE 5.0 的蓝牙模块。

其外设接口也很丰富，包括 1 个 SD 卡接口、2 个支持 4Kp60 显示器的 micro-HDMI 接口、2 个 USB2.0 接口、2 个 USB3.0 接口，1 个千兆以太网接口、1 个双通道 MIPI CSI 树莓派摄像头接口，1 个双通道 MIPI DSI 树莓派显示接口，28 个用户可自定义的 GPIO 口，1 个 5V DC USB-C 电源接口（供电口）。其接口布局图如图 9-1-2 所示。

表 9-1-1　树莓派选型表

项目	发布时间	SoC	CPU	RAM	USB 接口	视频接口	音频接口	SD 卡接口	网络接口	GPIO 接口	电源接口
Raspberry Pi 4 Model B	2019/6/24	BCM 2711	ARM Cortex-A72 1.5GHz 64 位四核	1GB/2GB/4GB	USB2.0×2 USB3.0×2	micro-HDMI 接口×2，支持双屏输出，最大分辨率为 4K 60Hz+ 1080p 或 2×4K 30Hz	3.5mm 插孔，micro HDMI	Micro SD	千兆以太网接口（RJ45 接口），内置 Wi-Fi(2.4GHz/5GHz）、蓝牙（BLE5.0）模块	40Pin	USB-C 5V
Raspberry Pi 3 Model B+	2018/3/4	BCM 2837	ARM Cortex-A53 1.4GHz 64 位四核	1GB	USB2.0×4	支持 PAL 和 NTSC 制式，支持 HDMI（HDMI1.3 和 HDMI 1.4），分辨率为 640 像素×350 像素至 1920 像素×1200 像素，支持 PAL 和 NTSC 制式	3.5mm 插孔，HDMI	Micro SD	10/100Mbit/s 以太网接口（RJ45 接口），内置 Wi-Fi（2.4GHz/5GHz）、蓝牙（BLE4.2）模块	40Pin	MicroUSB 5V
Raspberry Pi 3 Model B	2016/2/29	BCM 2837	ARM Cortex-A53 1.2GHz 64 位四核	1GB	USB2.0×4	支持 PAL 和 NTSC 制式，支持 HDMI（HDMI1.3 和 HDMI 1.4），分辨率为 640 像素×350 像素至 1920 像素×1200 像素，支持 PAL 和 NTSC 制式	3.5mm 插孔，HDMI	Micro SD	10/100Mbit/s 以太网接口（RJ45 接口），内置 Wi-Fi、蓝牙模块	40Pin	MicroUSB 5V

续表

项目	发布时间	SoC	CPU	RAM	USB 接口	视频接口	音频接口	SD 卡接口	网络接口	GPIO 接口	电源接口
Raspberry Pi 2 Model B	2015/2/2	BCM 2836	ARM Cortex-A 7900MHz 四核	1GB	USB2.0×4	支持 PAL 和 NTSC 制式，支持 HDMI（HDMI 1.3 和 HDMI1.4），分辨率为 640 像素×350 像素至 1920 像素×1200 像素，支持 PAL 和 NTSC 制式	3.5mm 插孔，HDMI	Micro SD	10/100Mbit/s 以太网接口（RJ45 接口）	40Pin	MicroUSB 5V
Raspberry Pi Model B	2011/12/1	BCM 2835	ARM1176JZF-S 核心 700MHz 单核	512MB	USB2.0×2	RCA 视频接口，支持 PAL 和 NTSC 制式，支持 HDMI（HDMI1.3 和 HDMI1.4），分辨率为 640 像素×350 像素至 1920 像素×1200 像素，支持 PAL 和 NTSC 制式	3.5mm 插孔，HDMI	标准 SD	10/100Mbit/s 以太网接口（RJ45 接口）	26Pin	MicroUSB 5V
Raspberry Pi 3 Model A+	2018/11/15	BCM 2837 B0	ARM Cortex-A53 1.4GHz 64 位四核	512MB LPDDR2 SDRAM	USB2.0×1	支持 PAL 和 NTSC 制式，支持 HDMI（HDMI 1.3 和 HDMI1.4），分辨率为 640 像素×350 像素至 1920 像素×1200 像素，支持 PAL 和 NTSC 制式	3.5mm 插孔，HDMI	Micro SD	内置 Wi-Fi（2.4GHz/5GHz）、蓝牙（BLE4.2）模块	40Pin	MicroUSB 5V
Raspberry Pi Zero W	2017/3/1	BCM 2835	ARM11 核心 1GHz 单核	512MB	Micro USB 2.0×1，支持 OTG	mini-HDMI 接口，支持 1080p 60Hz 视频输出和 CSI 摄像头	HDMI	Micro SD	内置 Wi-Fi、蓝牙模块	40Pin	MicroUSB 5V

9.1.2　图形化在线编程平台

杭州古德微机器人有限公司自主研发的基于树莓派的图形化编程平台，以可视化的积木进行模块化编程，结合树莓派及各类传感器、显示器、执行机构等硬件模块，大大降低了嵌入式系统开发的难度，让使用者可以快速搭建一个嵌入式系统，并且可采用各种移动终端设备进行在线编程。

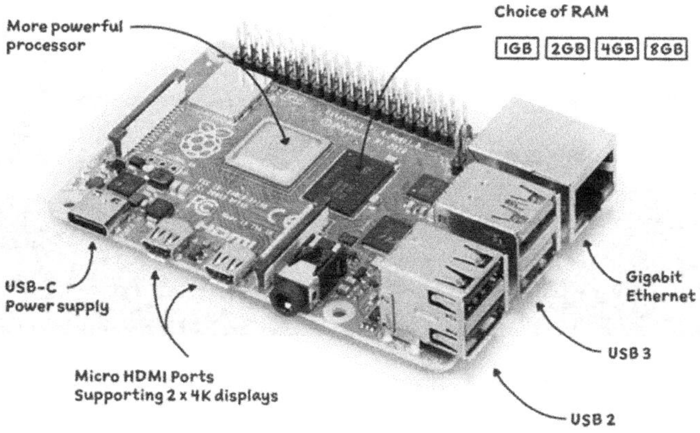

图 9-1-2　Raspberry Pi 4 Model B 接口布局图

9.1.3　开发环境的搭建

有以下两种方式可开启在线编程平台。

第一种方式：如图 9-1-3 所示，在树莓派的接口上接上鼠标、键盘、存储卡、显示器，然后开机进入自带的 Linux 操作系统，连接互联网，用浏览器打开古德微机器人网站，进入在线编程平台，登录界面如图 9-1-4 所示。

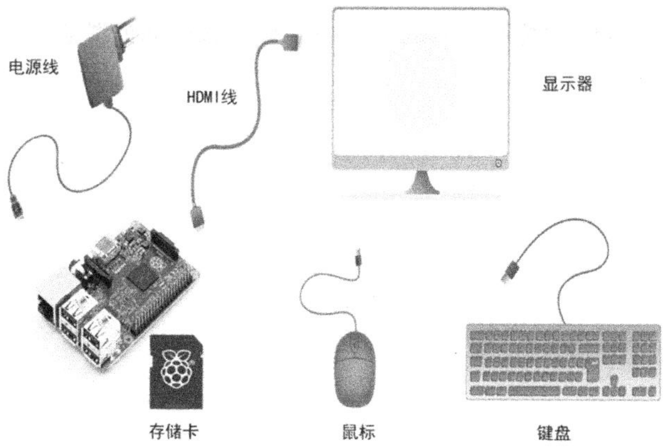

图 9-1-3　树莓派外设连接方式

第二种方式：不需给树莓派外接鼠标、键盘、显示器，直接开启树莓派，用个人计算机或移动设备开启谷歌浏览器并输入网址，进入在线编程平台，通过互联网在线控制树莓派，要保证个人计算机或移动设备与树莓派在同一个局域网中。

输入账号、密码即可进入在线编程平台的欢迎界面，如图 9-1-5 所示。单击“设备控制”，即进入在线编程平台的编程界面，如图 9-1-6 所示。单击“连接设备”，会在右侧出现 5 个绿色“√”，说明设备连接成功，如图 9-1-7 所示。

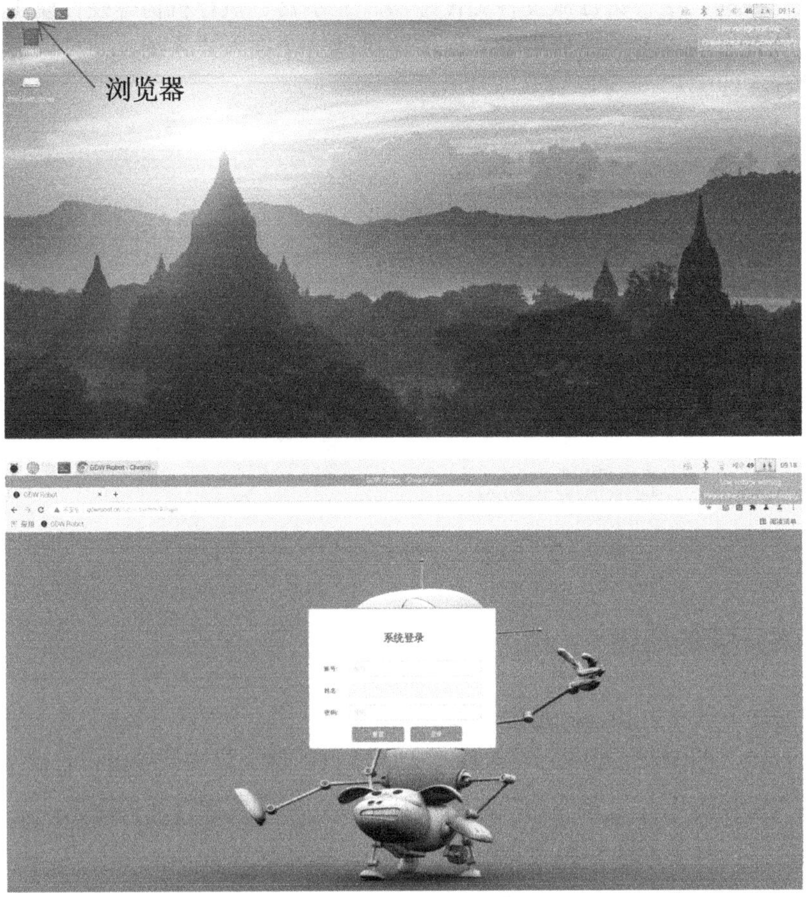

图 9-1-4 树莓派开机画面和 Linux 操作系统自带的浏览器登录界面

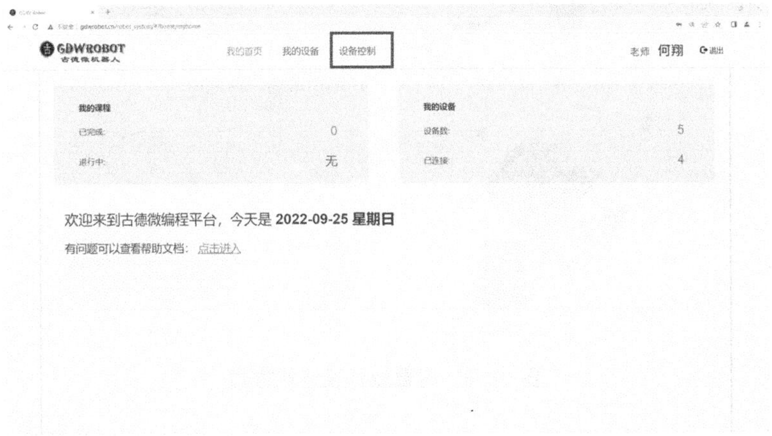

图 9-1-5 在线编程平台的欢迎界面

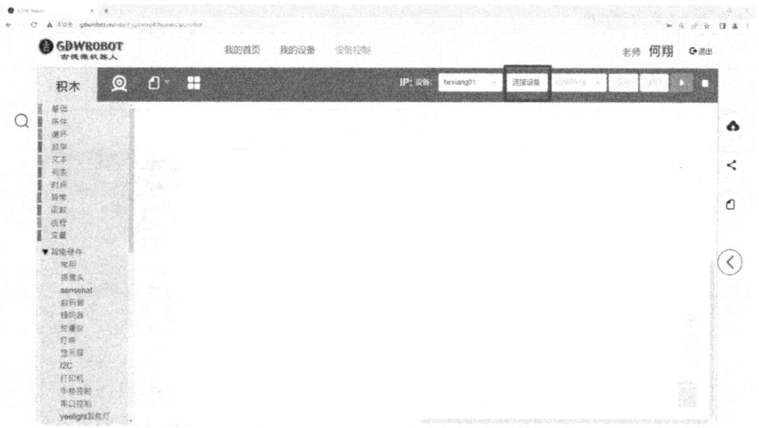

图 9-1-6　在线编程平台的编程界面

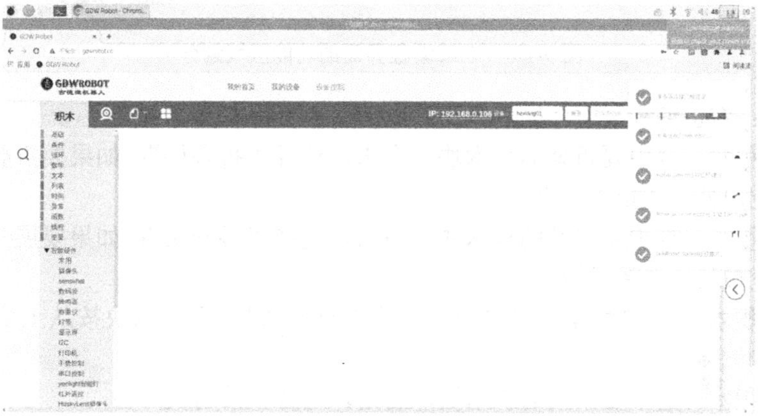

图 9-1-7　设备连接成功

9.1.4　在线编程界面功能介绍

图 9-1-8 所示为在线编程界面的功能区域划分：左侧为积木块区，里面存放着各种编程积木；上方为功能区，包括摄像头拍照的图像预览、版本信息、更多功能（合成视频、控件控制、采集数据、模拟训练、机器学习等）、运行、停止等按钮；右侧为上传文件、分享代码、代码库等按钮。

① 编程：从左侧积木块区找到相应的积木块，按鼠标左键拖至中间编程区进行组合即可。

② 复制积木：选中要复制的积木，右击，选择“复制”，或者先按 Ctrl+C 键，再按 Ctrl+V 键。

③ 删除积木：有以下四种方式可以删除积木。

- 选中要删除的积木块，右击，选择“删除 X 块”。
- 选中要删除的积木块，按 Delete 键。
- 选中要删除的积木块，拖至右下方“垃圾桶”。
- 选中要删除的积木块，拖至界面左边后松开鼠标左键。

如果要删除全部积木，右击编程区空白处，选择“删除 X 块”即可。

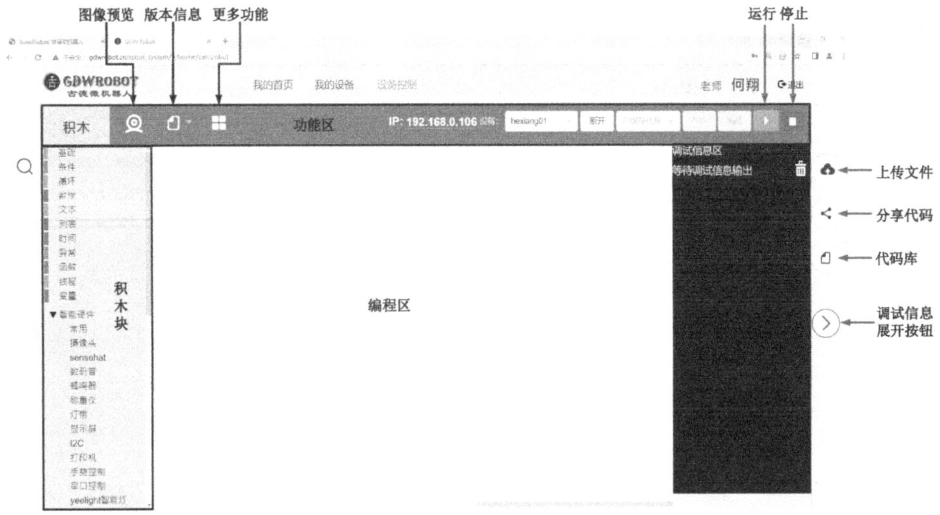

图 9-1-8　在线编程界面的功能区域划分

④ 撤销：右击编程区空白处，选择“撤销”或者按 Ctrl+Z 键。

⑤ 折叠积木：选中要折叠的积木块，右击，选择“折叠块”；如果要折叠全部积木，右击编程区空白处，选择“折叠块”。

⑥ 展开积木：选中要展开的积木块，右击，选择“展开块”；如果要展开全部积木，右击编程区空白处，选择“展开块”。

⑦ 整理积木：右击编程区空白处，选择“整理块”，则积木块按从上到下的顺序排列整齐。

⑧ 禁用积木：选中要禁用的积木块，右击，选择“禁用块”。

⑨ 启用积木：选中要启用的积木块，右击，选择“启用块”。

⑩ 保存代码：单击功能区“保存”，弹出对话框，输入保存的文件名即可。

⑪ 代码运行：单击功能区“运行”。

⑫ 代码停止运行：单击功能区“停止运行”。

⑬ 分享代码：单击右侧“分享代码”，弹出对话框，输入账号即可。

⑭ 代码库：包含储存的代码、分享的代码、被分享的代码等，可以在该界面搜索代码、给代码重新命名、删除代码、下载代码（文本格式）等，如图 9-1-9 所示。代码储存在服务器上，即使树莓派断电，程序也不会丢失。

图 9-1-9　代码库

9.1.5　点亮一个小灯

Raspberry Pi 4 Model B 共有 40 个引脚，具体引脚图如图 9-1-10 所示，接入古德微树莓派扩展板（简称扩展板），该扩展板集成了一个 16 位 4 通道 ADC（A0～A3 通道）、2 个按钮（GPIO25、GPIO26）、4 个 LED 小灯（GPIO5、GPIO6、GPIO12、GPIO16）、1 个蜂鸣器（GPIO19）、1 个温度传感器（接在 ADC-A3 通道上）、1 个光敏传感器，并且预留了超声波接口（GPIO20、GPIO21）、2 个 IIC 接口、SPI 接口、循迹接口及多个 GPIO 口的排针接口（GPIO7、GPIO18、GPIO14、GPIO15、GPIO23）及 3.3V、5V、GND 排针接口，可以方便地接入各类传感器、显示器及执行机构等，构成一个嵌入式系统。扩展板接口布局图如图 9-1-11 所示。

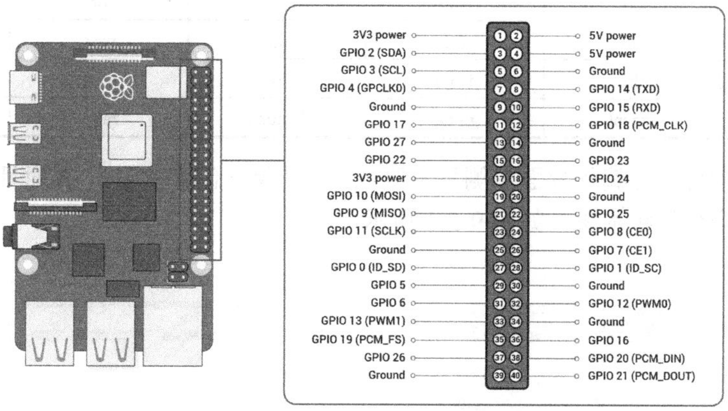

图 9-1-10　Raspberry Pi 4 Model B 引脚图

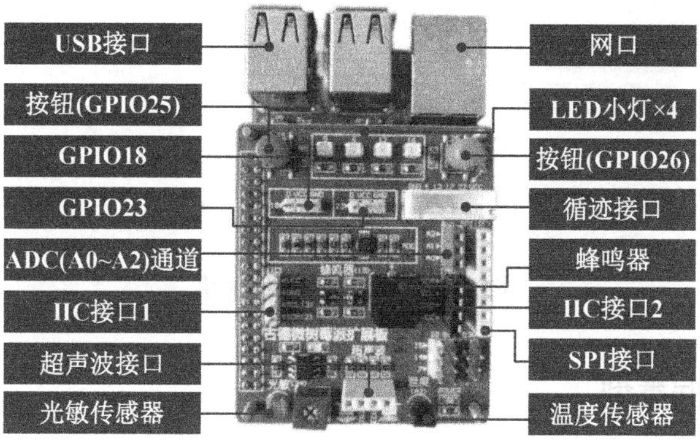

图 9-1-11　扩展板接口布局图

由于小灯的阴极接地，阳极通过一个限流电阻接在 GPIO 口上，当在 GPIO 口上输入高电平时，小灯就会被点亮。在编程平台积木区找到“智能硬件→常用→”拖入编程区，调整端口号及亮灭控制功能，单击“运行”按钮，即可控制 5 号小灯亮起来。

9.2　Python 程序设计基础

在古德微图形化编程平台上进行的是基于 Python 的图形化编程，它的语法结构与 Python 3 一致。

9.2.1 标识符和保留字符

在 Python 里，标识符由字母、数字、下画线组成，但不能以数字开头。并且 Python 里的标识符是区分大小写的。Python 里有一些保留字符不能用作常量名或变量名，如表 9-2-1 所示。

表 9-2-1 Python 保留字符

and	def	exec	if	not	return
assert	del	finally	import	or	try
break	elif	for	in	pass	while
class	else	from	is	print	with
continue	except	global	lambda	raise	yield

在图形化编程平台编程界面左侧积木区找到“变量→创建变量”，在对话框中输入变量名即可新建一个变量积木块，如图 9-2-1 所示。

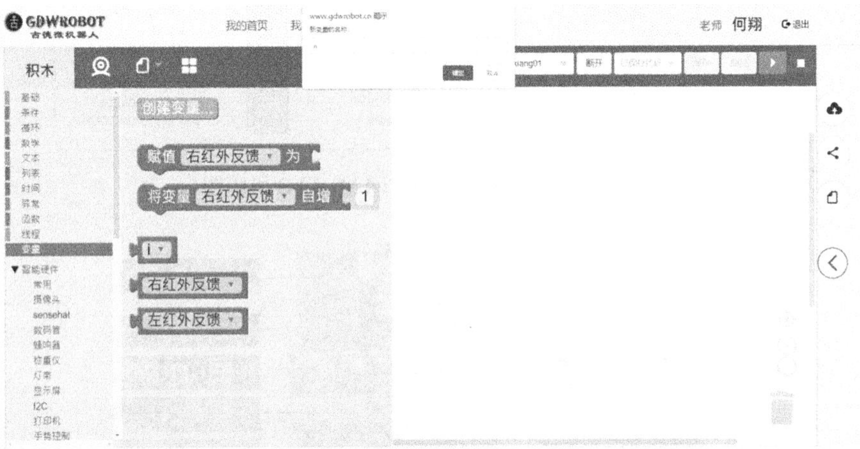

图 9-2-1 新建变量积木块

9.2.2 变量的数据类型

变量存储在内存中，这就意味着在创建变量时会在内存中开辟一个空间。根据变量的数据类型，解释器会分配指定的内存，并决定什么数据可以存储在内存中。因此，可以为变量指定不同的数据类型，这些变量可以存储整数、小数或字符等。Python 3 有六个标准的数据类型，其所对应的积木块如表 9-2-2 所示。

9.2.3 运算符

Python 3 支持多种类型的运算符。

表 9-2-2　Python 3 标准数据类型

	数据类型		实例	对应的积木块	位置
不可变	Numbers（数字）	int	100，−234，	0	“数学”
		float	0.0，−32.5		
		bool	True，False	真 假	“条件”
		complex	3.14j	—	—
	String（字符串）		'abc123'	“ ”	“文本”
	Tuple（元组）		('abc',123,1.23)	—	—
可变	List（列表）		['abc',123,1.23]	创建空列表 建立列表使用	“列表”
	Dictionary（字典）		{'name':'John', 'age':35}	创建一个空字典 为字典 变量 添加或更新数据，键为 key 值为 abc123	“列表”
	Set（集合）		{'apple','orange', 'pear'}	—	—

1. 算术运算符

Python 3 除支持基本的运算符之外，还支持 math 库，里面包含了常用数学函数，如表 9-2-3 所示。

表 9-2-3　Python 3 支持的算术运算符及数学函数

算术运算符	名称	示例	积木块	位置
+	加	3+5=8	+	“数学”
-	减	21−6=15	-	“数学”
*	乘	3*5=15	×	“数学”
/	除	12/3=4.0	÷	“数学”
//	取整	16//3=5	—	—
%	模	13%3=1	取余数自 ÷	“数学”
**	幂	3**2=9	^	“数学”
math.asin(x)	sinx	math.asin(90)=1.0	sin	“数学”
math.sqrt(x)	平方根	math.sqrt(4)=2.0	平方根	“数学”

2. 比较（关系）运算符

Python 3 支持的比较（关系）运算符如表 9-2-4 所示。

表 9-2-4　Python 3 支持的比较（关系）运算符

比较运算符	名称	示例（a=5，b=2）	积木块	位置
==	等于	（a==b） 返回 False		“条件”
!=	不等于	（a!=b） 返回 True		“条件”
>	大于	（a>b） 返回 True		“条件”
<	小于	（a<b） 返回 False		“条件”
>=	大于等于	（a>=b） 返回 True		“条件”
<=	小于等于	（a<=b） 返回 False		“条件”

3．赋值运算符

Python 3 支持的赋值运算符如表 9-2-5 所示。

表 9-2-5　Python 3 支持的赋值运算符

赋值运算符	名称	示例（c=5，a=2）	积木块	位置
=	赋值运算	c=a+b	—	—
+=	加法赋值运算	c+=a 等效 c=c+a=7	—	—
-=	减法赋值运算	c-=a 等效 c=c-a=3	—	—
*=	乘法赋值运算	c*=a 等效 c=c*a=10	—	—
/=	除法赋值运算	c/=a 等效 c=c/a=2.5	—	—
%=	取模赋值运算	c%=a 等效 c=c%a=1	—	—
//=	取整赋值运算	c//=a 等效 c=c//a=2	—	—
**=	幂赋值运算	c**=a 等效 c=c**a=25	—	—

4．位运算符

Python 3 支持的位运算符如表 9-2-6 所示。

表 9-2-6　Python 3 支持的位运算符

位运算符	名称	示例（a=1100 0011， b=1010 0101）	积木块	位置
&	二进制数按位与	a&b=1000 0001		“数学”
|	二进制数按位或	a|b=1110 0111		“数学”
~	二进制数按位取反	~a=0011 1100		“数学”
^	二进制数按位异或	a^b=01100110		“数学”

续表

位运算符	名称	示例（a=1100 0011，b=1010 0101）	积木块	位置
<<	二进制数按位左移	a<<1=1000 0110		“数学”
>>	二进制数按位右移	a>>1=0110 0001		“数学”

5．逻辑运算符

Python 3 支持的逻辑运算符如表 9-2-7 所示。

表 9-2-7　Python 3 支持的逻辑运算符

逻辑运算符	名称	说明	积木块	位置
and	布尔“与”	如果 a 为 False 或者 0，a and b 返回 a 的值，否则返回 b 的计算值		“条件”
or	布尔“或”	如果 a 为 True 或者 1，a or b 返回 a 的值，否则返回 b 的计算值		“条件”
not	布尔“非”	如果 a 为 True 或者非 0 的数，not a 返回 False，否则返回 True		“条件”

Python 3 支持的运算符的优先级如表 9-2-8 所示，表中运算符从上向下优先级递减，同单元格内优先级相同。

表 9-2-8　Python 3 支持的运算符的优先级

运算符	说明
(expressions...)，[expressions...]，{key: value...}，{expressions...}	括号
x[index]，x[index:index]，x(arguments...)，x.attribute	读取，切片，调用，属性引用
await x	await 表达式
**	乘方
+x，-x，~x	正，负，按位非
*，/，//，%	乘，除，整除，取模
+，-	加，减
<<，>>	左移，右移
&	按位与
^	按位异或
|	按位或
in，not in，is，is not，<，<=，>，>=，! =,==	比较运算
not x	逻辑非
and	逻辑与
or	逻辑或
if --else	条件
:=	赋值表达式

9.2.4　Number（数字）

Python 3 支持 int、float、complex 三种数字类型。其中 bool 型（True、False）是 int 型

的子类。

有时候我们需要对数据类型进行转换，int(x)将 x 转换为一个整数（“数学”→）；float(x)将 x 转化成浮点数（“数学”→）；complex(x)将 x 转化成复数，x 为实部，虚部为 0；complex(x,y)将 x，y 转化成复数，x 为实部，y 为虚部。

Python 3 提供了一些随机数函数及一些数学常量，如表 9-2-9 所示。

表 9-2-9 数学常量及随机数函数

数学常量及随机数函数	名称	示例	积木块	位置
math.e	e	math.e		“数学”
math.pi	π	math.pi		“数学”
random.randint(a,b)	随机整数	random.randint(1,100) [a,b]		“数学”
random.random()	随机实数	random.random() [0,1)		“数学”

9.2.5 String（字符串）

字符串是 Python 中常见的数据类型，我们用' '或" "来创建字符串。可以在双引号包裹的字符串中使用单引号，或者在单引号包裹的字符串中使用双引号。Python 允许空字符串的存在，并且在使用一些特殊字符时用转义字符“\”实现。字符串常用操作符及内置函数如表 9-2-10 所示。

字符串是一种序列，序列中的每个数据都被分配了一个序号，可以通过这个序号访问每个数据，这个序号称为索引值，索引值从 0 开始分配，-1 是从末尾开始分配的位置，如图 9-2-2 所示。

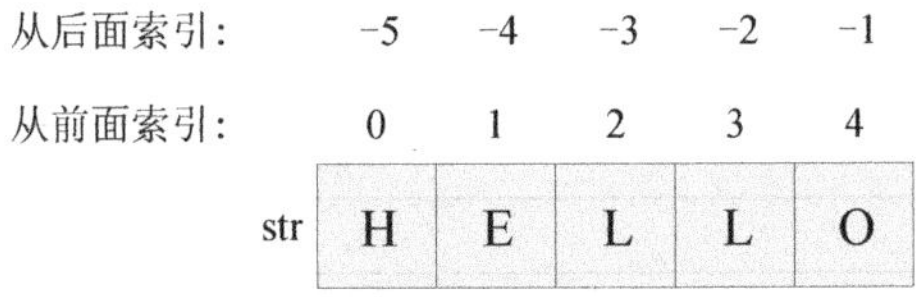

图 9-2-2 字符串（序列）索引图

Python 用[]来访问序列里面的数据，如果是单个数据，只需在[]中填入索引号即可，例如图 9-2-2 所示的序列，str[0]='H'、str[2]='L'、str[-1]='O'；如果访问一段数据，可以用切片

表 9-2-10 字符串常用操作符及内置函数

操作符及内置函数	作用说明	实例（a=“Hello”，b=“World”）	积木块	位置
+	字符串拼接	a+b 输出“HelloWorld”		“数学”
*	重复	a*2 输出“HelloHello”		“数学”
in	字符串是否包含给定字符	'H'in a 输出 True	—	—
not in	字符串是否不包含给定字符	'H' not in a 输出 False	—	—

续表

操作符及内置函数	作用说明	实例（a= "Hello", b= "World"）	积木块	位置
[]	索引	a[0]输出 "H"	从文本 变量 获得字符#	"文本"
[:]	切片	a[0:2] 输出 "He"	从文本 变量 取得一段字串自# 到字符#	"文本"
str.find()	从头开始查找字符串，如果找到，输出索引值，否则输出-1	a.find("H") 输出 0	从文本 变量 寻找第一个出现的文本 abc	"文本"
str.rfind()	从尾开始查找字符串，如果找到，输出索引值，否则输出-1	rfind(a,"H") 输出 0	从文本 变量 寻找最后一个出现的文本 abc	"文本"
len(string)	字符串长度	len(a) 输出 5	abc 的长度	"文本"
str.zfill(width)	返回长度 width 的字符串，字符串右对齐，前面补 0	a.zfill(8) 输出 "000Hello"	将字符串 转为长度为 的字符串	"文本"
str.strip()	删除两端的空格	—	消除两侧空格 abc	"文本"
str.lstrip()	删除左侧的空格	—	消除左侧空格 abc	"文本"
str.rstrip()	删除右侧的空格	—	消除右侧空格 abc	"文本"
str.upper()	小写转大写	a.upper() 输出 "HELLO"	转为大写 abc	"文本"
str.lower()	大写转小写	a.upper(a) 输出 "hello"	转为小写 abc	"文本"
str.title()	首字母大写	a.upper(a) 输出 "Hello"	将首字母大写 abc	"文本"

的方式，在[]里用冒号分隔，即[:]，冒号前面的索引值代表切片开始的位置，后面的索引值代表切到该索引值的前面为止，如果冒号前面没有索引值，表示从 0 号开始切片；如果冒号后面没有索引值，表示切至最后，如图 9-2-3 所示。

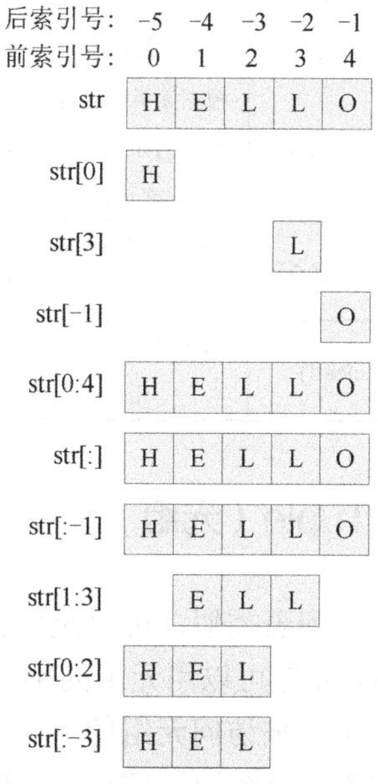

图 9-2-3　序列索引及切片示意图

9.2.6　List（列表）

列表与字符串一样，也是一种序列，列表中的元素可以是不同的数据类型的元素，元素之间用逗号分隔，其操作方法与前述 9.2.5 节对于字符串的操作是一致的，并且列表是可修改的序列。列表常用操作符及内置函数如表 9-2-11 所示。

表 9-2-11 列表常用操作符及内置函数

运算符及内置函数	作用说明	实例（a=[1,2,3]，b=[4,5,6]）	积木块	位置
+	组合	a+b 输出[1,2,3,4,5,6]		“数学”
*	重复	a*2 输出[1,2,3,1,2,3]		“数学”
len(listname)	列表长度	len(a) 输出 3		“列表”
for x in []	查询元素是否在列表中	2 in [1,2,3] 输出 True		“循环”
listname[index]	索引	a[0]输出 1		“列表”
listname[:]	切片	a[0:1] 输出[1,2]		“列表”
listname[index]=	更新列表元素	a[0]=5 输出[5,2,3]	—	—
listname.append(obj)	在列表末尾添加元素	a.append(4) 输出[1,2,3,4]	—	—
listname.exend(seq)	将一个列表的全部元素添加到另一个列表的末尾	a.exend(b) 输出[1,2,3,4,5,6]	—	—
listname.insert (index,obj)	将一个元素添加到列表的某个位置	a.insert(1,b) 输出[1,[4,5,6],2,3]		“列表”
del listname[index]	删除列表中的某个元素	del a[1] 输出[1,3]	—	—
del listname [start：end]	删除列表中的某一段元素	del a[1:2] 输出[1]	—	—
listname.pop(index)	根据索引值删除列表中的元素，并且返回该元素的值	a.pop(2) 输出 3		“列表”
listname.remove(obj)	根据元素值进行移除	a.remove(2) 输出[1,3]	—	—
listname.clear()	删除列表中所有元素	a.clear() 输出[]	—	—

9.2.7 Tuple（元组）

元组和列表类似，可以是任何数据类型的序列，但是它和字符串一样不能被修改。和列表类似，元组可以用元组的字面量或者 tuble()来创建，元组的字面量用圆括号“()”括住。通常使用下标来访问元组的值，元组的值不能被修改，但是可以组合和复制及查询；元组也可以被索引及截取（切片），其操作与列表等序列类似。

9.2.8　Set（集合）

集合是一种无序不重复元素的容器，可以动态地加入新的元素或者删除元素。集合的字面量用“{}”括住。直接给一个变量赋值一个集合字面量或者用 set()，可以创建一个集合。创建一个空的集合只能用 set()，一个空的{}是用来创建空字典的（见 9.2.9 节）。集合常用运算符及内置函数如表 9-2-12 所示。

表 9-2-12　集合常用运算符及内置函数

内置函数及运算符	作用说明 s1={1,2,3,4,5,6}，s2={4,5,6,7,8}	示例
len()	集合元素数量	len(s1)，输出 6
min()	集合中最小的元素	min(s1)，输出 1
max()	集合中最大的元素	max(s1)，输出 6
sum()	集合中所有的元素求和	sum(s1)，输出 21
setname.add(obj)	将一个元素加入集合	s.add(7)，输出{1,2,3,4,5,6,7}
setname.remove(obj)	从集合中删除一个元素	s.remove(2)，输出{1,3,4,5,6}
|	并集：包含所有元素的集合	s1|s2，输出{1,2,3,4,5,6,7,8}
&	交集：两个集合都有的元素	s1&s2，输出{4,5,6}
-	差集：出现在 s1 而不在 s2 的元素	s1-s2，输出{1,2,3}
^	对称差：共同元素之外的元素	s1^s2，输出{1,2,3,7,8}

9.2.9　Dictionary（字典）

字典是一个用“key”来索引数据的集合，可以存放任意数据类型的数据，它的字面量是{key：value}。字典的元素用逗号分隔，每个元素的 key 必须是唯一的，且不可变，key 可以由数字、字符串、元组充当，而 value 不必唯一，并且可以是任意数据类型的。可以通过“{}”来创建一个空字典，也可以用内置函数 dict()创建。字典常用操作符及内置函数如表 9-2-13 所示。

表 9-2-13　字典常用操作符及内置函数

操作符及内置函数	作用说明	实例 a={'语文':95,'数学':100}	积木块	位置
{}	创建空字典	—		“列表”
Dictionaryname[key]=value	给字典添加元素或者修改字典元素	a['化学']=96 输出{'语文':95,'数学':100,'化学':96}		“列表”
len(Dictionaryname)	字典的长度	len(a) 输出 2		“列表”
del Dictionaryname[key]	删除字典中的某个元素	del a['语文'] 输出{'数学':100}	—	—

续表

操作符及内置函数	作用说明	实例 a={'语文':95,'数学':100}	积木块	位置
Dictionaryname.clear()	清空字典元素	a.clear() 输出{}		“列表”
Dictionaryname.keys()	获取字典的“key”序列	a.keys() 输出['语文','数学']		“列表”
Dictionaryname.values()	获取字典的“value”序列	a.values() 输出[95,100]		“列表”

9.2.10 程序设计的基本结构

计算机程序主要有三种结构：Sequence（顺序）、Repetition（循环）和 Decision（分支）。

1. Sequence（顺序）结构

顺序结构：程序按照出现的先后顺序执行，如图 9-2-4 所示。

2. Repetition（循环）结构

循环结构：程序反复执行某个操作，直到某条件成立时终止循环。Python 中的循环有两种：while 循环和 for 循环，其流程图如图 9-2-5 所示。

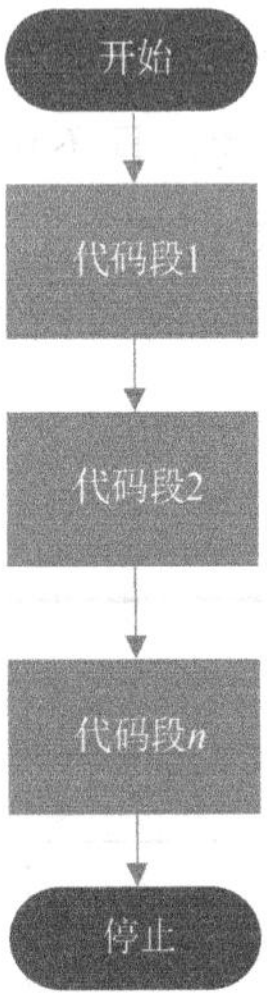

图 9-2-4 顺序结构流程图

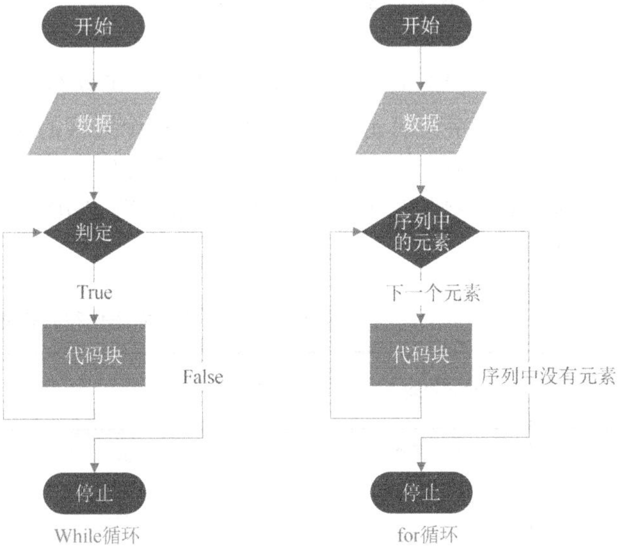

图 9-2-5 循环结构流程图

while 循环中可以通过设置条件表达式永远为 True 来实现无限循环。Python 中的 for 循环可以遍历任何可迭代对象，例如一个列表或者字符串，如果要遍历数字序列，可以使用内置函数 range()，它会生成数列。break 语句用来跳出 for 循环和 while 循环，continue 语句用来跳过当前循环块中的剩余语句，然后继续进行下一轮循环。循环结构语法格式如表 9-2-14 所示。

表 9-2-14　循环结构语法格式

	语法格式	积木块
while 循环	while 判断条件： 　执行语句	
无限循环	while True： 　执行语句	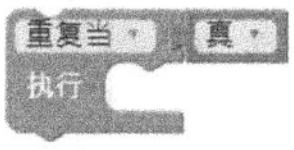
for 循环	for <variable> in <sequence>: <statements>	
range()	range(stop) range(start,stop) range(start,stop,step)	
中断循环	break	
继续循环	continue	

3．Decision（分支）结构

分支结构：根据某一特定条件选择其中的一个分支执行，分支结构流程图如图 9-2-6 所示，其语法格式如表 9-2-15 所示。

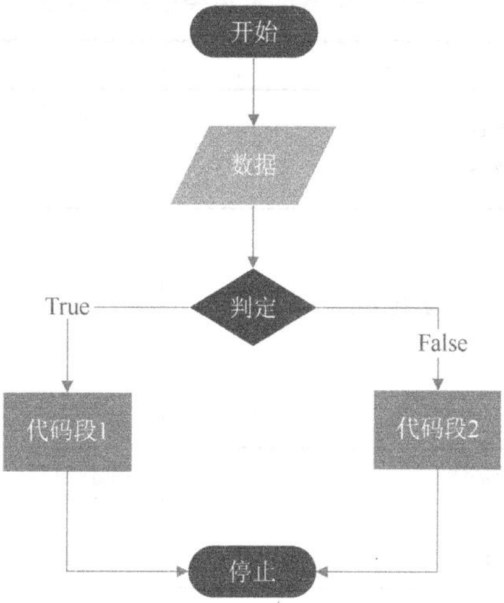

图 9-2-6　分支结构流程图

表 9-2-15　分支结构语法格式

	语法格式	积木块
基本条件语句	if 条件： 　语句块 1	
有分支的条件语句	if 条件： 　语句块 1 else： 　语句块 2	

续表

	语法格式	积木块

连缀的
if-elif-else
	if 条件 1:
	语句块 1
	elif 条件 2:
	语句块 2
	...
	elif 条件 *n*:
	语句块 *n*
	else:
	语句块 *n*+1
		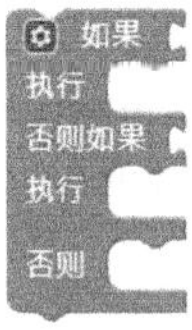

9.2.11 函数（Function）

函数是可重复使用的，用来实现一定功能的代码段。Python 有很多内置函数，用户也可以自定义函数。函数代码块以关键词 def 开头，后面是函数名和“()”，传入的参数和自变量放在“()”里面，函数内容以“:”开始，并且缩进，其一般格式如表 9-2-16 所示。如果函数带返回值，则以 return[表达式]结束，如果 return 不带表达式，相当于返回 None。

表 9-2-16 函数的常见类型及一般格式

函数的类型	格式	积木块
不带参数和返回值的函数	def 函数名(): 函数体	
带参数、不带返回值的函数	def 函数名(参数列表): 函数体	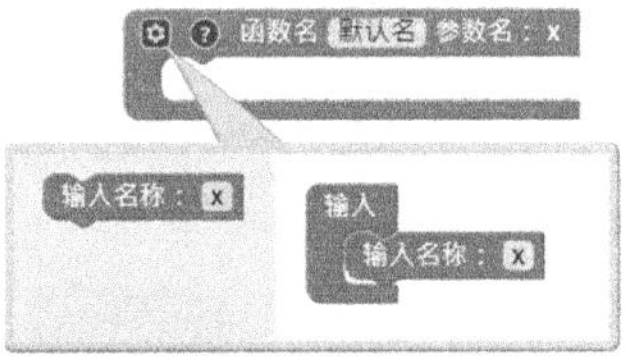
不带参数、带返回值的函数	def 函数名(): 函数体 return[表达式]	
带参数和返回值的函数	def 函数名(参数列表): 函数体 return[表达式]	
函数的调用	函数名(参数列表)	

9.2.12 多线程

Python 3 中多线程类似于同时执行多个不同的程序，使用线程可以把运行时间长的任务放到后台去处理。线程不能独立运行，由应用程序控制线程的执行。先为线程定义一个函数，再通过调用_thread 模块中的 start_new_thread()函数来产生新的线程。线程的建立与终止语法格式如表 9-2-17 所示。

表 9-2-17　线程的建立与终止语法格式

	格式	积木块
建立新线程	_thread.start_new_thread（线程函数，参数）	
终止线程	_stop()	

9.3 GPIO 口的使用

9.3.1 GPIO 口

GPIO（General Purpose Input/Output，通用输入/输出）口，可以用于输入，也可以用于输出，或者用于输入/输出，有的引脚可以实现 PWM（Pulse Width Modulation，脉冲宽度调制）功能。Raspberry Pi 4 Model B 引脚可承受的电压为 3.3V，超过这个电压会损坏树莓派。

9.3.2 流水灯

如果希望实现扩展板上分别接在 GPIO5、GPIO6、GPIO12、GPIO16 上的四个小灯依次亮灭，可以如图 9-3-1 这样来实现。

如果要控制的小灯很多，这样书写的程序就会冗长，每个小灯完成的事情都是一样的，计算机就特别擅长处理一些简单而重复的工作，我们可以用循环来实现。但是小灯的端口号是无序的，我们可以把端口号放到有序的容器——列表中去，然后利用列表的遍历来实现，如图 9-3-2 所示。（“基础”里的积木块与的作用一样）

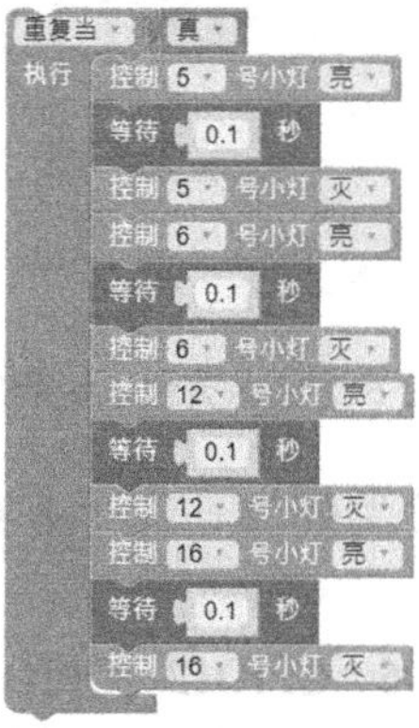

图 9-3-1　流水灯积木块程序（方法 1）

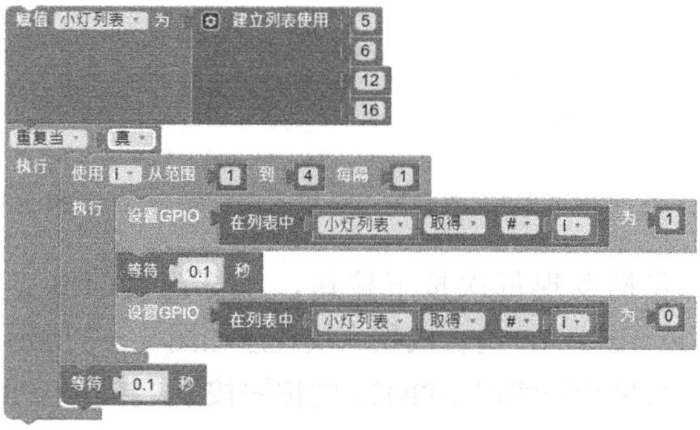

图 9-3-2　流水灯积木块程序（方法 2）

这个地方需要注意的是，列表遍历的位置是从[1,4]而不是[0,3]开始的，是由于积木块封装的时候做了+1 处理。

9.3.3 按钮控制小灯

在 9.1 节，我们介绍了扩展板的硬件资源及接口，它集成了两个按钮，分别接在 GPIO25、GPIO26（见图 9-1-11）上，其电路连接方式如图 9-3-3 所示，由图可知，当按钮弹起时，端口电压为 0，当按钮按下时端口电压为电阻上的分压（$\approx V_{CC}$），即按钮弹起时，端口为低电平，按钮按下时，端口为高电平。

我们通过检测 GPIO25 上的电平状态来控制接在 GPIO5 上的小灯，按钮按下时小灯亮起，按钮弹起时小灯熄灭，在“智能硬件→常用”中找到按钮检测的相应积木块并组合语句，如图 9-3-4 所示，单击“运行”按钮，会发现实现了上述功能。

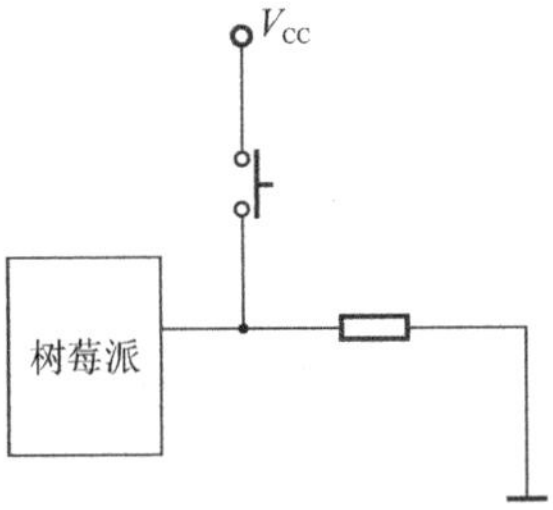

图 9-3-3 扩展板按钮连接电路图

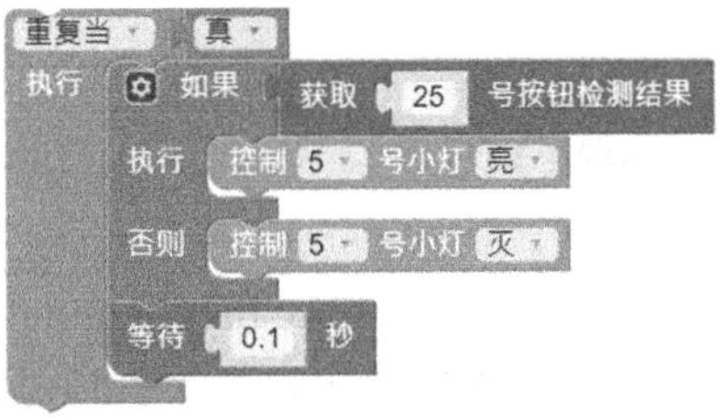

图 9-3-4 按钮控制小灯亮灭积木块程序

如果我们希望增加一个按钮，实现一个双联控的小灯（两个按钮控制同一个小灯的亮灭），可以增加对 GPIO26 上电平状态的检测，两个按钮任意一个按下都可以点亮小灯，这个逻辑关系是“或”，组合成积木块程序如图 9-3-5 所示。

如果希望实现 GPIO25 的按钮按下时小灯亮起，再次按下时小灯熄灭，第三次按下时小灯重新亮起……这时候我们需要记录下按钮按下的次数，并判断按下次数的奇偶，奇数次亮起，偶数次熄灭，积木块程序如图 9-3-6 所示。

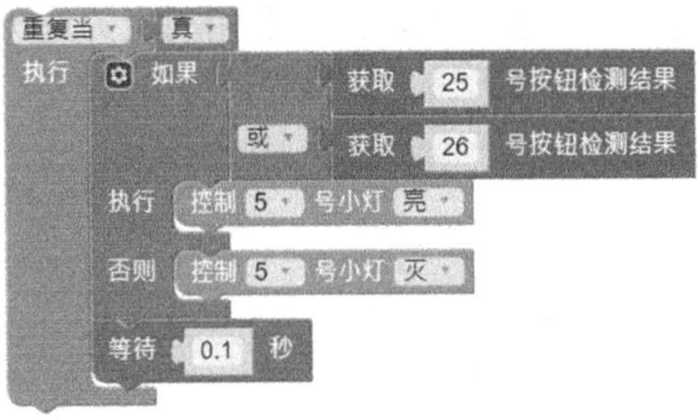

图 9-3-5 双联控小灯积木块程序

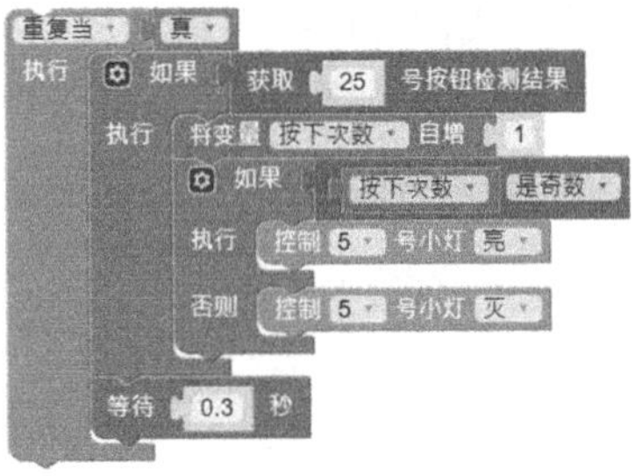

图 9-3-6 按钮按下交替亮灭积木块程序（方法 1）

我们发现每次按下按钮，小灯连接的端口状态都发生翻转，在“基础”里找到 
，组合成积木块程序如图 9-3-7 所示。

如果希望实现 GPIO25 的按钮按下，控制 GPIO5、GPIO6、GPIO12、GPIO16 上的四个小灯依次被点亮。我们需要记录按钮按下的次数，并根据按下的次数对 4 取模（%4）进行分类，每一类点亮一个灯，积木块程序如图 9-3-8 所示。

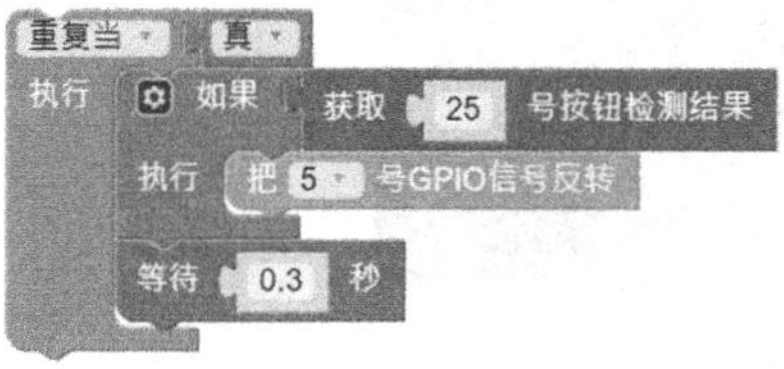

图 9-3-7　按钮按下交替亮灭积木块程序（方法 2）

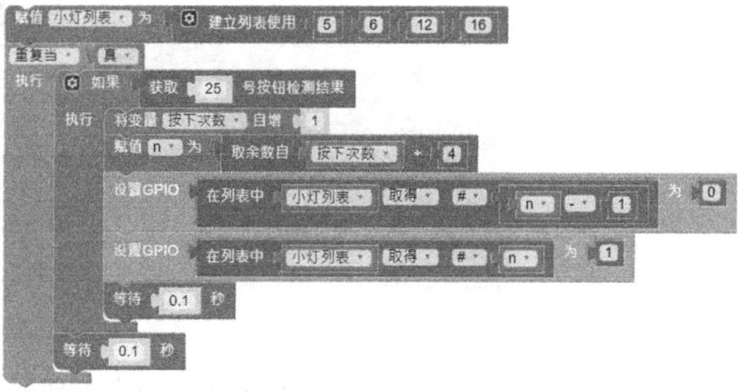

图 9-3-8　按钮按下时小灯依次被点亮积木块程序

9.3.4　数码管

该数码管模块由四位数码管组成，通过 IIC 接口（SDA、SCL、GND、VCC）将 4 位数码管模块与扩展板相连，如图 9-3-9 所示，其基本操作积木块如表 9-3-1 所示。

图 9-3-9　数码管模块与扩展板相连

通过对积木块的参数控制可以在数码管上显示数字及小数点、冒号等。在数码管上显示 1234、12.34 及 12:34，积木块程序分别如图 9-3-10、图 9-3-11、图 9-3-12 所示。

如果要每隔 0.1s 动态显示 9999～0000 的倒计时，则需要在 4 位数码管上显示动态变化的 4 位数，但是每一位数码管只能显示一位整数，所以需要把一个 4 位数转化成为千位、百位、十位、个位的 4 个整数，然后分别在 4 位数码管上显示出来，积木块程序如图 9-3-13 所示。

表 9-3-1　数码管基本操作积木块

 0号 1号 2号 3号	
设置亮度	 设置 0 号数码管的亮度为 1
数码管显示字形	 设置 0 号数码管显示 1 ，并显示点 0
关闭数码管	 关闭第 0 号数码管

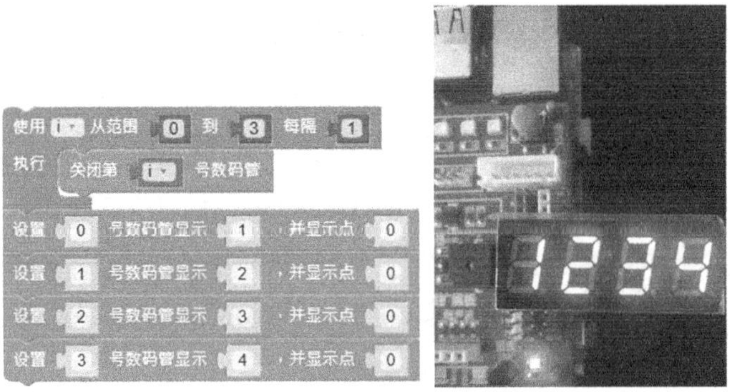

图 9-3-10　数码管显示 1234

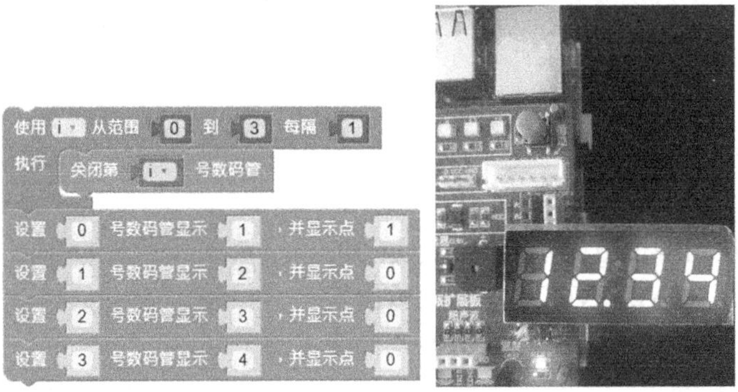

图 9-3-11　数码管显示 12.34

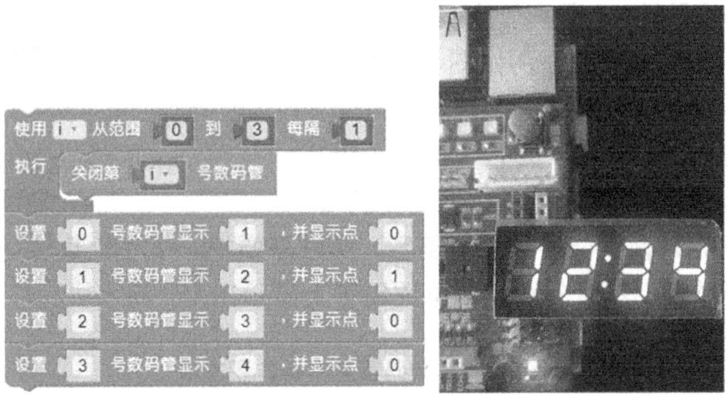

图 9-3-12　数码管显示 12:34

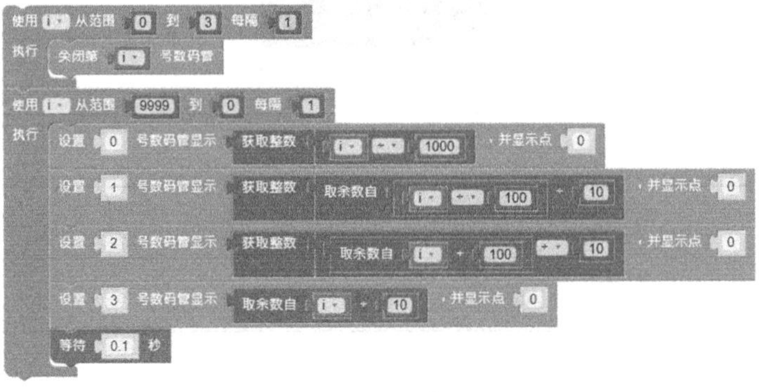

图 9-3-13　数码管显示 9999～0000 的倒计时积木块程序

9.3.5 定时时钟

Python 用函数 time.time()来获取当前时间戳，每个时间戳都以从格林威治时间 1970 年 01 月 01 日 00 时 00 分 00 秒至当前经过多少时间来表示，通过 time 模块下函数可以转换常见日期格式，编程平台相关积木块存放在“时间”中。

获取当前的“时”和“分”，并分别显示在数码管的 0、1 号位及 2、3 号位，并设定“定时时间”，定时时间（15:16）到，GPIO5 的小灯开始闪烁，积木块程序分别如图 9-3-14 所示。

9.3.6 PWM

PWM（Pulse Width Modulation，脉冲宽度调制）是一种对模拟信号电平进行数字编码的方法。Raspberry Pi 4 Model B 上有两个 PWM 通道（PWM0、PWM1），对应着 4 个 GPIO 口（GPIO12、GPIO13、GPIO18、GPIO19），能够通过配置成 PWM 引脚去控制外部设备。

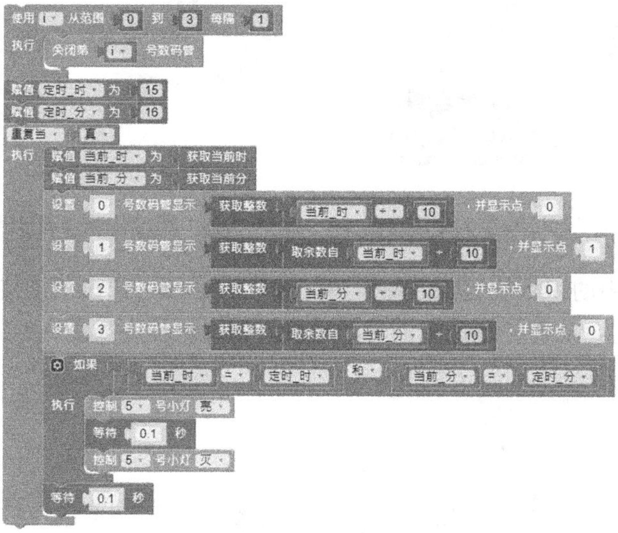

图 9-3-14 定时时钟积木块程序

另外，可以通过软件模拟的方法实现任意 GPIO 口的 PWM 工作方式。可以在编程平台“基础”中找到相关积木块（当鼠标指针放置在积木块上时，会有参数配置的相关提示），来调整 PWM 波的占空比（一个周期内高电平时间与周期的比值），如图 9-3-15 所示。

图 9-3-15 GPIO 口输出 PWM 波的占空比积木块程序

9.3.7 呼吸灯

改变 GPIO5 上的 PWM 参数，小灯的亮度会发生变化，数值在[0,3000]逐渐增加，小灯由暗变亮，如图 9-3-16 所示。

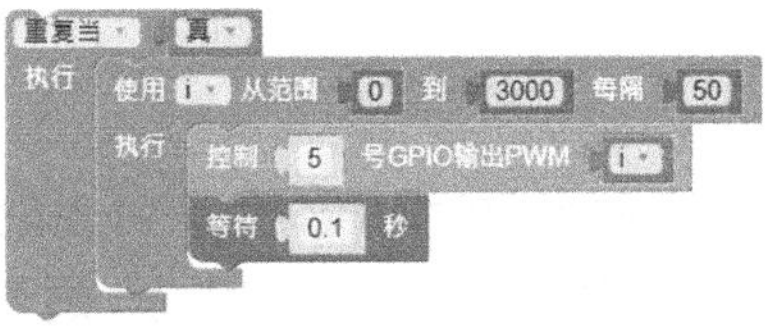

图 9-3-16　呼吸灯积木块程序

9.3.8　温控风扇

将小风扇接在 GPIO18 上，如图 9-3-17 所示。由图 9-1-11 知，扩展板上集成了一个温度传感器（DS18B20），通过 ADC 的 A3 通道输出数字量，通过“基础”里的积木块输出调试信息，观察输出数据的类型，如图 9-3-18 所示。可知数据为当前温度×100 的整数（26.69℃输出 2669），将该数据在数码管上显示出来，并添加点显示为小数。

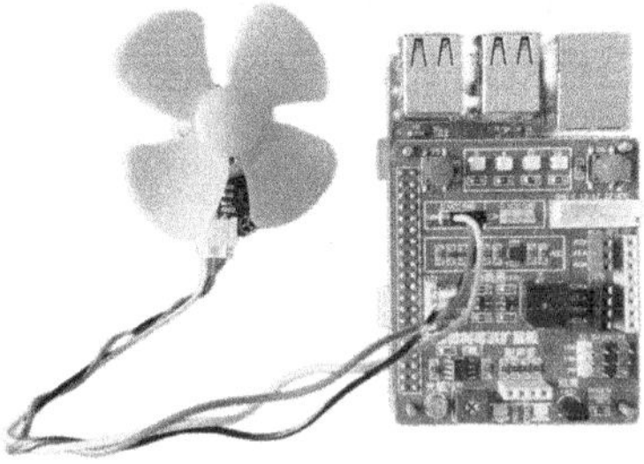

图 9-3-17　树莓派扩展板与小风扇连接图

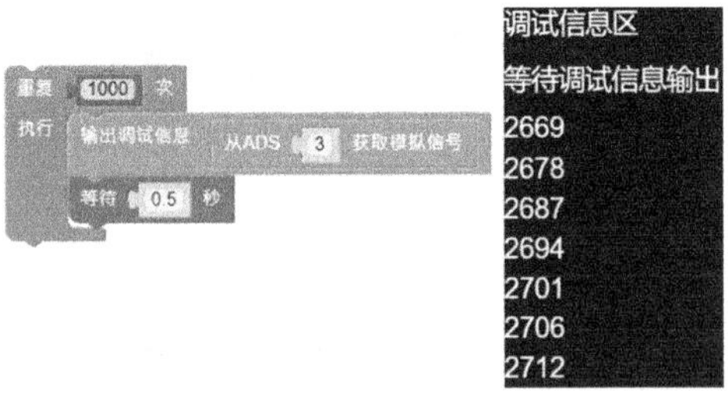

图 9-3-18　温度传感器通过 ADC 输出调试信息

利用“数学”中的积木块，通过温度值来控制 GPIO18 的 PWM 波的占空比值，从而控制风扇的转动速度，积木块程序如图 9-3-19 所示。

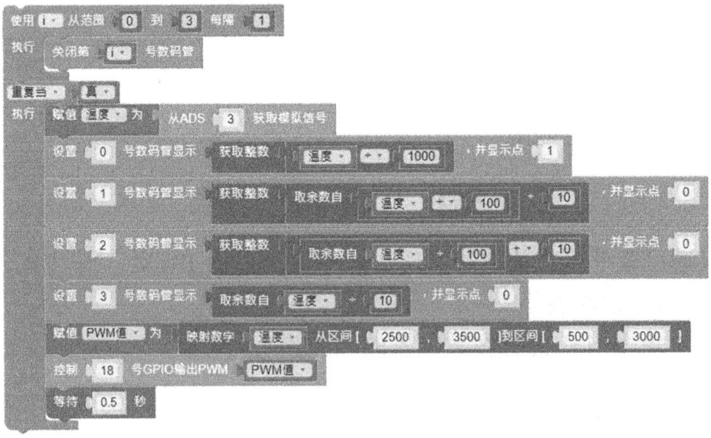

图 9-3-19　温控风扇积木块程序

9.3.9　舵机

舵机是一种位置（角度）伺服的驱动器，适用于那些需要角度不断变化并可以保持的控制系统。按角度变化范围，舵机可分为 180° 舵机和 360° 舵机等。对于 180° 舵机，通过调节输出 PWM 波的占空比，可以调节舵机转动的角度，如图 9-3-20 所示。对于 360°舵机，调节输出 PWM 波的占空比，可以调节舵机转动的方向及速度，如图 9-3-21 所示。

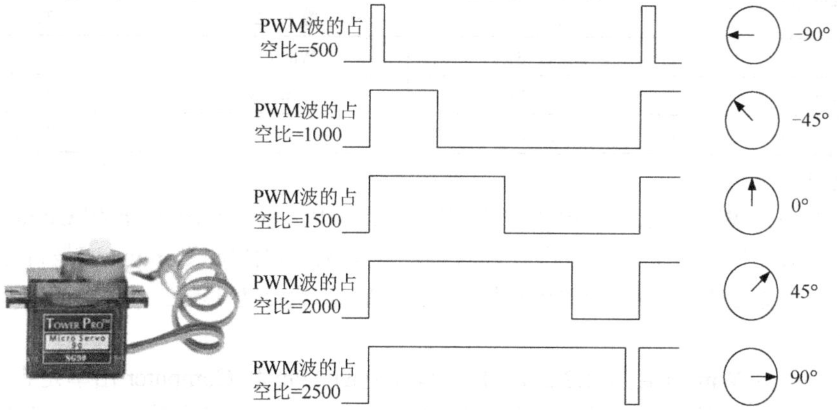

图 9-3-20　180° 舵机输出 PWM 波的占空比与舵机转动的角度

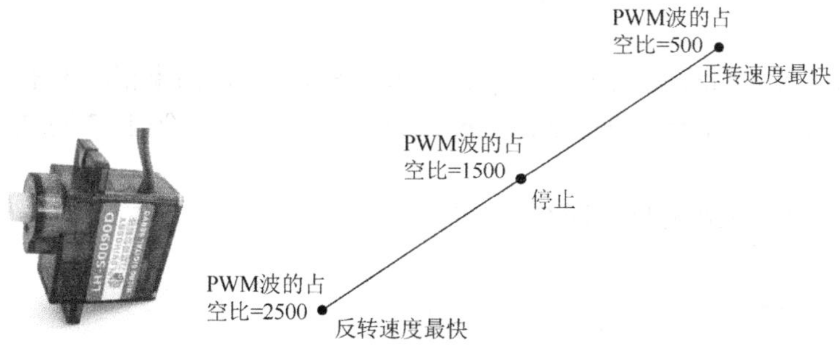

图 9-3-21　360° 舵机输出 PWM 波的占空比与舵机转动的方向及速度

9.3.10　"石头&剪子&布"游戏设计

"石头&剪子&布"是我们生活中常见的一个小游戏，其规则为：石头（Rock）>剪子（Scissors）；剪子（Scissors）>布（Paper）；布（Paper）>石头（Rock），判决结果为赢（Win）、输（Lost）、平（Draw）。我们分配两个玩家：人（Man）和树莓派（Computer），人（Man）通过三个按钮（GPIO25、GPIO26、GPIO21）来进行拳型的输出，Computer（树莓派）从三种拳型中随机产生拳型，按照上述规则设计不同的判决算法来实现结果的判别，设计框图如图 9-3-22 所示。

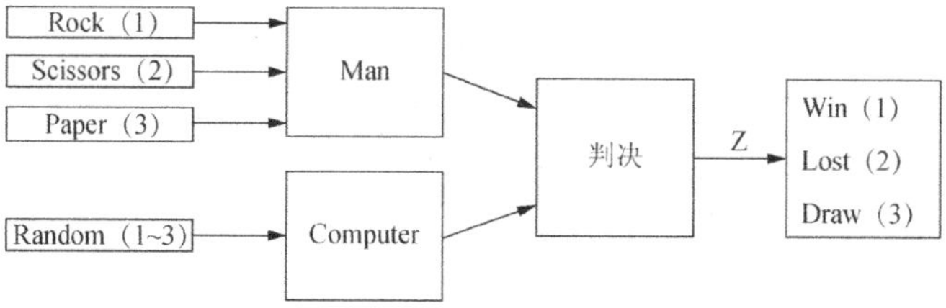

图 9-3-22　"石头&剪子&布"游戏设计框图

判决算法 1：

枚举出所有的出拳情况（9 种情况），然后逐一进行判决结果（见表 9-3-2）的输出。

表 9-3-2 所有出拳情况的判决结果

Computer 出拳情况	Man 出拳情况		
	石头（1）	剪子（2）	布 （3）
石头（1）	Draw（3）	Win（1）	Lost（3）
剪子（2）	Lost（3）	Draw（3）	Win（1）
布 （3）	Win（1）	Lost（3）	Draw（3）

判决算法 2：

建立判决为 Win 的出拳情况列表[[1,2],[2,3],[3,1]]。首先判断 Man 和 Computer 出拳是否相同，如果相同为平局，如果不同则查询出拳情况列表[Man,Computer]是否是 Win 列表中的元素，如果是 Win 列表中的元素则判决为 Win，否则为 Lost。

判决算法 3：

建立判决为 Win 的字典{1:2,2:3,3:1}。首先判断 Man 和 Computer 出拳是否相同，如果相同为平局，如果不同则在判决字典中用 Man 作为 key 查询对应的 value 是否与 Computer 出拳情况相同，即“判决字典[Man]？=Computer”，如果相同则判决为 Win，否则为 Lost。

判决算法 4：

用代数法，首先判断 Man 和 Computer 出拳是否相同，如果相同为平局，如果不同则用 Man-Computer 对 3 取模，即(Man-Computer)%3 ?=−2，如果等于−2 则判决为 Win，否则为 Lost。

4 种判决算法积木块程序如图 9-3-23 所示。

图 9-3-23 “石头&剪子&布”游戏 4 种判决算法积木块程序

9.4　Sensehat 的应用

9.4.1　Sensehat

Sensehat 是一个树莓派扩展板，它有 1 个 8×8 的 RGB LED 矩阵屏、1 个遥控杆，还集成有陀螺仪（±245/500/2000°/s）、加速计（±-2/4/8/16 g）、磁传感器（±4/8/12/16 Oe）、温度传感器（0～65℃）、相对湿度传感器、气压计（26 kPa～126 kPa）等传感器，如图 9-4-1 所示，常用积木块如表 9-4-1 所示。

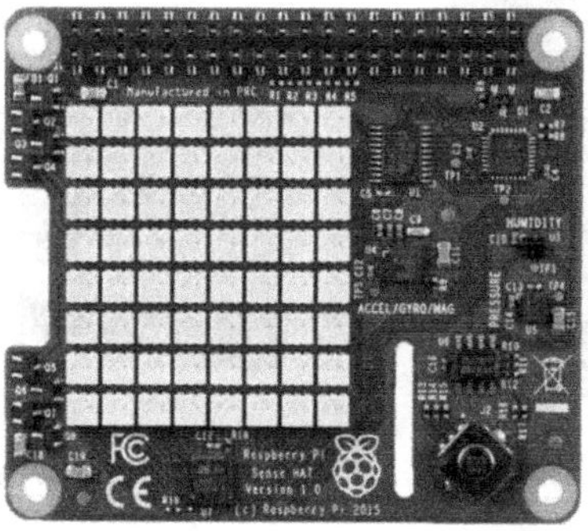

图 9-4-1　Sensehat 扩展板

表 9-4-1　Sensehat 常用积木块

功能介绍	积木块	位置
熄灭点阵屏	熄灭点阵屏	“智能硬件-Sensehat”
在点阵屏上显示单个字符	以 颜色 红色 50 绿色 50 蓝色 50 颜色显示字符 Y	
在点阵屏上显示字符串	以 颜色 红色 50 绿色 50 蓝色 50 颜色显示字符串 Hello	
在点阵屏上点亮一个点	以 颜色 红色 50 绿色 50 蓝色 50 颜色显示第 3 行第 3 列的点	
获取加速计的值[-1,1]，水平时为 0	获得加速计X轴数据 获得加速计Y轴数据 获得加速计Z轴数据	
获得相关传感器的值	获得温度 获得湿度 获得大气压强	
获取遥控杆的方向及动作	等待遥控杆操作 从 获取遥控杆 方向 从 获取遥控杆 动作	
常用颜色列表	颜色	“列表”

9.4.2 点阵屏

Sensehat 集成了一个 8×8 的 RGB LED 矩阵屏，通过相关积木块可以点亮一个点、一个字符及一个字符串，并且可通过调节颜色参数（0～255）来改变颜色，也可以在“列表”中找到相关色块，直接修改显示的颜色。矩阵屏 LED 的坐标如图 9-4-2 所示。

用红色显示 LED 矩阵屏最外面一圈 LED，积木块程序如图 9-4-3 所示。

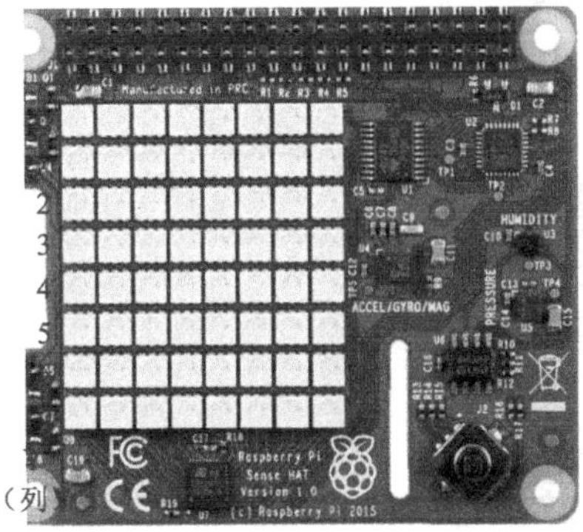

图 9-4-2 矩阵屏 LED 的坐标

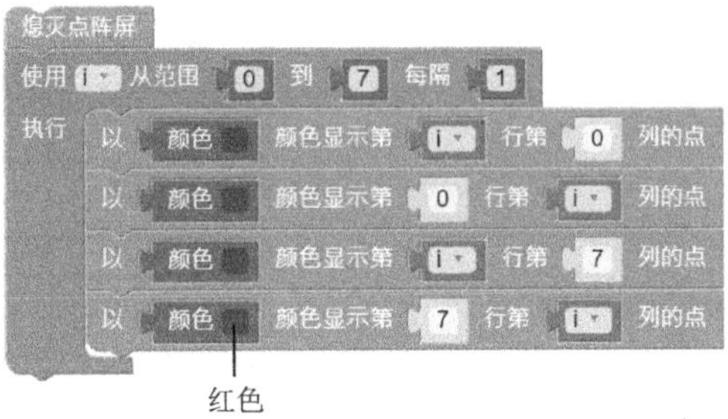

图 9-4-3 用红色显示矩阵屏最外面一圈 LED 积木块程序

9.4.3 遥控杆

Sensehat 右下角集成了 1 个遥控杆，遥控杆可以对上、下、左、右、按下 5 个动作进行控制，通过相关积木块可以返回对应的字符串（“up”“down”“left”“right”“middle”），如图 9-4-4 所示。

图 9-4-4 Sensehat 遥控杆动作对应字符串

9.4.4 “移动”一个点

通过遥控杆来控制矩阵屏的一个 LED“移动”。要“移动”一个 LED，本质是获取遥控杆的方向，熄灭之前的 LED，重新点亮一个新的点，新点亮的点的方位与遥控杆的方向要保持一致。如果要将一个点从黄色位置移动到蓝色位置，只需要熄灭黄色位置的点，重新点亮蓝色位置的点，这样这个点看起来就“移动”起来了。假定初始点亮的 LED 坐标为（X=3，Y=3）①，遥控杆向上，需要点亮的 LED 坐标变为（X=3，Y−1=2）；遥控杆向下，

① 为了与界面图对应且保持一致，X、Y 保留正体写法。

需要点亮的 LED 坐标变为（3，Y+1=4）；遥控杆向左，需要点亮的 LED 坐标变为（X−1=2，3）；遥控杆向右，需要点亮的 LED 坐标变为（X+1=4，3），如图 9-4-5 所示。

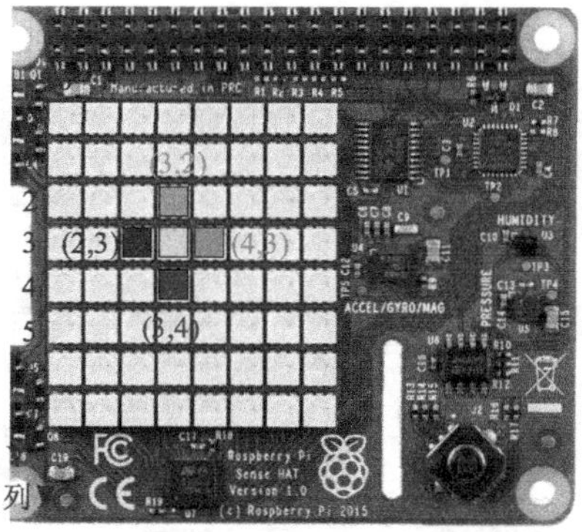

图 9-4-5　“移动”一个点时其坐标变化情况

为了防止“移动”到外面，也就是 LED 坐标越界，需要把“移动”完的 LED 坐标限定在[0,7]内，可以通过“数学”里的积木块实现，积木块程序如图 9-4-6 所示。

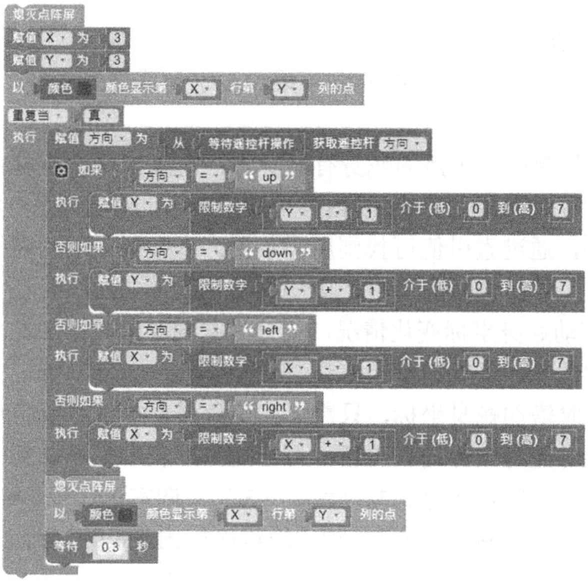

图 9-4-6　“移动”一个点积木块程序

9.4.5　“贪吃蛇”游戏设计

“贪吃蛇”这个小游戏通过控制蛇身的移动去吃苹果，吃完一个苹果，蛇身长度就自动增加，一个新的苹果又会重新出现。

如果要在 Sensehat LED 矩阵屏上实现，我们假定一个初始点为蛇身，坐标为（蛇身 X=3，蛇身 Y=3），图 9-4-6 所示的程序就是蛇身移动的程序。我们先实现蛇吃苹果的程序（假定蛇吃苹果，蛇身长度不增加），苹果位置随机出现，移动蛇身，当蛇身遇到苹果，即

（蛇身 X=苹果 X&蛇身 Y=苹果 Y），则苹果重新产生。蛇身用绿色显示，苹果用红色显示，积木块程序如图 9-4-7 所示。

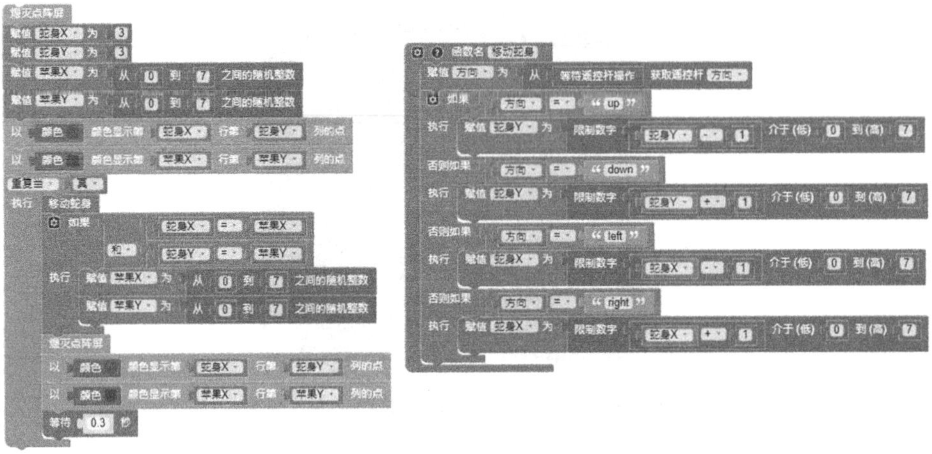

图 9-4-7　吃苹果蛇身长度不增加的贪吃蛇积木块程序

接下来我们考虑如何让贪吃蛇吃苹果增加蛇身长度，如果要增加蛇身的长度就需要解决以下几个问题：

① 蛇身坐标的储存。

② 蛇身移动时坐标的变化，包括吃到苹果和没吃到苹果的情况。

③ 蛇身的刷新显示。

第 1 个问题，最简单的一个点的蛇身有蛇身 X、蛇身 Y 两个坐标需要保存，每增加一个点就多两个坐标需要保存，根据 9.2 节内容可知字符串、列表都是一种序列，可以储存数据并且按顺序排列好，通过索引值可找到所需数据。本案例采用列表的方式来储存、提取数据。

第 2 个问题，移动蛇身坐标变化情况，又分为吃到苹果时增加蛇身坐标及没吃到苹果时蛇身坐标更新两种情况。

如果是吃到苹果时增加蛇身坐标，只需要在蛇身列表中添加新的元素即可。

如果没吃到苹果时蛇身坐标需要更新，可在蛇身列表中先添加新的坐标元素，然后丢掉第一个点的坐标即可。假定蛇身初始位置在（3,3），向右走一步，蛇身位置变为（4,3），蛇身列表元素变化情况如图 9-4-8 所示，积木块程序如图 9-4-9 所示。

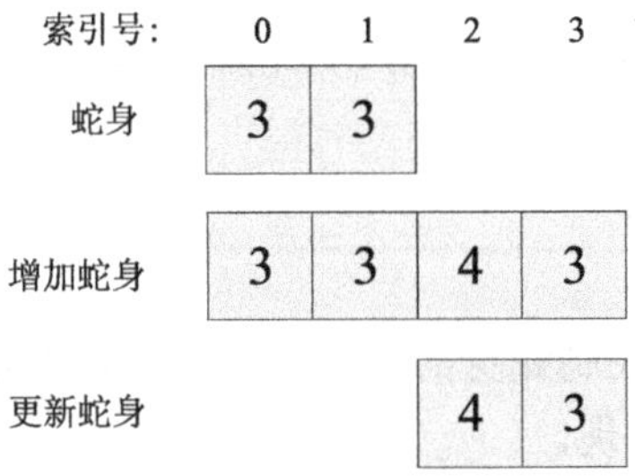

图 9-4-8　蛇身列表元素变化情况

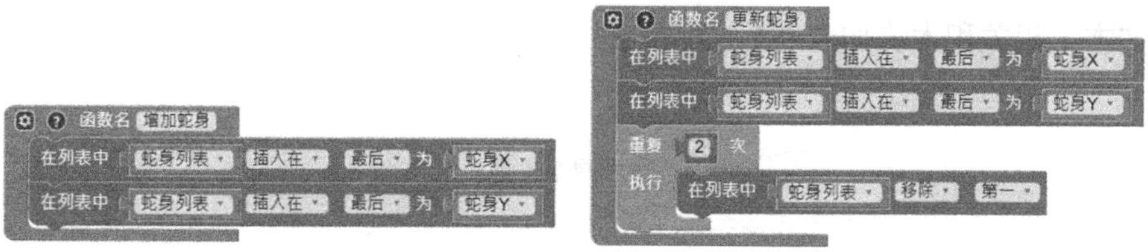

图 9-4-9　增加蛇身及更新蛇身函数积木块程序

第 3 个问题，蛇身每移动一步，蛇身坐标都会发生变化，需要刷新显示。问题就变为如何从蛇身列表中提取坐标元素并一一显示。每个点都有两个坐标储存在蛇身列表中，需要一一把它们提取出来并显示，可通过循环实现，积木块程序如图 9-4-10 所示。

把蛇身及苹果起始位置的显示，以及蛇身列表的建立放在初始化函数里，积木块程序如图 9-4-11 所示。

吃苹果增加蛇身长度的贪吃蛇完整程序如图 9-4-12 所示。

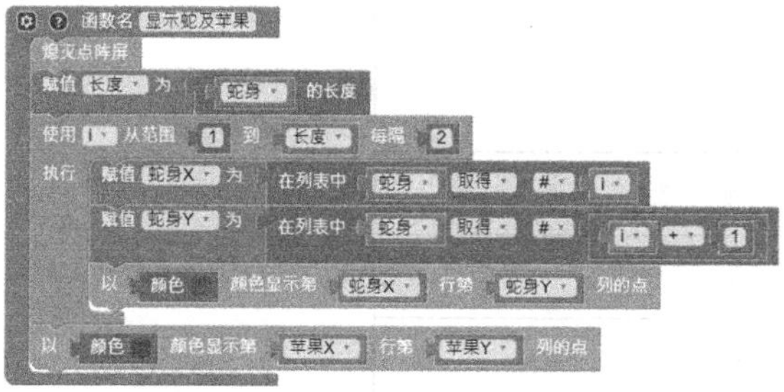

图 9-4-10　从蛇身列表中提取坐标并显示函数积木块程序

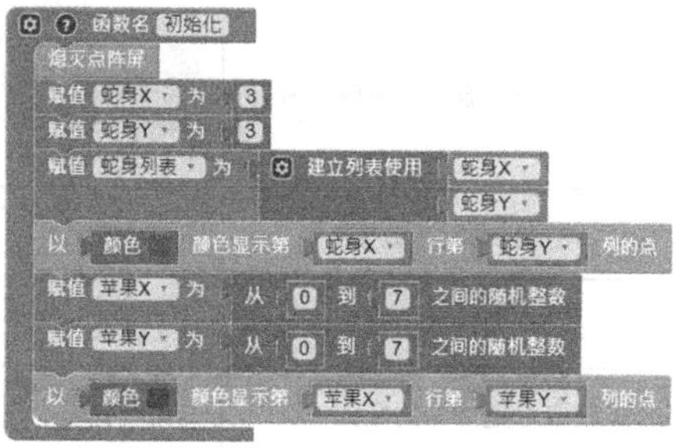

图 9-4-11　初始化函数积木块程序

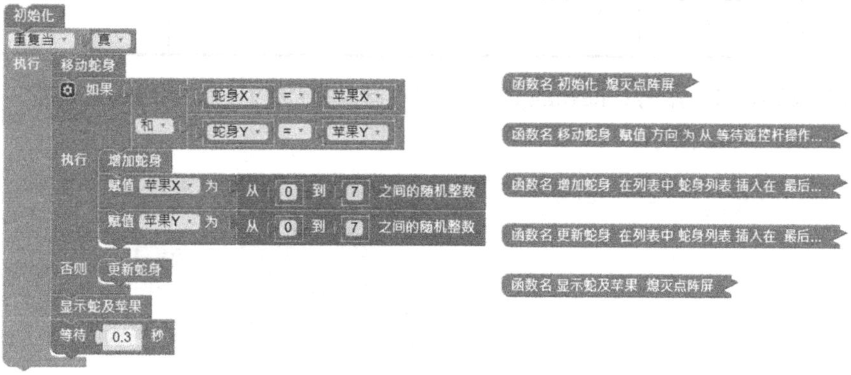

图 9-4-12　增加蛇身长度的贪吃蛇完整程序

9.5　物联网及人工智能应用

9.5.1　物联网数据发送与接收

编程平台使多块树莓派之间通过物联网发送、接收信息，系统框图如图 9-5-1 所示，要求多块树莓派在同一个局域网下，且发送与接收的主题应该保持一致，发送、接收的数据类型为文本，相关积木块如表 9-5-1 所示。

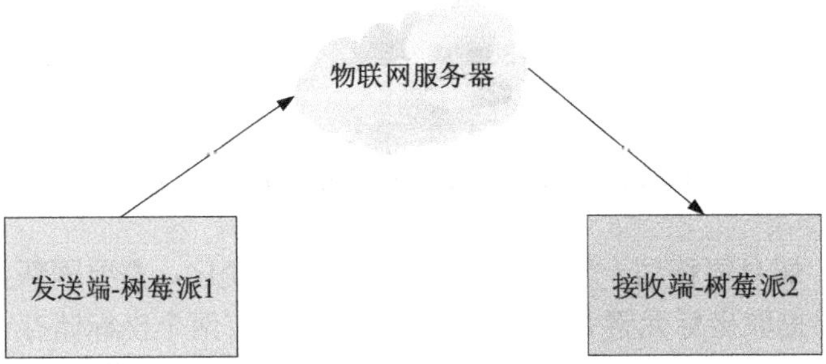

图 9-5-1　物联网发送、接收系统框图

表 9-5-1　Sensehat 相关积木块

功能介绍	积木块	位置
自定义物联网服务器及端口号	设置物联网服务器为 www.gdwrobot.top 端口为 1883 用户名 密码	“物联网→常用”
向接收端发送数据	向 发送主题 “LED” 的数据 “1”	
监听	监听主题 “LED” 并设置初始值 0	
获取主题“”的数据	获取主题 “LED” 的数据	
监听是否收到数据	物联网是否收到新数据	
监听是否收到主题“”数据	是否收到主题 “LED” 的新数据	

发送端-树莓派 1（账号：hexiang01）向接收端-树莓派 2（账号：hexiang02）发送数据积木块程序如图 9-5-2 所示。

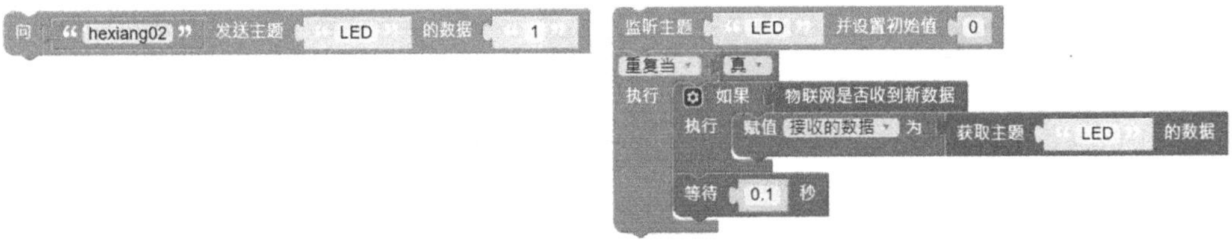

图 9-5-2　发送数据积木块程序

9.5.2　物联网遥控小车

发送端-树莓派 1 连接了上 Sensehat 扩展板，接收端-树莓派 2 通过 GPIO18、GPIO23 连接了两个 360° 舵机作为小车的后驱，驱动小车的移动，小车组装结构图如图 9-5-3 所示。树莓派 1 通过 Sensehat 上的遥控杆向树莓派 2 控制的小车发送不同的信息，进而控制小车前进、后退、左转、右转、拍照。

若两个舵机控制的轮子方向向前且转速一致，则小车前进；若两个舵机控制的轮子方向向后且转速一致，则小车后退；若左轮停止、右轮向前，则小车左转弯；若右轮停止、左轮向前，则小车右转弯。小车控制相关函数如图 9-5-4 所示。

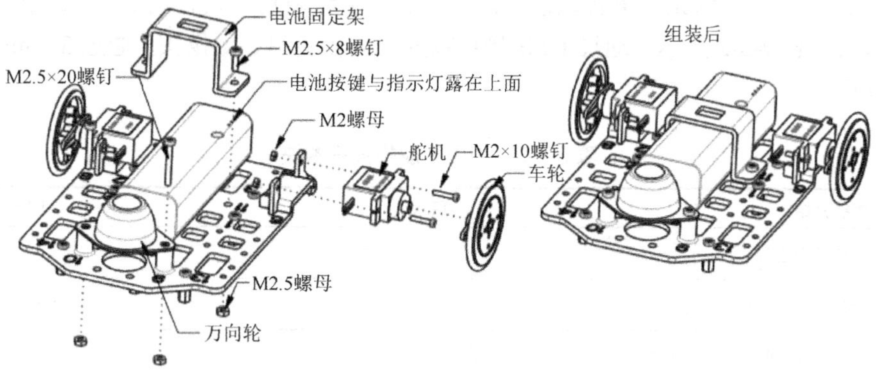

图 9-5-3　小车组装结构图

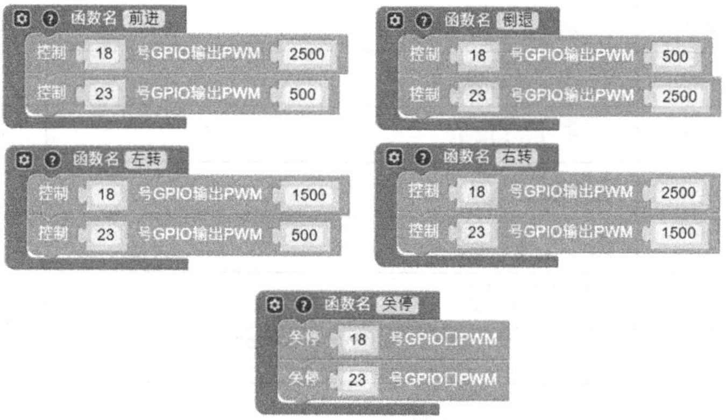

图 9-5-4　小车控制相关函数

物联网遥控小车的积木块程序如图 9-5-5 所示。

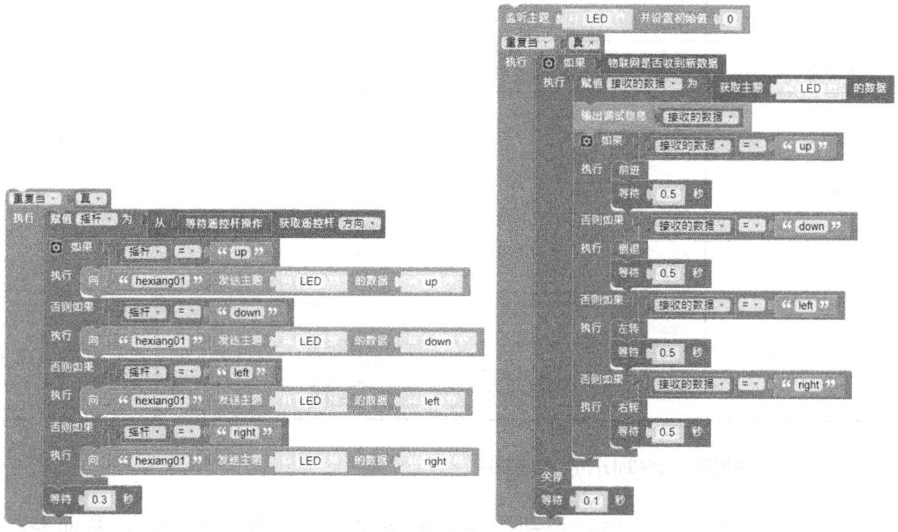

图 9-5-5　物联网遥控小车的积木块程序

9.5.3 人工智能应用

借助百度 AI，可以完成语音识别、语音唤醒、手势识别、人脸识别等人工智能应用，相关积木块如表 9-5-2 所示。通过 USB 接口接入全向麦克风、摄像头，通过 3.5mm 音频接口接入音箱。

表 9-5-2 人工智能相关积木块

功能介绍	积木块	位置
将文字转换为语音	播放语音 "请输入中文字符串"	"人工智能→常用"
文本提问、语音回答	语音回答问题 "杭州天气怎么样？"	
文本提问、文本回答	文本回答问题 "你真帅"	
识别图片中文字	获得图片 的文字信息	"人工智能→文字识别"
识别图片中身份证信息	获得图片 的身份证信息	
识别车牌信息	获取图片 的车牌信息	
识别人脸全部特征信息	获得 的人脸信息	"人工智能→人脸识别"
识别人脸数量	获得人脸数量	
识别年龄	获得第 个人年龄	
识别性别	获得第 个人性别	
识别是否佩戴口罩	检测图片 "/home/pi/imageTemp/facemask.jpg" 中的人是否戴口罩	
识别是否佩戴眼镜	判断第 个人是否戴眼镜	
识别表情类型	获得第 个人 表情	
手势识别	获取图片 "/home/pi/imageTemp/gesture/ok.png" 的手势信息	
把语音转化为文字	把语音 "/home/pi/temp/record.mp3" 转换为文字	"人工智能→语音识别"
采集语音	将 3 秒的语音输入保存到 "/home/pi/temp/record.mp3"	
将文字转换成语音（可调整发音人、语调、语速）	将文字 "请输入中文字符串" 转成语音并保存为文件 "/home/pi/temp/1.mp3" 发音人为 0 语调为 5 语速为 3	
语音唤醒"小度小度"	小度小度关键词语音唤醒，请创建一个Wakeup新函数	
水果、植物、动物识别	对图片 "/home/pi/imageTemp/苹果.jpg" 进行果蔬识别 对图片 "/home/pi/imageTemp/绿萝.jpg" 进行植物识别 对图片 "/home/pi/imageTemp/dog.jpg" 进行动物识别	"人工智能→图像识别"

1. 语音识别关键词，控制小灯的亮灭

通过语音识别积木块进行语音识别，并在识别的文本中查找关键词，从而控制小灯的亮灭，积木块程序如图 9-5-6 所示。

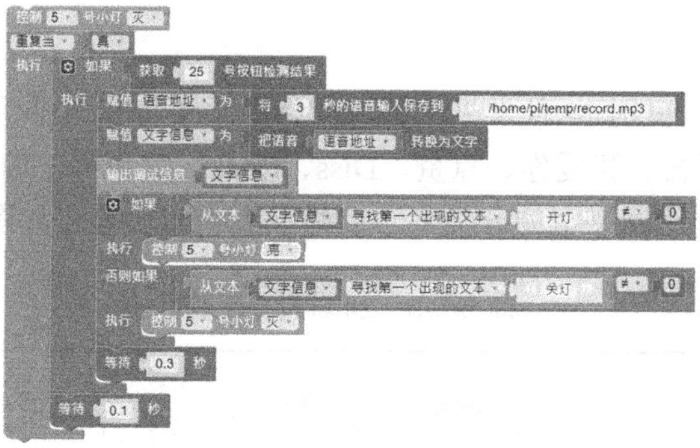

图 9-5-6　语音识别控制小灯亮灭积木块程序

2．语音唤醒，控制小灯的亮灭及查询天气

调用语音唤醒积木块，构造 Wakeup 函数（注意函数名只能是 Wakeup），通过语音“小度小度”唤醒触发执行 Wakeup 函数，Wakeup 函数里通过调用本地存储的声音（“多媒体→音频”）播放本地音频 /home/pi/temp/ding.mp3 作为回应，通过语音识别积木块进行语音识别控制，积木块程序如图 9-5-7 所示。

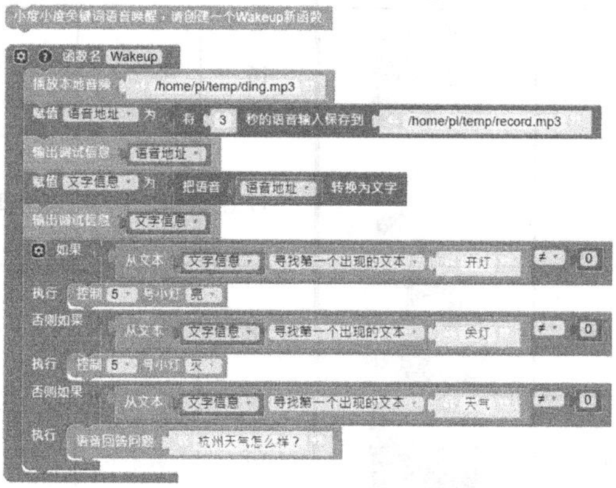

图 9-5-7　语音唤醒积木块程序

3．人脸识别

一张人脸照片，经过百度 AI 分析，可以得到多种人脸属性信息，包括年龄、性别、表情、情绪、口罩、脸型、头部姿态、是否闭眼、是否佩戴眼镜、人脸质量信息及类型等。人脸识别积木块程序如图 9-5-8 所示。

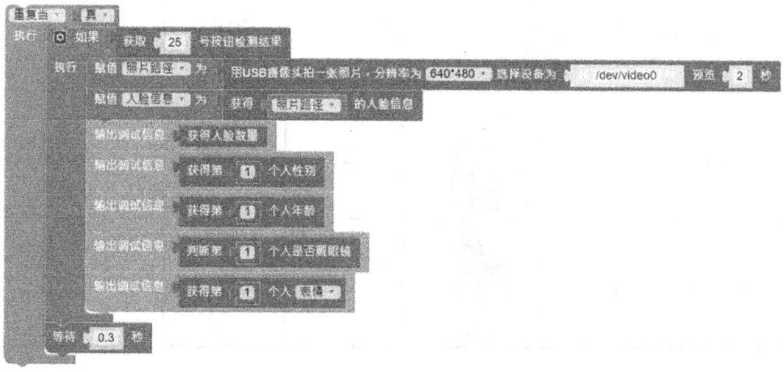

图 9-5-8　人脸识别积木块程序

4．手势识别

借助百度 AI，可以识别 24 种常见手势，支持单手手势和双手手势，包括拳头、OK、比心、作揖、作别、祈祷、我爱你、点赞、Diss、Rock、数字等，如表 9-5-3 所示。通过拍摄照片并识别手型，会返回手型的分类名。手势识别积木块程序如图 9-5-9 所示。

表 9-5-3　24 种常见手势

序号	手势名称	分类名	示例图	序号	手势名称	分类名	示例图
1	数字 1	One		13	双手比心 1	Heart_1	
2	数字 5	Five		14	双手比心 2	Heart_2	
3	拳头	Fist		15	双手比心 3	Heart_3	
4	OK	OK		16	数字 2	Two	
5	祈祷	Prayer		17	数字 3	Three	
6	作揖	Congratulation		18	数字 4	Four	
7	作别	Honour	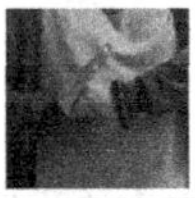	19	数字 6	Six	
8	单手比心	Heart_single		20	数字 7	Seven	
9	点赞	Thumb_up		21	数字 8	Eight	
10	Diss	Thumb_down		22	数字 9	Nine	
11	我爱你	ILY		23	Rock	Rock	
12	掌心向上	Palm_up		24	—	—	—

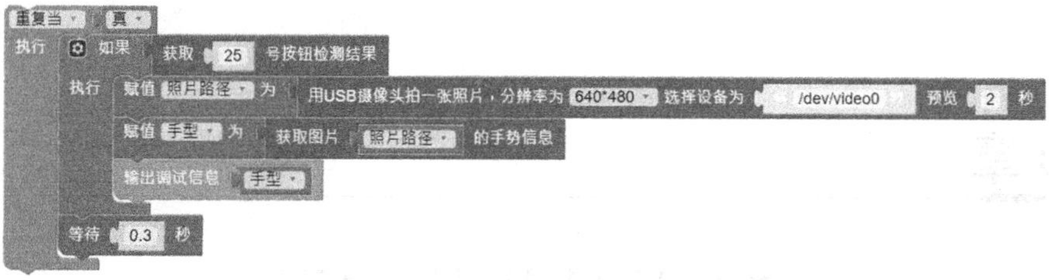

图 9-5-9　手势识别积木块程序

第 10 章

51 单片机的使用

10.1　51 单片机基础知识

10.1.1　STC89xx 系列单片机内部结构及选型

STC89xx 系列单片机是宏晶科技推出的新一代高速、低功耗、超强抗干扰的 8 位单片机，其指令系统与传统 8051 单片机完全兼容，其主要性能指标如表 10-1-1 所示，其内部结构框图如图 10-1-1 所示。

表 10-1-1　STC89xx 系列单片机主要性能指标

项目	性能指标
工作电压	5.5～3.3V（5V 单片机），3.6～2.0V（3V 单片机）
工作频率	0～40MHz
程序存储空间	片内集成 4KB/8KB/16KB/32KB Flash 并可外扩至 64KB
RAM	片内集成 1280B/512B 并可外扩至 64KB
通用 I/O 口	最多 39 个可编程 I/O 口：P0、P1、P2、P3 为 8 位准双向口。PLCC-44 和 LQFP-44 封装有 P4 口
编程下载方式	ISP、IAP
定时/计数器	3 个 16 位的定时/计数器
中断	8 个中断向量、4 级中断优先级
串口	一个增强型串口，具有硬件地址识别、帧错误检测功能，自带波特率发生器
看门狗	15 位看门狗定时器
复位电路	专用上电复位电路（MAX810）
电源管理	三种电源管理模式：正常模式、空闲模式和断电模式
封装形式	PQFP-44、LQFP-44、PDIP-40、PLCC-44

STC89xx 系列单片机的命名规则如图 10-1-2 所示，其选型表如表 10-1-2 所示，其 PDIP-40 封装引脚图如图 10-1-3 所示，各引脚定义如表 10-1-3 所示。

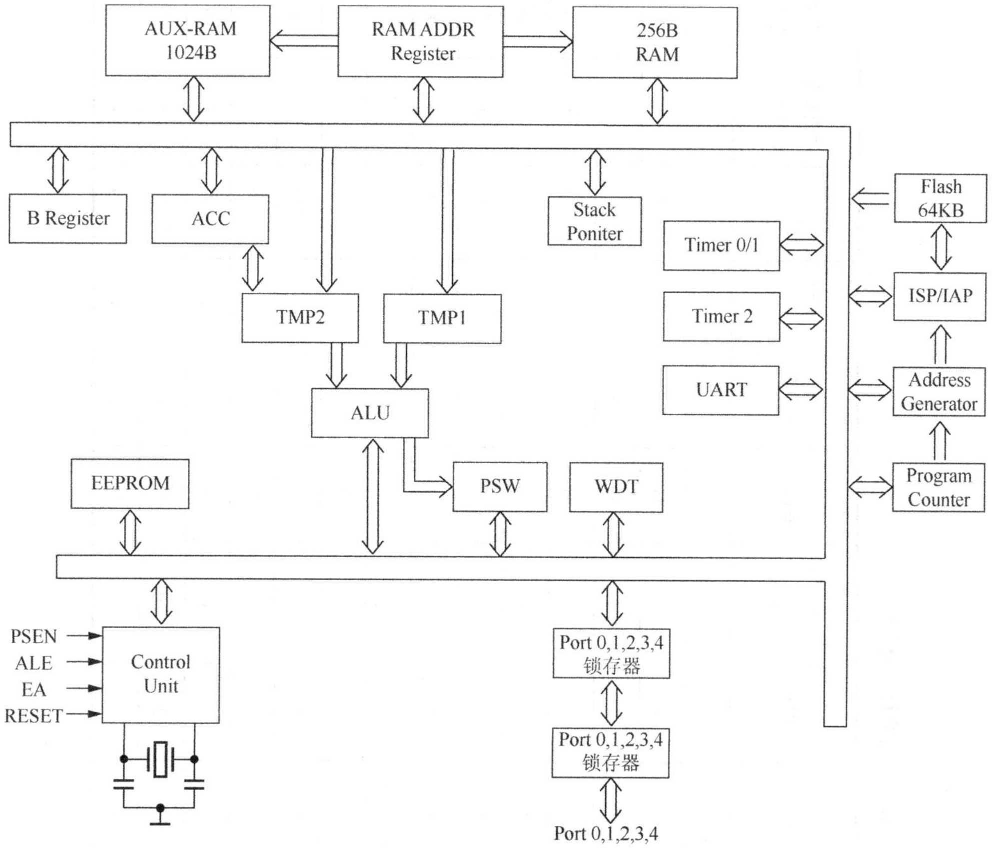

图 10-1-1　STC89xx 系列单片机内部结构框图

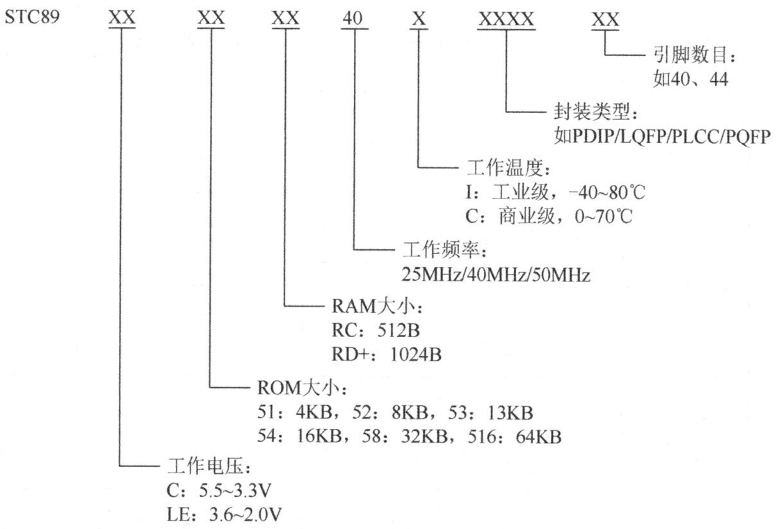

图 10-1-2　STC89xx 系列单片机的命名规则

表 10-1-2 STC89xx 系列单片机选型表

型号	工作电压（V）	时钟频率（MHz）		Flash（KB）	SRAM（B）	定时/计数器	UART	DPTR	EEPROM（KB）	看门狗	中断源	中断优先级	I/O	掉电唤醒外部中断	内置复位
		5V	3V												
STC89C/LE51RC 系列															
STC89C51RC	5.5～3.3	0～80		4	512	3	1	2	4	有	8	4	35/39	4	有
STC89C52RC	5.5～3.3	0～80		8	512	3	1	2	4	有	8	4	35/39	4	有
STC89C53RC	5.5～3.3	0～80		13	512	3	1	2	—	有	8	4	35/39	4	有
STC89LE51RC	3.6～2.0		0～80	4	512	3	1	2	4	有	8	4	35/39	4	有
STC89LE51RC	3.6～2.0		0～80	8	512	3	1	2	4	有	8	4	35/39	4	有
STC89LE51RC	3.6～2.0		0～80	13	512	3	1	2	—	有	8	4	35/39	4	有
STC89C/LE51RD+系列															
STC89C54RD+	5.5～3.3	0～80		16	1280	3	1	2	45	有	8	4	35/39	4	有
STC89C58RD+	5.5～3.3	0～80		32	1280	3	1	2	29	有	8	4	35/39	4	有
STC89C516RD+	5.5～3.3	0～80		64	1280	3	1	2	—	有	8	4	35/39	4	有
STC89LE54RD+	3.6～2.0		0～80	16	1280	3	1	2	45	有	8	4	35/39	4	有
STC89LE58RD+	3.6～2.0		0～80	32	1280	3	1	2	29	有	8	4	35/39	4	有
STC89LE516RD+	3.6～2.0		0～80	64	1280	3	1		—	有	8	4	35/39	4	有

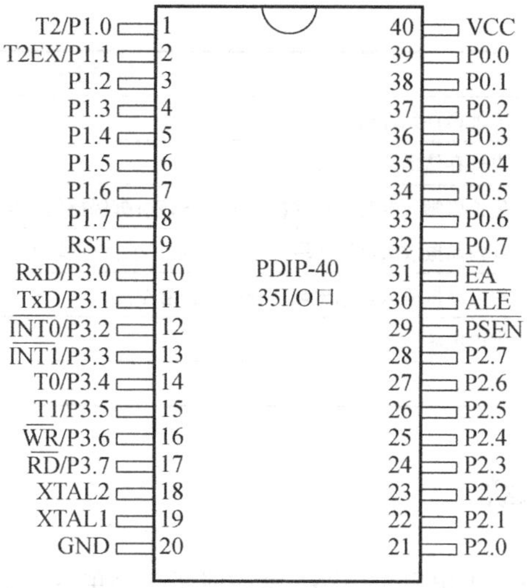

图 10-1-3　STC89xx 系列单片机 PDIP-40 封装引脚图

表 10-1-3　STC89xx 系列单片机 PDIP-40 引脚定义

引脚名称	引脚号	引脚定义
P0.0~P0.7	39~32	P0[0:7]口是一个有上拉电阻的 8 位双向 I/O 口，除了作为 GPIO 口，还作为地址总线的低 8 位地址线（A7~A0）及数据总线（D7~D0）
P1.0/T2	1	P1[0] 定时/计数器 2 的外部输入口
P1.1/T2EX	2	P1[1] 定时/计数器 2 捕获/重装方式的触发控制
P1.2~P1.7	3~8	P1[2:7]
P2.0~P2.7	21~28	P2[2:7]，既可以作为 GPIO 口，也可以作为地址总线的高 8 位地址线[A15~A8]
P3.0/RxD	10	P3[0] 串口接收端
P3.1/TxD	11	P3[1] 串口发送端
P3.2/$\overline{INT0}$	12	P3[2] 外部中断 0 的输入端
P3.3/$\overline{INT1}$	13	P3[3] 外部中断 1 的输入端
P3.4/T0	14	P3[4] 定时/计数器 0 的外部输入端
P3.5/T1	15	P3[5] 定时/计数器 1 的外部输入端
P3.6/$\overline{WR}$	16	P3[6] 外部数据存储器的“写”信号
P3.7/$\overline{RD}$	17	P3[7] 外部数据存储器的“读”信号
$\overline{PSEN}$	29	外部程序存储器的选通信号

续表

引脚名称	引脚号	引脚定义
$\overline{ALE}$	30	地址锁存允许信号
$\overline{EA}$	31	内外存储器选择引脚
RST	9	复位引脚（要复位单片机，至少在该引脚保持两个机器周期的高电平）
XTAL1	19	片内晶振放大器输入端；也可作为外接时钟的输入端
XTAL2	18	片内晶振放大器输出端；外接时钟悬空处理
VCC	40	供电电源
GND	20	地

10.1.2 单片机最小系统

给单片机接入晶振电路及上电复位电路，就构成了一个单片机最小系统，如图 10-1-4 所示。晶振频率为 12MHz，则单片机的时钟周期 $T_{时钟}=\frac{1}{12\times10^6}\text{s}=\frac{1}{12}\mu\text{s}$，STC89xx 系列单片机可选择 6 时钟周期/机器周期或者 12 时钟周期/机器周期，则它的机器周期为 $T_{机器}=12\times\frac{1}{12\times10^6}\text{s}=1\mu\text{s}$ 或者 $T_{机器}=6\times\frac{1}{12\times10^6}\text{s}=0.5\mu\text{s}$。上电复位电路是一个简单的 RC 电路，当单片机上电时，电源通过电阻 R_1 对电容 C_1 充电，电容 C_1 的电压逐渐增加，电阻 R_1 的分压也即 RST 引脚的输入电压逐渐下降，其特性曲线如图 10-1-5 所示，时间常数 $\tau=R_1C_1\approx0.1\text{s}$，$\tau\gg2T_{机器}$，满足上电复位的条件，单片机复位成功。

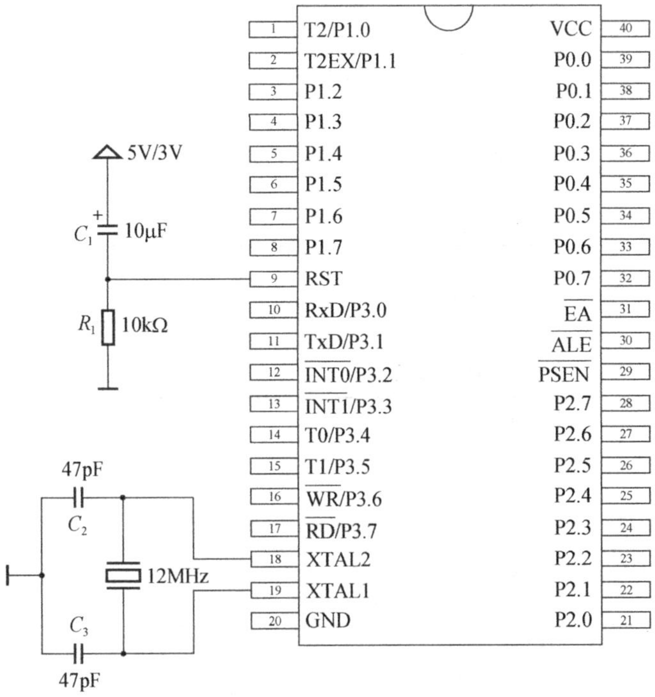

图 10-1-4 单片机最小系统

10.1.3　存储空间

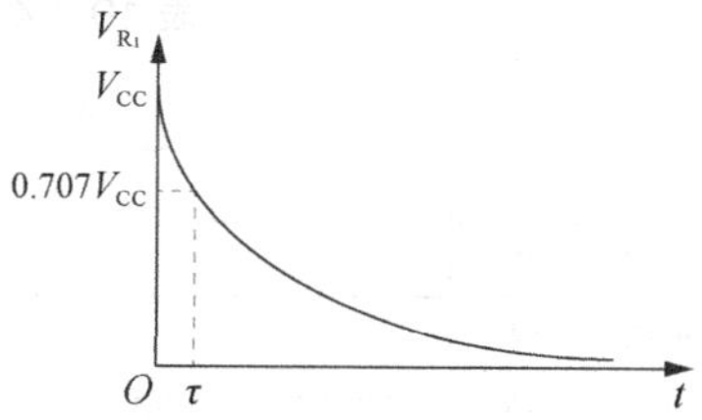

图 10-1-5　上电复位电路 RST 引脚电压特性曲线

STC89xx 系列单片机的程序存储器和数据存储器是各自独立编址的。程序存储器储存的是供 CPU 执行的程序代码，数据存储器储存的是 CPU 运行过程中暂存的数据等。

程序存储器包括片上 Flash 和片外最多扩展至 64KB 的外部程序存储器，程序存储空间如图 10-1-6 所示，单片机复位之后，从 0000H 单元开始执行程序。单片机的 $\overline{EA}$ 引脚决定了访问的是片内还是片外程序存储器，如果 $\overline{EA}$ 接高电平，单片机首先访问片内程序存储器，超出范围后，自动转到外部程序存储器；如果 $\overline{EA}$ 接低电平，单片机直接访问外部程序存储器。

数据存储器包括内部 RAM（256B）、内部扩展 RAM（STC89xxRC 系列 256B/STC89xxRD+系列 1024B）、片外最多扩展至 64KB 的外部 RAM。数据存储空间如图 10-1-7 所示。数据存储器的地址空间貌似重合，但是它们在物理上是独立的，通过不同的寻址方式进行访问。

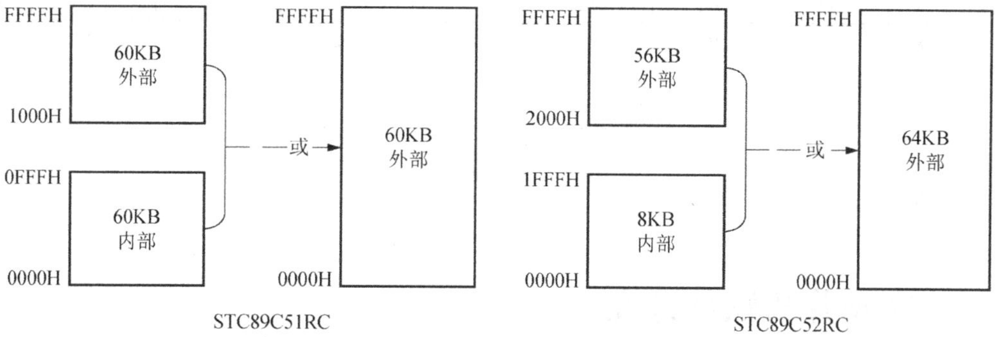

图 10-1-6　STC89C51RC/STC89C52RC 单片机程序存储空间

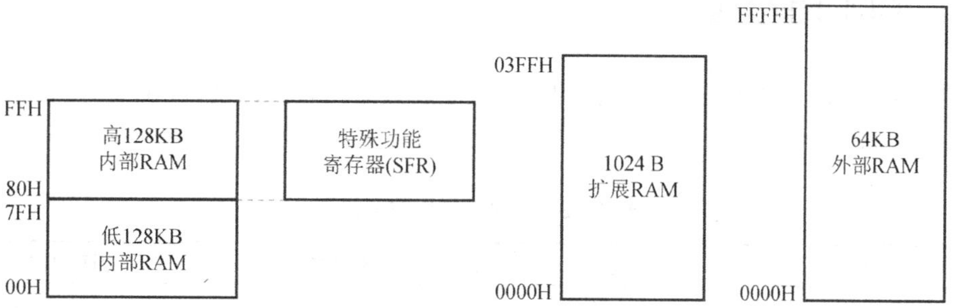

图 10-1-7　STC89xxRD+系列单片机数据存储空间

10.1.4　特殊功能寄存器

特殊功能寄存器（SFR）是用来对单片机各功能模块进行管理、控制、监视的控制寄存器和状态寄存器，STC89xx 系列单片机的特殊功能寄存器的名称及地址如表 10-1-4 所示，其中寄存器地址能被 8 整除的，可以进行位寻址。

表 10-1-4 特殊功能寄存器（SFR）的名称及地址

	0/8	1/9	2/A	3/B	4/C	5/D	6/E	7/F	
0F8H									0FFH
0F0H	B								0F7H
0E8H	P4								0EFH
0E0H	ACC	WDT_CONR	ISP_DATA	ISP_ADDRH	ISP_ADDRL	ISP_CMD	ISP_TRIG	ISP_CONTR	0E7H
0D8H									0DFH
0D0H	PSW								0D7H
0C8H	T2CON	T2MOD	RCAP2L	RCAP2H	TL2	TH2			0CFH
0C0H	XICON								0C7H
0B8H	IP	SADEN							0BFH
0B0H	P3							IPH	0B7H
0A8H	IE	SADDR							0AFH
0A0H	P2		AUXR1					/	0A7H
098H	SCON	SBUF							09FH
090H	P1								097H
088H	TCON	TMOD	TL0	TL1	TH0	TH1	AUXR		08FH
080H	P0	SP	DPL	DPH				PCON	087H
	0/8	1/9	2/A	3/B	4/C	5/D	6/E	7/F	

可位寻址　　　　不可位寻址

10.2 51 单片机软件开发

10.2.1 C51 数据类型

数据类型决定了数据在内存占据的空间大小及数据的取值范围，C51 常用数据类型如表 10-2-1 所示。

表 10-2-1 C51 常用数据类型

数据类型	关键字	所占位数	数据取值范围
整型	int	16	−32768~32767
	long	32	$-2^{31}\sim2^{31-1}$
	unsigned int	16	0～65535
	unsigned long	32	$0\sim2^{32-1}$
字符型	char	8	−128～127
	unsigned char	8	0～255
实型	float	32	$-3.4E^{38}\sim3.4E^{38}$
	double	64	$-1.7E^{308}\sim1.7E^{308}$

单片机有特殊功能寄存器（SFR），当我们在对这些特殊功能寄存器操作时，需要对这些寄存器的名称加以声明，如表 10-2-2 所示。

表 10-2-2　特殊功能寄存器的声明

关键字	作用	例子
sfr	声明一个 8 位特殊功能寄存器	sfr P0 = 0x80
sfr16	声明一个 16 位特殊功能寄存器	sfr 16T2 = 0xCC
sbit	特殊功能寄存器的位声明	sbit EA = IE^7

10.2.2　C51 头文件

头文件是一种包含功能函数、数据接口声明的载体文件，主要用于保存程序的声明，是用户应用程序和函数库之间的桥梁和纽带，在单片机 C51 程序中被大量使用。头文件的主要作用在于多个代码文件全局变量的重用、防止定义的冲突，对各个被调用函数给出一个描述。C51 常用头文件如表 10-2-3 所示。

表 10-2-3　C51 常用头文件

头文件	介绍
reg51.h/reg52.h	定义单片机特殊功能寄存器和位寄存器
math.h	数学运算函数，如绝对值、平方根、指数、三角函数等
intrins.h	固有函数，如左、右循环移位函数等
stdlib.h	标准库文件，如数值转换函数、内存分配函数等
stdio.h	标准库头文件，如输入输出函数、类型

10.2.3　C51 运算符

C51 运算符包括算术运算符、关系运算符、位运算符等，具体功能、优先级及结合方向如表 10-2-4 所示。

表 10-2-4　C51 运算符及优先级

<table>
<tr><th>优先级</th><th>运算符</th><th>功能</th><th>运算类型</th><th>结合方向</th></tr>
<tr><td>1</td><td>()</td><td>小括号、函数参数表</td><td rowspan="2">括号运算符</td><td rowspan="2">从左至右</td></tr>
<tr><td rowspan="10">2</td><td>[]</td><td>数组元素下标</td></tr>
<tr><td>!</td><td>逻辑非</td><td rowspan="9">单目运算符</td><td rowspan="9">从右至左</td></tr>
<tr><td>~</td><td>按位取反</td></tr>
<tr><td>++，--</td><td>自增、自减</td></tr>
<tr><td>+</td><td>求正</td></tr>
<tr><td>-</td><td>求负</td></tr>
<tr><td>*</td><td>间接运算符</td></tr>
<tr><td>&</td><td>求地址运算符</td></tr>
<tr><td>（类型名）</td><td>强制类型转换</td></tr>
<tr><td>sizeof</td><td>求所占字节数</td></tr>
</table>

续表

优先级	运算符	功能	运算类型	结合方向
3	*、/、%	乘、除、求余	双目算术运算符	从左至右
4	+、-	加、减		
5	<<、>>	左移、右移	双目移位运算符	
6	<、<=、>、>=	小于、小于等于、大于、大于等于	双目关系运算符	
7	==、!=	恒等于、不等于		
8	&	按位与	双目位运算符	
9	^	按位异或		
10	|	按位或		
11	&&	逻辑与	双目逻辑运算符	
12	||	逻辑或		
13	?:	条件运算	三目条件运算符	从右至左
14	=	赋值	双目赋值运算符	从右至左
	+=、-=、*=、/=、%=、&=、|=等	计算并赋值		
15	,	顺序求值	逗号运算符	从左至右

10.2.4 控制语句

C 语言有 9 种常用的控制语句，可分为 3 类，如表 10-2-5 所示。

表 10-2-5　C 语言常用的控制语句

类别	名称	结构
条件/分支	if 语句	if (expression) statement

		if (expression)
		statement1
		else
		statement2

		if (expression1)
		statement1
		else if (expression2)
		statement2
		else
		statement3

	switch 语句	switch (expression)
		{
		case label1 : statement1
		case label2 : statement2
		default : statement3
		}

续表

类别	名称	结构
循环	do while 语句	do statement1 while (expression);
	while 语句	while (expression) statement
	for 语句	for (initialize;test;update) statement
转向	break 语句	break;
	goto 语句	goto label; ...... lable : statement
	continue 语句	continue;
	return 语句	return;

10.2.5　数组

数组（Array）是按顺序存储的一系列类型相同的值。

1. 数组的声明

要声明一个数组，需要指定数组元素的数据类型和数量，一维数组的声明方式为：

```
type arrayName [arraySize];
```

type 可以是 C 语言中任意的数据类型，arraySize 必须是一个大于零的整数常量，例如声明一个类型为 int 的 10 个元素的数组 score：

```
int score [10];
```

2. 数组的初始化

可以逐个初始化数组，也可以使用{}括起来的数值列表来初始化数组，数值之间用逗号分隔：

```
int score [10]={98,100,96,85,72};
```

数值的数量不能大于声明时的 arraySize。

3. 数组元素的访问

数组元素可以通过数组名加数组下标（索引号）的方式来访问，如图 10-2-1 所示。

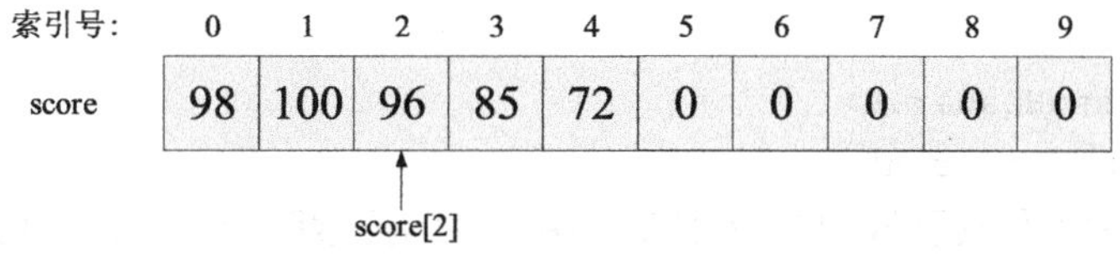

图 10-2-1　一维数组的声明与索引

10.2.6 函数

1. 函数（Function）的创建

C 语言中函数的一般形式如下：

```
return_type  function_name (parameter list)
{
body of the function
}
```

return_type 是函数返回值的数据类型，有些函数可以不返回值，这时候使用关键词 void，parameter list 为形参列表（在未进行函数调用时，它们不会被分配内存）。

2. 函数的声明

在使用函数之前，要对函数进行声明：

```
return_type  function_name (parameter list);
```

在函数声明中，参数的名称并不重要（参数的变量名并不会被创建），但是参数是必需的。

3. 函数的调用

函数调用的一般形式如下：

```
function_name (argument list);
```

argument list 为实参列表，函数调用时会把实参传递给形参。

10.2.7 预处理命令

1. 宏定义

#define 称为宏定义命令，它是 C 语言预处理命令的一种。所谓宏定义，就是用一个标识符来表示一个字符串，如果在后面的代码中出现了该标识符，就全部替换成指定的字符串。宏定义的一般形式如下：

```
#define  宏名  字符串
```

2. 引用头文件

#include 也是 C 语言预处理命令的一种。#include 称为文件包含命令，用来引入对应的头文件（.h 文件）。#include 的处理过程很简单，就是将头文件的内容插入该命令所在的位置，从而把头文件和当前源文件连接成一个源文件，这与复制、粘贴的效果相同。#include 的用法有两种，如下所示：

```
#include <stdHeader.h>
#include "myHeader.h"
```

使用尖括号< >和双引号" "的区别在于头文件的搜索路径不同：使用尖括号< >，编译器会到系统路径下查找头文件；而使用双引号" "，编译器首先在当前目录下查找头文件，如果没有找到，再到系统路径下查找。也就是说，使用双引号比使用尖括号多了一个查找路径，因此它的功能更为强大。

3. 条件编译

#ifdef 的调用格式如下：

```
#ifdef  宏名
    程序段 1
#else
    程序段 2
#endif
```

它的意思是，如果当前的宏已被定义过，则对“程序段 1”进行编译，否则对“程序段 2”进行编译。也可以省略#else：

```
#ifdef  宏名
    程序段
#endif
```

#ifndef 的调用格式如下：

```
#ifndef 宏名
    程序段 1
#else
    程序段 2
#endif
```

与#ifdef 相比，仅仅将#ifdef 改为#ifndef。它的意思是，如果当前的宏未被定义，则对“程序段 1”进行编译，否则对“程序段 2”进行编译，这与 #ifdef 的功能正好相反。

10.2.8 指针

1. 指针变量的定义和使用

计算机会给每一个变量分配一个内存位置，每一个内存位置都定义了可使用“&”运算符访问的地址。指针（Pointer）是一个值为内存地址的变量，用来储存指向变量的内存地址，指针变量声明的一般形式如下：

```
type *var_name;
```

type 是指针的数据类型（必须与指向变量的数据类型一致），var_name 是指针变量的名称。

程序清单 10-2-1　pointer.c 程序

```
#include <stdio.h>
int main ()
{
    int a = 10;
    int *p;
    p = &a;
    printf ("整型变量 a 的地址: %p\n", &a);
    printf ("指针变量 p 的地址: %p\n", &p);
```

```
    printf ("指针变量 p 储存的值: %p\n", p);
    printf ("指针变量 p 访问的值: %d\n", *p);
    return 0;
}
```

用 Dev-C++编译运行程序清单 10-2-1 的程序，输出结果如图 10-2-2 所示。

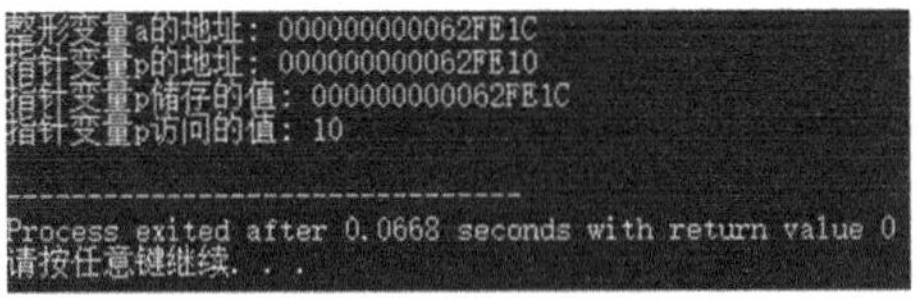

图 10-2-2　pointer.c 程序输出结果

该程序定义了一个整型变量 a，并给 a 赋值 10，还定义了一个指针变量 p，执行完“p = &a”，指针变量 p 里储存了变量 a 的内存地址“000000000062FE1C”，即指针变量 p 指向了变量 a，如图 10-2-3 所示。

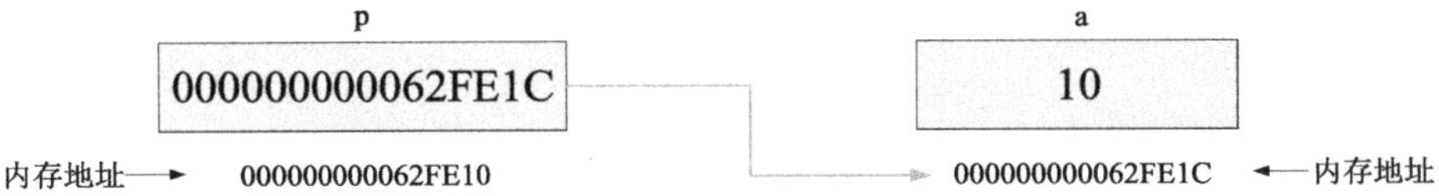

图 10-2-3　指针变量

2．数组指针

一个数组包含若干元素，每个数组元素在内存中占用存储单元，它们都有相应的地址，指针变量也可以指向数组和数组元素。所谓数组的指针，是指数组的起始地址，数组元素的指针是指数组元素的地址。

定义一个指向数组元素的指针变量的方法与前面介绍的定义指向变量的指针变量的方法一致。

程序清单 10-2-2　array_pointer.c 程序

```
#include <stdio.h>
int main ()
{
    int a[] = {1,3,5,7,9};
    int *p;
    p = &a[0];
    printf ("整型变量 a 的地址: %p\n", &a);
    printf ("指针变量 p 的地址: %p\n", &p);
    printf ("指针变量 p 储存的值: %p\n", p);
    printf ("指针变量 p 访问的值: %d\n", *p);
    return 0;
}
```

用 Dev-C++编译运行程序清单 10-2-2 的程序，输出结果如图 10-2-4 所示。

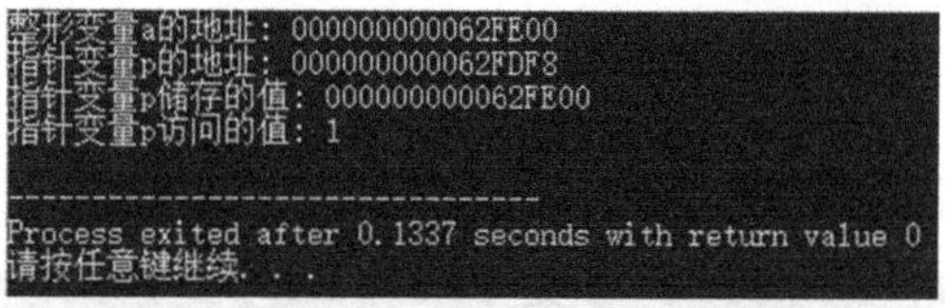

图 10-2-4　array_pointer.c 程序输出结果

该程序定义了一个整型数组 a，数组 a 有 5 个元素并赋初值，定义了一个指针变量 p，执行完“p = &a[0]”，指针变量 p 里储存了变量 a 的内存地址“000000000062FE00”，即指针变量 p 指向了数组元素 a[0]。

可通过数组指针来遍历数组元素。

程序清单 10-2-3　through_array.c 程序

```
#include <stdio.h>
int main()
{
    int a[] = { 1, 3, 5, 7, 9 };
    int i, *p = a, len = sizeof(a) / sizeof(int);
    for(i=0; i<len; i++)
    {
        printf("%d  ", *(p+i) );
    }
    printf("\n");
    return 0;
}
```

用 Dev-C++编译运行程序清单 10-2-3 的程序，输出结果如图 10-2-5 所示。

图 10-2-5　through_array.c 程序输出结果

对指针变量进行加法和减法运算时，是根据数据类型的长度来计算的。如果一个指针变量 p 指向了数组的开头，那么 p+*i* 就指向数组的第 *i* 个元素；如果 p 指向了数组的第 *n* 个元素，那么 p+*i* 就指向第 *n*+*i* 个元素；而不管 p 指向了数组的第几个元素，p+1 总是指向下一个元素，p−1 总是指向上一个元素。

更改程序清单 10-2-2 的代码，让 p 指向数组中的第三个元素。

程序清单 10-2-4　array_pointer1.c 程序

```
#include <stdio.h>
int main ()
{
    int a[] = {1,3,5,7,9};
    int *p;
    p = &a[2];
    printf("%d, %d, %d, %d, %d\n", *(p-2), *(p-1), *p, *(p+1), *(p+2) );
```

```
    return 0;
}
```

用 Dev-C++编译运行程序清单 10-2-4 的程序，输出结果如图 10-2-6 所示。

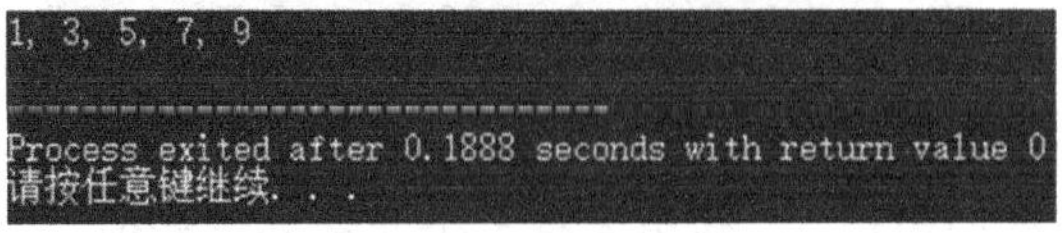

图 10-2-6　array_pointer1.c 程序输出结果

引入数组指针后，我们就有两种方式来访问数组元素了，一种是使用下标，另一种是使用指针。

① 使用下标，也就是采用 a[*i*]的形式访问数组元素。如果 p 是指向数组 a 的指针，那么可以使用 p[*i*]来访问数组元素，它等价于 a[*i*]。

② 使用指针，也就是使用*(p+*i*)的形式访问数组元素。另外，数组名本身也是指针，也可以使用 *(a+*i*) 来访问数组元素，它等价于 *(p+*i*)。

不管是数组名还是数组指针，都可以使用上面的两种方式来访问数组元素。不同的是，数组名是常量，它的值不能改变，而数组指针是变量（除非特别指明它是常量），它的值可以任意改变。也就是说，数组名只能指向数组的开头，而数组指针可以先指向数组的开头，再指向其他元素。

更改程序清单 10-2-3 的代码，借助自增运算符来遍历数组元素。

程序清单 10-2-5　through_array1.c 程序

```
#include <stdio.h>
int main()
{
    int a[] = { 1, 3, 5, 7, 9 };
    int i, *p = a, len = sizeof(a) / sizeof(int);
    for(i=0; i<len; i++)
    {
        printf("%d", *p++ );
    }
    printf("\n");
    return 0;
}
```

用 Dev-C++编译运行程序清单 10-2-5 的程序，输出结果如图 10-2-7 所示。

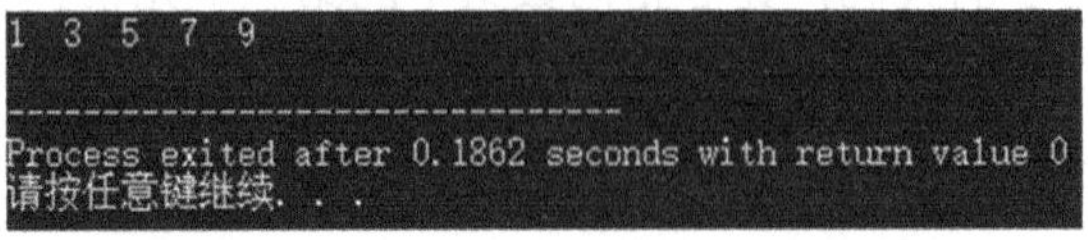

图 10-2-7　through_array1.c 程序输出结果

第 8 行代码中，*p++应该理解为*(p++)，每次循环都会改变 p 的值（p++使得 p 自身的值增加），以使 p 指向下一个数组元素。该语句不能写为*a++，因为 a 是常量，而 a++会改变它的值，这显然是错误的。

3．指针变量作为函数参数

在 C 语言中，函数的参数不仅可以是整数、小数、字符等具体的数据，还可以是指向它们的指针。用指针变量作函数的参数可以将函数外部的地址传递到函数内部，使得在函数内部可以操作函数外部的数据，并且这些数据不会随着函数的结束而被销毁。

数组、字符串、动态分配的内存等都是一系列数据的集合，没有办法通过一个参数全部传入函数内部，只能传递它们的指针，在函数内部通过指针来影响这些数据集合。

有的时候，对于整数、小数、字符等基本类型数据的操作也必须借助指针，一个典型的例子就是交换两个变量的值。有些初学者可能会使用下面的方法来交换两个变量的值。

程序清单 10-2-6　swap1.c 程序

```
#include <stdio.h>
void swap(int m, int n)
{
    int temp;
    temp = m;
    m = n;
    n = temp;
}
int main()
{
    int a = 66, b = 99;
    swap(a, b);
    printf("a = %d, b = %d\n", a, b);
    return 0;
}
```

用 Dev-C++编译运行程序清单 10-2-6 的程序，输出结果如图 10-2-8 所示。

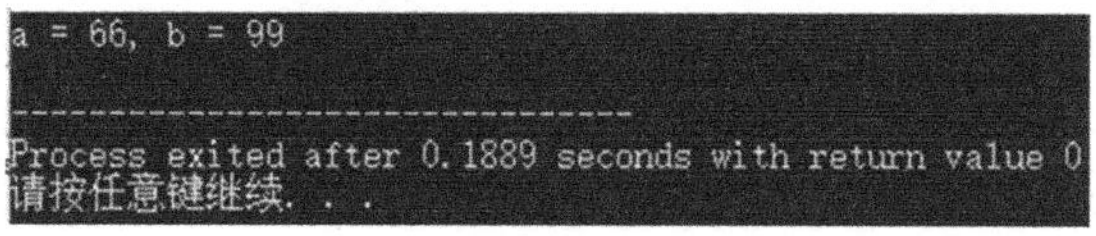

图 10-2-8　swap1.c 程序输出结果

从结果可以看出，a、b 的值并没有发生改变，交换失败。这是因为 swap()函数内部的 m、n 和 main()函数内部的 a、b 是不同的变量，占用不同的内存，swap()交换的是它内部 m、n 的值，不会影响它外部（main() 内部）a、b 的值。改用指针变量作参数后就很容易解决上面的问题。

程序清单 10-2-7　swap.c 程序

```
#include <stdio.h>
void swap(int *p1, int *p2)
{
    int temp;
    temp = *p1;
    *p1 = *p2;
    *p2 = temp;
```

```
}
int main()
{
    int a = 66, b = 99;
    swap(&a, &b);
    printf("a = %d, b = %d\n", a, b);
    return 0;
}
```

用 Dev-C++编译运行程序清单 10-2-7 的程序，输出结果如图 10-2-9 所示。

图 10-2-9 swap.c 程序输出结果

调用 swap()函数时，将变量 a、b 的地址分别赋值给 p1、p2，这样*p1、*p2 代表的就是变量 a、b 本身，交换 *p1、*p2 的值也就是交换 a、b 的值。函数运行结束后虽然会将 p1、p2 销毁，但它对外部 a、b 造成的影响是持久的，不会随着函数的结束而恢复原样。

4．指针函数

C 语言允许函数的返回值是一个指针（地址），我们将这样的函数称为指针函数。下面的例子定义了一个指针函数 strlong()，用来返回两个字符串中较长的一个。

程序清单 10-2-8 strlong.c 程序

```
#include <stdio.h>
#include <string.h>
char *strlong(char *str1, char *str2)
{
    if(strlen(str1) >= strlen(str2))
    {
        return str1;
    }
    else
    {
        return str2;
    }
}
int main()
{
    char str1[30], str2[30], *str;
    gets(str1);
    gets(str2);
    str = strlong(str1, str2);
    printf("Longer string: %s\n", str);
    return 0;
}
```

用 Dev-C++编译运行程序清单 10-2-8 的程序，输出结果如图 10-2-10 所示。

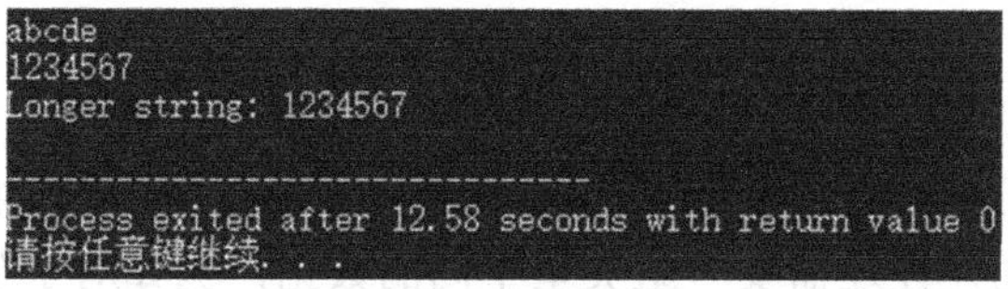

图 10-2-10　strlong.c 程序运行结果

5. 函数指针

一个函数总是占用一段连续的内存区域，函数名在表达式中有时会被转换为该函数所在内存区域的首地址，这和数组名非常类似。我们可以给函数的这个首地址（或称入口地址）赋予一个指针变量，使指针变量指向函数所在的内存区域，然后通过指针变量就可以找到并调用该函数。这种指针就是函数指针。

函数指针的定义形式如下：

```
returnType(*pointerName)(param list)
```

returnType 为函数返回值类型，pointerName 为指针名称，param list 为函数参数列表。参数列表中可以同时给出参数的类型和名称，也可以只给出参数的类型，省略参数的名称，这一点和函数原型非常类似。

如下程序用指针来实现对函数的调用。

程序清单 10-2-9　max.c 程序

```
#include <stdio.h>
//返回两个数中较大的一个
int max(int a, int b)
{
    return a>b ? a : b;
}
int main()
{
    int x, y, maxval;
    int (*pmax)(int, int) = max;  //定义函数指针,也可以写作 int (*pmax)(int a, int b)
    printf("Input two numbers:");
    scanf("%d %d", &x, &y);
    maxval = (*pmax)(x, y);
    printf("Max value: %d\n", maxval);
    return 0;
}
```

用 Dev-C++编译运行程序清单 10-2-9 的程序，输出结果如图 10-2-11 所示。

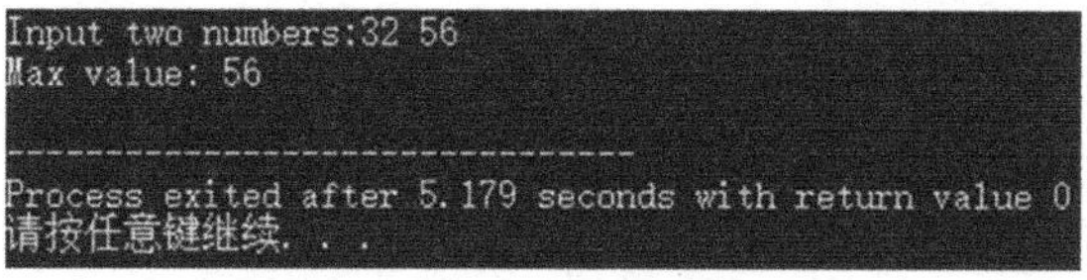

图 10-2-11　max.c 程序输出结果

10.2.9 结构体

1. 结构体的创建

前面的内容中我们讲解了数组（Array），它是一组具有相同类型的数据的集合。但在实际的编程过程中，我们往往还需要一组类型不同的数据，例如对于学生信息登记表，姓名为字符串，学号为整数，年龄为整数，所在的学习小组为字符，成绩为小数，因为数据类型不同，显然不能用一个数组来存放。在 C 语言中，可以使用结构体（Struct）来存放一组不同类型的数据。结构体的定义形式如下：

```
struct 结构体名
{
    结构体成员 1;
    结构体成员 2;
    ...
};
```

有时，我们把结构体称为模板，它勾勒出结构是如何存储数据的。例如：

```
struct stu
{
    char *name;         //姓名
    int num;            //学号
    int age;            //年龄
    char group;         //所在学习小组
    float score;        //成绩
};
```

2. 结构体变量

结构体也是一种数据类型，可以用它来定义变量。例如：

```
struct stu stu1, stu2;
```

也可以在定义结构体的同时定义结构体变量：

```
struct stu
{
    char *name;         //姓名
    int num;            //学号
    int age;            //年龄
    char group;         //所在学习小组
    float score;        //成绩
} stu1, stu2;
```

3. 结构体成员的访问及赋值

可以通过点（.）访问结构体成员。例如：

```
stu1.name;
```

通过这种方式也可以给成员赋值。

程序清单 10-2-10　struct.c 程序

```
#include <stdio.h>
int main()
{
    struct
    {
        char *name;         //姓名
        int num;            //学号
        int age;            //年龄
        char group;         //所在小组
        float score;        //成绩
    } stu1;
    //给结构体成员赋值
    stu1.name = "小明";
    stu1.num = 2020030911;
    stu1.age = 19;
    stu1.group = 'A';
    stu1.score = 90.5;
    //读取结构体成员的值
    printf("%s 的学号是%d，年龄是%d，在%c 组，今年的成绩是%.1f! \n", stu1.name,
stu1.num, stu1.age, stu1.group, stu1.score);
    return 0;
}
```

用 Dev-C++编译运行程序清单 10-2-10 的程序，输出结果如图 10-2-12 所示。

图 10-2-12　struct.c 程序输出结果

除了可以对成员逐一赋值，也可以在定义时对整体赋值，例如：

```
#include <stdio.h>
int main()
{
    struct
    {
        char *name;         //姓名
        int num;            //学号
        int age;            //年龄
        char group;         //所在小组
        float score;        //成绩
    } stu1={ "小明", 2020030911, 19, 'A', 90.5 };
```

不过整体赋值仅限于定义结构体变量的时候，在使用过程中只能对成员逐一赋值，这和数组的赋值非常类似。

需要注意的是，结构体是一种自定义的数据类型，是创建变量的模板，不占用内存空间；而结构体变量包含了实实在在的数据，需要内存空间来存储。

4．结构体指针

当一个指针变量指向结构体时，我们就称它为结构体指针。C 语言中结构体指针定义的一般形式如下：

```
struct 结构体名 *变量名;
```

下面是一个定义结构体指针的实例：

```
struct
   {
       char *name;          //姓名
       int num;             //学号
       int age;             //年龄
       char group;          //所在小组
       float score;         //成绩
   } stu1={ "小明", 2020030911, 19, 'A', 90.5 };
//结构体指针
struct stu *pstu = &stu1;
```

也可以在定义结构体的同时定义结构体指针：

```
struct
   {
       char *name;          //姓名
       int num;             //学号
       int age;             //年龄
       char group;          //所在小组
       float score;         //成绩
   } stu1={ "小明", 2020030911, 19, 'A', 90.5 },*pstu = &stu1;
```

注意，结构体变量名和数组名不同，数组名在表达式中会被转换为数组指针，而结构体变量名不会，在任何表达式中它表示的都是整个集合本身，要想取得结构体变量的地址，必须在前面加“&”。

5．通过结构体指针访问结构体成员

通过结构体指针可以访问结构体成员，一般形式如下：

```
(*pointer).memberName
```

或者

```
pointer->memberName
```

下面的例子为结构体指针的使用。

程序清单 10-2-11 struct_pointer.c 程序

```
#include <stdio.h>
int main()
{
    struct
```

```
{
    char *name;        //姓名
    int num;           //学号
    int age;           //年龄
    char group;        //所在小组
    float score;       //成绩
} stu1 = { "小明", 2020030911, 19, 'A', 90.5 }, *pstu = &stu1;
//读取结构体成员的值
printf("%s 的学号是%d，年龄是%d，在%c 组，今年的成绩是%.1f! \n", (*pstu).name, (*pstu).num, (*pstu).age, (*pstu).group, (*pstu).score);
printf("%s 的学号是%d，年龄是%d，在%c 组，今年的成绩是%.1f! \n", pstu->name, pstu->num, pstu->age, pstu->group, pstu->score);
return 0;
}
```

用 Dev-C++编译运行程序清单 10-2-11 的程序，输出结果如图 10-2-13 所示。

```
小明的学号是2020030911，年龄是19，在A组，今年的成绩是90.5!
小明的学号是2020030911，年龄是19，在A组，今年的成绩是90.5!

--------------------------------
Process exited after 0.1892 seconds with return value 0
请按任意键继续. . .
```

图 10-2-13　struct_pointer.c 程序输出结果

6．结构体数组指针的使用

下面的例子为结构体数组指针的使用。

程序清单 10-2-12　struct_arraypointer.c 程序

```
#include <stdio.h>
struct stu
{
    char *name;        //姓名
    int num;           //学号
    int age;           //年龄
    char group;        //所在小组
    float score;       //成绩
}stus[] = {
    {"张三", 2020030901, 18, 'C', 90.0},
    {"李四", 2020030905, 19, 'A', 87.5},
    {"王五", 2020030911, 18, 'A', 98.5},
    {"赵六", 2020030921, 17, 'F', 75.0},
    }, *ps;
int main(){
    //求数组长度
    int len = sizeof(stus) / sizeof(struct stu);
    printf("Name\t\tNum\tAge\tGroup\tScore\t\n");
    for(ps=stus; ps<stus+len; ps++){
```

```
        printf("%s\t%d\t%d\t%c\t%.1f\n",   ps->name,   ps->num,   ps->age,
ps->group, ps->score);
    }
    return 0;
}
```

用 Dev-C++编译运行程序清单 10-2-12 的程序，输出结果如图 10-2-14 所示。

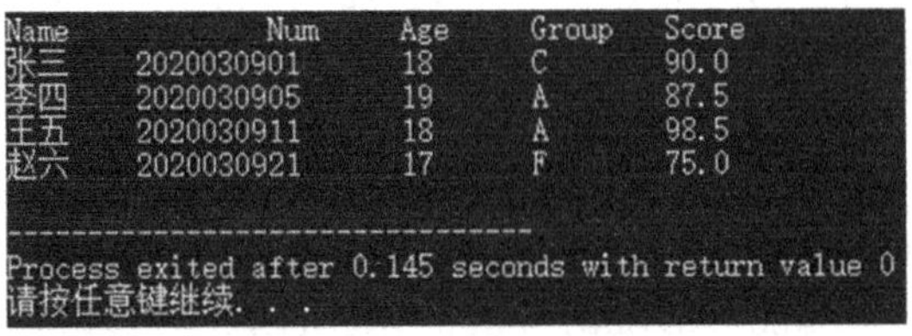

图 10-2-14 struct_arraypointer.c 程序输出结果

7．结构体指针作为函数参数

结构体变量名代表的是整个集合，作为函数参数时传递的是整个集合，也就是所有成员，而不是像数组一样被编译器转换成一个指针。如果结构体成员较多，尤其是成员为数组时，传送的时间和空间开销会很大，影响程序的运行效率。所以最好的方法就是使用结构体指针，这时由实参传向形参的只是一个地址。如下面的例子所示：计算全部学生的总成绩、平均成绩和 90 分以下的人数。

程序清单 10-2-13 struct_pointer_fun.c 程序

```
#include <stdio.h>
struct stu
{
    char *name;        //姓名
    int num;           //学号
    int age;           //年龄
    char group;        //所在小组
    float score;       //成绩
}stus[] = {
    {"张三", 2020030901, 18, 'C', 90.0},
    {"李四", 2020030905, 19, 'A', 87.5},
    {"王五", 2020030911, 18, 'A', 98.5},
    {"赵六", 2020030921, 17, 'F', 75.0}
};
void average(struct stu *ps, int len);
int main(){
    int len = sizeof(stus) / sizeof(struct stu);
    average(stus, len);
    return 0;
}
void average(struct stu *ps, int len){
    int i, num_90 = 0;
    float average, sum = 0;
```

```
    for(i=0; i<len; i++){
        sum += (ps + i) -> score;
        if((ps + i)->score < 90) num_90++;
    }
    printf("sum=%.2f\naverage=%.2f\nnum_90=%d\n", sum, sum/5, num_90);
```

用 Dev-C++编译运行程序清单 10-2-13 的程序，输出结果如图 10-2-15 所示。

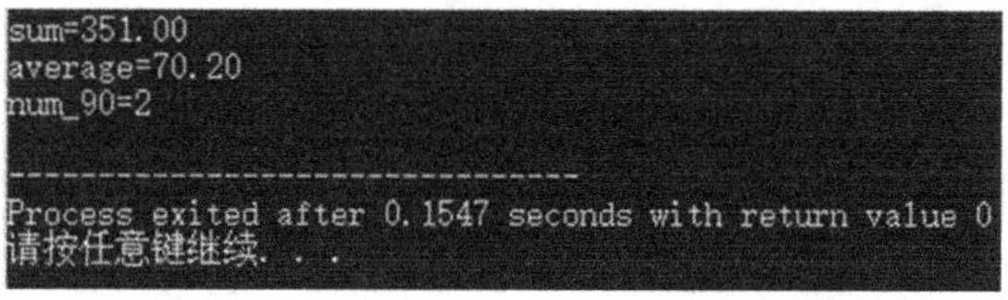

图 10-2-15　struct_pointer_fun.c 程序输出结果

10.2.10　枚举

枚举（Enum）是 C 语言中的一种数据类型，目的是提高程序的可读性，可通过关键字 enum 创建并指定它可具有的值，其定义格式如下：

```
enum typeName{ valueName1, valueName2, valueName3, ... };
```

枚举类型需要先定义后使用，这里的定义是类型的定义，不是枚举变量的定义。枚举和基本数据类型一样，也可以用来对变量进行声明。

例如，可以这样声明：

① 方法 1：枚举类型定义和变量声明分开。

```
//先定义类型
enum DAY    //类型名称就是 enum DAY
{
    MON, TUE, WED, THU, FRI
};
//后声明变量
enum DAY workday;//变量 workday 的类型为枚举型 enum DAY
```

② 方法 2：枚举类型定义和变量声明同时进行。

```
enum DAY
{
    MON, TUE, WED, THU, FRI
} workday;
```

默认情况下，枚举列表中的常量都被赋予了值，从 0 开始逐个增加，也就是说 DAY 中的 MON，TUE，…，FRI 对应的值为 0，1，…，4。

也可以给每个常量指定整数值：

```
enum levels
{
    low=100, medium=500, high=500
} ;
```

如果只给一个枚举常量赋值，没有对其后面的枚举常量赋值，那么其后面的常量会被赋后续加 1 的值。例如：

```
enum value
{
    a, b=100, c,d,e
} ;
```

则 a 默认为 0，b、c、d、e 的值分别是 100、101、102、103。

10.2.11 typedef

C 语言允许为一个数据类型起一个新的别名。起别名不是为了提高程序的运行效率，而是为了编码方便。例如有一个结构体 stu，要想定义一个结构体变量就得这样写：

```
struct stu stu1;
```

struct 看起来就是多余的，但不写又会报错。如果为 struct stu 起一个别名 STU，书写起来就简单了：

```
STU stu1;
```

这种写法更加简练，意义也非常明确，不管是在标准头文件中还是以后的编程实践中，都会大量使用这种别名，typedef 的语法格式一般为：

```
typedef oldName newName;
```

例如：

```
typedef unsigned int uint;
typedef unsigned char uchar;
```

例如，为结构体类型定义别名：

```
typedef struct stu
{
    char name[20];
    int age;
    char sex;
} STU;
```

10.2.12 const

有时候，我们希望定义这样一种变量，它的值不能被改变，在整个作用域中都保持不变。例如，用一个变量来表示班级的最大人数。为了满足这一要求，可以使用 const 关键字对变量加以限定：

```
const int MaxNum = 100;  //班级的最大人数
```

这样 MaxNum 的值就不能被修改了，任何对 MaxNum 赋值的行为都将引发错误：

创建常量的格式通常为：

```
const type name = value;
```

10.2.13 Keil 4 软件的使用

Keil 4 软件是一款 51 系列单片机软件开发系统，通过一个集成开发环境（μVision）集合了 C 编译器、宏汇编器、链接器、库管理和仿真调试器等，易于上手。

1．建立工程

打开 Keil μVision 4，选择“Project”→“New μVision Project...”，会弹出图 10-2-16 所示对话框，选择工程存放的文件夹，输入工程名“project1_1”，单击“保存”按钮，会弹出图 10-2-17 所示对话框，选择相应的芯片型号，我们选择“Atmel-at89c51”，单击“OK”按钮，进入图 10-2-18 所示的界面，这样一个工程就建立完成。

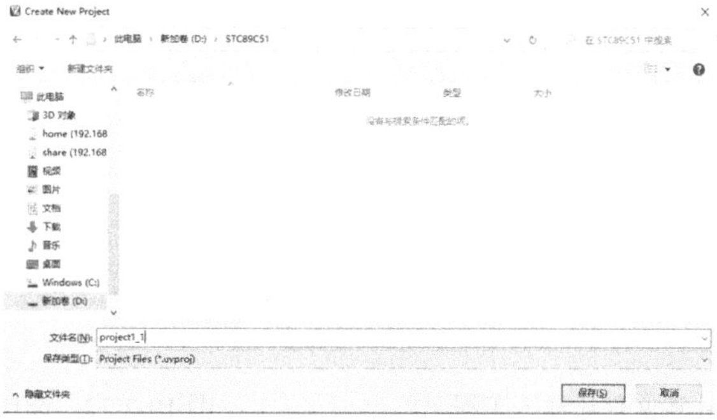

图 10-2-16　新建工程

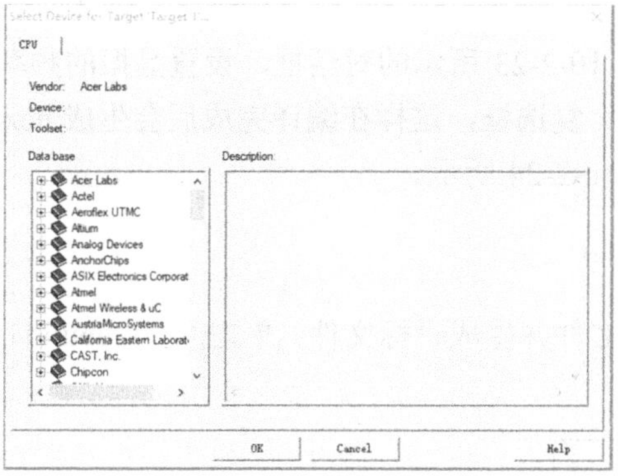

图 10-2-17　选择芯片型号

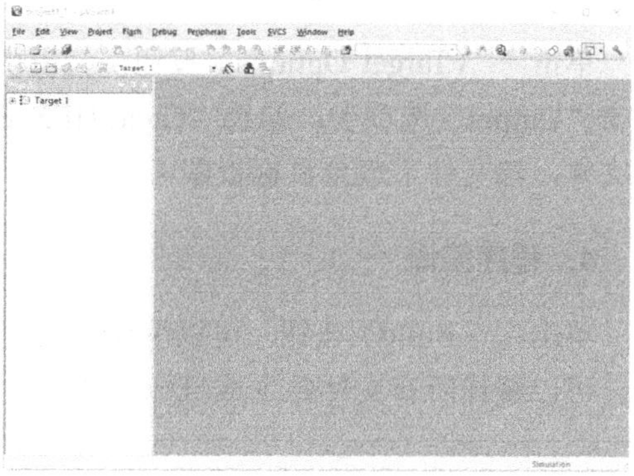

图 10-2-18　工程建立完成

2．新建文件并将文件添加入工程

选择“File”→“New...”，会出现一个文本编辑界面，如图 10-2-19 所示。

选择“File”→“Save As...”，会出现图 10-2-20 所示对话框，选择好保存位置，输入文件名，如果用 C 语言编程，扩展名为.c，单击“保存”按钮。

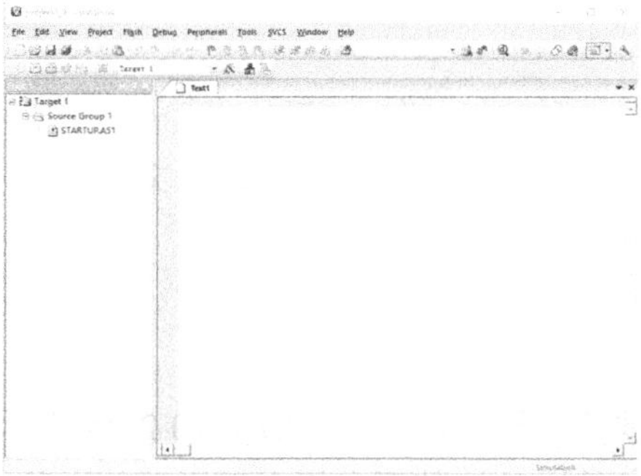

图 10-2-19　文本编辑界面

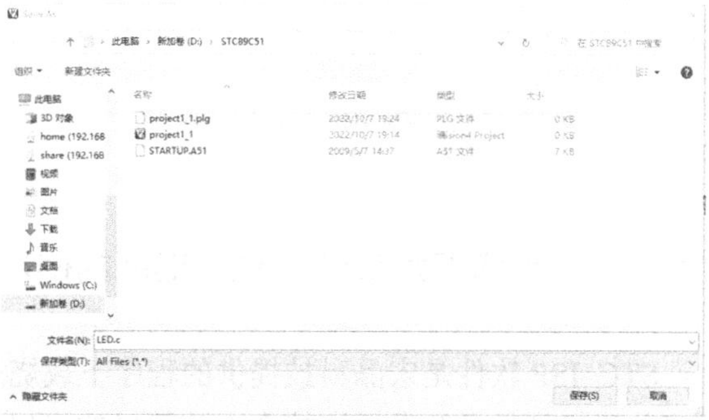

图 10-2-20　保存文件

在左侧 Project 窗格中找到 Source Group1，右击，选择“Add Files to Group ‘Source Group 1’...”，如图 10-2-21 所示，会弹出图 10-2-22 所示的对话框，选择要添加入工程的.c 文件。

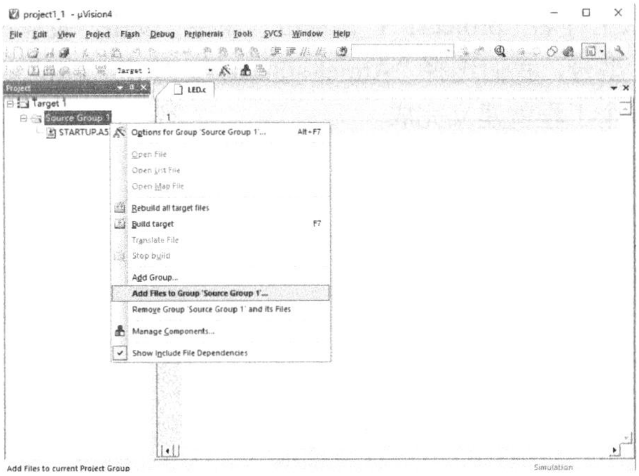

图 10-2-21　将文件添加入工程

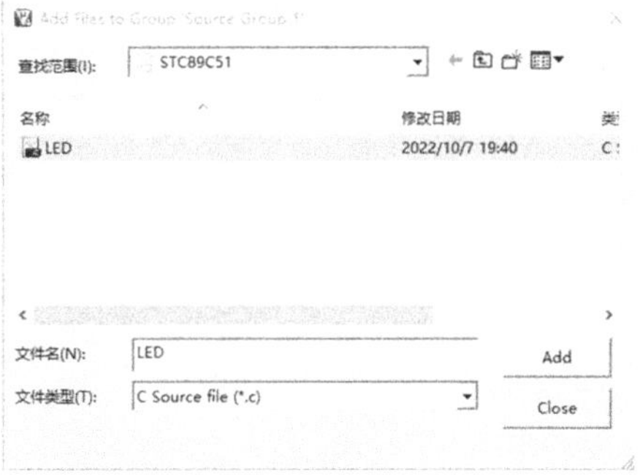

图 10-2-22　选择要添加入工程的文件

3. 常用选项卡的配置

单击 (Target Options) 按钮，会出现图 10-2-23 所示的对话框，设置晶振的频率。单击“Output”选项卡，勾选“Creat HEX File”复选框，这样在编译完成后会生成.hex 目标文件，该文件下载至目标板即可运行，如图 10-2-24 所示。

4. 程序编译

单击 (Build) 按钮，可以编译修改过的文件并生成目标文件；单击 (Rebuild) 按钮，可以编译所有文件并生成目标文件。

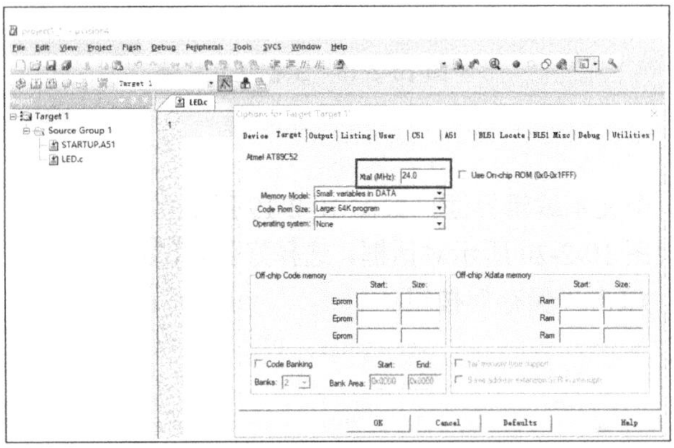

图 10-2-23　设置晶振的频率

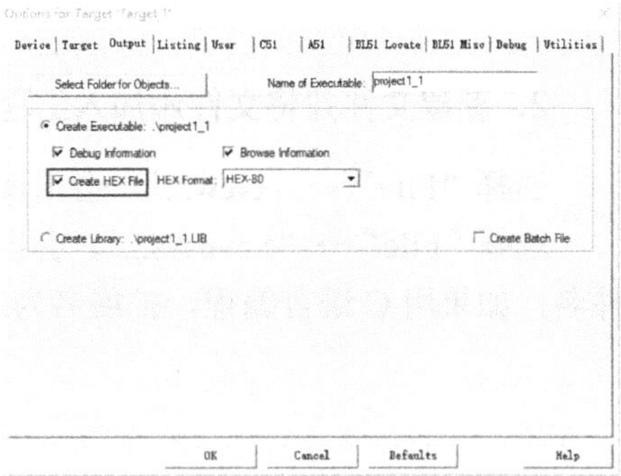

图 10-2-24　创建 HEX 文件

10.2.14　程序下载软件 STC_ISP 的使用

STC_ISP 软件是宏晶科技提供的程序下载烧录软件，打开该软件，如图 10-2-25 所示。选择单片机型号及开发板连接个人计算机的串口号（第一次连接开发板会提示驱动安装，安装成功会自动选择，也可在 Windows 系统的“设备管理器”中的“端口”选项卡中找到），单击“打开程序文件”按钮，选择编译好的.hex 文件，关掉开发板电源，单击“下载/编程”按钮，开发板接通电源，等待下载完成。

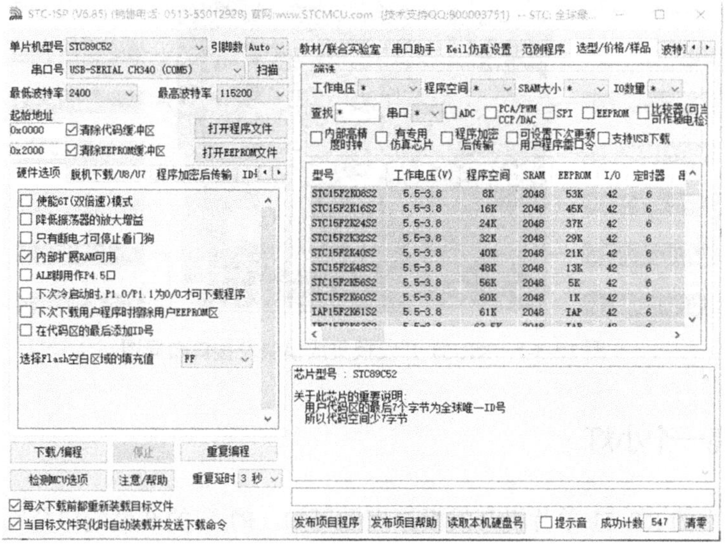

图 10-2-25　程序下载软件 STC_ISP

10.3　51 单片机端口的使用

10.3.1　KR-51 开发板

KR-51 开发板是科睿电子科技有限公司设计的一款 51 开发板，该开发板支持宏晶科技 STC89xx 系列单片机 USB 程序下载，提供了复位按键，通过排针外扩了 5 路 5V 电源、3 路 3.3V 电源及全部 I/O 口，并集成了如下外围器件及接口：

（1）8 颗贴片 LED（P1 口）；

（2）4 位共阳极数码管；

（3）LCD1602 和 LCD12864 液晶屏接口；

（4）1 个有源蜂鸣器；

（5）1 路 DS18B20 温度传感器接口；

（6）1 路红外传感器接口；

（7）1 路 CH340USB 转串口通信电路；

（8）1 路蓝牙模块接口；

（9）1 路 2.4GHz 无线通信模块接口；

（10）1 路 Wi-Fi 模块接口；

KR-51 开发板集成模块及接口布局图如图 10-3-1 所示。

图 10-3-1　KR-51 开发板集成模块及接口布局图

10.3.2　点亮一个小灯

由附录 D 中的 KR-51 单片机开发板原理图可知，P1 口的 8 位端口分别接在 8 个 LED 的阴极，LED 的阳极通过电阻接在电源上，因此只要将相应端口置“0”，形成回路，LED 上有电流流过，LED 就会被点亮。

程序清单 10-3-1　led.c 程序

```
#include <reg52.h>
sbit P1_0=P1^0;
void main()
{
    P1_0=0;
}
```

reg52.h 中定义了 52 系列单片机所有的特殊功能寄存器（SFR）及可以进行位操作的位变量。

如果我们要让一个小灯闪烁起来，就要让小灯亮一段时间，熄灭一段时间，然后循环执行。

程序清单 10-3-2　led2.c 程序

```
#include <reg52.h>
typedef unsigned int uint;
sbit P1_0=P1^0;
uint i=0;
void delay(uint i);
void main()
{
    P1_0=0;
    delay(50000);
    P1_0=1;
    delay(50000);}
```

```
void delay(uint i)
{
    while(i--);
}
```

这个延时是通过软件延时实现的，延时时间不可以精确控制，CPU 效率也比较低，后面我们通过定时/计数器实现延时的精确控制。

10.3.3 流水灯

我们可以用很多种方法来实现流水灯的效果，常用的方法有逻辑运算、数组、库函数等。

1. 方法 1

如果要产生流水灯效果，需要将 P1 口的 8 位 P1.0～P1.7 依次置“0”。LED1 的初始值为 0xfe，也即 1111 1110，当 P1=LED1 时，P1.7～P1.0 被置为 1111 1110，P1.0 上的小灯被点亮；执行 LED1<<=1 后，LED1 变为 1111 1100；执行 LED1+=1 后，LED1 变为 1111 1101，然后赋值给 P1 口，P1.1 上的小灯被点亮，依次循环就实现了流水灯的效果。

程序清单 10-3-3　led_flow.c 程序

```
#include <reg52.h>
typedef unsigned int uint;
typedef unsigned char uchar;

uint i=0;
uchar LED1=0xfe;
void delay(uint i);
void main()
{
    while(1)
    {
        P1=LED1;
        delay(50000);
        P1=0xff;
        delay(50000);
        LED1<<=1;
        LED1+=1;
        if(LED1==0xff)
        {
            LED1=0xfe;
        }
    }
}
void delay(uint i)
{
    while(i--);
```

```
}
```

2. 方法 2

把 8 个小灯被点亮时 P1 口的值放到数组中，通过循环依次从数组中取出来赋值给 P1 口，就实现了流水灯的效果。

程序清单 10-3-4 led_flow2.c 程序

```
#include <reg52.h>
typedef unsigned int uint;
typedef unsigned char uchar;
uchar LED[]={0xfe,0xfd,0xfb,0xf7,0xef,0xdf,0xbf,0x7f};
uint i=0;
void delay(uint i);
void main()
{
    while(1)
    {
        for(i=0;i<8;i++)
        {
            P1=LED[i];
            delay(50000);
            P1=0xff;
            delay(50000);
        }
        if(i==8)
        {
            i=0;
        }
    }
}
void delay(uint i)
{
    while(i--);
}
```

3. 方法 3

用 C51 库函数中的字符循环左移函数_crol_实现。

```
unsigned char _crol_(unsigned char c, /*character to rotate left*/
                     unsigned char b);/*bit positions to rotate */
```

该函数可以实现循环左移，它有两个参数，第一个参数 c 是要循环左移的字符，第二个参数 b 是要左移的位数。循环左移的最高位移位后会移到最低位上，如图 10-3-2 所示。该函数的声明在 intrins.h 头文件里，需要把这个头文件用#include 指令输入源文件。相似的函数还有字符循环右移函数_cror_等。读者可以在 Keil 软件中的“Help”菜单中找到“µVision

Help”选项，在“Cx51 Compiler User's Guide”→“Library Reference”→“Reference”目录下查阅相关函数的使用方法。

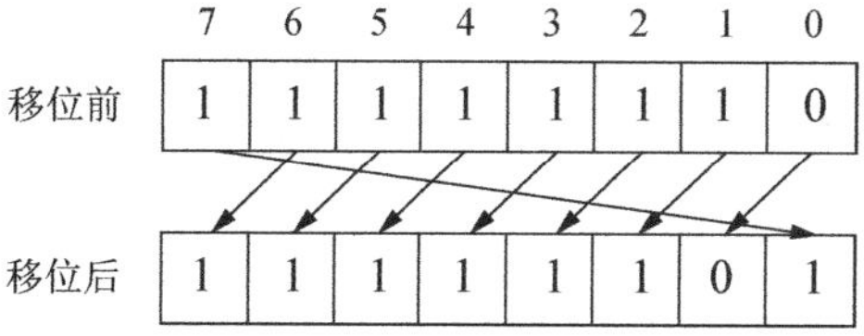

图 10-3-2　循环左移

程序清单 10-3-5　led_flow3.c 程序

```
#include <reg52.h>
#include <intrins.h>
typedef unsigned int uint;
typedef unsigned char uchar;

uint i=0;
uchar LED1=0xfe;
void delay(uint i);
void main()
{
    while(1)
    {
        P1=LED1;
        delay(50000);
        P1=0xff;
        delay(50000);
        LED1=_crol_(LED1,1);
    }
}
void delay(uint i)
{
    while(i--);
}
```

10.3.4　蜂鸣器的控制

由附录 D 可知，在 P2.5 口接了一个有源蜂鸣器。当 P2.5 端口输出低电平时，PNP 型三极管被导通，会有电流流过蜂鸣器，蜂鸣器发出响声；当 P2.5 端口输出高电平时，三极管截止，蜂鸣器停止发出响声。

程序清单 10-3-6　beep.c 程序

```
#include <reg52.h>
typedef unsigned int uint;
```

```
sbit P2_5=P2^5;
void delay(uint i);
void main()
{
    P2_5=0;
    delay(50000);
    P2_5=1;
    delay(50000);
}
void delay(uint i)
{
    while(i--);
}
```

10.3.5 数码管的静态显示

由附录 D 可知，开发板接了一个 4 位 8 段共阳极数码管，每 1 位数码管的公共端通过一个 PNP 型三极管连接至 P2.0～P2.3 端口，8 个段 a～dp 连接在 P0.0～P0.7 端口。根据 6.4 节介绍的共阳极数码管的内部结构，由图 6-4-6 可知，共阳极数码管被点亮所对应的段码如表 10-3-1 所示，可通过控制 P0.0～P0.7 端口的电平决定数码管显示的字形。

表 10-3-1 共阳极数码管段码表

	P0.7	P0.6	P0.5	P0.4	P0.3	P0.2	P0.1	P0.0	
段码	dp	g	f	e	d	c	b	a	字形
0xc0	1	1	0	0	0	0	0	0	0
0xf9	1	1	1	1	1	0	0	1	1
0xa4	1	0	1	0	0	1	0	0	2
0xb0	1	0	1	1	0	0	0	0	3
0x99	1	0	0	1	1	0	0	1	4
0x92	1	0	0	1	0	0	1	0	5
0x82	1	0	0	0	0	0	1	0	6
0xf8	1	1	1	1	1	0	0	0	7
0x80	1	0	0	0	0	0	0	0	8
0x90	1	0	0	1	0	0	0	0	9

通过接在 P2.0～P2.3 端口的电平决定哪一位数码管被点亮，当 P2.0～P2.3 端口输出低电平时，PNP 型三极管导通，数码管的公共端连接至电源（相应的数码管被选通）；反之，当 P2.0～P2.3 端口输出高电平时，PNP 型三极管截止，数码管不会被点亮。

由于每位数码管的 a～dp 是连在一起的，所以选通的每一位数码管同一时间显示的字形是一样的，这称为数码管的静态显示。程序清单 10-3-7 的功能为在 4 位数码管上显示 0～9。

程序清单 10-3-7　8seg_static.c 程序

```
#include <reg52.h>
typedef unsigned int uint;
typedef unsigned char uchar;

sbit P2_0=P2^0;
sbit P2_1=P2^1;
sbit P2_2=P2^2;
sbit P2_3=P2^3;
uchar code table[]={0xc0,0xf9,0xa4,0xb0,0x99,0x92,0x82,
                    0xf8,0x80,0x90};
void delay(uint i);
void main()
{
    uint a;
    P2_0=P2_1=P2_2=P2_3=0;
    for(a=0;a<10;a++)
    {
        P0=table[a];
        delay(50000);
    }
    if(a=10)
        a=0;
}
void delay(uint i)
{
    while(i--);
}
```

10.3.6 数码管的动态显示

如果要在数码管的 4 个位上分别显示不同的数字，例如显示“1234”，程序清单 10-3-7 的程序（在同一时间显示的内容是相同的）显然无法实现。我们首先只打开数码管的第 1 位，并在该位上显示“1”，延时一段时间后关闭；然后打开数码管的第 2 位，并在该位上显示“2”，延时一段时间后关闭；接着打开数码管的第 3 位，并在该位上显示“3”；最后打开数码管的第 4 位，并在该位上显示“4”，循环往复。

程序清单 10-3-8　8seg_danamic.c 程序

```
#include <reg52.h>
typedef unsigned int uint;
typedef unsigned char uchar;

sbit P2_0=P2^0;
```

```
sbit P2_1=P2^1;
sbit P2_2=P2^2;
sbit P2_3=P2^3;
uchar code table[]={0xc0,0xf9,0xa4,0xb0,0x99,0x92,0x82,
                    0xf8,0x80,0x90};
void display();
void delay(uint i);
void main()
{
   display();
}
void display()
{
   P0=table[1];
   P2_0=0;
   delay(50000);
   P2_0=1;

   P0=table[2];
   P2_1=0;
   delay(50000);
   P2_1=1;

   P0=table[3];
   P2_2=0;
   delay(50000);
   P2_2=1;

   P0=table[4];
   P2_3=0;
   delay(50000);
   P2_3=1;
}
void delay(uint i)
{
   while(i--);
}
```

我们发现，数码管像流水灯一样在 4 个位上流动显示“1”“2”“3”“4”，并不是同时显示“1234”。如果我们减少延迟的时间，从 delay（50000）改为 delay（5000），发现流动速度加快；如果我们进一步减少延迟的时间，从 delay（5000）改为 delay（500），惊奇地发现在数码管上稳定地“同时”显示出“1234”。这是由于数码管从亮到完全熄灭是需要一定的时间的，如果轮流刷新显示的时间足够短，数码管还没完全变暗又被重新点亮了，由于存在数码管余辉和人眼的视觉暂留效应，感觉是“同时”显示出“1234”，这就是数码管的动态显示。

10.3.7　独立按键检测

由附录 D 可知，在开发板的 P3.2～P3.5 四个端口分别接了一个独立按键，按键未被按下时，端口悬空，端口电平为高电平“1”（单片机上电，悬空端口电平为高电平）；当按键按下时，端口电平被拉为低电平“0”。所以通过查询端口电平的状态，就可以知道按键是否被按下。编写程序检测 P3.4 端口的按键按下的次数，并把它显示在数码管上。

程序清单 10-3-9　key.c 程序

```
#include <reg52.h>
typedef unsigned int uint;
typedef unsigned char uchar;

sbit P2_0=P2^0;
sbit P2_1=P2^1;
sbit P2_2=P2^2;
sbit P2_3=P2^3;
sbit P3_4=P3^4;
uint count;
uchar code table[]={0xc0,0xf9,0xa4,0xb0,0x99,0x92,0x82,
                    0xf8,0x80,0x90};
void display(uint);
void delay(uint i);
void main()
{
   while(1)
   {
   if(P3_4==0)
   {
      count++;
   }
   display(count);
   }
}
void display(uint i)
{
   P0=table[i/1000];
   P2_0=0;
   delay(500);
   P2_0=1;

   P0=table[i/100%10];
   P2_1=0;
   delay(500);
   P2_1=1;
```

```
    P0=table[i%100/10];
    P2_2=0;
    delay(500);
    P2_2=1;

    P0=table[i%10];
    P2_3=0;
    delay(500);
    P2_3=1;
}
void delay(uint i)
{
    while(i--);
}
```

运行程序会发现，每按下一次按键，数码管上显示的数字不是逐渐加 1，而是远大于 1 的数字。这是由于按键按下和释放的过程中会有一定时间的抖动现象，一般 5～10ms 后会保持稳定，如图 10-3-3 所示。由于抖动的产生，端口会检测到电平不稳定，记录的次数也就不准确。如果要消除抖动造成的影响，可以增加硬件电路（例如施密特触发器），也可以通过软件延时的方法来实现，在程序清单 10-3-9 中添加延时函数，如程序清单 10-3-10 所示。

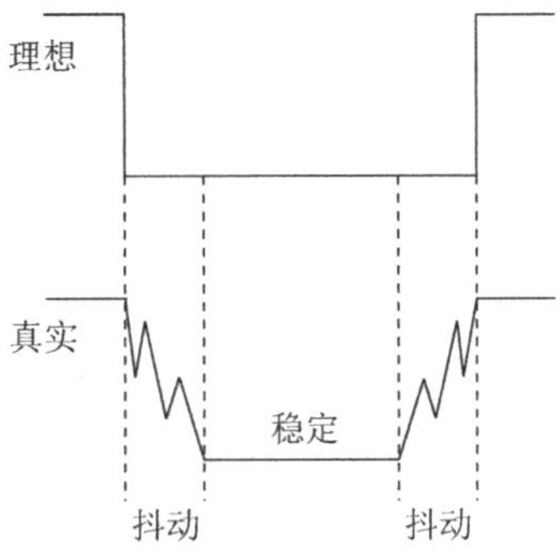

图 10-3-3 按键按下时端口电平变化情况

程序清单 10-3-10 延时消抖

```
void main()
{
    while(1)
    {
    if(P3_4==0)
    {
        delay(30000);//延时消抖
        count++;
    }
    display(count);
    }
}
```

10.3.8 矩阵键盘

每个独立按键都需要占用一个口线，如果需要很多按键，那么单片机的口线就不够用了，采用矩阵键盘可以节省一半的端口。图 10-3-4 所示为 4×4 矩阵键盘，共有 16 个按键，

8 个接口，将矩阵键盘接口 1～8 接入单片机 P1.0～P1.7，连接电路图如图 10-3-5 所示。

采用逐行扫描的方法可以实现按键的检测，具体方法如下：在第一行（接在 P1.7 端口上）置“0”，同时第二、三、四行（分别接在 P1.6、P1.5、P1.4 端口上）置“1”，然后查询 P1.0～P1.3 四个端口是否为低电平“0”，如果 P1.0～P1.3 有端口输出为低电平“0”，则说明有键按下了，可以根据 P1.0～P1.3 的电平状况查出具体是哪个按键按下了，并且返回该键值；如果 P1.0～P1.3 都为高电平，说明没有按键按下，则用相同的方法分别在第二、三、四行逐行置“0”，然后通过查询 P1.0～P1.3 的电平状态来判断。

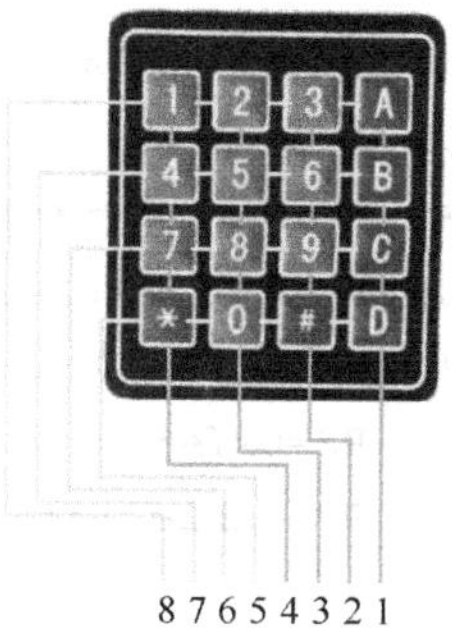

图 10-3-4 4×4 矩阵键盘

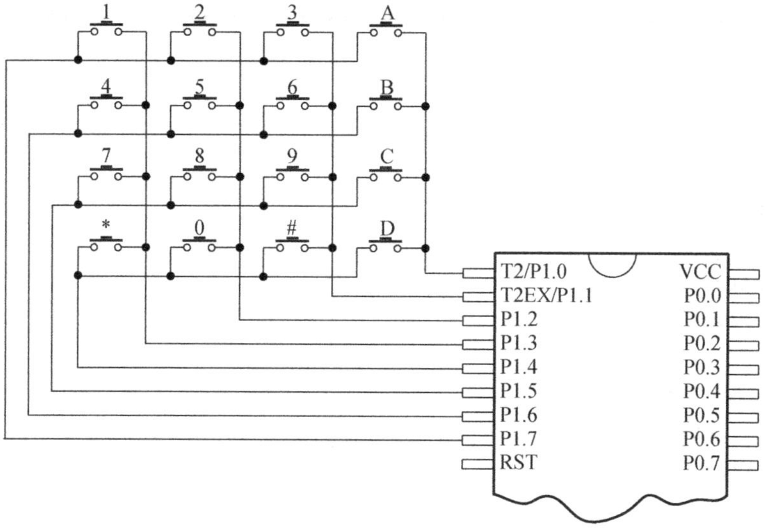

图 10-3-5 4×4 矩阵键盘与单片机连接电路图

按键检测并在数码管上显示相应键值，检测到“*”键显示“E”，检测到“#”键显示“F”，如程序清单 10-3-11 所示。

程序清单 10-3-11 keyboard.c

```
#include<reg52.h>

/***************************数码管表格**************************/
unsigned char table[]={0xC0,0xF9,0xA4,0xB0,0x99,0x92,0x82,0xF8,0x80,
0x90,0x88,0x83,0xC6,0xA1,0x86,0x8E};
/*************************************************************
函数功能:延时子程序
*************************************************************/
void delay(void)
{
    unsigned char i,j;
    for(i=0;i<20;i++)
    for(j=0;j<250;j++);
```

```
}
/*************************************************************
函数功能:LED 显示子程序
入口参数:i
*************************************************************/
void display(unsigned char i)
{
    P2=0xfe;
    P0=table[i];
}
/*************************************************************
函数功能:键盘扫描子程序
*************************************************************/
void keyscan(void)
{
    unsigned char n;
    //扫描第一行
    P1=0xfe;
    n=P1;
    n&=0xf0;
    if(n!=0xf0)
    {
        delay();
        P1=0xfe;
        n=P1;
        n&=0xf0;
        if(n!=0xf0)
        {
            switch(n)
            {
            case(0xe0):display(13);break;
            case(0xd0):display(12);break;
            case(0xb0):display(11);break;
            case(0x70):display(10);break;
            }
        }
    }
    //扫描第二行
    P1=0xfd;
    n=P1;
    n&=0xf0;
    if(n!=0xf0)
    {
        delay();
```

```
        P1=0xfd;
        n=P1;
        n&=0xf0;
        if(n!=0xf0)
        {
            switch(n)
            {
            case(0xe0):display(15);break;
            case(0xd0):display(9);break;
            case(0xb0):display(6);break;
            case(0x70):display(3);break;
            }
        }
    }
    //扫描第三行
    P1=0xfb;
    n=P1;
    n&=0xf0;
    if(n!=0xf0)
    {
        delay();
        P1=0xfb;
        n=P1;
        n&=0xf0;
        if(n!=0xf0)
        {
            switch(n)
            {
            case(0xe0):display(0);break;
            case(0xd0):display(8);break;
            case(0xb0):display(5);break;
            case(0x70):display(2);break;
            }
        }
    }
    //扫描第四行
    P1=0xf7;
    n=P1;
    n&=0xf0;
    if(n!=0xf0)
    {
        delay();
        P1=0xf7;
        n=P1;
```

```
            n&=0xf0;
            if(n!=0xf0)
            {
                switch(n)
                {
                case(0xe0):display(14);break;
                case(0xd0):display(7);break;
                case(0xb0):display(4);break;
                case(0x70):display(1);break;
                }
            }
        }
}
/*************************************************************
函数功能:主程序
*************************************************************/
void main(void)
{
    while(1)
    {
        keyscan();
    }
}
```

10.4 51单片机中断系统

10.4.1 中断的概念

中断指 CPU 在执行程序过程中，遇到计算机内部或者外部突发紧急事件的请求，CPU 暂停当前程序的执行，转而去处理这个中断请求，处理完毕返回到原来中断的位置继续执行的过程。中断过程通常分为中断请求、中断响应、中断执行、中断返回四个步骤。引起中断的原因和发出中断请求的来源称为中断源。单片机通常有多个中断源，中断源的优先级可以设置，当有多个中断源同时向 CPU 发出中断请求时，CPU 总是先响应优先级别最高的中断请求。

当 CPU 在处理一个中断请求的过程中，CPU 接收到一个优先级别更高的中断请求，CPU 能够暂停当前中断，转而去响应更高级别的中断请求，处理完毕再返回到原来的中断位置继续执行，这称为中断的嵌套。

STC89xx 系列单片机有 8 个中断源，通过设置或清除特殊功能寄存器 IE 和 XICON 中的位，可以单独启用或禁用中断源。特殊功能寄存器 IE 还有一个禁用全部中断位（EA），清除该位可以立即禁用所有中断。表 10-4-1 列出了 STC89xx 系列单片机 8 个中断源的中断向量地址、相同优先级的内部轮询序列号、优先级的配置位及中断的控制位。

表 10-4-1 STC89xx 系列单片机中断源

中断源	中断向量地址	轮询序列号	优先级的配置位(IP/XICON,IPH)	Priority 0 (lowest)	Priority 1	Priority 2	Priority 3 (highest)	Interrupt Request	中断的控制位
$\overline{\text{INT0}}$（外部中断）	0003H	0 (highest)	PX0H,PX0	0,0	0,1	1,0	1,1	IE0	EX0/EA
定时器 0	000BH	1	PT0H,PT0	0,0	0,1	1,0	1,1	TF0	ET0/EA
$\overline{\text{INT1}}$（外部中断）	0013H	2	PX1H,PX1	0,0	0,1	1,0	1,1	IE1	EX1/EA
定时器 1	001BH	3	PT1H,PT1	0,0	0,1	1,0	1,1	TF1	EX1/EA
UART（Serial Interface）	0023H	4	PSH,PS	0,0	0,1	1,0	1,1	RI+TI	ES/EA
定时器 2	002BH	5	PT2H,PT2	0,0	0,1	1,0	1,1	TF2+EXF2	ET2/EA
$\overline{\text{INT2}}$	0033H	6	PX2H,PX2	0,0	0,1	1,0	1,1	IE2	EX2/EA
$\overline{\text{INT3}}$	003BH	7 (lowest)	PX3H,PX3	0,0	0,1	1,0	1,1	IE3	EX3/EA

中断系统解决了 CPU 与外设的速度匹配问题，可以提高 CPU 的工作效率，同时使单片机具有分时处理、实时处理功能等。

10.4.2 中断结构

图 10-4-1 为 STC89xx 系列单片机中断系统结构图。在每个系统时钟周期，CPU 会采样各个中断源的中断标志位，只有各中断源对应的中断标志位被置位，并且在中断允许位及总中断允许位被打开的前提下，CPU 才会在第二个采样周期按照中断优先级响应中断。中断执行完毕会返回到主程序被中断的位置继续执行。

1. 中断请求标志

外部中断 $\overline{\text{INT0}}$、$\overline{\text{INT1}}$、$\overline{\text{INT2}}$、$\overline{\text{INT3}}$ 可以由低电平触发或者下降沿触发，通过配置特殊功能寄存器 TCON 的 TCON.0（IT0）和 TCON.2（IT1）位和 XICON 的 XICON.0（IT2）和 XICON.4（IT3）位来选择，当外部中断源满足选择的触发方式，中断标志位 TCON.1（IE0）、TCON.3（IE1）、XICON1（IE2）、XICON.3（IE3）会被置位，产生外部中断。当外部中断被响应后，中断标志位会自动被硬件清零。

定时器 0 和定时器 1 的中断标志位分别是 TCON.5（TF0）、TCON.7（TF1），当定时/计数器溢出时，中断标志位会被置位，产生中断。当定时器中断被响应时，中断标志位会自动被硬件清零。

定时器 2 的中断标志位有两个，分别是 T2CON.7（TF2）、TCON.6（EXF2），任意一个中断标志位被置位都会触发中断。当定时器 2 溢出时 TF2 会被置位；当定时器 2 用于捕获模式或 16 位自动重装模式时，若 EXEN2=1 且外部引脚（T2EX）产生从 1 到 0 的负跳变，则使 EXF2 置位。TF2、EXF2 只能通过软件清零。

串口接收完毕，接收中断标志位 SCON.0（RI）会被置位；串口发送完毕，发送中断标志位 SCON.1（TI）会被置位，产生串口中断。

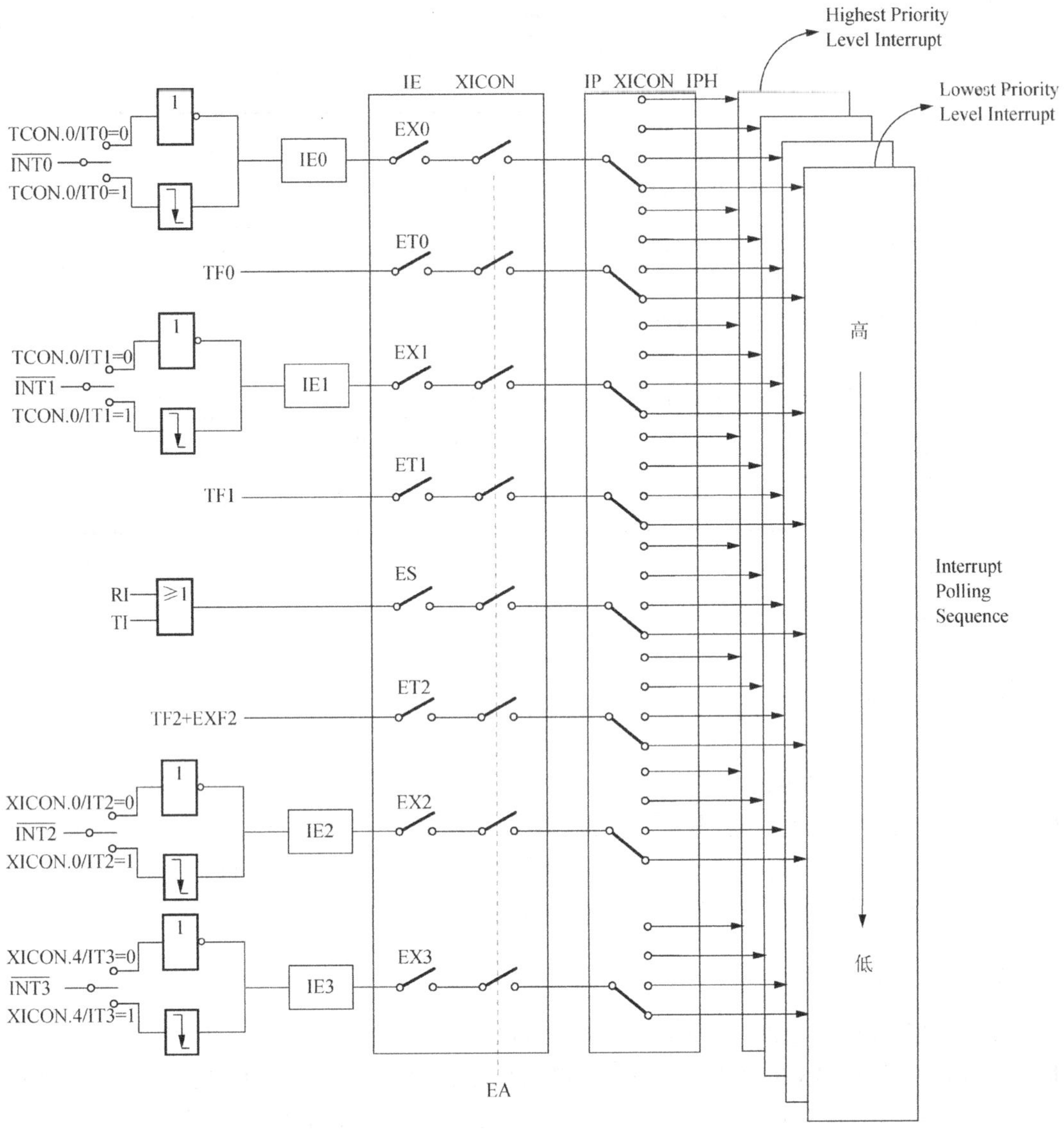

图 10-4-1　STC89xx 系列单片机中断系统结构图

2. 中断允许控制

特殊功能寄存器 IE 是中断允许控制寄存器，用来控制各中断源是否被允许，该寄存器可以进行位寻址，每一位分别控制不同的中断源，各位的定义及功能如表 10-4-2 所示。

表 10-4-2　中断允许控制寄存器 IE 各位的定义及功能

符号	位置	功能
EA	IE.7	EA=1：中断源受各中断允许位的控制 EA=0：关闭所有中断

续表

符号	位置	功能
ET2	IE.6	定时器 2 中断允许位［1：enable（使能）；0：disable（无效）］
ES	IE.5	串口中断允许位（1：enable；0：disable）
ET1	IE.4	定时器 1 中断允许位（1：enable；0：disable）
EX1	IE.3	外部中断 1 允许位（1：enable；0：disable）
ET0	IE.2	定时器 0 中断允许位（1：enable；0：disable）
EX0	IE.1	外部中断 0 允许位（1：enable；0：disable）

3．中断优先级

STC89xx 系列单片机有 4 个中断优先级，每个中断源都有两个对应的位来控制其优先级，一个位于 IPH 寄存器，另一个在 IP 或 XICON 寄存器中，通过设置特殊功能寄存器 IPH 和 IP/XICON 相应的位，每个中断源都可以被设定在某个优先级，如表 10-4-1 所示。高优先级中断不会被低优先级中断请求打断，如果同时接收到两个不同优先级的中断请求，高优先级的中断请求首先被响应；如果同时接收到相同优先级的中断请求，则由内部轮询序列号确定哪个中断请求首先被响应，相同优先级的轮询序列号如表 10-4-1 所示。

4．中断服务程序

CPU 响应中断后，会跳转到中断服务子函数去执行中断，C51 的中断服务子函数格式如下：

```
void 函数名 () interrupt 中断号
{
中断服务程序
}
```

中断号就是相同优先级中断的内部轮询序列号，如表 10-4-1 所示。例如：

```
void    Int0_Routing(void)      interrupt 0;
void    Timer0_Routing(void)    interrupt 1;
void    Int1_Routing(void)      interrupt 2;
void    Timer1_Routing(void)    interrupt 3;
void    UART_Routing(void)      interrupt 4;
void    Timer2_Routing(void)    interrupt 5;
void    Int2_Routing(void)      interrupt 6;
void    Int3_Routing(void)      interrupt 7;
```

10.4.3　外部中断的应用

STC89xx 系列单片机有 4 个外部中断源，每个外部中断源可以通过配置特殊功能寄存器 TCON 的 TCON.0（IT0）和 TCON.2（IT1）位与 XICON 的 XICON.0（IT2）和 XICON.4（IT3）位来选择不同触发方式（ITx=0，低电平触发；ITx=1，下降沿触发）。

编写一个外部中断的测试程序，外部中断 0 采用低电平触发方式，外部中断 1 采用下降沿触发方式，外部中断 0 的中断服务子函数点亮 P1.0 上的小灯，外部中断 1 的中断服务子函数熄灭 P1.0 上的小灯。

程序清单 10-4-1　int_test.c 程序

```
#include <reg52.h>
typedef unsigned int uint;
typedef unsigned char uchar;

sbit P1_0=P1^0;
void exint0() interrupt 0
{
    P1_0=0;
}
void exint1() interrupt 2
{
    P1_0=1;
}
void main()
{
    IT0 = 1; //set INT0 interrupt type (1:Falling 0:Low level)
    EX0 = 1; //enable INT0 interrupt
    IT1 = 0; //set INT1 interrupt type (1:Falling 0:Low level)
    EX1 = 1; //enable INT1 interrupt
    EA = 1;  //open global interrupt switch
    while (1);
}
```

由附录 D 可知，在单片机的外部中断口 INT0（P3.2）、INT1（P3.3）分别接有一个独立按键，当按键按下时会产生下降沿，按下保持住会产生低电平。当 P3.2 端口按键按下时会触发外部中断 0，在中断服务子函数 exint0()里点亮小灯；当 P3.3 端口按键按下时会触发外部中断 1，在中断服务子函数 exint1()里熄灭小灯。

中断具有实时响应的特性，我们通过一个案例来说明。编写一个程序，数码管显示从 9999～0000 的倒计时，分别用外部中断及查询端口的方式检测按键是否被按下，进而控制同一个小灯的亮灭：外部中断 0 采用低电平触发方式，外部中断 1 采用下降沿触发方式，外部中断 0 的中断服务子函数点亮 P1.0 上的小灯，外部中断 1 的中断服务子函数熄灭 P1.0 上的小灯；用查询端口的方式检测按键是否被按下，P3.4 按键按下，点亮 P1.0 上的小灯；P3.5 按键按下，熄灭 P1.0 上的小灯。

程序清单 10-4-2　int_query_test.c 程序

```
#include<reg52.h>
typedef unsigned int uint;
typedef unsigned char uchar;

uchar code table[]={0xc0,0xf9,0xa4,0xb0,0x99,0x92,0x82,
                    0xf8,0x80,0x90};
sbit P1_0=P1^0;
```

```
sbit P2_0=P2^0;
sbit P2_1=P2^1;
sbit P2_2=P2^2;
sbit P2_3=P2^3;
sbit P3_4=P3^4;
sbit P3_5=P3^5;
void display1(uint);
void delay(uint i)
{
    while(i--);
}
void exint0() interrupt 0
{
    P1_0=0;
}
void exint1() interrupt 2
{
    P1_0=1;
}
void exint_Init()
{
    IT0=0;
    IT1=0;
}
void main()
{
    uint i;
    uint j;
    exint_Init();
    EX0=1;
    EX1=1;
    EA=1;
    while(1)
    {
        for(j=9999;j>0;j--)
        {
            for(i=1000;i>0;i--)
            {
                display1(j);
            }
        if(P3_4==0)
            {
                P1_0=0;
            }
```

```
            if(P3_5==0)
                {
                    P1_0=1;
                }
            }
        }
    }
    void display1(uint count)
    {
        P0=table[count/1000];
        P2_0=0;
        delay(20);
        P2_0=1;
        P0=table[count/100%10];
        P2_1=0;
        delay(20);
        P2_1=1;
        P0=table[count%100/10];
        P2_2=0;
        delay(20);
        P2_2=1;
        P0=table[count%10];
        P2_3=0;
        delay(20);
        P2_3=1;
    }
```

测试程序会发现，当 P3.2、P3.3 端口的按键按下时，会实时地控制小灯的亮灭；而 P3.4、P3.5 端口的按键按下时不能实时控制小灯的亮灭，必须保持按键处在被按下的状态直到数码管显示完一个数字之后，小灯才会被点亮或者熄灭。这是由于主程序在完成一次数码管的数字显示之后，才会查询 P3.4、P3.5 端口的按键的状态，而采用中断方式的 P3.2、P3.3 端口按键产生触发电平之后，主函数停止执行当前程序，转而处理中断，处理完毕之后回到主函数继续执行。这就是中断具有的实时响应重要事件或者偶发事件的特性。

10.5 51 单片机定时/计数器

STC89xx 系列单片机有 3 个 16 位的定时/计数器 T0、T1、T2，通过特殊功能寄存器 TMOD.6（$C/\overline{T}$）、TMOD.2（$C/\overline{T}$）、T2CON（$C/\overline{T2}$）的选择，既可以用作定时器，也可以用作计数器。定时的本质是计数，两种功能只是计数的脉冲来源不同：定时功能的计数脉冲来自系统内部，单个脉冲的周期确定，则定时的时间也可以确定；计数功能的计数脉冲来自单片机外部引脚 P3.4（T0）、P3.5（T1）、P1.0（T2）。

10.5.1　定时/计数器的结构

图 10-5-1 所示为 STC89xx 系列单片机定时/计数器 T0/T1 的结构框图，它的本质是一个加 1 计数器，由低 8 位寄存器 TL*x* 和高 8 位寄存器 TH*x* 组成（*x*=0，1），里面储存计数值；TMOD 寄存器控制定时/计数器 T0/T1 的工作模式；TCON 寄存器的 TR0、TR1 是定时/计数器 T0/T1 的控制位，可通过软件置数或者清零来控制定时/计数器的启动与关闭。

计数器的计数脉冲有两个来源：一个是外部脉冲；另一个是内部的系统时钟经 6 分频或者 12 分频后的脉冲。每来一个脉冲，计数值就加 1，直到加满溢出，会置位溢出标志位 TF0、TF1，触发定时器中断。

TH*x* 和 TL*x* 的计数初值可通过软件写入，实际计数值等于寄存器最大计数值减去计数初值。

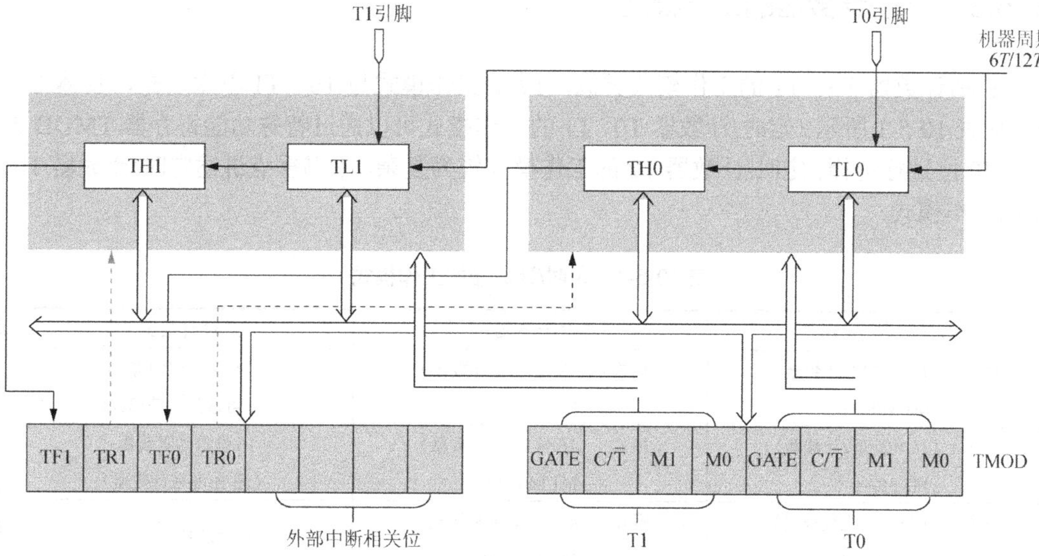

图 10-5-1　STC89xx 系列单片机定时/计数器 T0/T1 的结构框图

10.5.2　时钟周期与机器周期

时钟周期也称为振荡周期，它由连接在单片机上的晶振决定，它等于晶振频率的倒数，例如外接一个 12MHz 的晶振，则单片机的时钟周期为 $\frac{1}{12\times10^6}$ s。

机器周期也称为 CPU 周期。在计算机中，为了便于管理，常把一条指令的执行过程划分为若干阶段（如取指、译码、执行等），每一阶段完成一个基本操作。完成一个基本操作所需要的时间称为机器周期。一般情况下，一个机器周期由若干时钟周期组成。

传统 51 单片机的一个机器周期等于 12 个时钟周期，STC89xx 系列单片机可选择 6 时钟周期/机器周期、12 时钟周期/机器周期两种模式。定时/计数器工作在定时模式时，可在程序下载软件 STC_ISP 中选择，如图 10-5-2 所示。

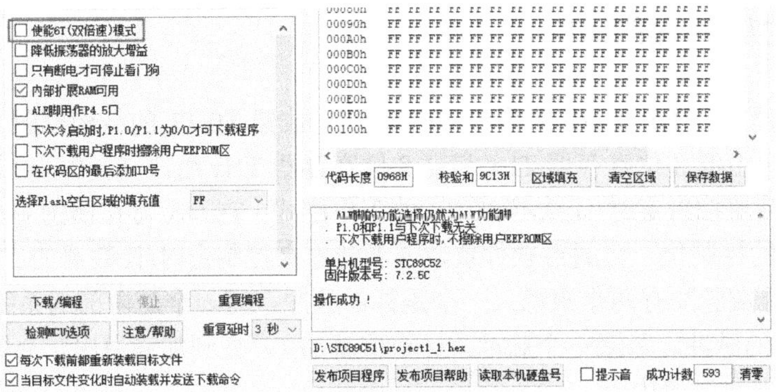

图 10-5-2　程序下载软件 STC_ISP 界面

10.5.3　定时/计数器的工作模式

定时/计数器 T0、T1 的工作模式类似，T2 的工作模式与 T0、T1 不太一样，具体工作模式如表 10-5-1 所示。定时/计数器 T0、T1 的工作模式可以通过特殊功能寄存器 TMOD 的 M1、M0 位进行选择；定时/计数器 T2 的工作模式较为复杂，本书重点讲述定时/计数器 T0、T1 的工作模式。

表 10-5-1　定时/计数器的工作模式

定时/计数器 T0	定时/计数器 T1	定时/计数器 T2
模式 0（13 位定时/计数器） M1 M0=0 0	模式 0（13 位定时/计数器） M1 M0=0 0	16 位定时/计数器 （可选择捕获模式）
模式 1（16 位定时/计数器） M1 M0=0 1	模式 1（16 位定时/计数器） M1 M0=0 1	16 位自动重装模式 （递增/递减计数器）
模式 2（8 位自动重装模式） M1 M0=1 0	模式 2（8 位自动重装模式） M1 M0=1 0	串口波特率发生器
模式 3（两个 8 位计数器） M1 M0=1 1	停止 M1 M0=1 1	可编程时钟输出模式

TMOD 寄存器不能进行位寻址，各位的定义及功能如表 10-5-2 所示。

表 10-5-2　TMOD 寄存器各位的定义及功能

<table>
<tr><td colspan="2">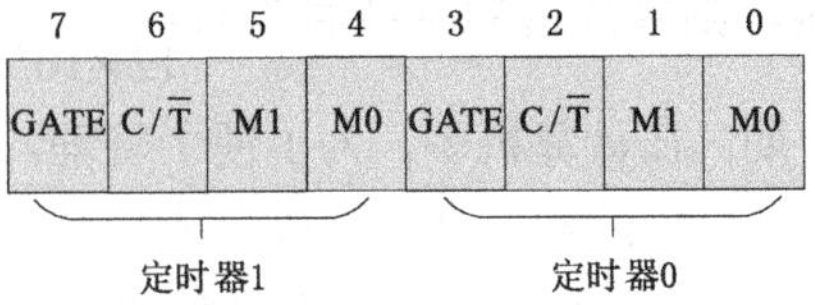
</td></tr>
<tr><td>GATE</td><td>0：当 TRx 置位时，定时/计数器即可启动
1：当 $\overline{INTx}$ 引脚为高电平且 TRx 置位定时/计数器时，才能启动</td></tr>
<tr><td>C/$\overline{T}$</td><td>1：计数器
0：定时器</td></tr>
</table>

续表

M1	M0	工作模式
0	0	13 位定时/计数器（TH*x* 和 TL*x* 的低 5 位）
0	1	16 位定时/计数器（TH*x* 和 TL*x*）
1	0	8 位自动重装模式（TL*x* 溢出时将 TH*x* 的预存值自动装入 TL*x*）
1	1	定时器 0：两个 8 位计数器（TL0 是一个 8 位定时/计数器，受定时器 0 的控制位控制；TH0 只能做定时器用，受定时器 1 的控制位控制） 定时器 1：停止计数

定时/计数器 T0 工作在模式 1 下，定时/计数器的寄存器被设置为 16 位寄存器，由 TH0 的高 8 位和 TR0 的低 8 位组成，当寄存器的值从全 1 变为全 0 时，则产生溢出，同时把定时器溢出标志位 TF0 置位，发出中断请求。当 GATE=0 时，可通过 TR0 控制定时/计数器的启动与关闭；当 GATE=1 时，只有当 $\overline{\text{INT0}}$ 引脚出现高电平，才可通过 TR0 控制定时/计数器的启动与关闭。定时/计数器 T0 工作在模式 1 下的内部逻辑结构如图 10-5-3 所示。其他几种工作模式的基本原理大致相同。

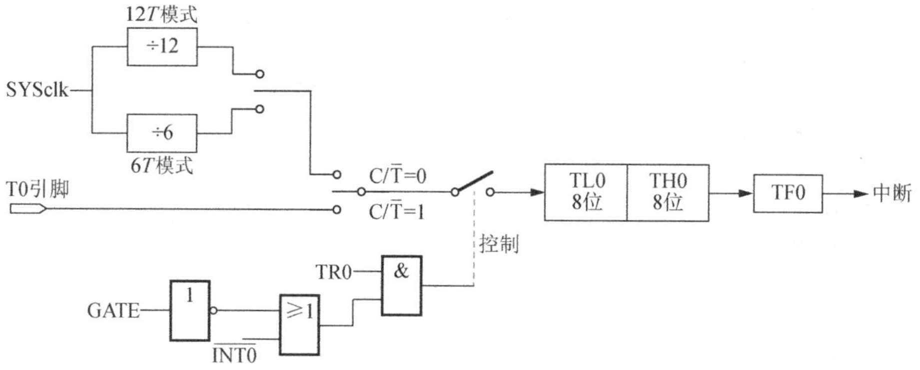

图 10-5-3　定时/计数器 T0 工作在模式 1 下的内部逻辑结构

10.5.4　定时/计数器的应用

定时/计数器一旦启动，它便在计数初值的基础上进行加 1 计数，TL*x* 计满之后向 TH*x* 进位，直到 TH*x* 也计满，再来一个脉冲，TL*x*、TH*x* 从全 0 变成全 1，计数器产生溢出，把 TF*x* 置位，向 CPU 发出中断请求。如果没有设置 TL*x* 和 TH*x* 的计数初值，默认从全 0 开始计数。

定时/计数器的应用编程步骤如下：

① 通过 TMOD 寄存器设置定时/计数器的工作模式，是否选择 GATE 位控制等；

② 计算计数初值，并装入 TL*x* 和 TH*x*；

③ 设置中断允许位 ET*x*、EA，打开定时/计数器中断；

④ 通过 TCON 寄存器的 TR*x* 位启动定时/计数器。

1．定时功能

案例：使定时/计数器 0 工作在模式 1 下，让数码管上显示 9999～0000 的倒计时，1s

变化一次，51 开发板晶振的频率为 12MHz。

通过 TMOD 寄存器选择模式 1 的定时功能。由于晶振的频率为 12MHz，选择 12*T* 模式，单片机的时钟周期为 $\frac{1}{12\times10^6}$ s，则机器周期为 $12\times\frac{1}{12\times10^6}\text{s}=1\mu\text{s}$，定时 50ms 触发一次中断，也就是要计 50000 个机器周期的脉冲，则计数初值为 65536−50000=15536，并将它分解成两个 8 位十六进制数，高 8 位装入 TH0，低 8 位装入 TL0。然后在中断服务子函数里重装计数初值并进行 Count++，如果 Count=20，则完成 20 次计数，时间刚好为 1s，让数码管的数字变化一次。

程序清单 10-5-1 timer_test.c 程序

```
#include <reg52.h>
typedef unsigned int uint;
typedef unsigned char uchar;

uchar Count = 0;
uchar code table[]={0xc0,0xf9,0xa4,0xb0,0x99,0x92,0x82,
                    0xf8,0x80,0x90};
sbit P2_0=P2^0;
sbit P2_1=P2^1;
sbit P2_2=P2^2;
sbit P2_3=P2^3;
uint i=0;
uint j=9999;
void delay(uint i)
{
    while(i--);
}
void display1(uint a)
{
    P0=table[a/1000];
    P2_0=0;
    delay(20);
    P2_0=1;
    P0=table[a/100%10];
    P2_1=0;
    delay(20);
    P2_1=1;
    P0=table[a%100/10];
    P2_2=0;
    delay(20);
    P2_2=1;
    P0=table[a%10];
    P2_3=0;
    delay(20);
```

```
    P2_3=1;
}
void Time0_Init()
{
    TMOD = 0x01;                    //定时/计数器 0 选用模式 1 的定时功能
    TH0  = (65536-50000)/256;       //装计数初值
    TL0  = (65536-50000)%256;
    ET0 = 1;                        //打开定时/计数器中断允许位
    TR0 = 1;                        //启动定时/计数器
}
void Time0_Int() interrupt 1
{
    TH0  = (65535-50000)/256;       //重装计数初值
    TL0  = (65535-50000)%256;
    Count++;
}
void main()
{
    Time0_Init();
    EA = 1;
    while(1)
    {
        display1(j);
        if(Count == 20) //当 Count 为 20 时，j 自减一次，20 * 50ms = 1s
        {
            Count = 0;
            j--;
        }
        if(j==0)
            j=9999;
    }
}
```

如图 10-5-2 所示，在程序下载软件 STC_ISP 中勾选“使能 6T（双倍速）模式”复选框，会发现数码管每 0.5s 数字变化一次。

2. 计数功能

案例 2：使定时/计数器 0 工作在模式 1 下，选择计数功能，让数码管上显示外部脉冲的次数，外部脉冲通过 P3.4 端口的按键手动产生。

通过 TMOD 寄存器选择模式 1 的计数功能。计数器计 0 的是 T0 引脚（P3.4）的外部脉冲，通过接在该端口的按键手动产生脉冲，计数值的高 8 位装在 TH0 里，低 8 位装在 TL0 里，读取 TH0、TL0 的计数值，并将其转化为十进制数，即可在数码管上显示出来。

程序清单 10-5-2　counter_test.c 程序

```
#include <reg52.h>
```

```
typedef unsigned int uint;
typedef unsigned char uchar;

uchar Count = 0;
uchar code table[]={0xc0,0xf9,0xa4,0xb0,0x99,0x92,0x82,
                    0xf8,0x80,0x90};
sbit P2_0=P2^0;
sbit P2_1=P2^1;
sbit P2_2=P2^2;
sbit P2_3=P2^3;
sbit P3_4=P3^4;
sbit P3_5=P3^5;
uint i=0;
uint j=0;
void delay(uint i)
{
    while(i--);
}
void display1(uint a)
{
    P0=table[a/1000];
    P2_0=0;
    delay(20);
    P2_0=1;
    P0=table[a/100%10];
    P2_1=0;
    delay(20);
    P2_1=1;
    P0=table[a%100/10];
    P2_2=0;
    delay(20);
    P2_2=1;
    P0=table[a%10];
    P2_3=0;
    delay(20);
    P2_3=1;
}
void Time0_Init()
{
    TMOD = 0x05;          //定时/计数器 0 选用模式 1
    TR0 = 1;              //启动定时/计数器
    ET0 = 1;              //打开定时/计数器中断允许位
}
void main()
```

```
{
    Time0_Init();
    EA = 1;
    while(1)
    {
        j=TH0*256+TL0;
        if(j==10000)
        {
            j=0;
            TH0=0;
            TL0=0;
        }
        display1(j);
    }
}
```

第 11 章

STM32 单片机的使用

11.1 STM32 单片机概述

11.1.1 STM32 系列单片机介绍及选型

STM32 系列 MCU 是意法半导体（ST）公司推出的基于 ARM 内核的 32 位微控制器，包括主流 MCU、高性能 MCU、超低功耗 MCU、无线 MCU 等，其产品方阵如图 11-1-1 所示，其产品型号如图 11-1-2 所示。

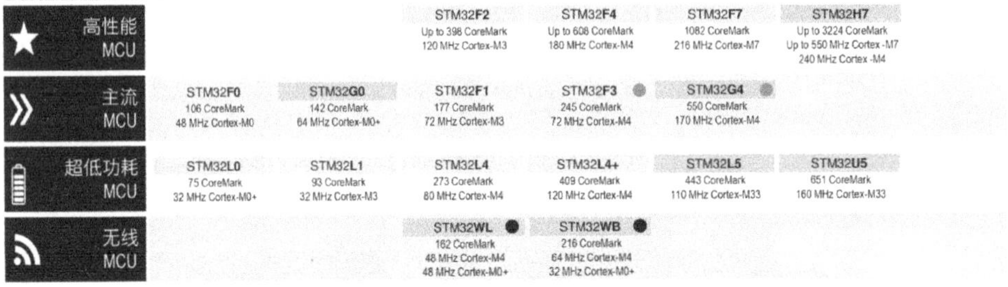

图 11-1-1　STM32 系列 MCU 产品方阵图（取自 STM32 系列产品选型手册）

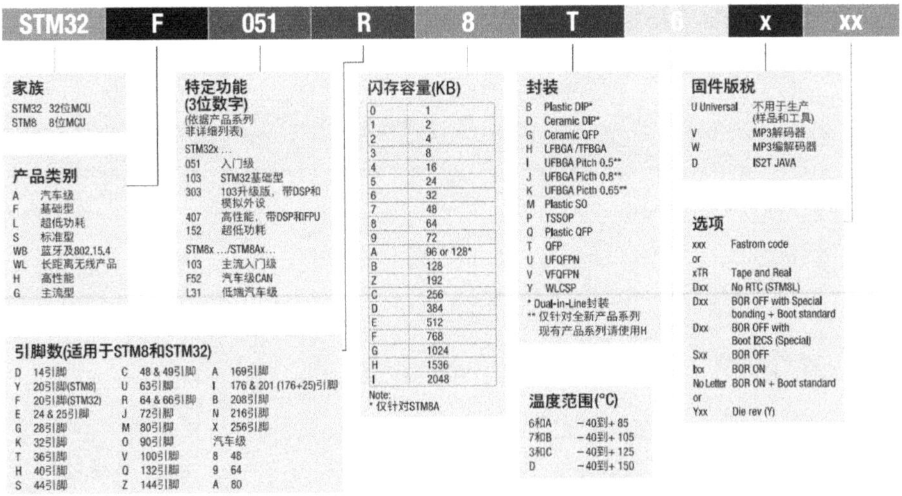

图 11-1-2　STM32 系列 MCU 产品型号（取自 STM32 系列产品选型手册）

以 STM32F407xx 为例，它包含高速存储器（1MB 的 Flash，最高可达 192KB 的 SRAM、最高可达 4KB 的备份 SRAM）、3 个 12 位 ADC、2 个 DAC、2 个通用 32 位定时/计数器、1 个真实随机数发生器（RNG），并且提供各类标准及高级通信接口（最多 3 个 IIC、3 个 SPI/IIS 接口、4 个 USART 接口、2 个 CAN 总线接口、1 个 SDIO/MMC 接口、1 个全速 USB OTG 接口和 1 个高速 USB OTG 接口、网口及相机接口等）；在-40~+105℃的温度范围内工作，电源电压为 1.8～3.6V，当设备使用外部电源监控器在 0～70℃的温度范围内运行时，电源电压可降至 1.7V，并且拥有一套全面的节能模式，以满足低功耗应用设计要求。具体内部资源如表 11-1-1 所示。

表 11-1-1　STM32F407xx 内部资源表

<table>
<tr><td colspan="2">Peripherals</td><td colspan="2">STM32F407Vx</td><td colspan="2">STM32F407Zx</td><td colspan="2">STM32F407Ix</td></tr>
<tr><td colspan="2">Flash memory in KB</td><td>512</td><td>1024</td><td>512</td><td>1024</td><td>512</td><td>1024</td></tr>
<tr><td rowspan="2">SRAM in KB</td><td>System</td><td colspan="6">192(112+16+64)</td></tr>
<tr><td>Backup</td><td colspan="6">4</td></tr>
<tr><td colspan="2">FSMC memory controller</td><td colspan="6">Yes</td></tr>
<tr><td colspan="2">Ethernet</td><td colspan="6">Yes</td></tr>
<tr><td rowspan="6">Timers</td><td>General-purpose</td><td colspan="6">10</td></tr>
<tr><td>Advanced-control</td><td colspan="6">2</td></tr>
<tr><td>Basic</td><td colspan="6">2</td></tr>
<tr><td>IWDG</td><td colspan="6">Yes</td></tr>
<tr><td>WWDG</td><td colspan="6">Yes</td></tr>
<tr><td>RTC</td><td colspan="6">Yes</td></tr>
<tr><td colspan="2">True random number generator</td><td colspan="6">Yes</td></tr>
<tr><td rowspan="7">Communication interfaces</td><td>SPI/IIS</td><td colspan="6">3/2</td></tr>
<tr><td>IIC</td><td colspan="6">3</td></tr>
<tr><td>USART/UART</td><td colspan="6">4/2</td></tr>
<tr><td>USB OTG FS</td><td colspan="6">Yes</td></tr>
<tr><td>USB OTG HS</td><td colspan="6">Yes</td></tr>
<tr><td>CAN</td><td colspan="6">2</td></tr>
<tr><td>SDIO</td><td colspan="6">Yes</td></tr>
<tr><td colspan="2">Camera interface</td><td colspan="6">Yes</td></tr>
<tr><td colspan="2">GPIOs</td><td colspan="2">82</td><td colspan="2">114</td><td colspan="2">140</td></tr>
<tr><td colspan="2" rowspan="2">12-bit ADC
Number of channels</td><td colspan="6">3</td></tr>
<tr><td colspan="2">16</td><td colspan="2">24</td><td colspan="2">24</td></tr>
<tr><td colspan="2" rowspan="2">12-bit DAC
Number of channels</td><td colspan="6">Yes</td></tr>
<tr><td colspan="6">2</td></tr>
<tr><td colspan="2">Maximum CPU frequency</td><td colspan="6">168MHz</td></tr>
<tr><td colspan="2">Operating voltage</td><td colspan="6">1.8 ~3.6 V</td></tr>
<tr><td colspan="2" rowspan="2">Operating temperatures</td><td colspan="6">Ambient temperatures:-40~+105℃</td></tr>
<tr><td colspan="6">Junction temperatures:-40~+125℃</td></tr>
<tr><td colspan="2">Package</td><td colspan="2">LQPF100</td><td colspan="2">LQPF144</td><td colspan="2">UFBGA176
LQPF176</td></tr>
</table>

STM32F407xx 的内部结构框图如图 11-1-3 所示。

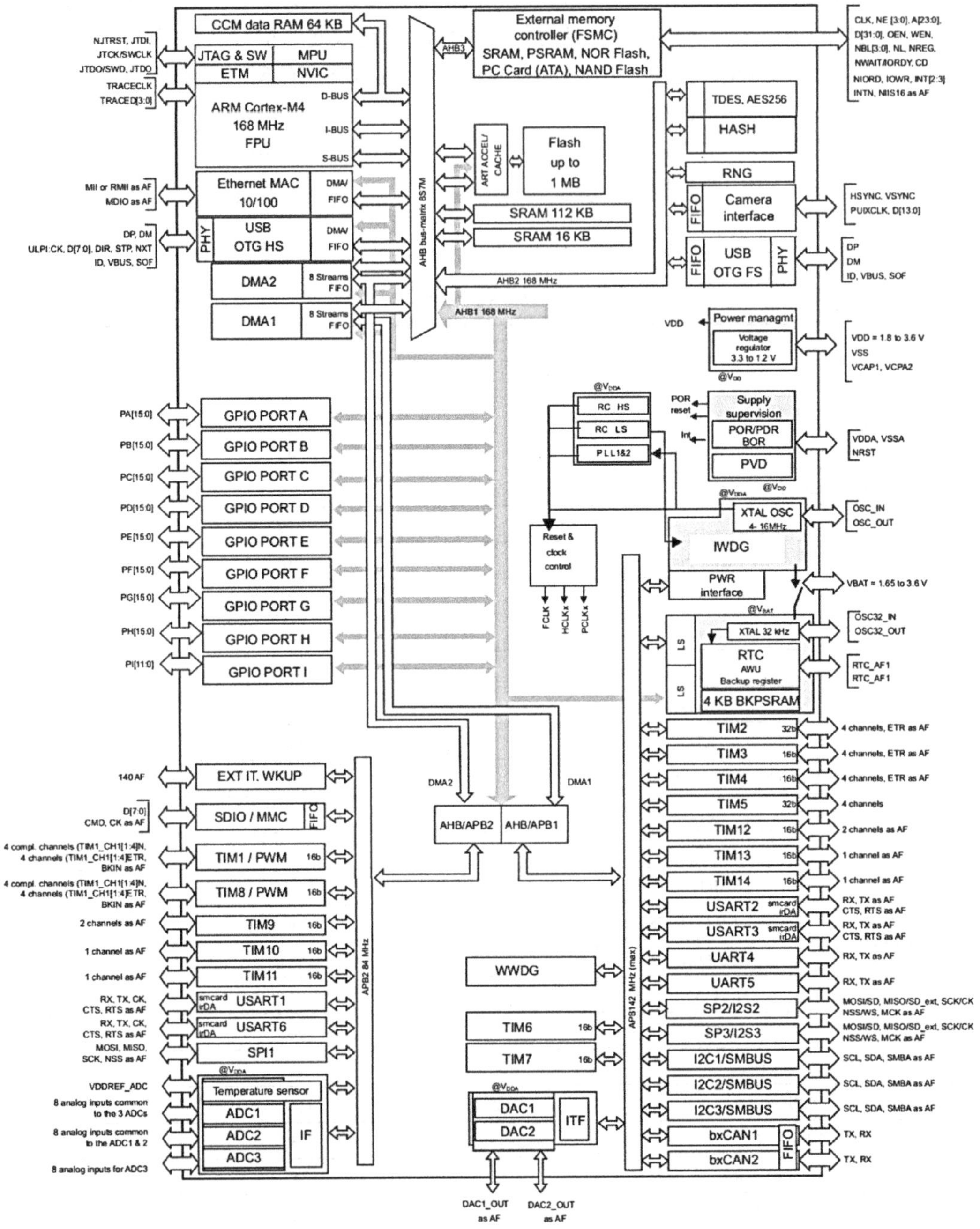

图 11-1-3　STM32F407xx 的内部结构框图（取自 STM32F407 数据手册）

11.1.2　STM32 系列单片机引脚定义

我们可以通过数据手册（Datasheet）及参考手册获取引脚定义，如图 11-1-4 所示，其引脚定义的说明如图 11-1-5 所示。

Pin number						Pin name (function after reset)(2)	Pin type	I / O structure	Notes	Alternate functions	Additional functions
LQFP64	WLCSP90	LQFP100	LQFP144	UFBGA176	LQFP176						
-	-	1	1	A2	1	PE2	I/O	FT	-	TRACECLK/ FSMC_A23 / ETH_MII_TXD3 / EVENTOUT	-

图 11-1-4　STM32F407xx 引脚定义（取自 STM32F407 数据手册）

Name	Abbreviation	Definition
Pin name	Unless otherwise specified in brackets below the pin name, the pin function during and after reset is the same as the actual pin name	
Pin type	S	Supply pin
	I	Input only pin
	I/O	Input / output pin
I/O structure	FT	5 V tolerant I/O
	TTa	3.3 V tolerant I/O directly connected to ADC
	B	Dedicated BOOT0 pin
	RST	Bidirectional reset pin with embedded weak pull-up resistor
Notes	Unless otherwise specified by a note, all I/Os are set as floating inputs during and after reset	
Alternate functions	Functions selected through GPIOx_AFR registers	
Additional functions	Functions directly selected/enabled through peripheral registers	

图 11-1-5　STM32F407xx 引脚定义的说明（取自 STM32F407 数据手册）

11.1.3　STM32 系列单片机总线架构及存储器映射

1. STM32F407xx 总线架构

如图 11-1-6 所示，STM32F407xx 存储系统由 32 位多层 AHB 总线矩阵组成，连接了：

（1）8 个主控单元。

- I-总线，D-总线和 S-总线；
- DMA1 存储器总线；
- DMA2 存储器总线；
- DMA3 存储器总线；
- 以太网 DMA 总线；
- USB OTG HS DMA 总线。

（2）7 个从单元。

- 内部 Flash ICODE 总线；
- 内部 Flash DCODE 总线；
- 主要内部 SRAM1（112KB）；
- 辅助内部 SRAM2（16KB）；

- 辅助内部 SRAM3（64KB）；
- AHB1 外设；
- AHB2 外设；
- FSMC。

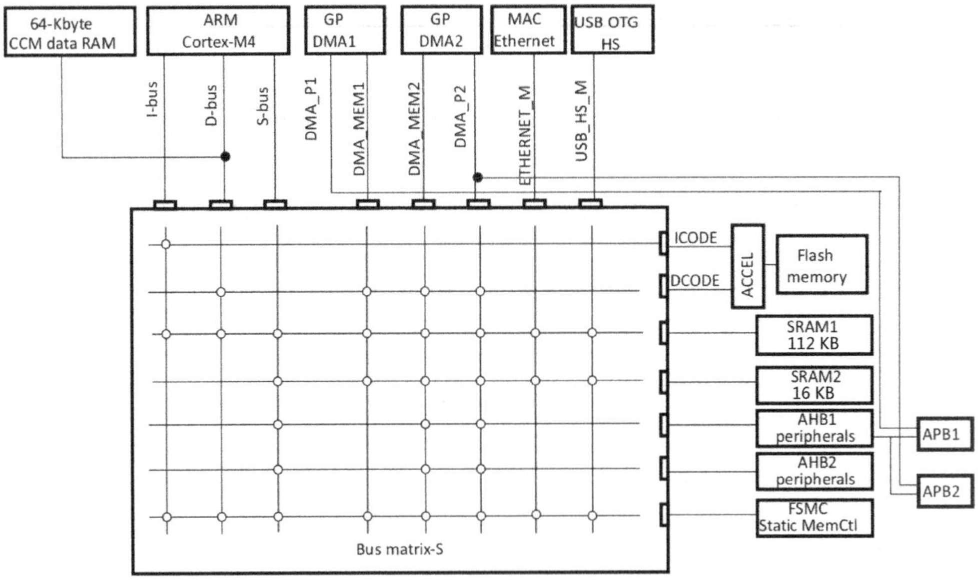

图 11-1-6 STM32F407xx 总线结构（取自 STM32F407 参考手册）

2．STM32F407xx 存储器映射

存储器本身不具有地址，给存储器分配地址的过程就是存储器映射，STM32F407xx 的存储器映射如图 11-1-7 所示。STM32 的地址线是 32 位的，对应 4GB 的存储空间，被分为 8 块（Block），每块为 512MB，具体功能分类如表 11-1-2 所示。

表 11-1-2 STM32F407xx 存储器功能分类表

序号	用途	地址范围
Block0	Code	0x0000 0000 ~0x1FFF FFFF（512MB）
Block1	SRAM	0x2000 0000 ~0x3FFF FFFF（512MB）
Block2	Peripherals	0x4000 0000 ~0x5FFF FFFF（512MB）
Block3	FSMC bank1~bank2	0x6000 0000 ~0x7FFF FFFF（512MB）
Block4	FSMC bank3~bank4	0x8000 0000 ~0x9FFF FFFF（512MB）
Block5	FSMC registers	0xA000 0000 ~0xBFFF FFFF（512MB）
Block6	Not used	0xC000 0000 ~0xDFFF FFFF（512MB）
Block7	Internal Peripherals	0xE000 0000 ~0xFFFF FFFF（512MB）

我们重点介绍 Block2，它被分配给外设，根据总线分为 APB1、APB2、AHB1、AHB2，具体划分如表 11-1-3 所示。它以 4 字节（32 位）为一个寄存器单元，C 语言中通过指针来访问这些寄存器。

表 11-1-3　STM32F407xx 存储器 Block2 功能分类表

块	用途	地址范围
Block2（512MB）	APB1	0x4000 0000 ~0x4000 7FFF
	保留	0x4000 7800 ~0x4000 FFFF
	APB2	0x4001 0000 ~0x4001 57FF
	保留	0x4001 5800 ~0x4001 FFFF
	AHB1	0x4002 0000 ~0x4007 FFFF
	保留	0x4008 0000 ~0x4FFF FFFF
	AHB2	0x5000 0000 ~0x5006 0BFF
	保留	0x5006 0C00 ~0x5FFF FFFF

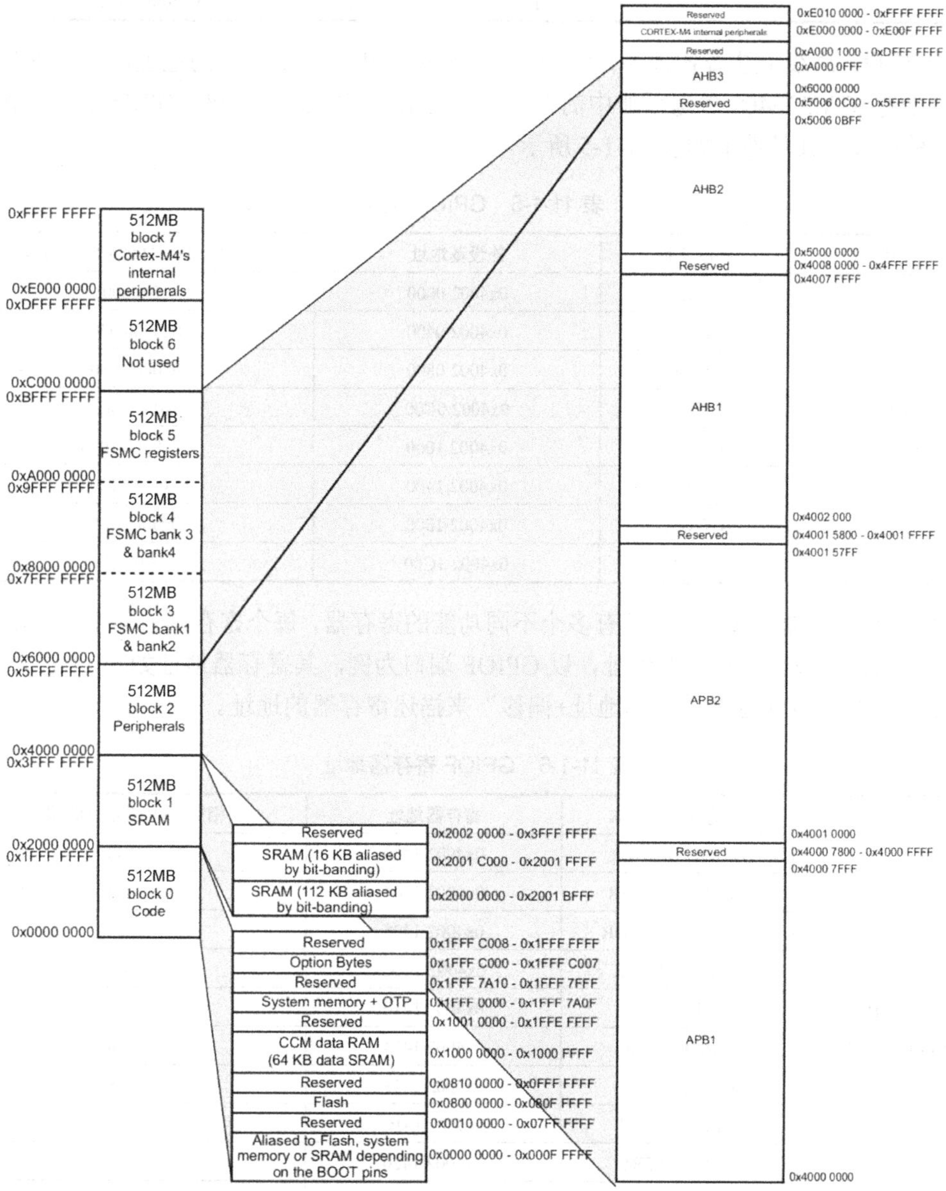

图 11-1-7　STM32F407xx 存储器映射（取自 STM32F407 数据手册）

3. STM32F407 外设地址映射

① 总线：STM32F407 连接有 4 条总线，不同总线挂载不同的外设，APB 挂载低速外设，AHB 挂载高速外设。总线的最低地址称为该总线的基地址，总线基地址如表 11-1-4 所示。

表 11-1-4　总线基地址

块	总线名称	总线基地址
Block2（512MB）	APB1	0x4000 0000
	APB2	0x4001 0000
	AHB1	0x4002 0000
	AHB2	0x5000 0000

② 外设：总线上挂着各种各样的外设，这些外设也被分配不同的地址，具体外设的边界地址参考 STM32F407 参考手册中的存储器映射部分，以 GPIO 为例，GPIO 是挂在 AHB1 总线上的外设，其基地址如表 11-1-5 所示。

表 11-1-5　GPIO 基地址

总线	外设名称	外设基地址	相对 AHB1 总线基地址的偏移
AHB1 0x4002 0000	GPIOA	0x4002 0000	0x0000
	GPIOB	0x4002 0400	0x0000 0400
	GPIOC	0x4002 0800	0x0000 0800
	GPIOD	0x4002 0C00	0x0000 0C00
	GPIOE	0x4002 1000	0x0000 1000
	GPIOF	0x4002 1400	0x0000 1400
	GPIOG	0x4002 1800	0x0000 1800
	GPIOH	0x4002 1C00	0x0000 1C00

③ 外设寄存器：每个外设都有多个不同功能的寄存器，每个寄存器占 4 字节（32 位），每个寄存器都会被分配不同的地址，以 GPIOF 端口为例，其寄存器地址如表 11-1-6 所示，编写 C 语言程序时通过“外设基地址+偏移”来描述寄存器的地址。

表 11-1-6　GPIOF 寄存器地址

外设	外设寄存器名称	寄存器地址	相对 GPIOF 地址的偏移
GPIOF 0x4002 1400	GPIOF_MODER	0x4002 1400	0x00
	GPIOF_OTYPER	0x4002 1404	0x04
	GPIOF_OSPEEDR	0x4002 1408	0x08
	GPIOF_PUPDR	0x4002 140C	0x0C
	GPIOF_IDR	0x4002 1410	0x10
	GPIOF_ODR	0x4002 1414	0x14
	GPIOF_BSRR	0x4002 1418	0x18
	GPIOF_LCKR	0x4002 141C	0x1C
	GPIOF_AFRL	0x4002 1420	0x20
	GPIOF_AFRH	0x4002 1424	0x24

如图 11-1-8 所示，通过“AHB1 基地址+相对 AHB1 总线基地址的偏移+相对 GPIOF 地址的偏移”可以获取 GPIOF 的相关寄存器地址，例如 0x4002 0000+0x0000 1400+0x00=0x4002 1400，可获取 GPIOF_MODER 的地址。

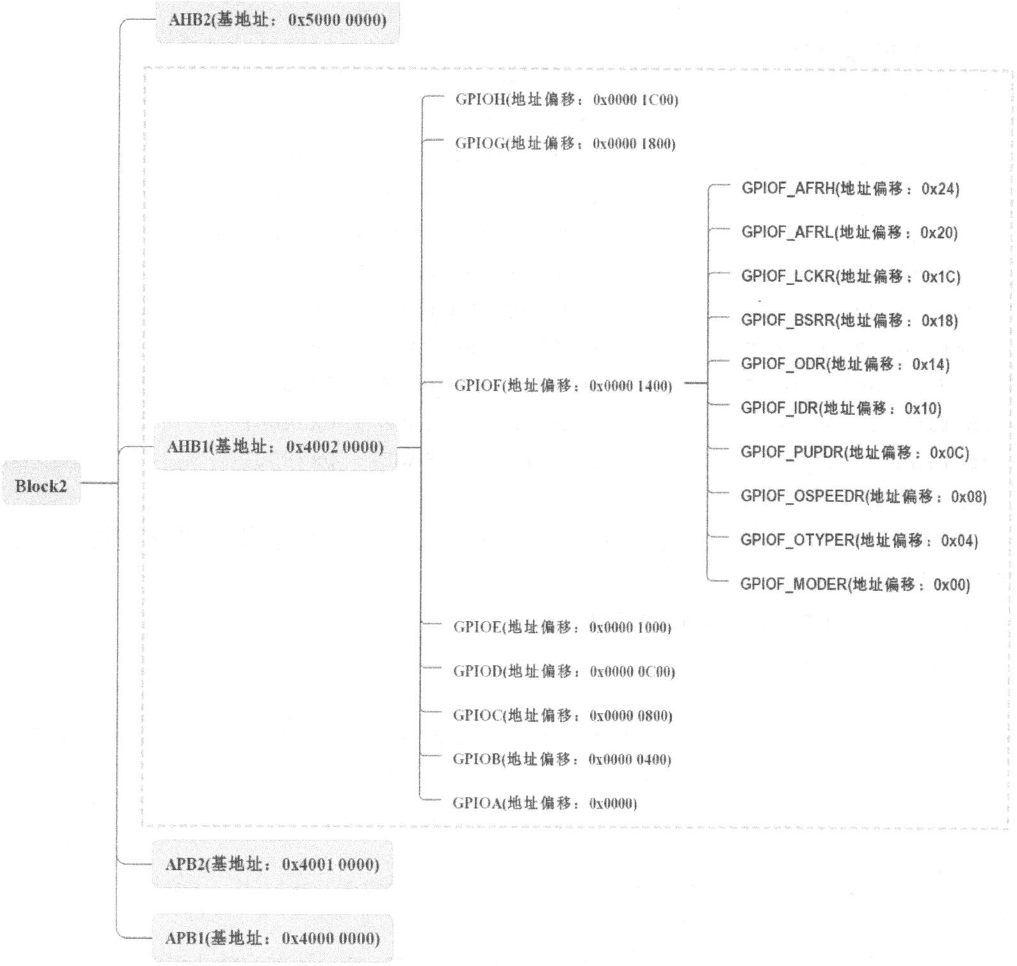

图 11-1-8　GPIOF 寄存器地址

4．C 语言对寄存器的封装

① 封装总线和外设基地址。

为方便理解和记忆，通过宏定义方式进行封装。

程序清单 11-1-1　stm32f4xx.h 程序

```
/*!< Defines 'read / write' permissions              */
#define     __IO    volatile

/*!< Peripheral base address in the alias region */
#define PERIPH_BASE           ((uint32_t)0x40000000)

/*!< Peripheral memory map */
#define APB1PERIPH_BASE       PERIPH_BASE
```

```
#define APB2PERIPH_BASE          (PERIPH_BASE + 0x00010000)
#define AHB1PERIPH_BASE          (PERIPH_BASE + 0x00020000)
#define AHB2PERIPH_BASE          (PERIPH_BASE + 0x10000000)

/*!< AHB1 peripherals */
#define GPIOA_BASE             (AHB1PERIPH_BASE + 0x0000)
#define GPIOB_BASE             (AHB1PERIPH_BASE + 0x0400)
#define GPIOC_BASE             (AHB1PERIPH_BASE + 0x0800)
#define GPIOD_BASE             (AHB1PERIPH_BASE + 0x0C00)
#define GPIOE_BASE             (AHB1PERIPH_BASE + 0x1000)
#define GPIOF_BASE             (AHB1PERIPH_BASE + 0x1400)
#define GPIOG_BASE             (AHB1PERIPH_BASE + 0x1800)
#define GPIOH_BASE             (AHB1PERIPH_BASE + 0x1C00)
#define GPIOI_BASE             (AHB1PERIPH_BASE + 0x2000)
#define GPIOJ_BASE             (AHB1PERIPH_BASE + 0x2400)
#define GPIOK_BASE             (AHB1PERIPH_BASE + 0x2800)
```

② 封装寄存器列表。

GPIOA~GPIOK 都有一组功能相同的寄存器，它们只是地址不同，为方便访问，通过结构体进行封装。

程序清单 11-1-2　stm32f4xx.h 程序

```
typedef struct
{
  __IO uint32_t MODER;    /*!< GPIO port mode register,               Address
offset: 0x00      */
  __IO  uint32_t  OTYPER;     /*!<  GPIO  port  output  type  register,
Address offset: 0x04      */
  __IO  uint32_t  OSPEEDR;   /*!<  GPIO  port  output  speed  register,
Address offset: 0x08      */
  __IO  uint32_t  PUPDR;     /*!<  GPIO  port  pull-up/pull-down  register,
Address offset: 0x0C      */
  __IO uint32_t IDR;      /*!< GPIO port input data register,         Address
offset: 0x10      */
  __IO uint32_t ODR;      /*!< GPIO port output data register,        Address
offset: 0x14      */
  __IO  uint16_t  BSRRL;     /*!<  GPIO  port  bit  set/reset  low  register,
Address offset: 0x18      */
  __IO  uint16_t  BSRRH;     /*!<  GPIO  port  bit  set/reset  high  register,
Address offset: 0x1A      */
  __IO  uint32_t  LCKR;      /*!<  GPIO  port  configuration  lock  register,
Address offset: 0x1C      */
  __IO  uint32_t  AFR[2];    /*!<  GPIO  alternate  function  registers,
Address offset: 0x20-0x24 */
} GPIO_TypeDef;
```

这段代码用 typedef 关键字声明了名为 GPIO_TypeDef 的结构体类型，内有 10 个变量。

结构体内变量的存储空间是连续的，32 位变量占 4 字节，16 位变量占 2 字节。结构体各个变量相对结构体首地址的偏移与 GPIO 各个寄存器地址的偏移一致，只要给结构体设置好首地址，就可以确定各个寄存器的地址，然后通过结构体指针访问寄存器。

程序清单 11-1-3　stm32f4xx.h 程序

```
/*使用 GPIO_TypeDef 把地址强制转换成指针*/
#define GPIOA               ((GPIO_TypeDef *) GPIOA_BASE)
#define GPIOB               ((GPIO_TypeDef *) GPIOB_BASE)
#define GPIOC               ((GPIO_TypeDef *) GPIOC_BASE)
#define GPIOD               ((GPIO_TypeDef *) GPIOD_BASE)
#define GPIOE               ((GPIO_TypeDef *) GPIOE_BASE)
#define GPIOF               ((GPIO_TypeDef *) GPIOF_BASE)
#define GPIOG               ((GPIO_TypeDef *) GPIOG_BASE)
#define GPIOH               ((GPIO_TypeDef *) GPIOH_BASE)
#define GPIOI               ((GPIO_TypeDef *) GPIOI_BASE)
#define GPIOJ               ((GPIO_TypeDef *) GPIOJ_BASE)
#define GPIOK               ((GPIO_TypeDef *) GPIOK_BASE)
#define CRC                 ((CRC_TypeDef *) CRC_BASE)
#define RCC                 ((RCC_TypeDef *) RCC_BASE)
```

这段代码使用 GPIO_TypeDef 把地址强制转换成指针，这样可以使用定义好的宏直接访问 GPIOF 端口的寄存器。

11.1.4　STM32 系列单片机时钟控制

时钟是单片机的“心脏”，是单片机的驱动源，由于 STM32 有很多外设，每个外设需要的时钟频率不同，所以需要多个时钟源。使用任何一个外设都必须打开相应的时钟，当不使用某个外设的时候，就把它的时钟关掉，从而降低系统的功耗。

STM32F407xx 系列单片机时钟树如图 11-1-9 所示，它有 5 个重要的时钟源：高速内部时钟（HSI）、高速外部时钟（HSE）、低速内部时钟（LSI）、低速外部时钟（LSE）、锁相环时钟（PLL）。

（1）HSI 是一个 RC 振荡电路，频率为 16MHz，可以作为系统时钟或者 PLL 的输入。

（2）HSE 可以外接晶振或者外部时钟，频率范围为 4MHz～26MHz，可以作为系统时钟或者 PLL 的输入。

（3）LSI 是一个 RC 振荡电路，频率为 32kHz，为看门狗和自动唤醒单元提供时钟。

（4）LSE 外接频率为 32.768kHz 的晶振，主要作为 RTC 的时钟源。

（5）STM32F407xx 系列单片机有两个 PLL：

① 主 PLL 由 HSE 或者 HSI 提供时钟信号，并具有两个不同的输出时钟。第一个输出 PLLCLK 用于生成高速的系统时钟（最高 168MHz）；第二个输出 PLL48CK 用于生成 USB OTG FS 的时钟（48MHz）、随机数发生器的时钟和 SDIO 时钟。

② 专用 PLL（PLLIISCLK）用于生成精确时钟，从而在 IIS 接口实现高品质音频性能。

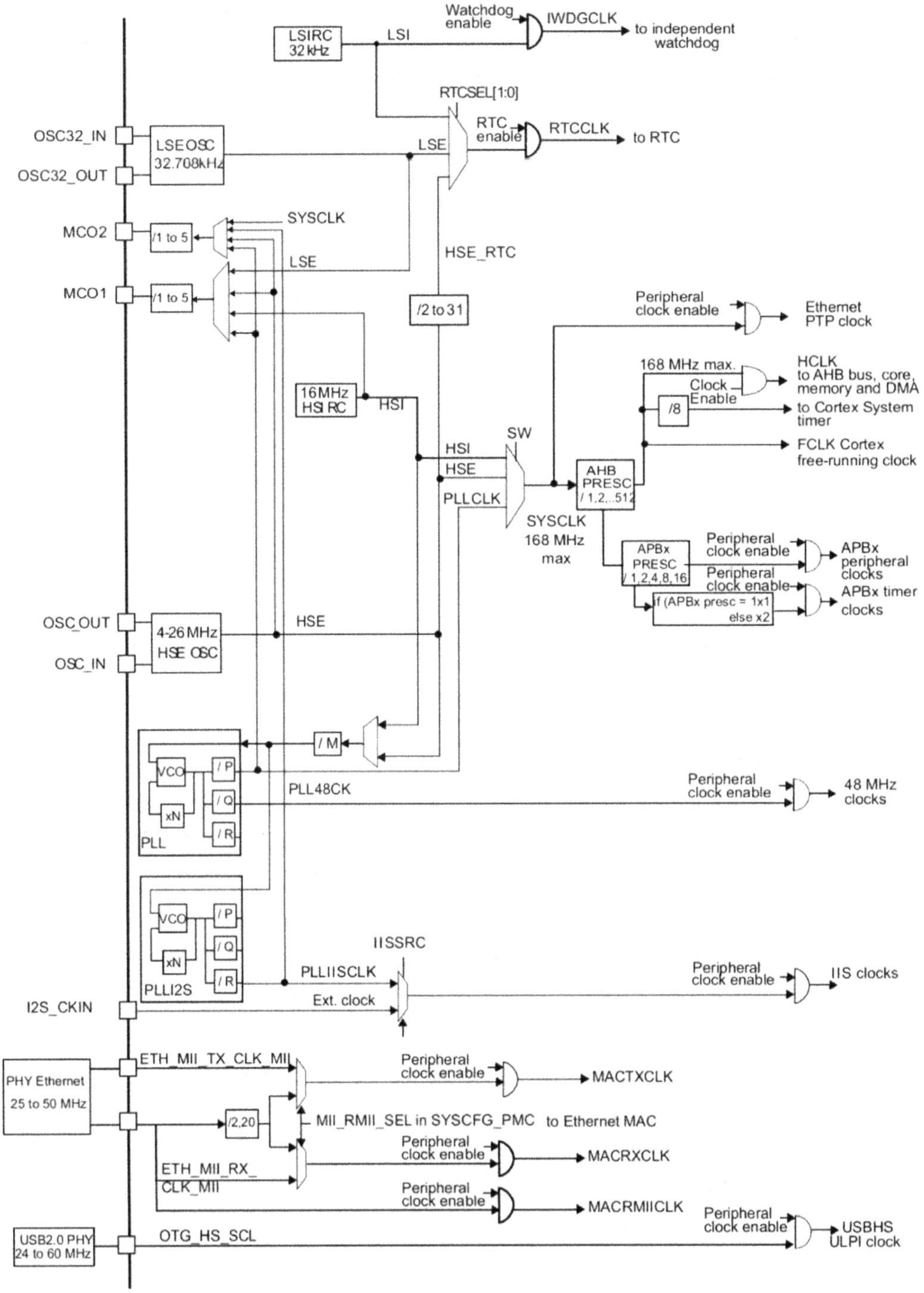

图 11-1-9　STM32F407xx 系列单片机时钟树（取自 STM32F407 参考手册）

时钟设置函数如下。

程序清单 11-1-4　sys.c 程序

```
//时钟设置函数
//Fvco=Fs*(plln/pllm);
```

```
//Fsys=Fvco/pllp=Fs*(plln/(pllm*pllp));
//Fusb=Fvco/pllq=Fs*(plln/(pllm*pllq));

//Fvco:VCO 频率
//Fsys:系统时钟频率
//Fusb:USB,SDIO,RNG 等的时钟频率
//Fs:PLL 输入时钟频率,可以是 HSI,HSE 等
//plln:主 PLL 倍频系数(PLL 倍频),取值范围:64～432
//pllm:主 PLL 和音频 PLL 分频系数(PLL 之前的分频),取值范围:2～63
//pllp:系统时钟的主 PLL 分频系数(PLL 之后的分频),取值范围:2,4,6,8.(仅限这 4 个值!)
//pllq:USB/SDIO/随机数发生器等的主 PLL 分频系数(PLL 之后的分频),取值范围:2~15

//外部晶振频率为 8MHz 的时候,推荐值:plln=336,pllm=8,pllp=2,pllq=7.
//得到:Fvco=8*(336/8)=336MHz
//     Fsys=336/2=168MHz
//     Fusb=336/7=48MHz
//返回值:0,成功;1,失败。
u8 Sys_Clock_Set(u32 plln,u32 pllm,u32 pllp,u32 pllq)
{
    u16 retry=0;
    u8 status=0;
    RCC->CR|=1<<16;                        //HSE 开启
    while(((RCC->CR&(1<<17))==0)&&(retry<0X1FFF))retry++;//等待 HSE RDY
    if(retry==0X1FFF)status=1;             //HSE 无法就绪
    else
    {
        RCC->APB1ENR|=1<<28;               //电源接口时钟使能
        PWR->CR|=3<<14;                    //高性能模式,时钟频率可达 168MHz
        RCC->CFGR|=(0<<4)|(5<<10)|(4<<13);//HCLK 不分频;APB1 4 分频;APB2 2 分频
        RCC->CR&=~(1<<24);                 //关闭主 PLL
        RCC->PLLCFGR=pllm|(plln<<6)|(((pllp>>1)-
1)<<16)|(pllq<<24)|(1<<22);                //配置主 PLL,PLL 时钟源来自 HSE
        RCC->CR|=1<<24;                    //打开主 PLL
        while((RCC->CR&(1<<25))==0);       //等待 PLL 准备好
        FLASH->ACR|=1<<8;                  //指令预取使能
        FLASH->ACR|=1<<9;                  //指令 cache 使能
        FLASH->ACR|=1<<10;                 //数据 cache 使能
        FLASH->ACR|=5<<0;                  //5 个 CPU 等待周期
        RCC->CFGR&=~(3<<0);                //清零
        RCC->CFGR|=2<<0;                   //选择主 PLL 作为系统时钟
        while((RCC->CFGR&(3<<2))!=(2<<2));//等待主 PLL 作为系统时钟成功
    }
    return status;
}
```

在 Sys_Clock_Set 函数中，设置了 APB1 为 4 分频，APB2 为 2 分频，HCLK 不分频，同时选择 PLLCLK 作为系统时钟。该函数有 4 个参数，具体意义和计算方法见函数前面的说明。一般推荐设置为 Sys_Clock_Set(336,8,2,7)，即可设置 STM32F407 运行在 168MHz 的频率下，APB1 时钟频率为 42MHz，APB2 时钟频率为 84MHz，USB/SDIO/随机数发生器时钟频率为 48MHz。

11.2 STM32 单片机软件开发

11.2.1 GPIO 口结构及寄存器配置

图 11-2-1 所示为 STM32 的 GPIO 口的基本结构，其可通过软件配置成 8 种模式：输入浮空、输入上拉、输入下拉、模拟输入/输入、开漏输出、推挽输出、复用功能的推挽输出、复用功能的开漏输出。

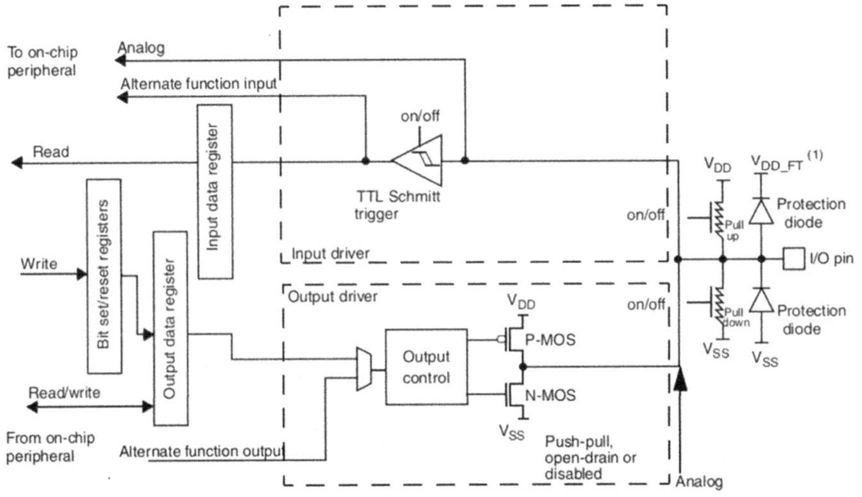

图 11-2-1 GPIO 口的基本结构（取自 STM32F407 参考手册）

每个通用 I/O 口包括 4 个 32 位配置寄存器（GPIO*x*_MODER、GPIO*x*_OTYPER、GPIO*x*_OSPEEDR 和 GPIO*x*_PUPDR)、2 个 32 位数据寄存器(GPIO*x*_IDR 和 GPIO*x*_ODR)、1 个 32 位置位/复位寄存器（GPIO*x*_BSRR)、1 个 32 位锁定寄存器（GPIO*x*_LCKR）和 2 个 32 位复用功能选择寄存器（GPIO*x*_AFRH 和 GPIO*x*_AFRL)。GPIO 口的每个位均可自由编程，但 I/O 口寄存器必须按 32 位字、半字或字节进行访问。

1. 配置寄存器

GPIO*x*_MODER0 寄存器用于选择 I/O 方向（输入、输出、AF、模拟)。GPIO*x*_OTYPER 和 GPIO*x*_OSPEEDR 寄存器分别用于选择输出类型（推挽或开漏）和速度，GPIO*x*_PUPDR 寄存器用于选择上拉/下拉。其 I/O 口位配置表如表 11-2-1 所示。

表 11-2-1　I/O 口位配置表

MODER(i) [1:0]	OTYPER(i)	OSPEEDR(i) [B:A]		PUPDR(i) [1:0]		I/O configuration（I/O 配置）	
01	0	SPEED [B:A]		0	0	GP output（输出）	PP
	0			0	1	GP output（输出）	PP+PU
	0			1	0	GP output（输出）	PP+PD
	0			1	1	Reserved（保留）	
	1			0	0	GP output（输出）	OD
	1			0	1	GP output（输出）	OD+PU
	1			1	0	GP output（输出）	OD+PD
	1			1	1	Reserved(GP output OD) 保留（GP 输出 OD）	
10	0	SPEED [B:A]		0	0	AF	PP
	0			0	1	AF	PP+PU
	0			1	0	AF	PP+PD
	0			1	1	Reserved（保留）	
	1			0	0	AF	OD
	1			0	1	AF	OD+PU
	1			1	0	AF	OD+PD
	1			1	1	Reserved（保留）	
00	0	×	×	0	0	Input（输入）	Floating（浮空）
	0	×	×	0	1	Input（输入）	PU
	0	×	×	1	0	Input（输入）	PD
	0	×	×	1	1	Reserved(Input Floating) 保留（输入浮空）	
11	1	×	×	0	0	Input/Output 输入/输出	Analog 模拟
	1	×	×	0	1	Reserved（保留）	
	1	×	×	1	0		
	1	×	×	1	1		

注：GP=general-purpose（通用），PP=push-pull（推挽），PU=pull-up（上拉），PD=pull-down（下拉），OD=open-drain（开漏），AF=alternat-function（复用功能）。

① GPIO port mode register（GPIO 口模式寄存器）（GPIOx_MODER）（x=A,B,⋯,I,J,K）。Address offset（偏移地址）:0x00。

31	30	29	28	27	26	25	24	23	22	21	20	19	18	17	16
MODER15 [1:0]		MODER14 [1:0]		MODER13 [1:0]		MODER12 [1:0]		MODER11 [1:0]		MODER10 [1:0]		MODER9 [1:0]		MODER8 [1:0]	
rw	rw	rw	rw	rw	rw	rw	rw	rw	rw	rw	rw	rw	rw	rw	rw

15	14	13	12	11	10	9	8	7	6	5	4	3	2	1	0
MODER7 [1:0]		MODER6 [1:0]		MODER5 [1:0]		MODER4 [1:0]		MODER3 [1:0]		MODER2 [1:0]		MODER1 [1:0]		MODER0 [1:0]	
rw	rw	rw	rw	rw	rw	rw	rw	rw	rw	rw	rw	rw	rw	rw	rw

MODERy[1:0]（y=0,1,2,⋯,15）：端口 x 配置位，用于配置 I/O 口的方向。

00：输入。

01：通用输出。

10：复用功能。

11：模拟信号输入/输出。

② GPIO port output type register（GPIO 口输出类型寄存器）（GPIOx_OTYPER）（x=A,B,⋯,I,J,K）

Address offset（偏移地址）:0x04。

31	30	29	28	27	26	25	24	23	22	21	20	19	18	17	16
Reserved（保留）															
15	14	13	12	11	10	9	8	7	6	5	4	3	2	1	0
OT15	OT14	OT13	OT12	OT11	OT10	OT9	OT8	OT7	OT6	OT5	OT4	OT3	OT2	OT1	OT0
rw	rw	rw	rw	rw	rw	rw	rw	rw	rw	rw	rw	rw	rw	rw	rw

OTy（y=0,1,2,⋯,15）：端口 x 配置位，用于配置 I/O 口的输出类型。

0：输出推挽。

1：输出开漏。

③ GPIO port output speed register（GPIO 口输出速度寄存器）（GPIOx_OSPEEDR）（x=A,B,⋯,I,J,K）。

Address offset（偏移地址）:0x08。

31	30	29	28	27	26	25	24	23	22	21	20	19	18	17	16
OSPEEDR15[1:0]		OSPEEDR14[1:0]		OSPEEDR13[1:0]		OSPEEDR12[1:0]		OSPEEDR11[1:0]		OSPEEDR10[1:0]		OSPEEDR9[1:0]		OSPEEDR8[1:0]	
rw	rw	rw	rw	rw	rw	rw	rw	rw	rw	rw	rw	rw	rw	rw	rw
15	14	13	12	11	10	9	8	7	6	5	4	3	2	1	0
OSPEEDR7[1:0]		OSPEEDR6[1:0]		OSPEEDR5[1:0]		OSPEEDR4[1:0]		OSPEEDR3[1:0]		OSPEEDR2[1:0]		OSPEEDR1[1:0]		OSPEEDR0[1:0]	
rw	rw	rw	rw	rw	rw	rw	rw	rw	rw	rw	rw	rw	rw	rw	rw

OSPEEDRy[1:0]（y=0,1,⋯,15）：端口 x 配置位，用于配置 I/O 口的速度。

00：低速。

01：中速。

10：高速。

11：超高速。

④ GPIO port pull-up/pull-down register（GPIO 口上拉/下拉寄存器）（GPIOx_PUPDR）（x=A,B,⋯,I,J,K）。

Address offset（偏移地址）:0x0C。

31	30	29	28	27	26	25	24	23	22	21	20	19	18	17	16
PUPDR15 [1:0]		PUPDRR14 [1:0]		PUPDR13 [1:0]		PUPDR12 [1:0]		PUPDR11 [1:0]		PUPDR10 [1:0]		PUPDR9 [1:0]		PUPDR8 [1:0]	
rw	rw	rw	rw	rw	rw	rw	rw	rw	rw	rw	rw	rw	rw	rw	rw

15	14	13	12	11	10	9	8	7	6	5	4	3	2	1	0
PUPDR7 [1:0]		PUPDR6 [1:0]		PUPDR5 [1:0]		PUPDR4 [1:0]		PUPDR3 [1:0]		PUPDR2 [1:0]		PUPDR1 [1:0]		PUPDR0 [1:0]	
rw	rw	rw	rw	rw	rw	rw	rw	rw	rw	rw	rw	rw	rw	rw	rw

PUPDR*y*[1:0]（*y*=0,1,…,15）：端口 *x* 配置位，用于配置 I/O 口的上拉和下拉。

00：无上拉或下拉。

01：上拉。

10：下拉。

11：保留。

2．数据寄存器

每个 GPIO 口都具有 2 个 16 位数据寄存器：输入数据寄存器（GPIO*x*_IDR）和输出数据寄存器（GPIO*x*_ODR）。GPIO*x*_ODR 用于存储待输出数据，可对其进行读/写访问。通过 I/O 口输入的数据会存储到输入数据寄存器（GPIO*x*_IDR）中，它是一个只读寄存器。

① GPIO port input data register（GPIO 口输入数据寄存器）（GPIO*x*_IDR）（*x*=A,B,…,I,J,K）。

Address offset（偏移地址）:0x10。

31	30	29	28	27	26	25	24	23	22	21	20	19	18	17	16
Reserved															

15	14	13	12	11	10	9	8	7	6	5	4	3	2	1	0
IDR15	IDR14	IDR13	IDR12	IDR11	IDR10	IDR9	IDR8	IDR7	IDR6	IDR5	IDR4	IDR3	IDR2	IDR1	IDR0
r	r	r	r	r	r	r	r	r	r	r	r	r	r	r	r

IDR*y*（*y*=0,1,…,15）：端口 *x* 输入数据位，这些位是只读位，并且只能在 word 模式下访问，储存的是相应 I/O 口的输入值。

② GPIO port output data register（GPIO 口输出数据寄存器）（GPIO*x*_ODR）（*x*=A,B,…,I,J,K）。

Address offset（偏移地址）:0x14。

31	30	29	28	27	26	25	24	23	22	21	20	19	18	17	16
Reserved															

15	14	13	12	11	10	9	8	7	6	5	4	3	2	1	0
ODR15	ODR14	ODR13	ODR12	ODR11	ODR10	ODR9	ODR8	ODR7	ODR6	ODR5	ODR4	ODR3	ODR2	ODR1	ODR0
rw	rw	rw	rw	rw	rw	rw	rw	rw	rw	rw	rw	rw	rw	rw	rw

ODRy（y=0,1,…,15）：端口 x 输出数据位，这些位可读写，并且可以进行位操作。

通过对以上 6 个寄存器的介绍，我们结合实例来讲解下 STM32F407 的 I/O 口设置，熟悉这几个寄存器的使用。例如，设置 PORTC 的第 12 个 I/O 口（PC11）为推挽输出，速度为 100MHz，不带上下拉电阻，并输出高电平。代码如下：

```
RCC->AHB1ENR|=1<<2;                      //使能 PORTC 时钟
GPIOC->MODER&=~(3<<(11*2));              //先清除 PC11 原来的设置
GPIOC->MODER|=1<<(11*2);                 //设置 PC11 为输出模式
GPIOC->OTYPER&=~(1<<11) ;                //清除 PC11 原来的设置
GPIOC->OTYPER|=0<<11;                    //设置 PC11 为推挽输出
GPIOC-> OSPEEDR&=~(3<<(11*2));           //先清除 PC11 原来的设置
GPIOC-> OSPEEDR|=3<<(11*2);              //设置 PC11 输出速度为 100MHz
GPIOC-> PUPDR&=~(3<<(11*2));             //先清除 PC11 原来的设置
GPIOC-> PUPDR|=0<<(11*2);                //设置 PC11 不带上下拉电阻
GPIOC->ODR|=1<<11;                       //设置 PC11 输出 1（高电平）
```

经过以上介绍，我们便可以设计一个通用的 GPIO 设置函数来设置 STM32F407 的 I/O 口，即 GPIO_Set 函数，该函数代码如下：

```
//GPIO 通用设置
//GPIOx:GPIOA~GPIOI.
//BITx:0X0000~0XFFFF,位设置,每个位代表一个 I/O 口,第 0 位代表 Px0,第 1 位代表 Px1,依此类推.比如 0X0101,代表同时设置 Px0 和 Px8.
//MODE:0~3;模式选择,0,输入(系统复位默认状态);1,普通输出;2,复用功能;3,模拟输入.
//OTYPE:0/1;输出类型选择,0,推挽输出;1,开漏输出.
//OSPEED:0~3;输出速度设置,0,2MHz;1,25MHz;2,50MHz;3,100MHz.
//PUPD:0~3:上下拉设置,0,不带上下拉电阻;1,上拉电阻;2,下拉电阻;3,保留.
//注意:在输入模式(普通输入/模拟输入)下,OTYPE 和 OSPEED 参数无效!!
void  GPIO_Set(GPIO_TypeDef*  GPIOx,u32  BITx,u32  MODE,u32  OTYPE,u32 OSPEED,u32 PUPD)
{
    u32 pinpos=0,pos=0,curpin=0;
    for(pinpos=0;pinpos<16;pinpos++)
    {
        pos=1<<pinpos;          //一个个位检查
        curpin=BITx&pos;        //检查引脚是否要设置
        if(curpin==pos)         //需要设置
        {
            GPIOx->MODER&=~(3<<(pinpos*2));          //先清除原来的设置
            GPIOx->MODER|=MODE<<(pinpos*2);          //设置新的模式
            if((MODE==0X01)||(MODE==0X02))           //如果是输出模式/复用功能模式
            {
                GPIOx->OSPEEDR&=~(3<<(pinpos*2));        //清除原来的设置
                GPIOx->OSPEEDR|=(OSPEED<<(pinpos*2));    //设置新的速度值
                GPIOx->OTYPER&=~(1<<pinpos) ;            //清除原来的设置
                GPIOx->OTYPER|=OTYPE<<pinpos;            //设置新的输出模式
            }
```

```
            GPIOx->PUPDR&=~(3<<(pinpos*2));        //先清除原来的设置
            GPIOx->PUPDR|=PUPD<<(pinpos*2);        //设置新的上下拉模式
        }
    }
}
```

该函数支持对 STM32F407 的任何 I/O 口进行设置，并且支持同时设置多个 I/O 口（功能一致时），有了这个函数，我们就可以大大简化 STM32F407 的 I/O 口设置过程，比如同样设置 PC11 为推挽输出，还可利用 GPIO_Set 函数实现，代码如下：

```
RCC->AHB1ENR|=1<<2;                  //使能 PORTC 时钟
GPIO_Set(PORTC,1<<11,1,0,3,0);  //设置 PC11 推挽输出，100MHz，不带上下拉电阻
GPIOC->ODR|=1<<11;                   //设置 PC11 输出 1（高电平）
```

并且，开发板厂商为 GPIO_Set 定义了一系列的宏，这些宏在 sys.h 里面，如果全换成宏，则有

```
GPIO_Set(PORTC,1<<11,1,0,3,0);
```

可以写成：

```
GPIO_Set(PORTC,PIN11,GPIO_MODE_OUT,GPIO_OTYPE_PP,GPIO_SPEED_100M,
GPIO_PUPD_NONE);
```

这样，虽然看起来长了一点，但是一眼便知参数设置的意义，具有很好的可读性。

3. 置位/复位寄存器

置位/复位寄存器（GPIO*x*_BSRR）是一个 32 位寄存器，它允许应用程序在输出数据寄存器（GPIO*x*_ODR）中对各个单独的数据位执行置位和复位操作。置位/复位寄存器的大小是 GPIO*x*_ODR 的两倍。GPIO*x*_ODR 中的每个数据位对应于 GPIO*x*_BSRR 中的两个控制位：BSRR(*i*)和 BSRR(*i*+Size)。当写入 1 时，BSRR(*i*)位会置位对应的 ODR(*i*)位，BSRR(*i*+Size)位会清零 ODR(*i*)对应的位。在 GPIO*x*_BSRR 中向任何位写入 0 都不会对 GPIO*x*_ODR 中的对应位产生任何影响。如果在 GPIO*x*_BSRR 中同时尝试对某个位执行置位和清零操作，则置位操作优先。

GPIO port bit set/reset register（GPIO 口置位/复位寄存器）（GPIO*x*_BSRR）（*x*=A,B,⋯,I,J,K）。

Address offset:0x18。

31	30	29	28	27	26	25	24	23	22	21	20	19	18	17	16
BR 15	BR 14	BR 13	BR 12	BR 11	BR 10	BR 9	BR 8	BR 7	BR 6	BR 5	BR 4	BR 3	BR 2	BR 1	BR 0
w	w	w	w	w	w	w	w	w	w	w	w	w	w	w	w

15	14	13	12	11	10	9	8	7	6	5	4	3	2	1	0
BS 15	BS 14	BS 13	BS 12	BS 11	BS 10	BS 9	BS 8	BS 7	BS 6	BS 5	BS 4	BS 3	BS 2	BS 1	BS 0
w	w	w	w	w	w	w	w	w	w	w	w	w	w	w	w

Bits [31:16] BR*y*（*y*=0,1,⋯,15）：端口 *x* 复位位，用于配置 I/O 口的输出类型。

0：无影响。

1：对相应的 ODR*x* 位进行复位。

Bits [15:0] BS*y*（*y*=0,1,…,15）：端口 *x* 置位位，用于配置 I/O 口的输出类型。

0：无影响。

1：对相应的 ODR*x* 位进行置位。

4．复用功能寄存器

复用功能寄存器 GPIO*x*_AFRL 和 GPIO*x*_AFRH 用来在每个 GPIO 口上复用多个可用的外设功能，可为每个 I/O 口选择一个可用功能，其中 AFRL 控制 0~7 这 8 个 I/O 口，AFRH 控制 8~15 这 8 个 I/O 口。

① GPIO alternate function low register（GPIO 复用功能低位寄存器）（GPIO*x*_AFRL）（*x*=A,B,…,I,J,K）。

Address offset（偏移地址）:0x20。

31	30	29	28	27	26	25	24	23	22	21	20	19	18	17	16
AFRL7[3:0]				AFRL6[3:0]				AFRL5[3:0]				AFRL4[3:0]			
rw	rw	rw	rw	rw	rw	rw	rw	rw	rw	rw	rw	rw	rw	rw	rw
15	14	13	12	11	10	9	8	7	6	5	4	3	2	1	0
AFRL3[3:0]				AFRL2[3:0]				AFRL1[3:0]				AFRL0[3:0]			
rw	rw	rw	rw	rw	rw	rw	rw	rw	rw	rw	rw	rw	rw	rw	rw

Bits [31:0] AFRL*y*（*y*=0,1,…,7）：端口 *x* 位 *y* 的复用功能选择，用于配置 I/O 口的复用功能。

0000：AF0。

0001：AF1。

……

1111：AF15。

② GPIO alternate function high register（GPIO 复用功能高位寄存器）（GPIO*x*_AFRH）（*x*=A,B,…,I,J,K）。

Address offset（偏移地址）:0x24。

31	30	29	28	27	26	25	24	23	22	21	20	19	18	17	16
AFRL15[3:0]				AFRL14[3:0]				AFRL13[3:0]				AFRL12[3:0]			
rw	rw	rw	rw	rw	rw	rw	rw	rw	rw	rw	rw	rw	rw	rw	rw
15	14	13	12	11	10	9	8	7	6	5	4	3	2	1	0
AFRL11[3:0]				AFRL10[3:0]				AFRL9[3:0]				AFRL8[3:0]			
rw	rw	rw	rw	rw	rw	rw	rw	rw	rw	rw	rw	rw	rw	rw	rw

Bits [31:0] AFRL*y*（*y*=8,9,…,15）：端口 *x* 位 *y* 的复用功能选择，用于配置 I/O 口的复用功能。

0000：AF0。

0001：AF1。

……

1111：AF15。

STM32F407xx 系列单片机 I/O 口复用功能选择如图 11-2-2 所示。

例如，要用 PC11 复用的功能为 SDIO_D3。因为引脚 11 是由 AFRH[15:12]控制的，且属于 SDIO 功能复用，所以要选择 AF12，即设置 AFRH[15:12]=AF12，代码如下：

```
RCC->AHB1ENR|=1<<2;                      //使能 PORTC 时钟
GPIO_Set(PORTC,PIN11, GPIO_MODE_AF, GPIO_OTYPE_PP, GPIO_SPEED_100M,GPIO_PUPD_PU);                       //设置 PC11 复用输出，100MHz，上拉
GPIOC->AFR[1]&= ~(0X0F<<12);             //清除 PC11 原来的设置
GPIOC->AFR[1]|= 12<<12;                  //设置 PC11 为 AF12
```

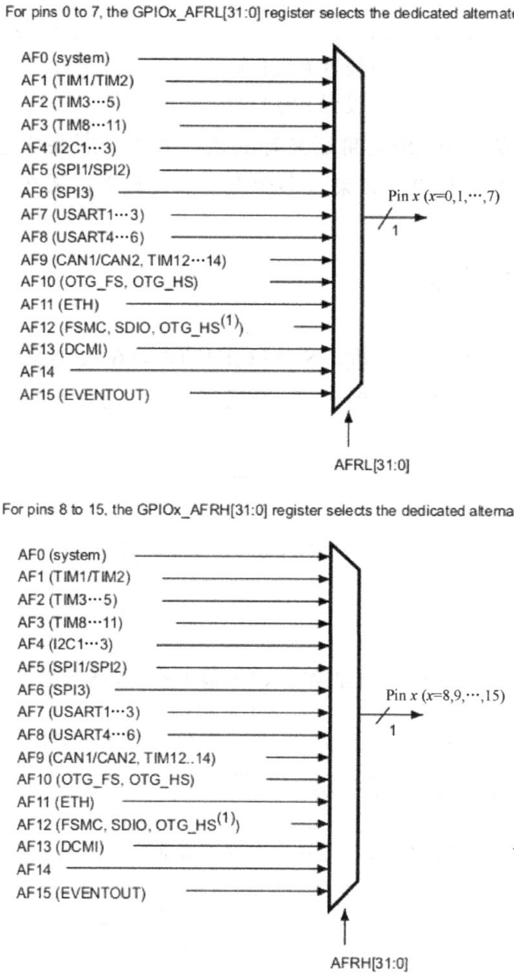

图 11-2-2 STM32F407xx 系列单片机 I/O 口复用功能选择（取自 STM32F407 参考手册）

注意，在 MDK 里面，AFRL 和 AFRH 被定义成 AFR[0]和 AFR[1]。经过以上设置，我们就将 PC11 设置为复用功能输出，且复用功能选择 SDIO_D3。

同样，我们将 AFRL 和 AFRH 的设置封装成函数，即 GPIO_AF_Set 函数，该函数代码如下：

```
//GPIO 复用设置
//GPIOx:GPIOA~GPIOI.
```

```
//BITx:0~15,代表 I/O 引脚编号.
//AFx:0~15,代表 AF0~AF15.
void GPIO_AF_Set(GPIO_TypeDef* GPIOx,u8 BITx,u8 AFx)
{
    GPIOx->AFR[BITx>>3]&=~(0X0F<<((BITx&0X07)*4));
    GPIOx->AFR[BITx>>3]|=(u32)AFx<<((BITx&0X07)*4);
}
```

通过该函数，我们就可以很方便地设置任何一个 I/O 口的复用功能了。下面通过该函数设置 PC11 为 SDIO_D3，代码如下：

```
RCC->AHB1ENR|=1<<2;           //使能 PORTC 时钟
GPIO_Set(PORTC,PIN11,GPIO_MODE_AF,GPIO_OTYPE_PP,GPIO_SPEED_100M,GPIO_PUP
D_PU);                         //设置 PC11 复用输出，100MHz，上拉
GPIO_AF_Set(GPIOC,11,AF12);  //设置 PC11 为 AF12
```

其中，PIN11 和 AF12 是在 sys.h 里面定义好的宏。另外，需要注意 GPIO_AF_Set 函数每次只能设置 1 个 I/O 口的复用功能，如果有多个 I/O 口要设置，那么需要多次调用该函数。

11.2.2 新建工程（寄存器版）

以跑马灯为例，通过 Keil5 新建工程。STM32F407ZGT6 最小系统板与 LED 的连接原理图如图 11-2-3 所示，在 PF9、PF10 端口上分别接了两个 LED 小灯。

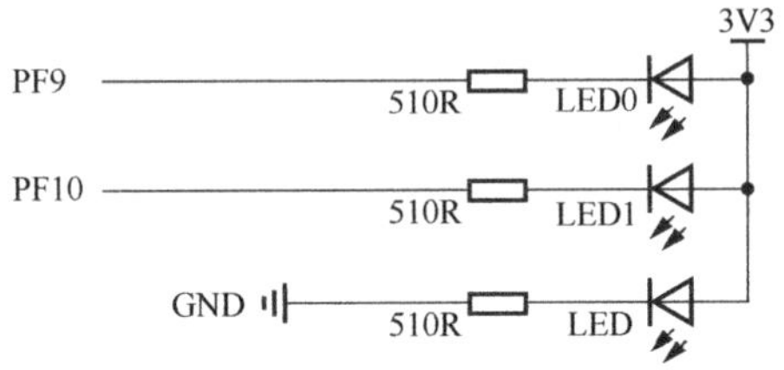

图 11-2-3 LED 与 STM32F407ZGT6 最小系统板连接原理图

通常购买系统板时，厂家都会提供基本的工程文件，可以将其复制到我们的工程文件夹 TEST 中直接使用，通常包括表 11-2-2 所示文件。

表 11-2-2 工程文件夹内容清单

名称	作用
OBJ	MDK5 自动生成的中间文件（包括.hex 文件）
SYSTEM	系统板厂家提供的系统文件夹
USER	startup_stm32f40_41xxx.s（启动文件）、test.uvprojx（MDK5 工程文件）

步骤 1：

在 TEST 文件夹下新建一个 HARDWARE 文件夹，用来存放与硬件有关的文件；然后在 HARDWARE 文件夹下新建一个 LED 文件夹，用来存放与 LED 相关的代码。在 USER 文件夹下找到工程文件 test.uvprojx 并打开，新建一个 led.c 文件，保存在 HARDWARE-LED 文件夹下面，在文件中输入如下代码。

程序清单 11-2-1　led.c（寄存器版）程序

```
#include "led.h"
//初始化 PF9 和 PF10 为输出口，并使能这两个口的时钟
//LED I/O 口初始化
void LED_Init(void)
{
    RCC->AHB1ENR|=1<<5;//使能 PORTF 时钟
    GPIO_Set(GPIOF,PIN9|PIN10,GPIO_MODE_OUT,GPIO_OTYPE_PP,GPIO_SPEED_
100M,GPIO_PUPD_PU); //PF9,PF10 设置
    LED0=1;//LED0 关闭
    LED1=1;//LED1 关闭
}
```

该代码里面就包含了一个函数 void LED_Init(void)，该函数的功能就是配置 PF9 和 PF10 为推挽输出。I/O 口配置采用 GPIO_Set 函数实现。这里需要注意的是：在配置 STM32F407 外设的时候，要先使能该外设的时钟。RCC_AHB1ENR 是 AHB 总线上的外设时钟使能寄存器，其各位的描述如下。

Address offset（偏移地址）:0x30。

Access（访问）：no wait state,word,half-word and byte access.（无等待周期，按字、半字和字节访问）。

31	30	29	28	27	26	25	24	23	22	21	20	19	18	17	16
Reserved（保留）	OTGHSUL	OTGHSEN	ETHMACP	ETHMACR	ETHMACT	ETHMACE	Reserved（保留）		DMA2EN	DMA1EN	CCMDATA	Res.	BKPSRAM	Reserved（保留）	
	rw	rw	rw	rw	rw	rw			rw	rw	rw	rw	rw		

15	14	13	12	11	10	9	8	7	6	5	4	3	2	1	0
Reserved（保留）			CRCEN	Reserved			GPIOIEN	GPIOHEN	GPIOGEN	GPIOFEN	GPIOEEN	GPIODEN	GPIOCEN	GPIOBEN	GPIOAEN
			rw				rw	rw	rw	rw	rw	rw	rw	rw	rw

我们要使能 PORTF 的时钟，则只要将该寄存器的 bit5 置 1 就可以。配置完时钟之后，LED_Init 调用 GPIO_Set 函数完成对 PF9 和 PF10 模式的配置，然后熄灭 LED0、LED1。

步骤 2:

按同样的方法，新建一个 led.h 文件，也保存在 LED 文件夹下面。在 led.h 中输入如下代码并保存。

程序清单 11-2-2 led.h（寄存器版）程序

```
#ifndef __LED_H
#define __LED_H
#include "sys.h"
```

```
//LED 端口定义
#define LED0 PFout(9)    // DS0
#define LED1 PFout(10)   // DS1
void LED_Init(void);     //初始化
#endif
```

这里使用位带操作来操作某个 I/O 口。在 M3/M4 中，有两个区可以实现位带操作，其中一个是 SRAM 区的最低 1MB 范围（0x2000 0000～0x200F FFFF），第二个则是片内外设区的最低 1MB 范围（0x4000 0000～0x400F FFFF），称为位带区。这两个区中的存储器除了可以像普通的 RAM 一样访问使用，M3/M4 还将这部分存储器的每一位重映射为另外一个独立的存储空间——位带别名区的一个字（32 位），通过访问这些独立的存储空间，就可以达到访问原始存储器每一位的目的，映射关系如图 11-2-4 所示。

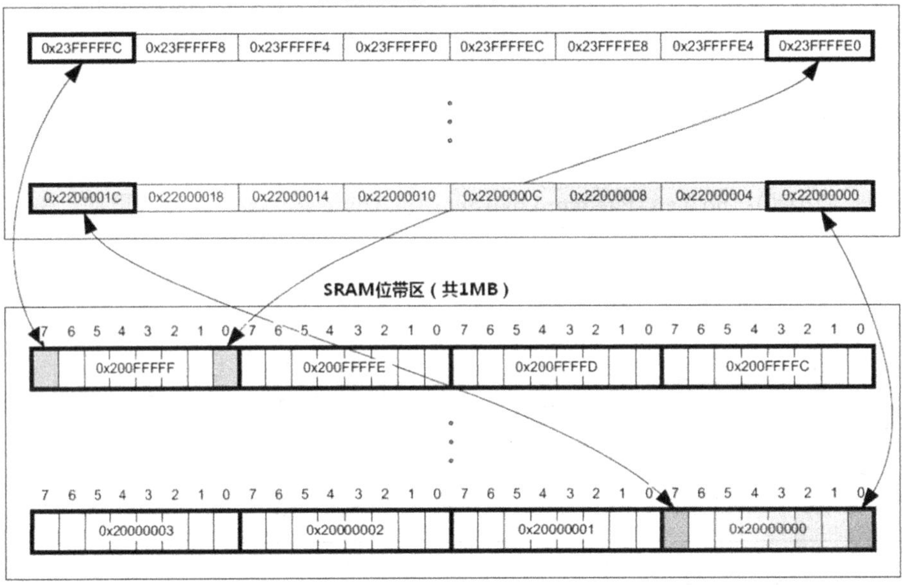

图 11-2-4 位带区映射关系［取自《Cortex-M3 权威指南》（中文）］

SRAM 位带区字节地址为 A 的第 *n*（0≤*n*≤7）位，对应的位带别名区地址为：

```
AliasAddr=0x22000000+((A-0x20000000)*8+n)*4=0x22000000+(A-0x20000000)*
32+n*4
```

片上外设位带区字节地址为 A 的第 *n*（0≤*n*≤7）位，对应的位带别名区地址为：

```
AliasAddr=0x42000000+((A-0x40000000)*8+n)*4=0x42000000+(A-0x40000000)*
32+n*4
```

上式中，“*4”表示一个字有 4 字节，“*8”表示一字节有 8 位。位带操作程序代码如下：

```
//位带操作,实现 51 单片机类似的 GPIO 控制功能
//具体实现思想,参考<<Cortex-M3 权威指南>>(中文)第五章(87 页~92 页).M4 同 M3 类似,只
是寄存器地址变了
//I/O 口操作宏定义
#define  BITBAND(addr,  bitnum)   ((addr  &  0xF0000000)+0x2000000+((addr
&0xFFFFF)<<5)+(bitnum<<2))
#define MEM_ADDR(addr)  *((volatile unsigned long  *)(addr))
```

```
#define BIT_ADDR(addr, bitnum)   MEM_ADDR(BITBAND(addr, bitnum))
#define PFout(n)   BIT_ADDR(GPIOF_ODR_Addr,n)  //输出
#define PFin(n)    BIT_ADDR(GPIOF_IDR_Addr,n)  //输入
```

步骤 3：

在 Target 目录树上右击，选择“Manage Project Items”，出现图 11-2-5 所示的对话框，在 Groups 下面单击“New（Insert）”按钮，新建一个 HARDWARE 组，并把 led.c 添加到这个组里，如图 11-2-6 所示。

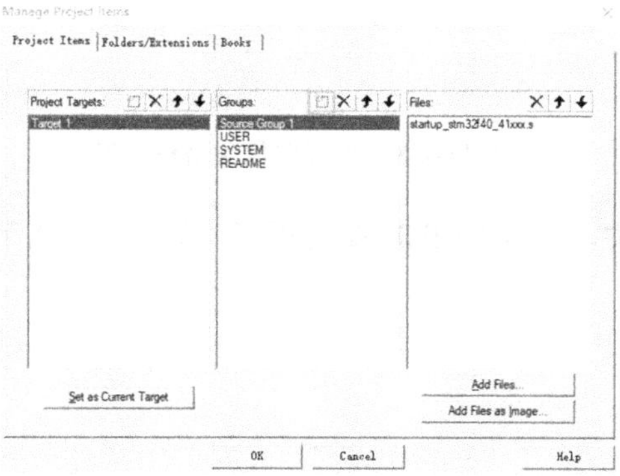

图 11-2-5　“Manage Project Items”对话框

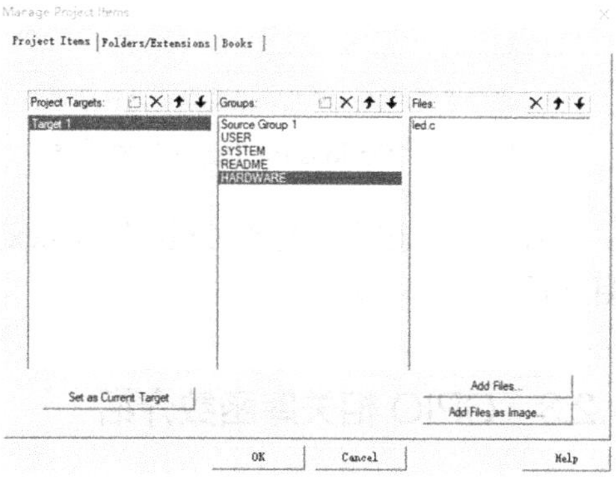

图 11-2-6　新建 HARDWARE 组

步骤 4：

回到主界面，在 main 函数中编写如下代码。

程序清单 11-2-3 test.c（寄存器版）程序

```
#include "sys.h"
#include "delay.h"
#include "led.h"
int main(void)
{
    Stm32_Clock_Init(336,8,2,7);      //设置时钟,168MHz
    delay_init(168);                  //初始化延时函数
    LED_Init();                       //初始化 LED 时钟
    while(1)
    {
        LED0=0;                       //DS0 亮
        LED1=1;                       //DS1 灭
        delay_ms(500);
        LED0=1;                       //DS0 灭
        LED1=0;                       //DS1 亮
        delay_ms(500);
    }
}
```

单击按钮，出现图 11-2-7 所示的“Options for Target”对话框，选择“C/C++”选项卡，把 led.h 的路径添加进编译文件，如图 11-2-8 所示。

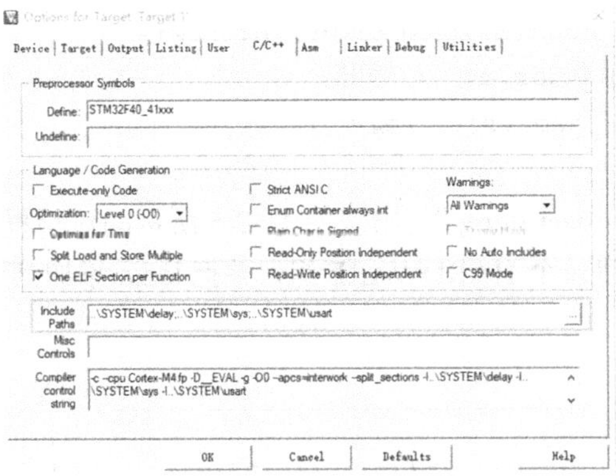

图 11-2-7 “Options for Target”对话框

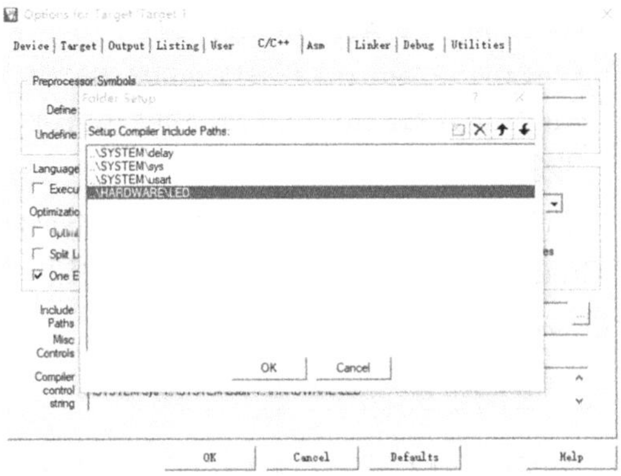

图 11-2-8 头文件包含路径设置

然后单击按钮，编译工程，生成.hex 文件，安装 J-LINK 驱动程序，单击按钮下载到目标板中，即可验证程序。

11.2.3 GPIO 相关库函数介绍

在 51 单片机的开发中我们通过直接操作寄存器来实现控制，例如要控制 I/O 口的状态，我们直接操作寄存器：

```
P0=0x11;
```

而在 STM32 的开发中，同样可以操作寄存器：

```
GPIOF->BSRRL=0x0001;
```

这种通过寄存器的控制需要开发者根据参考手册查找每个寄存器对各个位的定义，再进行配置，由于 STM32 有数量庞大的寄存器，因此配置过程中容易出错且不利于维护。ST 公司推出了官方固件库，固件库将这些寄存器底层操作都封装起来，提供一整套接口（API）供开发者调用。大多数场合下，开发者不需要知道操作的是哪个寄存器，只需要知道调用哪些函数即可。例如，上面通过控制 BSRRL 寄存器实现 I/O 口状态的控制，官方固件库就封装了一个函数：

```
void GPIO_SetBits(GPIO_TypeDef* GPIOx, uint16_t GPIO_Pin)
{
    GPIOx->BSRRL = GPIO_Pin;
}
```

只需要了解函数的入口参数及调用方法就可以实现控制了。一句话可以概括：固件库就是函数的集合，固件库函数的作用是向下控制寄存器，向上提供用户函数调用的接口。通常系统板厂商会提供库函数工程模板，工程模板文件夹内容清单如表 11-2-3 所示。

表 11-2-3 工程模板文件夹内容清单

名称	描述
OBJ	MDK5 自动生成的中间文件（包括.hex 文件）
SYSTEM	系统板厂商提供的系统文件
CORE	存放固件库必需的核心文件和启动文件

续表

名称	描述
USER	存放的主要是用户代码： system_stm32f4xx.c 是 CMSIS Cortex-M4 设备外围接口访问系统的源文件，包括系统时钟的初始化函数等； stm32f4xx_it.c 中存放的是中断服务函数； main.c 是主函数
FWLIB	存放的是 ST 官方提供的固件库函数，每一个源文件 stm32f4xx_ppp.c 都对应一个头文件 stm32f4xx_ppp.h
HARDWARE	存放的是项目的外设驱动代码，它通过调用 FWLIB 下面的固件库文件实现

固件库中，GPIO 口的相关函数及定义放在文件 stm32f4xx_gpio.h 和 stm32f4xx_gpio.c 中。对于 GPIO 口的 4 个 32 位寄存器（GPIO*x*_MODER、GPIO*x*_OTYPER、GPIO*x*_OSPEEDR 和 GPIO*x*_PUPDR）的配置是通过 GPIO 口初始化函数完成的：

```
void GPIO_Init(GPIO_TypeDef* GPIOx, GPIO_InitTypeDef* GPIO_InitStruct);
```

这个函数有两个参数，第一个参数用来指定需要初始化的 GPIO 组，取值范围为 GPIOA～GPIOK。第二个参数为初始化参数结构体指针，结构体类型为 GPIO_InitTypeDef。找到 FWLIB 组下面的 stm32f4xx_gpio.c 文件，定位到 GPIO_Init 函数体处，双击入口参数类型 GPIO_InitTypeDef 后右击，选择“Go to definition of ...”，可以查看结构体的定义。

```
typedef struct
{
   uint32_t GPIO_Pin;
   GPIOMode_TypeDef GPIO_Mode;
   GPIOSpeed_TypeDef GPIO_Speed;
   GPIOOType_TypeDef GPIO_OType;
   GPIOPuPd_TypeDef GPIO_PuPd;
}GPIO_InitTypeDef;
```

下面通过一个 GPIO 初始化实例来讲解这个结构体的成员变量的含义，例如：

```
GPIO_InitTypeDef GPIO_InitStructure;
GPIO_InitStructure.GPIO_Pin = GPIO_Pin_9             //GPIOF9
GPIO_InitStructure.GPIO_Mode = GPIO_Mode_OUT;         //普通输出模式
GPIO_InitStructure.GPIO_Speed = GPIO_Speed_100MHz;    //100MHz
GPIO_InitStructure.GPIO_OType = GPIO_OType_PP;        //推挽输出
GPIO_InitStructure.GPIO_PuPd = GPIO_PuPd_UP;          //上拉
GPIO_Init(GPIOF, &GPIO_InitStructure);                //初始化 GPIO
```

结构体 GPIO_InitStructure 的第一个成员变量 GPIO_Pin 用来设置要初始化哪个或者哪些 I/O 口；第二个成员变量 GPIO_Mode 用来设置对应 I/O 口的输入输出模式，这个值实际上就是配置的 GPIO 的 MODER 寄存器的值，在 MDK 中是通过一个枚举类型定义的，我们只需要选择对应的值即可。

```
typedef enum
{
   GPIO_Mode_IN = 0x00,     /*!< GPIO Input Mode */
   GPIO_Mode_OUT = 0x01,    /*!< GPIO Output Mode */
   GPIO_Mode_AF = 0x02,     /*!< GPIO Alternate function Mode */
   GPIO_Mode_AN = 0x03      /*!< GPIO Analog Mode */
```

```
}GPIOMode_TypeDef;
```

GPIO_Mode_IN 用来设置输入模式，GPIO_Mode_OUT 表示通用输出模式，GPIO_Mode_AF 表示复用功能模式，GPIO_Mode_AN 表示模拟输入模式。

GPIO_Speed 用于设置 I/O 口的输出速度，有四个可选值。实际上这就是配置的 GPIO 的 OSPEEDR 寄存器的值。在 MDK 中同样是通过枚举类型定义的：

```
typedef enum
{
    GPIO_Low_Speed = 0x00,      /*!< Low speed */
    GPIO_Medium_Speed = 0x01,   /*!< Medium speed */
    GPIO_Fast_Speed = 0x02,     /*!< Fast speed */
    GPIO_High_Speed = 0x03      /*!< High speed */
}GPIOSpeed_TypeDef;

/* Add legacy definition */
#define GPIO_Speed_2MHz GPIO_Low_Speed
#define GPIO_Speed_25MHz GPIO_Medium_Speed
#define GPIO_Speed_50MHz GPIO_Fast_Speed
#define GPIO_Speed_100MHz GPIO_High_Speed
```

我们的输入可以是 GPIOSpeed_TypeDef 枚举类型中 GPIO_High_Speed 枚举类型值，也可以是 GPIO_Speed_100MHz 这样的值，实际上 GPIO_Speed_100MHz 就是通过 define 宏定义标识符“define”定义出来的，它跟 GPIO_High_Speed 是等同的。

GPIO_OType 用来设置 GPIO 的输出类型，实际上就是设置 GPIO 的 OTYPER 寄存器的值。在 MDK 中同样是通过枚举类型定义的：

```
typedef enum
{
    GPIO_OType_PP = 0x00,
    GPIO_OType_OD = 0x01
}GPIOOType_TypeDef;
```

如果需要设置为推挽输出模式，那么设置其值为 GPIO_OType_PP，如果需要设置为输出开漏模式，那么设置其值为 GPIO_OType_OD。

GPIO_PuPd 用来设置 I/O 口的上下拉电阻，实际上就是设置 GPIO 的 PUPDR 寄存器的值。同样通过一个枚举类型列出：

```
typedef enum
{
    GPIO_PuPd_NOPULL = 0x00,
    GPIO_PuPd_UP = 0x01,
    GPIO_PuPd_DOWN = 0x02
}GPIOPuPd_TypeDef;
```

这三个值的意思很好理解，GPIO_PuPd_NOPULL 为不使用上下拉电阻，GPIO_PuPd_UP 为上拉，GPIO_PuPd_DOWN 为下拉。我们根据需要设置相应的值即可。

在固件库中通过函数 GPIO_Write 来设置 ODR 寄存器的值，从而控制 I/O 口的输出状态：

```
void GPIO_Write(GPIO_TypeDef* GPIOx, uint16_t PortVal);
```

该函数一般用来一次性给 GPIO 的所有端口赋值。

读 ODR 寄存器还可以读出 I/O 口的输出状态，库函数为：

```
uint16_t GPIO_ReadOutputData(GPIO_TypeDef* GPIOx);
uint8_t GPIO_ReadOutputDataBit(GPIO_TypeDef* GPIOx, uint16_t GPIO_Pin);
```

这两个函数的功能类似，只不过前面的函数用来一次读取一组 I/O 口的输出状态，后面的函数用来一次读取一组 I/O 口中一个或者几个 I/O 口的输出状态。

读取某个 I/O 口的电平的相关库函数为：

```
uint8_t GPIO_ReadInputDataBit(GPIO_TypeDef* GPIOx, uint16_t GPIO_Pin);
uint16_t GPIO_ReadInputData(GPIO_TypeDef* GPIOx);
```

前面的函数用来读取一组 I/O 口中一个或者几个 I/O 口的输入电平，后面的函数用来一次读取一组 I/O 口的输入电平。

也可通过库函数操作 BSRR 寄存器来设置 I/O 口的电平，相关库函数为：

```
void GPIO_SetBits(GPIO_TypeDef* GPIOx, uint16_t GPIO_Pin);
void GPIO_ResetBits(GPIO_TypeDef* GPIOx, uint16_t GPIO_Pin);
```

函数 GPIO_SetBits 用来设置一组 I/O 口中的一个或者多个 I/O 口为高电平。GPIO_ResetBits 用来设置一组 I/O 口中一个或者多个 I/O 口为低电平。比如，我们要设置 GPIOB.5 输出高电平，方法为：

```
GPIO_SetBits(GPIOB,GPIO_Pin_5);      //GPIOB.5 输出高电平
```

设置 GPIOB.5 输出低电平，方法为：

```
GPIO_ResetBits(GPIOB,GPIO_Pin_5);    //GPIOB.5 输出低电平
```

11.2.4 新建工程（库函数版）

以跑马灯为例，通过系统板厂商提供的库函数工程模板来建立自己项目的工程。

步骤 1：

单击工程模板 USER 目录下的工程文件 Template.uvproj（也可重命名为 LED.uvproj）。在工程根目录文件夹下新建一个 HARDWARE 文件夹，用来存放与硬件相关的代码。然后在 HARDWARE 文件夹下新建一个 LED 文件夹，用来存放与 LED 相关的代码。新建一个文本文件 led.c，保存在 LED 文件夹下，在 led.c 中输入如下代码。

程序清单 11-2-4 led.c（库函数版）程序

```
#include "led.h"
//初始化 PF9 和 PF10 为输出口，并使能这两个口的时钟
//LED I/O 口初始化
void LED_Init(void)
{
    GPIO_InitTypeDef  GPIO_InitStructure;
    RCC_AHB1PeriphClockCmd(RCC_AHB1Periph_GPIOF, ENABLE);//使能 GPIOF 时钟
    //GPIOF9,F10 初始化设置
    GPIO_InitStructure.GPIO_Pin = GPIO_Pin_9 | GPIO_Pin_10;//LED0 和 LED1 对
应 I/O 口
    GPIO_InitStructure.GPIO_Mode = GPIO_Mode_OUT;    //普通输出模式
```

```
    GPIO_InitStructure.GPIO_OType = GPIO_OType_PP;          //推挽输出
    GPIO_InitStructure.GPIO_Speed = GPIO_Speed_100MHz;      //100MHz
    GPIO_InitStructure.GPIO_PuPd = GPIO_PuPd_UP;            //上拉
    GPIO_Init(GPIOF, &GPIO_InitStructure);                  //初始化 GPIO
GPIO_SetBits(GPIOF,GPIO_Pin_9 | GPIO_Pin_10);//GPIOF9,F10 设置高电平，灯灭
}
```

该代码就包含了一个函数 void LED_Init(void)，该函数的功能就是配置 PF9 和 PF10 为推挽输出。这里需要注意的是：在配置 STM32 外设的时候，任何时候都要先使能该外设的时钟。GPIO 是挂载在 AHB1 总线上的外设，在固件库中使能挂载在 AHB1 总线上的外设时钟是通过函数 RCC_AHB1PeriphClockCmd()来实现的。

步骤 2：

按同样的方法新建一个 led.h 文件，也保存在 LED 文件夹下。在 led.h 中输入如下代码。

程序清单 11-2-5 led.h（库函数版）程序

```
#include "led.h"
//初始化 PF9 和 PF10 为输出口，并使能这两个口的时钟
//LED I/O 口初始化
void LED_Init(void)
{
    GPIO_InitTypeDef  GPIO_InitStructure;
    RCC_AHB1PeriphClockCmd(RCC_AHB1Periph_GPIOF, ENABLE);//使能 GPIOF 时钟
    //GPIOF9,F10 初始化设置
    GPIO_InitStructure.GPIO_Pin = GPIO_Pin_9 | GPIO_Pin_10;//LED0 和 LED1 对
应的 I/O 口
    GPIO_InitStructure.GPIO_Mode = GPIO_Mode_OUT;           //普通输出模式
    GPIO_InitStructure.GPIO_OType = GPIO_OType_PP;          //推挽输出
    GPIO_InitStructure.GPIO_Speed = GPIO_Speed_100MHz;      //100MHz
    GPIO_InitStructure.GPIO_PuPd = GPIO_PuPd_UP;            //上拉
    GPIO_Init(GPIOF, &GPIO_InitStructure);                  //初始化 GPIO
    GPIO_SetBits(GPIOF,GPIO_Pin_9 | GPIO_Pin_10);//GPIOF9,F10 设置高电平，灯灭
}
```

步骤 3：

如图 11-2-5 和图 11-2-6 所示，用同样的方法在 Manage Project Itmes 对话框中新建一个 HARDWARE 组，并把 led.c 添加到这个组中。单击 按钮，如图 11-2-7 和图 11-2-8 所示，用同样的方法把 led.h 的路径添加进编译文件。

在 USER 目录下找到 main 函数，编写如下代码。

程序清单 11-2-6　main.c（库函数版）程序

```
#include "sys.h"
#include "delay.h"
#include "usart.h"
#include "led.h"

int main(void)
{
```

```
        delay_init(168);            //初始化延时函数
        LED_Init();                 //初始化 LED 端口
        /**下面通过直接操作库函数的方式实现 I/O 控制**/
        while(1)
        {
        GPIO_ResetBits(GPIOF,GPIO_Pin_9);    //LED0 对应引脚 GPIOF.9 设为低电平，熄
灭小灯，等同 LED0=0;
        GPIO_SetBits(GPIOF,GPIO_Pin_10);     //LED1 对应引脚 GPIOF.10 设为高电平，点
亮小灯，等同 LED1=1;
        delay_ms(500);                       //延时 500ms
        GPIO_SetBits(GPIOF,GPIO_Pin_9);      //LED0 对应引脚 GPIOF.9 设为高电平，点
亮小灯，等同 LED0=1;
        GPIO_ResetBits(GPIOF,GPIO_Pin_10);   //LED1 对应引脚 GPIOF.10 设为低电平，熄
灭小灯，等同 LED1=0;
        delay_ms(500);                       //延时 500ms
        }
    }
```

步骤 4:

单击按钮，编译工程，生成.hex 文件，安装 J-LINK 驱动程序，单击按钮，下载到目标板中，即可验证程序。

第 4 篇

电子设计创新训练

第 12 章

综合创新实践项目

12.1　简易智能电动车

任务

设计并制作一辆简易智能电动车，其行驶路线示意图如图 12-1-1 所示。

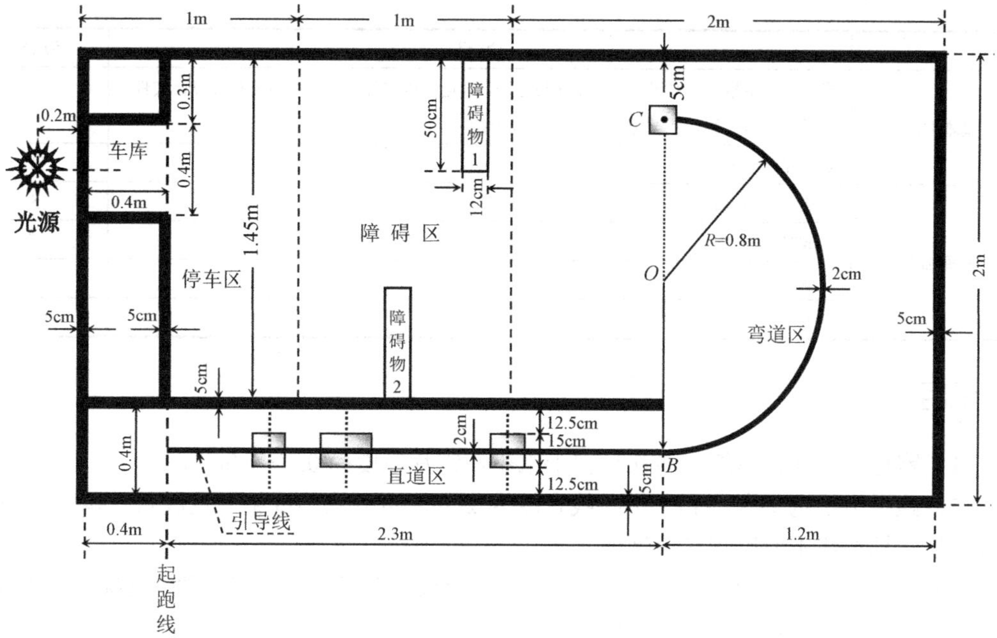

图 12-1-1　行驶路线示意图

要求

1．基本要求

（1）电动车从起跑线出发（车体不得超过起跑线），沿引导线到达 *B* 点。在直道区铺设的白纸下沿引导线埋有 1～3 块宽度为 15cm、长度不等的薄铁片。电动车检测到薄铁片时须立即发出声光指示信息，并实时存储、显示在直道区检测到的薄铁片数目。

（2）电动车到达 B 点以后进入弯道区，沿圆弧引导线到达 C 点（也可脱离圆弧引导线到达 C 点）。C 点下埋有边长为 15cm 的正方形薄铁片，要求电动车到达 C 点检测到薄铁片后在 C 点处停车 5 秒，停车期间发出断续的声光指示信息。

（3）电动车在光源的引导下，通过障碍区进入停车区并到达车库。电动车必须从两个障碍物中间通过且不得与其接触。

（4）电动车完成上述任务后应立即停车，但全程行驶时间不能大于 90 秒，行驶时间达到 90 秒时必须立即自动停车。

2. 发挥部分

（1）电动车在直道区行驶过程中，存储并显示每个薄铁片（中心线）至起跑线间的距离。

（2）电动车进入停车区后，能准确驶入车库，要求电动车的车身完全进入车库。

（3）停车后，能准确显示电动车全程行驶时间。

（4）其他。

评分标准

	项 目	满分
基本要求	设计与总结报告：方案比较、设计与论证，理论分析与计算，电路图及有关设计文件，测试方法与仪器，测试数据及测试结果分析	50
	实际完成情况	50
发挥部分	完成第（1）项	15
	完成第（2）项	17
	完成第（3）项	8
	其他	10

说明

（1）跑道上面铺设白纸，薄铁片置于纸下，铁片厚度为 0.5～1.0mm。

（2）跑道边线宽度为 5cm，引导线宽度为 2cm，可以涂墨或粘黑色胶带。示意图中的虚线和尺寸标注线不要绘制在白纸上。

（3）障碍物 1、障碍物 2 可由包有白纸的砖组成，其长、宽、高分别为 50cm、12cm、6cm，两个障碍物分别放置在障碍区两侧的任意位置。

（4）电动车允许用玩具车改装，但不能由人工遥控，其外围尺寸（含车体上附加装置）的限制为：长度≤35cm，宽度≤15cm。

（5）光源采用 200W 白炽灯，白炽灯泡底部距地面 20cm，其位置如图 12-1-1 所示。

（6）要求在电动车顶部明显标出电动车的中心点位置，即横向与纵向两条中心线的交点。

12.1.1 硬件电路设计

1. 电动机驱动电路

电动车采用 L298N 电动机驱动模块，其直流驱动电流最大为 4A，电路如图 12-1-2 所示。ENA/ENB 是输出使能引脚，IN1/IN2 控制 OUT1 与 OUT2 之间的电动机，IN3/IN4 控制 OUT3 与 OUT4 之间的电动机，其功能表如表 12-1-1 所示。可通过单片机输出 PWM 波的方式控制电动机的转速。

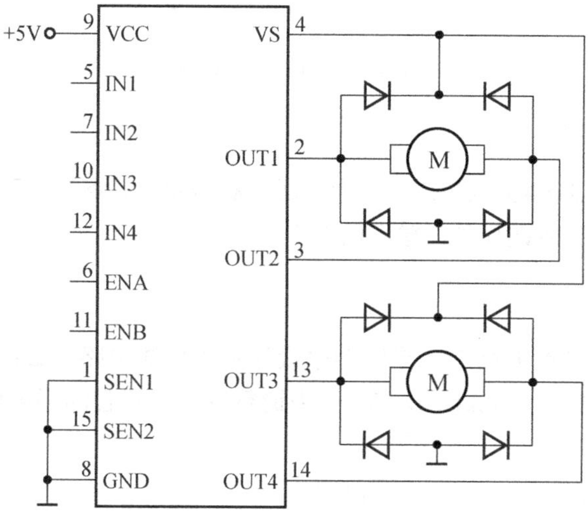

图 12-1-2 电动机驱动电路

表 12-1-1 L298N 功能表

Inputs（输入）			Function（功能）
	IN1/IN3	IN2/IN4	
ENA/ENB=H	H	L	Turn Right（右转）
	L	H	Turn Left（左转）
	L	L	Motor Stop（电动机停止）
	H	H	
ENA/ENB=L	X		Stop（停止）

2. 循线检测电路

循线传感器选择 TCRT5000，电路如图 12-1-3 所示。TCRT5000 红外发射管发射红外线，当没有遇到黑线时，接收端收到反射回来的信号，接收三极管导通，通过 LM393 比较器输出低电平；如果遇到黑线，接收端收不到反射回来的信号，接收三极管截止，通过 LM393 比较器输出高电平。

在电动车底部安装 3～7 个同样的循线模块，分别位于车头的左、中、右部，配合相应的算法，满足循线控制使用要求。

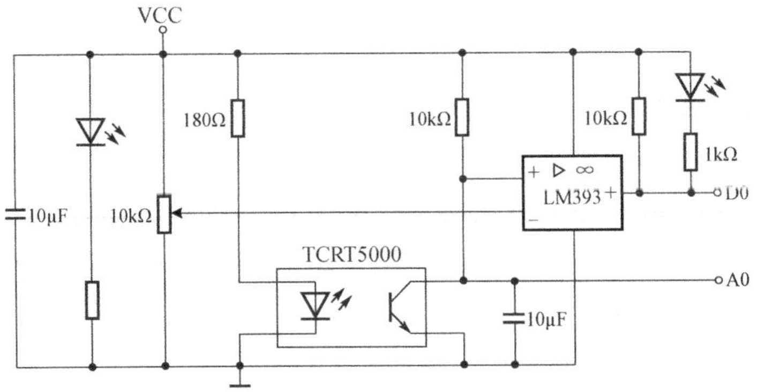

图 12-1-3　循线检测电路

3．金属传感器电路

使用接近开关（LJ18A3-8-Z/BX）作为金属探测传感器，将接近开关安装在电动车底部（离地 1cm），当检测到薄铁片时，输出低电平。

4．障碍检测电路

选用红外一体化接收头及 555 定时器来设计障碍检测电路，如图 12-1-4 所示。R_{P1}用来调整红外光的载波频率（40kHz），R_{P2}用来调整发光二极管的强度以调整检测距离。

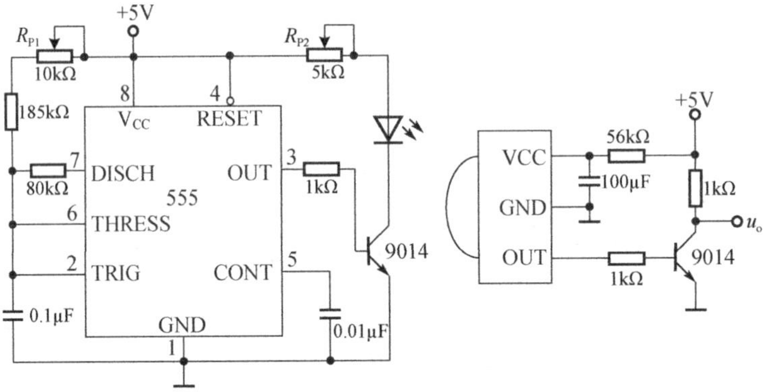

图 12-1-4　障碍检测电路

5．光源检测电路

使用光敏电阻来探测光源，光敏电阻的阻值随光强大小在 20kΩ～220kΩ 之间变动，将光敏电阻与一个 2kΩ～10kΩ 的电阻串联分压作为比较器输入电压，与阈值电压进行比较即可判断光强，且阈值电压可通过滑动变阻器进行调整，如图 12-1-5 所示。

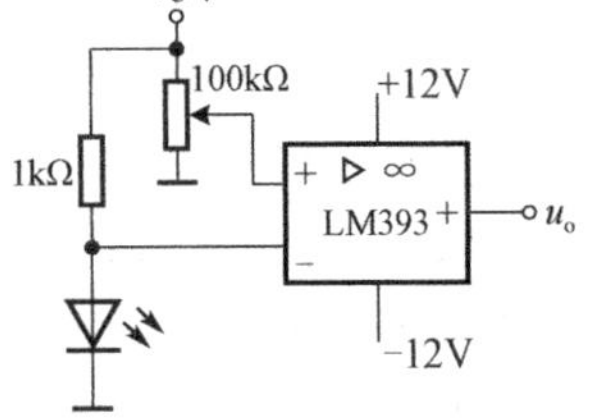

图 12-1-5　光源检测电路

6．距离和速度测量电路

行进距离可通过测量轮子的转动圈数并换算得到，可使用光电测量仪或者霍尔传感器来测量。

12.1.2　软件设计

软件设计按照“循线—停车—避障—寻光—停车”的程序运行，流程图如图 12-1-6 所示。

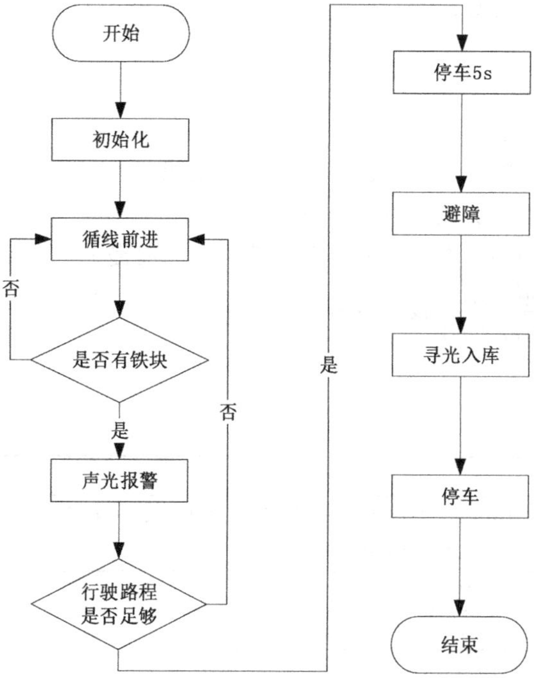

图 12-1-6　程序流程图

12.2　数字化语音存储录放系统

任务

设计并制作一个数字化语音存储录放系统，系统框图如图 12-2-1 所示。

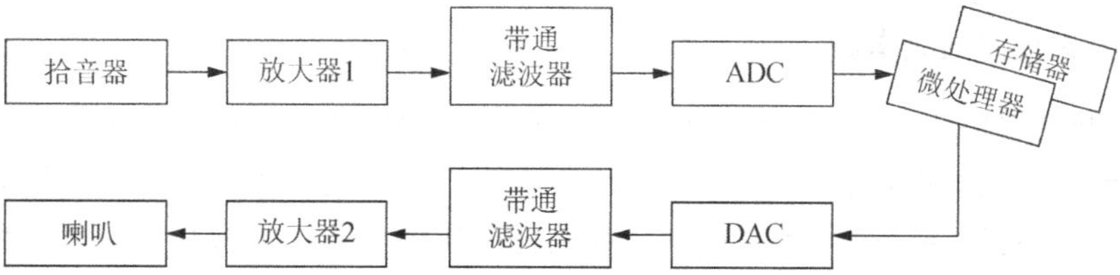

图 12-2-1　系统框图

要求

1．基本要求

（1）放大器 1 的增益为 46dB，放大器 2 的增益为 40dB，增益均可调。

（2）带通滤波器：通带为 300Hz～3.4kHz。

（3）ADC：采样频率 f_s=8kHz，字长=8 位。

（4）语音存储时间≥10 秒。

（5）DAC：变换频率 f_c=8kHz，字长=8 位。

（6）回放语音质量良好。

2. 发挥部分

在保证语音质量的前提下：

（1）减小系统噪声电平，增加自动音量控制功能；

（2）语音存储时间增加到 20 秒以上；

（3）提高存储器的利用率（在原有存储器不变的前提下，提高语音存储时间）；

（4）其他（如 $\frac{\pi f / f_s}{\sin(\pi f / f_s)}$ 校正等）。

评分标准

	项目	得分
基本要求	设计与总结报告：方案设计与论证，理论分析与计算、电路图，测试方法与数据，对测试结果的分析	50
	实际制作完成情况	50
发挥部分	完成第（1）项	15
	完成第（2）项	5
	完成第（3）项	15
	完成第（4）项	15

说明

不能用单片语音录放芯片实现本系统。

12.2.1 硬件电路设计

1. 语音采集及放大电路

语音采集通过驻极体话筒实现，驻极体话筒的灵敏度高，但是方向性差，如果采用单端输入，会引入较大的背景噪声，因此采用差分输入的方式，即用两只话筒分别接差分放大器的正负端，可对语音信号的共模噪声起到抑制作用，并且可以有效抑制零点漂移及温漂。

驻极体话筒的输出电压约为 1mV，一级放大倍数为 100 倍，再经过放大倍数最大为 100 倍的二级可调放大电路，即可灵活实现 46dB 的增益。语音采集及放大电路如图 12-2-2 所示。

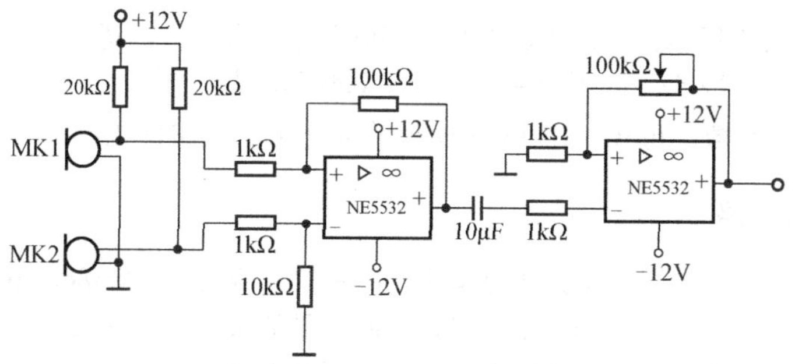

图 12-2-2　语音采集及放大电路

2. 滤波器电路

人耳感知声音的频率范围为 300～3400Hz，为尽量减少外界噪声干扰，需要设计带通滤波器，使经过存储录放的声音清晰且不失真。带通滤波器可采用低通滤波器与高通滤波器串联而成。低通滤波器的截止频率为 3400Hz，采用 5 阶切比雪夫低通滤波器（电路如图 12-2-3 所示）；高通滤波器的截止频率为 300Hz，采用 4 阶巴特沃思高通滤波器（电路如图 12-2-4 所示）。通过 TI 在线滤波器设计工具 Filter Designer 设计电路。

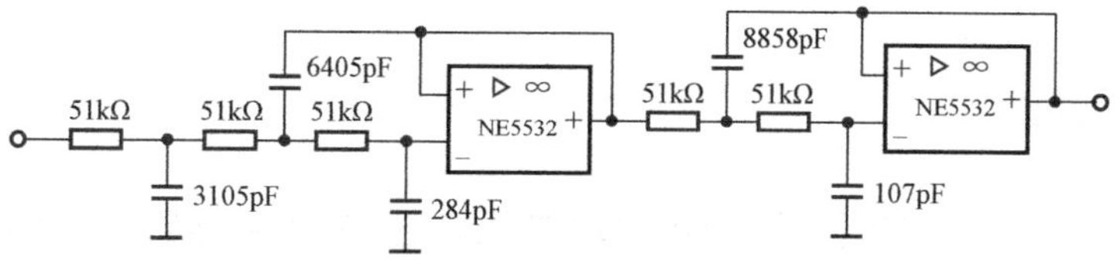

图 12-2-3　5 阶切比雪夫低通滤波器（ $f_c = 3400\text{Hz}$ ）

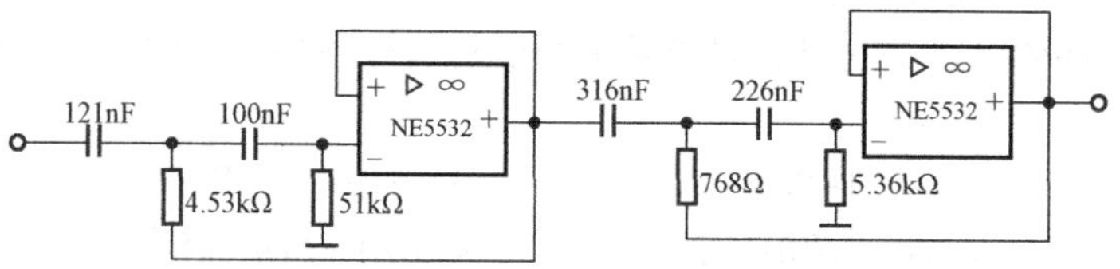

图 12-2-4　4 阶巴特沃思高通滤波器（ $f_c = 300\text{Hz}$ ）

3. 单片机系统

CPU 采用 STM32F407xx 系列，它包含 1MB 的 Flash，3 个可配置 12 位、10 位、8 位或 6 位分辨率的 ADC，2 个可配置 8 位或 12 位分辨率的 DAC，2 个通用 32 位定时/计数器，满足任务要求。

4. $\dfrac{\pi f / f_s}{\sin(\pi f / f_s)}$ 校正

由于采样脉冲有一定的持续时间（平顶采样），语音的高频分量会有损失，恢复时产生失真，需要将采样信号通过一个孔径补偿低通滤波器进行校正，该孔径补偿低通滤波器的频率特性为：

$$H_L(f) = \frac{\pi f / f_s}{\sin(\pi f / f_s)} \quad |f| \leqslant f_H$$

可采用图 12-2-5 所示的一阶 RC 网络对高频分量稍做提升，进行校正。由公式计算可知，当采样频率 f_s 为 8kHz 时，在 $f=300$Hz 处衰减 0.02dB，在 $f=3400$Hz 处衰减 2.75dB，因此，选择合适的参数，可实现在 3400Hz 处的提升比在 300Hz 处的高 2.73dB。

5. 功率放大电路

将信号经过功率放大器后由扬声器输出，功率放大器采用 LM386，电路如图 12-2-6 所示。通过调节输入端滑动变阻器的阻值可以控制音量的大小，通过改变 1 脚和 8 脚间电阻的阻值 R_1 及电容的容值 C_1 可以调节功率放大器的增益（20～200），图 12-2-6 中增益为 50。

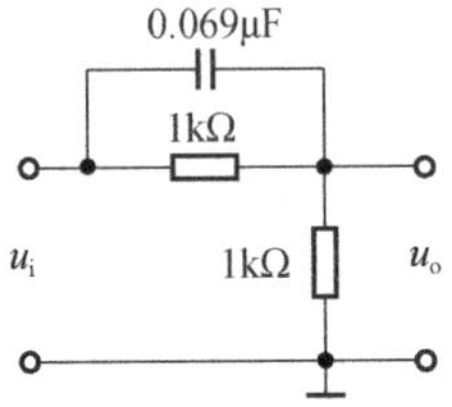

图 12-2-5 校正电路（一阶 RC 网络）

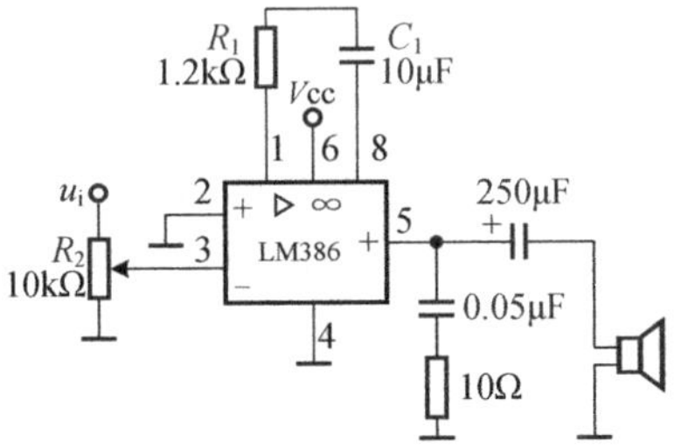

图 12-2-6 功率放大电路

12.2.2 软件设计

通过单片机可直接读取语音信号经 ADC 的采样值，写入存储器中。在回放的时候，从存储器中读取采样值，通过 DAC 输出电平信号驱动功率放大电路。为延长语音存储的时间，可通过多种压缩算法实现。

本方案采用 DPCM 编码方法，对信号采样值与信号预测值的差值进行量化编码，其数学表达式为

$$e(n)=\begin{cases}-8, & S(n)-S(n-1)<8\\ S(n)-S(n-1), & -8<S(n)-S(n-1)\leqslant 7\\ 7, & S(n)-S(n-1)>7\end{cases}$$

式中，$S(n)$ 为当前采样值；$e(n)$ 为 $S(n)$ 与 $S(n-1)$ 的差值，以 4 位存入 Flash。即每个差值占用 4 位，第 1 位为标志位，后 3 位为有效位。当差值超过 7 时，将差值置为 7。

对应的解码方法为：将 $S(n)$ 预设为 0，读取 Flash 的值存入 Buffer（缓存）中，再从 Buffer 中读取高 4 位或低 4 位作为本次采样值的 $e(n)$。根据 $e(n)$ 的最高位判断值的正负，$S(n)$ 相应地加上或减去 $e(n)$ 的大小，作为本次输出值及下一次的预设值。

附录 A

常用集成电路引脚图

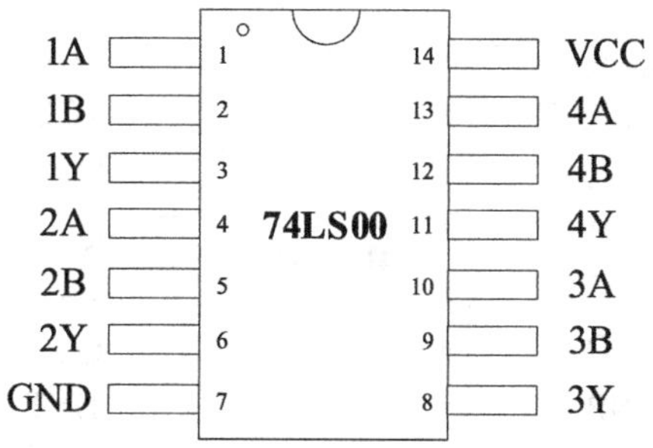

2 输入四与非门

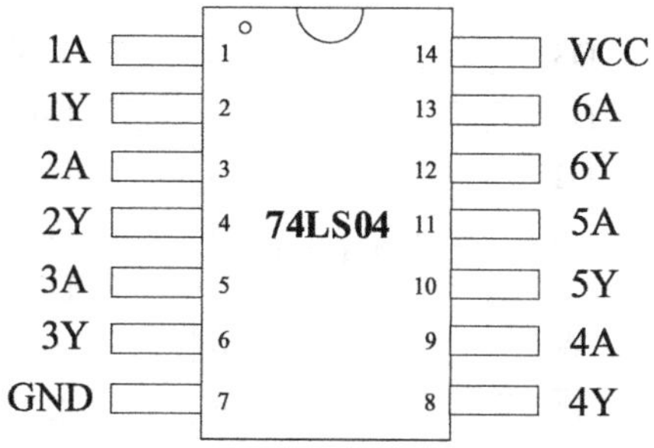

六非门

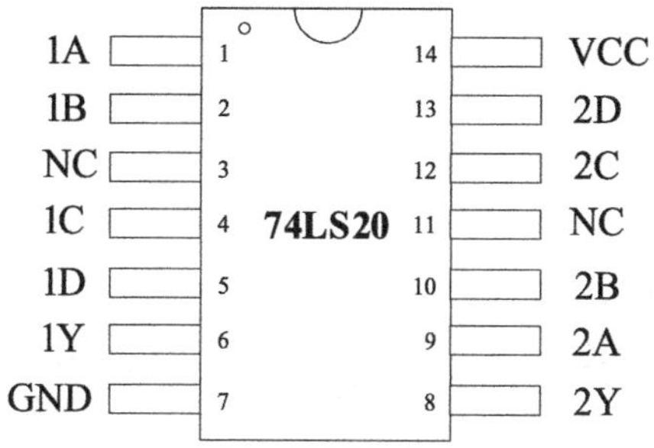

4 输入两与非门

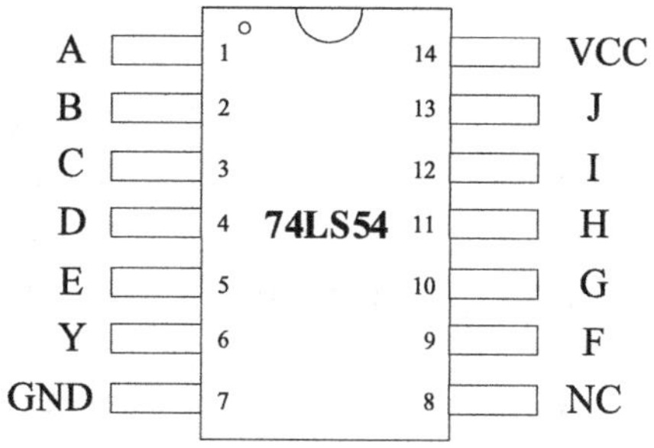

$Y=\overline{AB+CDE+FGH+IJ}$

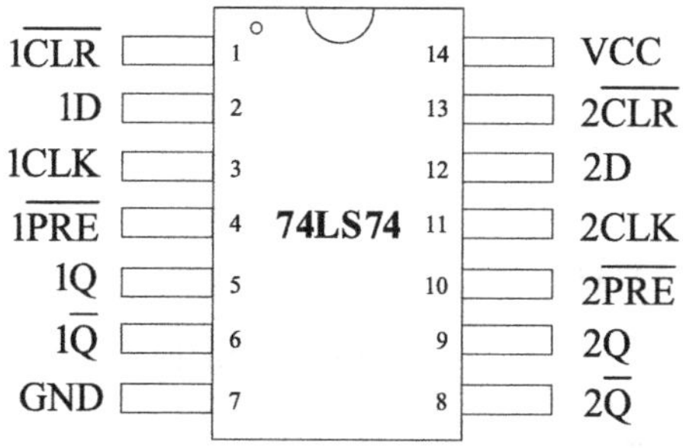

双 D 触发器

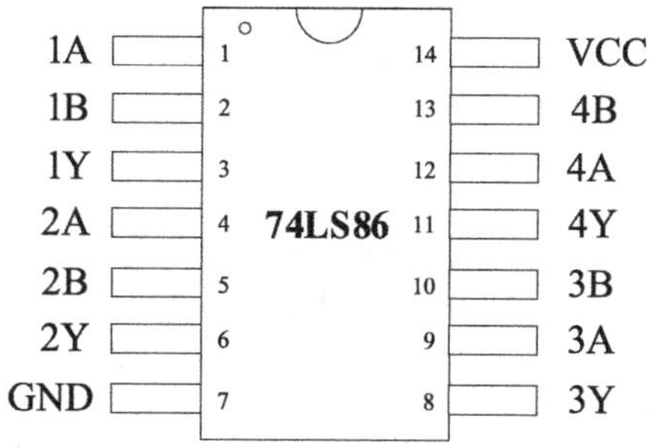

2 输入四异或门

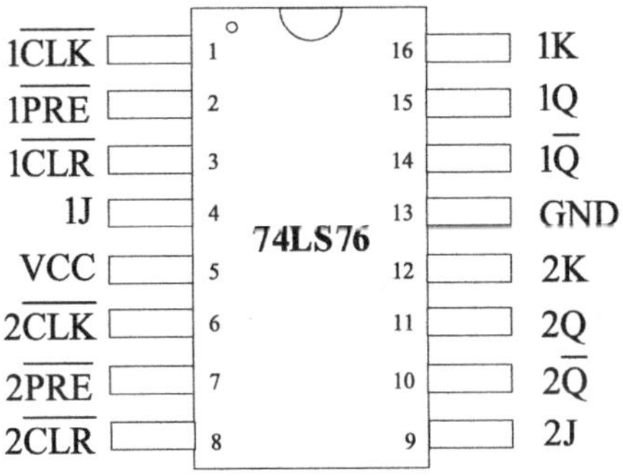

双 JK 触发器

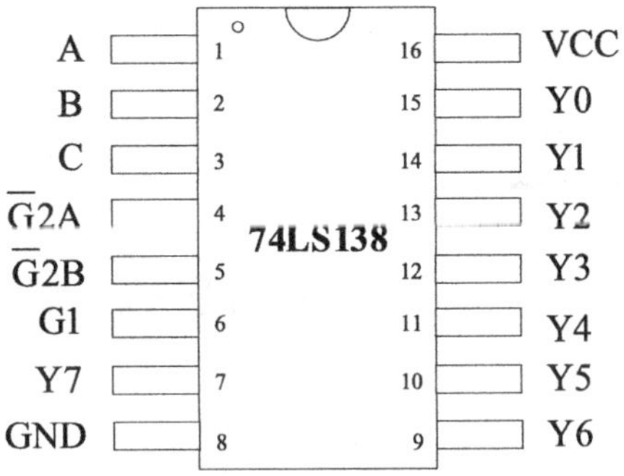

3-8 译码器

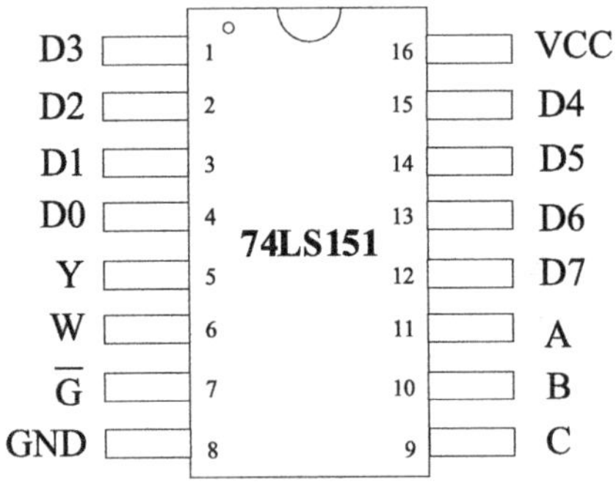

8 选 1 数据选择器

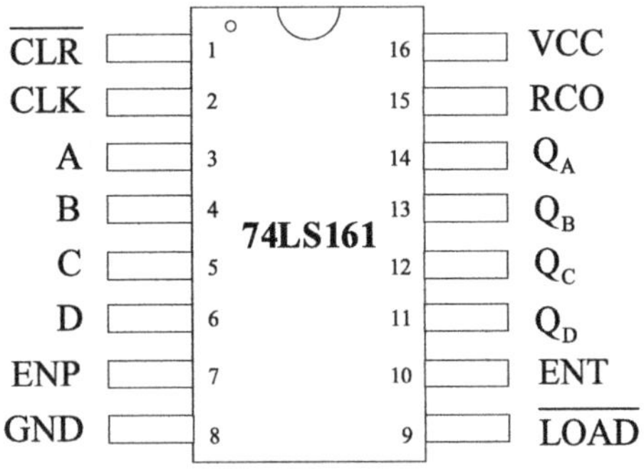

4 位二进制加法计数器

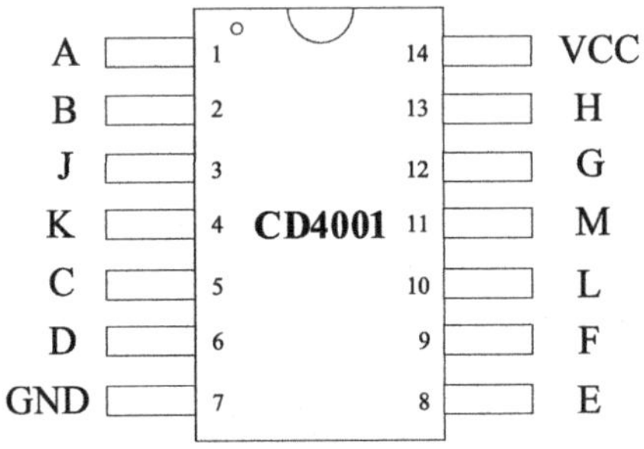

$J=\overline{A+B}$　$K=\overline{C+D}$

$L=\overline{E+F}$　$M=\overline{G+H}$

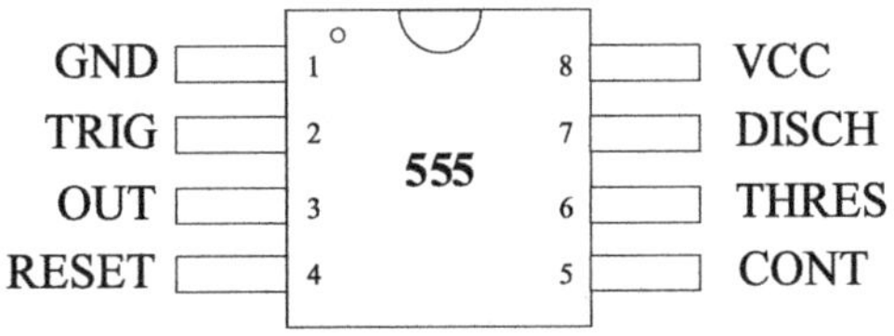

555 定时器

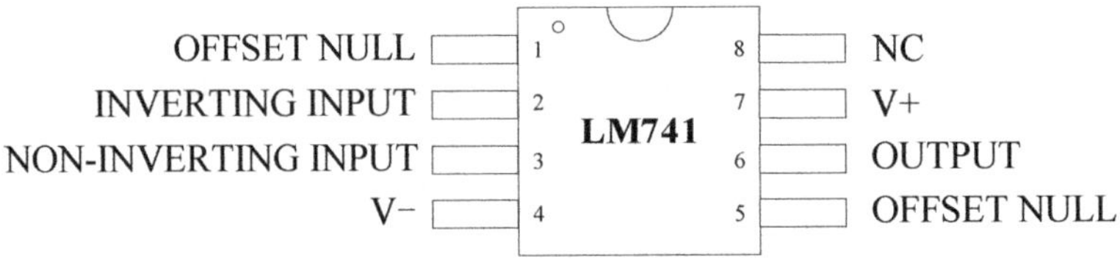

单运算放大器

附录 B

“简易智能电动车”测试记录与评分表

类型	序号	项目与指标	满分	测试记录	评分	备注
基本要求	（1）	存储并显示薄铁皮数	8			
		发出声光指示信息	4			
	（2）	到达 C 点停车 5 秒	5	实测值=　　　秒		
		准确到达 C 点	5	实测距离=　　　cm		
		发出声光指示信息	2			
	（3）	通过障碍区	10			
		不与障碍物接触	6	接触次数=　　　次		
	（4）	到达停车区	3			
		90 秒内停车	2			
	（5）	工艺	5			
	总分		50			
发挥部分	（1）	距离显示功能	3			
		距离显示误差	12	距离 1=　　　cm 距离 2=　　　cm		
	（2）	到达车库准确度	10	入库车身比例=　　　%		
		进入车库所需时间	7	实测时间=　　　秒		
	（3）	全程行驶时间显示功能	3			
		时间显示准确度	5			
	（4）	其他	10			
	总分		50			

测试说明

1．直道区的薄铁片（2 块）与障碍物的放置位置及薄铁片的长度如下图所示。

2．在基本要求第（1）项中，存储并显示薄铁片数等于 2 给 8 分，错记一个扣 4 分。要求必须实时显示，即检测到薄铁片后立即加 1 计数，否则本次计数无效。

3．在基本要求第（2）项中，电动车到达 C 点停车时间为 5 秒±1 秒给 5 分，每相差 1 秒扣 1 分。若车身盖住 C 点，“准确到达 C 点”测试项给 5 分，若车身中心点离 C 点距离≥0.3m 不给分，其间酌情给分。

4．在基本要求第（3）项中，电动车通过障碍区时，若电动车在两个障碍物中间通过给 10 分，否则不给分。电动车每接触障碍物 1 次扣 1 分，接触障碍物超过 6 次不给分。

5．在基本要求第（4）项中，停车时若车身中心点在停车区内给 3 分［若车身同时还进入车库中，其增分方法见说明（7）］；若同时在 90 秒内电动车停车，给 2 分。

6．在发挥部分第（1）项中，每块铁皮（中心线）与起跑线之间距离的显示误差小于 6%给 6 分，超过 12%不给分，其间分段给分。

7．在发挥部分第（2）项中，停车时若车身完全进入车库，"到达车库准确度"测试项给 10 分，若车身部分进入车库，则依据进入车库的车身比例给分。若电动车能提前进入车库，实测时间每提前 5 秒，"进入车库所需时间"测试项加 1 分。

8．在发挥部分第（3）项中，能准确显示全程行驶时间给 5 分，每相差 1 秒扣 1 分。

9．最多允许连续测试两次，取其中较好一次的成绩。不允许在测试开始后改变软件及硬件设置。测试中若电动车车身全部超过边线即结束本次测试，但已完成的测试内容仍有效。

10．"测试记录与评分表"内各项测试内容必须如实填写实测值。在"其他"项，每一项加分要说明测试条件和测试结果，或者其他的加分理由。

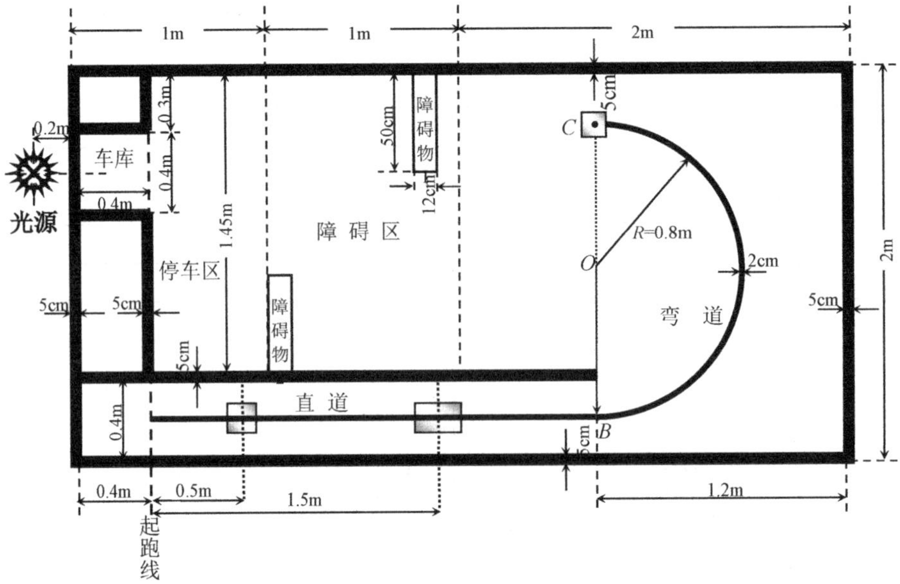

附录 C

“数字化语音存储录放系统”测试记录与评分表

类型	序号	项目与指标	满分	测试记录	评分	备注
基本要求	（1）	放大器 1 增益测试(f=1kHz)	3	V_i = V_o = G_1 =		
		放大器 2 增益测试(f=1kHz)	3	V_i = V_o = G_2 =		
	（2）	带通低端截止频率测试（−3dB）	3	f_{CL} =		
		带通高端截止频率测试（−3dB）	3	f_{CH} =		
	（3）	有存储功能（5 分）	15	T_s =		
		语音存储时间≥6 秒（10 分）				
		语音存储时间≥10 秒（15 分）				
	（4）	放大器 2 在最大不失真输出条件下，其输出端的信噪比（f=1kHz，示波器观测）	4	$S+N$ = N = $(S+N)/N$ =		
		放大器 2 在最大不失真输出条件下，放大器 1 的输入电压峰峰值 U_{pp} （f=1kHz，示波器观测）	4	U_{pp} =		
	（5）	回放语音质量一等（10 分）	10			
		二等（8 分）				
		三等（6 分）				
		四等（2 分）				
		五等（0 分）				
	（6）	工艺	5			
	总分		50			
发挥部分	（1）	放大器 2 输出不失真条件下，其输出端的信噪比（f=1kHz，示波器观测）	10	$S+N$ = N = $(S+N)/N$ =		

续表

类型	序号	项目与指标	满分	测试记录	评分	备注
发挥部分	(2)	具有音量自动控制功能	5			
	(3)	语音存储时间≥20 秒	5	$T_s =$		
	(4)	提高存储器利用率	15			
	(5)	其他	15			
	总分		50			

测试说明

1．测试基本部分（1）（2）项时，将放大器 1 和带通滤波器、放大器 2 和带通滤波器分别连接起来。

2．测试基本部分（2）项时，若截止频率低端 $f_{CL} = 200\sim300\text{Hz}$，高端 $f_{CH} = 3\text{kHz}\sim3.4\text{kHz}$，则为满分（3 分）。

3．测试基本部分（4）项时，$(S+N)/N = 20\text{dB}$ 为满分（4 分）；$U_m = 4\text{V}$ 为满分（4 分）。

4．测试基本部分（4）项及发挥部分（1）项时，应将 ADC 的输出端直接连到 DAC 的输入端，或将微处理器编程为“即收”“即发”模式。

5．测试发挥部分（1）项时，$(S+N)/N \geqslant 30\text{dB}$ 为满分（10 分）。

6．测试发挥部分（4）（5）项时，应对所采取的措施加以具体的说明，并说明所取得的效果。

7．基本部分测试（5）项中质量等级的含义如下：

一等：声音很清晰，基本无失真。

二等：声音较清晰，有轻度失真与干扰。

三等：声音有较大失真与干扰，但仍能听懂。

四等：声音有严重失真与干扰，分辨十分困难。

五等：无信号，只有噪声与干扰。

8．在检测发挥部分的各项指标时仍要求注意检查回放语音质量。

附录D KR-51单片机开发板原理图

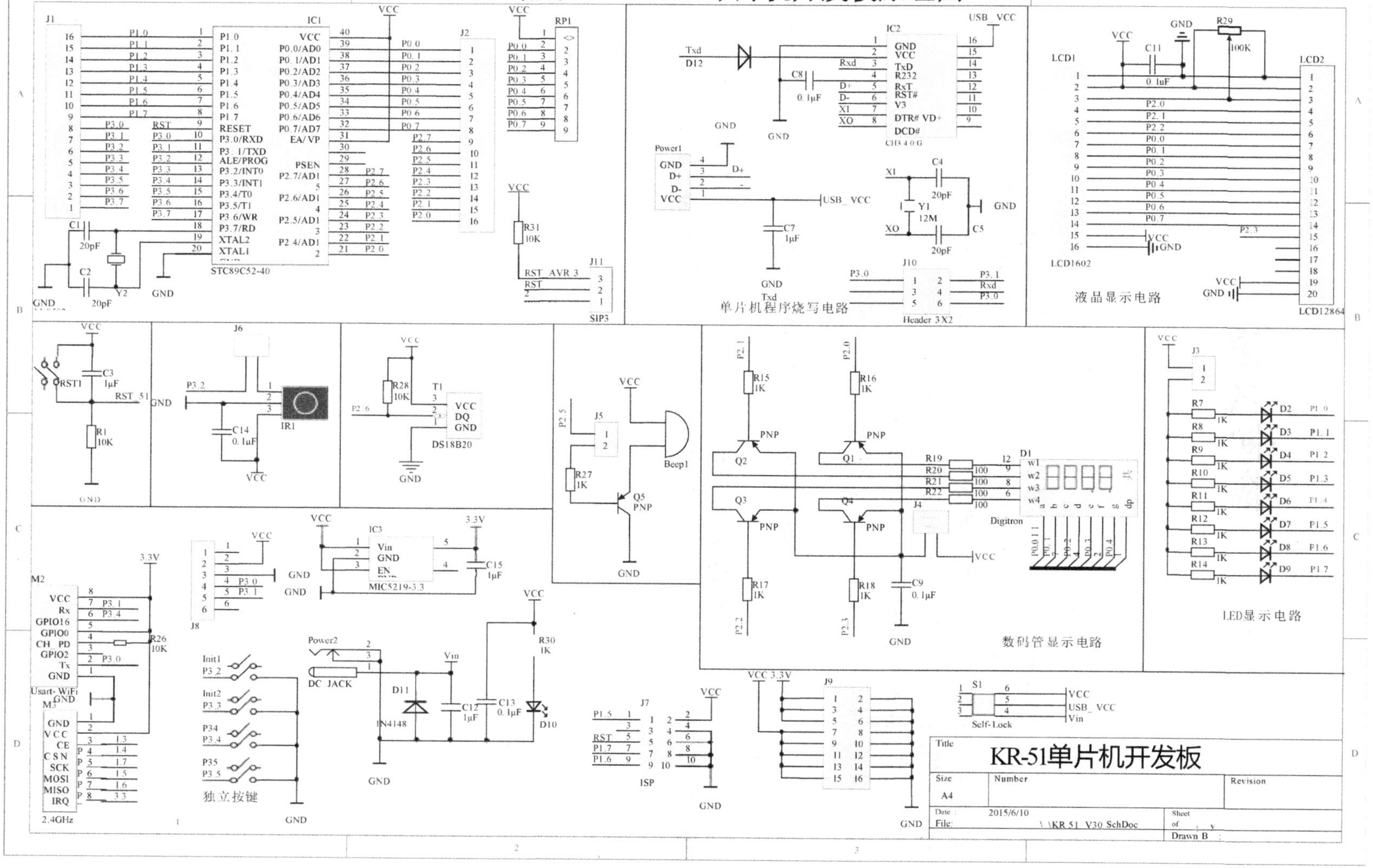

参考文献

[1] 卢飒. 电路与电子技术[M]. 北京：电子工业出版社，2018.
[2] 童诗白，华成英. 模拟电子技术基础[M]. 5 版. 北京：高等教育出版社，2015.
[3] 张亮. 电子技术实验教程[M]. 2 版. 北京：电子工业出版社，2022.
[4] 吴霞. 电路与电子技术实验教程[M]. 北京：机械工业出版社，2013.
[5] 朱朝霞. 机电工程训练教程[M]. 2 版. 北京：清华大学出版社，2014.
[6] 高吉祥. 数字系统与自动控制系统设计[M]. 北京：高等教育出版社，2013.
[7] 黄根春，周立青，张望先. 全国大学生电子设计竞赛教程[M]. 北京：电子工业出版社，2011.
[8] 史蒂芬. 普拉达. C Primer Plus（第 6 版）中文版[M]. 姜佑，译. 北京：人民邮电出版社，2019.
[9] 陈春晖，翁恺，季江民.Python 程序设计[M]. 杭州：浙江大学出版社，2019.
[10] 郭天祥.新概念 51 单片机 C 语言教程[M]. 2 版. 北京：电子工业出版社，2018.

责任编辑：王　花
封面设计：杜峥嵘

ISBN 978-7-121-45856-9

定价：57.00元

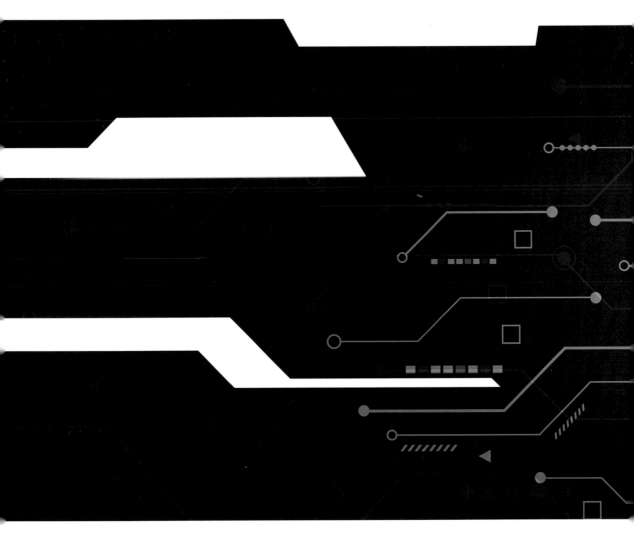